ŒUVRES

DE LAGRANGE,

PUBLIÉES PAR LES SOINS

DE M. J.-A. SERRET,

SOUS LES AUSPICES DE

M. LE MINISTRE DE L'INSTRUCTION PUBLIQUE.

TOME TREIZIÈME.

PARIS,

GAUTHIER-VILLARS, IMPRIMEUR-LIBRAIRE

DE L'ÉCOLE POLYTECHNIQUE, DU BUREAU DES LONGITUDES,

SUCCESSEUR DE MALLET-BACHELIER,

Quai des Grands-Augustins, 55.

M DCCC LXXXII

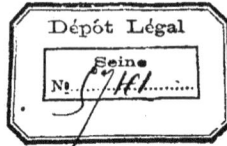

ŒUVRES

DE LAGRANGE.

PARIS. — IMPRIMERIE DE GAUTHIER-VILLARS, SUCCESSEUR DE MALLET-BACHELIER,
Quai des Augustins, 55.

ŒUVRES
DE LAGRANGE,

PUBLIÉES PAR LES SOINS

DE M. J.-A. SERRET,

SOUS LES AUSPICES DE

M. LE MINISTRE DE L'INSTRUCTION PUBLIQUE.

———

TOME TREIZIÈME.

ΔΕΙ Ο ΘΕΟΣ ΓΕΩΜΕΤΡΕΙ

PARIS,

GAUTHIER-VILLARS, IMPRIMEUR-LIBRAIRE

DE L'ÉCOLE POLYTECHNIQUE, DU BUREAU DES LONGITUDES,

SUCCESSEUR DE MALLET-BACHELIER,

Quai des Augustins, 55.

—

M DCCC LXXXII

SIXIÈME SECTION.

CORRESPONDANCE ET MÉMOIRES INÉDITS.

CORRESPONDANCE INÉDITE

DE

LAGRANGE ET D'ALEMBERT

PUBLIÉE

D'APRÈS LES MANUSCRITS AUTOGRAPHES

ET ANNOTÉE

PAR LUDOVIC LALANNE.

Les Lettres inédites dont se compose ce treizième Volume sont publiées d'après les manuscrits autographes de d'Alembert et de Lagrange conservés à la bibliothèque de l'Institut de France. Dans le quatorzième, qui terminera cette édition des *OEuvres de Lagrange,* nous donnerons, entre autres, sa correspondance inédite avec Condorcet, Euler, Laplace, etc. Il sera précédé d'une Notice, destinée à compléter celle que l'on doit à Delambre et qui a été reproduite en tête du premier Volume.

Je prie mon excellent ami, M. Serret, de vouloir bien recevoir ici tous mes remercîments, et pour l'honneur qu'il m'a fait en me confiant la publication de cette correspondance, et pour la peine qu'il a prise de revoir les divers passages mathématiques qu'elle contient.

Lud. L.

CORRESPONDANCE

DE

LAGRANGE AVEC D'ALEMBERT.

CORRESPONDANCE

DE

LAGRANGE AVEC D'ALEMBERT.

1.

D'ALEMBERT A LAGRANGE.

A Paris, le 27 septembre 1759.

MONSIEUR,

J'ai reçu avec beaucoup de reconnaissance et j'ai lu avec la plus grande satisfaction le premier Volume de vos Mémoires (¹) que vous m'avez fait l'honneur de m'envoyer. Votre dissertation sur le son (²) est pleine des recherches les plus savantes et les plus ingénieuses. J'ai surtout été enchanté de la manière dont vous parvenez à une formule générale pour trouver le mouvement d'une corde chargée d'un nombre indéfini de poids. Cependant, je ne sais si vous n'auriez pas pu trouver une méthode plus simple. J'ai peine à croire que cette solution exige nécessairement un si grand appareil de calcul. J'y penserai

---

(¹) Le premier volume des Mémoires de la Société des Sciences de Turin porte le titre de *Miscellanea philosophico-mathematica Societatis privatæ Taurinensis*, tomus primus, 1759; in-4°. Le second est intitulé : *Mélanges de Philosophie et de Mathématique de la Société royale de Turin pour les années 1760-1761.*

(²) Ces *Nouvelles Recherches sur la nature et la propagation du son* occupent les pages 1 à 112 de la seconde Partie du tome I des *Miscellanea* et se trouvent au tome I, p. 39 et suiv., des *OEuvres de Lagrange.*

au premier moment de loisir que j'aurai, et, s'il me vient quelques idées sur ce sujet, j'aurai l'honneur de vous en faire part.

A l'égard de la méthode par laquelle vous passez du nombre indéfini des corps vibrants au nombre infini, elle ne me paraît pas aussi démonstrative qu'à vous, mais il serait trop long de vous dire mes difficultés sur ce sujet, aussi bien que sur les logarithmes imaginaires des quantités négatives; car j'ai eu aussi, il y a dix ans, une dispute par lettres avec M. Euler sur ce sujet.

Adieu, Monsieur, vous êtes destiné, si je ne me trompe, à jouer un grand rôle dans les Sciences, et j'applaudis d'avance à vos succès, étant avec la plus parfaite considération,

Monsieur,

Votre très-humble et très-obéissant serviteur,

D'ALEMBERT.

P.-S. — Me permettez-vous de faire mes très-humbles compliments à tous vos Messieurs ([1]), et surtout à M. de Foncenex ([2]), qui me paraît habile mathématicien? J'irai en Italie dès que les affaires présentes de l'Europe me le permettront, et vous croyez bien que je passerai par Turin, ne fût-ce que pour avoir l'honneur de vous y voir.

A Monsieur Louis de la Grange,
de l'Académie de Berlin et de la Société des Sciences de Turin, à Turin.

([1]) Aux membres de la Société des Sciences de Turin.

([2]) Le chevalier Daviet de Foncenex, géomètre, membre de l'Académie des Sciences de Turin, né à Thonon en 1734, mort à Casal en août 1799. Il était élève de Lagrange, à qui on a voulu attribuer plusieurs de ses Ouvrages.

2.

D'ALEMBERT A LAGRANGE.

A Paris, ce 27 novembre 1761.

MONSIEUR,

Permettez-moi de vous prier d'accepter un exemplaire de mes *Opuscules mathématiques*, en deux volumes in-4° ([1]), qui paraissent depuis peu. Une personne de mes amis s'est chargée de vous le faire parvenir par le premier envoi qui se fera à M. l'ambassadeur de France ([2]). Je serais très-flatté, Monsieur, que cet Ouvrage pût mériter votre approbation. Je ne dois pourtant pas vous dissimuler que, sur l'article des cordes sonores, je n'ai pu être de votre avis; mais, en combattant votre opinion, j'ai parlé de vous, dans mon Ouvrage, avec la haute estime que vos talents m'ont inspirée ([3]), et avec laquelle je serai toujours,

Monsieur,

Votre très-humble et très-obéissant serviteur,

D'ALEMBERT.

A Monsieur Louis de la Grange,
de la Société royale des Sciences de Turin, à Turin.

([1]) *Opuscules mathématiques, ou Mémoires sur différents sujets de Géométrie, de Mécanique, d'Optique et d'Astronomie*, 1761-1780; 8 volumes petit in-4°.

([2]) Le marquis de Chauvelin.

([3]) *Voir* le tome I des *Opuscules mathématiques*, Avertissement, p. IV, et le *Supplément au Mémoire sur les cordes vibrantes*, p. 65 et suiv.

3.

LAGRANGE A D'ALEMBERT.

Turin, ce 1ᵉʳ juin 1762.

Monsieur,

Il y a longtemps que j'aurais dû vous écrire pour vous remercier des présents que vous m'avez faits de vos *Opuscules mathématiques* ([1]) et de la Lettre en réponse à M. Clairaut ([2]); mais ce délai ne doit être attribué.qu'au désir que j'avais de pouvoir mieux vous témoigner ma reconnaissance en vous présentant le second Volume des *Mélanges* de notre Société ([3]), qui était sous presse depuis quelque temps. Permettez donc, Monsieur, que je m'acquitte à présent de mon devoir et que je vous prie d'accepter un exemplaire de cet Ouvrage, que j'ai remis à M. le chevalier Berzet, qui vient de partir pour Paris, et qui s'est chargé de vous le faire avoir au plus tôt. Je m'estimerai infiniment heureux si mes travaux peuvent mériter votre approbation; je la regarderai comme la plus grande récompense de mes études et comme la seule qui puisse véritablement me flatter; cependant, je ne puis vous le dissimuler, vos objections contre ma théorie des cordes vibrantes ne m'ont point paru suffisantes pour la renverser, et je crus pouvoir encore la défendre par une réponse que je soumets d'ailleurs à votre jugement([4]). Je vous prie de m'éclairer, si je me suis trompé, et je vous

([1]) *Voir* la Lettre précédente.

([2]) Alexis-Claude Clairaut, l'un des plus grands géomètres produits par la France, né à Paris le 7 mai 1713, reçu à l'Académie des Sciences à dix-huit ans, mort le 17 mai 1765. Il avait publié, dans le *Journal des Savants* de décembre 1761 (p. 837-848), une Lettre où il défendait contre d'Alembert sa « solution du problème des trois corps et l'application qu'il en avait faite tant à la théorie de la Lune qu'à celle des comètes ». D'Alembert y répondit par une Lettre insérée dans le *Journal encyclopédique* (février 1762, t. II, p. 55-76), à laquelle Clairaut répliqua par de *Nouvelles Réflexions* publiées dans le *Journal des Savants*, juin 1762, p. 358-377.

([3]) *Voir* plus haut la Note 2 de la page 3.

([4]) Cette réponse est l'*Addition à la première Partie des Recherches sur la nature et la propagation du son*, imprimée dans le tome II des Mémoires de Turin, p. 233 et suiv. (*OEuvres*

assure que rien ne me sera plus agréable que de pouvoir me rapprocher de vos sentiments. Il y a aussi quelques points de la théorie des fluides sur lesquels je n'ai pu tomber d'accord avec vous; je vous prie d'examiner mes raisons sans prévention et de me faire part de vos remarques, dont je ne manquerai pas de profiter.

J'ai lu, Monsieur, vos *Opuscules* avec la même satisfaction et la même admiration que tous vos autres Ouvrages; c'est à vous, permettez-moi cet aveu, que je reconnais devoir presque entièrement le peu de progrès que j'ai faits dans les Mathématiques, et ma reconnaissance égale l'estime que j'ai conçue de votre mérite. Je suis surpris qu'on ait cherché à déprimer votre travail sur la Lune; il suffit, ce me semble, d'avoir vu votre théorie et celles des autres géomètres pour juger des avantages de la vôtre. Quant à la théorie des comètes, n'ayant point vu les travaux de M. Clairaut, je n'en puis rien dire, mais il me paraît que vos réponses à ses objections sont sans réplique.

J'ai l'honneur d'être,

Monsieur,

Votre très-humble et très-obéissant serviteur,

DE LA GRANGE.

4.

D'ALEMBERT A LAGRANGE.

A Paris, ce 15 novembre 1762.

MONSIEUR,

J'ai bien des excuses à vous faire d'avoir été si longtemps sans avoir

---

de Lagrange, t. I, p. 319). Elle commence ainsi : « M. d'Alembert ayant fait l'honneur à ma solution du problème des *Cordes vibrantes* de l'attaquer sur quelques points, par un écrit particulier imprimé dans le premier tome de ses *Opuscules mathématiques*, je vais ajouter de nouveaux éclaircissements sur l'analyse de cette solution, qui serviront en même temps de réponse aux objections de cet illustre géomètre et de confirmation à ma théorie. »

l'honneur de vous répondre et de vous remercier du beau présent dont vous m'avez honoré ([1]). J'ai été si occupé, que je n'ai encore eu le temps que de parcourir ce bel Ouvrage, qui a augmenté la haute opinion que j'ai de votre génie. Vous avez tout à fait raison sur le θ que j'ai mis au lieu de θ^2 par une méprise de calcul, ainsi que sur les couches de la Terre, qui, dans le système de l'attraction, doivent être de niveau, et je ne manquerai pas de vous faire honneur de ces deux remarques dans le troisième Volume de mes *Opuscules* que je vais mettre sous presse. A l'égard des cordes vibrantes, je vous avoue que je ne suis pas encore rendu, non plus que sur les lois du mouvement des fluides que vous attaquez. Je crois même avoir trouvé de nouvelles raisons de me confirmer dans mon sentiment sur ces deux points. Il ne serait pas impossible, au moyen de la paix qui vient de se conclure ([2]), que je n'eusse l'honneur de vous voir à Turin, ou l'année prochaine, ou celle d'après. Ce voyage dépend de différentes circonstances qui ne sont pas en mon pouvoir, mais qu'il ne tiendra pas à moi de hâter. Soyez persuadé qu'un des principaux motifs qui m'y engageront est le désir de lier avec vous une connaissance plus intime et de vous assurer de l'estime infinie avec laquelle j'ai l'honneur d'être,

Monsieur,

Votre très-humble et très-obéissant serviteur,

D'ALEMBERT.

P.-S. — Permettez-moi de joindre ici ce petit écrit; c'est une dernière réponse à M. Clairaut, dont je crois que vous ne serez pas mécontent, ni pour le fond ni pour la forme ([3]).

([1]) Le deuxième volume des *Mélanges* de la Société de Turin. (*Voir* la Lettre précédente.)

([2]) Les préliminaires de la paix qui fut conclue définitivement à Paris, le 10 février 1763, venaient d'être signés à Fontainebleau le 3 novembre.

([3]) Cette *Dernière Réponse* avait paru dans le *Journal encyclopédique* du 15 août 1762, p. 73-97.

5.

D'ALEMBERT A LAGRANGE.

Paris, ce 1er octobre 1763.

Monsieur,

Cette Lettre vous sera remise par M. Watelet (1), mon confrère dans l'Académie française et connu par son excellent poëme de *l'Art de peindre*. Il voyage en Italie, et j'aurais eu le plaisir de l'accompagner si des raisons de santé et d'affaires ne m'obligeaient de différer encore mon voyage de quelque temps.

Je profite de cette occasion pour vous envoyer une seconde réponse à M. Clairaut que je ne crois pas vous avoir envoyée dans le temps, et sur laquelle je serais charmé que vous voulussiez bien jeter les yeux à vos moments perdus. Le troisième Volume de mes *Opuscules* est sous presse et contiendra, je crois, des choses qui pourront vous intéresser. Il paraîtra dans le courant de l'année prochaine.

J'ai eu occasion de voir dans mon voyage à Berlin M. Euler, qui fait de vous tout le cas que vous méritez, et qui vous regarde avec raison comme destiné à reculer très-loin les limites de la haute Géométrie. Où en est le troisième Volume de vos Mémoires? Je ne doute pas qu'il ne soit aussi intéressant que les deux premiers.

J'ai l'honneur d'être avec la plus parfaite considération,

Monsieur,

Votre très-humble et très-obéissant serviteur,

D'Alembert.

A la suite de cette Lettre se trouve la note suivante, de la main de Lagrange :

N.-B. — La correspondance a été interrompue par le voyage que M. de

---

(1) Cl.-Henri Wattelet, graveur, membre de l'Académie française, né en 1718, mort en 1786. Son poëme sur *l'Art de peindre* avait paru en 1760.

la Grange a fait à Paris; il était parti de Turin au commencement de novembre
1763 et y est retourné dans le courant de juin 1764. Il manque ici une ou deux
Lettres que M. d'Alembert lui avait écrites après son retour à Turin, et qui
ont été prêtées et perdues. Dans l'une d'elles il lui disait : « J'ai lu votre pièce
sur la libration de la Lune (elle avait remporté le prix de l'Académie des
Sciences en 1764; M. d'Alembert n'avait pas pu être un des juges à cause du
voyage qu'il avait fait en Prusse dans l'automne de 1763) et j'ai dit comme
saint Jean-Baptiste : *Oportet illum crescere, me autem minui.* »

6.

LAGRANGE A D'ALEMBERT.

A Turin, le 30 mai 1764.

Mon cher et respectable ami, j'ai passé par Genève comme je me
l'étais proposé, et, à la faveur de votre recommandation, j'ai eu l'honneur de dîner chez M. de Voltaire ([1]), qui m'a fait un très-gracieux
accueil. Il était ce jour-là en humeur de rire, et ses plaisanteries
tombaient toujours, comme de coutume, sur la religion, ce qui amusa
beaucoup toute la compagnie. C'est, en vérité, un original qui mérite
d'être vu.

J'ai été assez bien reçu ici du Roi ([2]) et des ministres; on m'a
donné de belles espérances, mais je n'y fais pas grand fond. Vos
Lettres ont fait beaucoup d'impression à la cour et à la ville; tout le
monde en est encore rempli, et je puis bien vous assurer que vous
êtes aussi connu ici qu'ailleurs. On ne cesse de me questionner sur
votre sujet; on est fort empressé surtout de savoir si vous viendrez en
Italie quelque jour; on brûle de vous connaître personnellement.

Je n'ai pas encore repris mon assiette ordinaire; j'ai pourtant déjà
barbouillé quelques pages sur les cordes vibrantes; si je trouve

---

([1]) Voltaire habitait alors sa campagne des *Délices,* près Genève. On ne trouve rien dans
sa *Correspondance* sur cette visite de Lagrange.

([2]) Charles-Emmanuel Ier.

quelque chose qui ne me paraisse pas indigne d'être soumis à votre jugement, j'aurai l'honneur de vous en faire part. Je vous entretiendrai aussi, si vous me le permettez, de quelques idées qui me sont venues touchant les autres matières dont nous avons causé à Paris.

Adieu, mon cher Monsieur, portez-vous bien et conservez-moi votre précieuse amitié, que je regarde comme le principal avantage que mon voyage de France m'ait procuré. Je vous aime autant que je vous estime, et c'est dans ces sentiments que je serai toujours,

Monsieur,

Votre très-humble et très-obéissant serviteur,

DE LA GRANGE.

P.-S. — Je suis impatient de voir votre Ouvrage sur l'Optique.

A Monsieur d'Alembert, à Paris, rue Michel-le-Comte.

7.

D'ALEMBERT A LAGRANGE.

A Paris, ce 6 août 1764.

Vous recevrez, mon cher et illustre ami, par la première occasion qui pourra se trouver, le troisième Volume de mes *Opuscules*. Je l'ai fait remettre à l'Intendant de M. l'Ambassadeur de Sardaigne (¹). Comme il fourmille de fautes d'impression, j'en ai corrigé la plupart de ma main pour vous en épargner la peine, mais je ne doute pas qu'il n'en reste encore un grand nombre. Vous trouverez dans cet Ouvrage peu de chose qui puisse vous intéresser, mais la matière ne comporte pas mieux, à ce que je crois du moins. J'aimerais mieux vous entrete-

---

(¹) Le bailli Solar de la Breille, ambassadeur de Sardaigne en France de 1758 à 1765.

2.

nir sur d'autres questions, mais depuis deux mois mon estomac est si délabré, que je ne puis presque pas me livrer au travail. Les remèdes que j'ai voulu faire n'ont servi qu'à l'affaiblir encore. Enfin, j'ai pris le parti de n'en plus faire du tout et de m'en tenir au régime. C'est par là que j'espère me guérir. Vous voyez bien qu'en cet état il n'est pas possible que je songe au voyage d'Italie; il y a même à parier que, si cela continue, je finirai par un grand voyage dont je ne reviendrai pas si tôt. Je prends tout cela fort en patience, et je tâcherai de traîner le moins douloureusement que faire se pourra ce qui me reste de temps à vivre. Adieu, mon cher ami, je n'ai pas la force de vous en écrire plus long, étant, actuellement même, obligé de quitter à chaque instant pour une indigestion considérable, quoique depuis quinze jours je ne mange plus de viande. Heureusement cela se passe sans douleur, et c'est la manière la moins pénible et la moins triste. Je vous embrasse de tout mon cœur et serai jusqu'à ma fin (prochaine ou éloignée) avec les sentiments d'estime, d'attachement et d'intérêt que vous m'avez inspirés.

A Monsieur de la Grange,
de la Société royale des Sciences de Turin, à Turin.

————

8.

LAGRANGE A D'ALEMBERT.

A Turin, ce 1er septembre 1764.

Voilà, mon cher et illustre ami, trois de vos Lettres que j'ai reçues en assez peu de temps; on m'en a apporté deux de la poste, et la troisième m'a été remise par M. Watelet, qui a passé ici il y a quelques jours. Je dois à celle-ci l'honneur d'avoir connu un des plus beaux génies de la France, et, ce qui me touche bien plus, un de vos meilleurs amis. Je regrettais, en le voyant, que vous ne l'eussiez pas accompagné, sans songer que cela m'aurait empêché de vous voir à Paris; mais laissons cela et parlons un peu de votre santé, dont vous vous plaignez si fort dans votre dernière Lettre. Je ne puis vous dire, mon cher ami, combien cette nouvelle m'a affligé; je voudrais, pour tout au monde, être encore à Paris et pouvoir vous rendre tous les soins que mon amitié exigerait de moi; mais, dans l'impuissance où je suis de remplir moi-même ces tendres devoirs, je ne puis qu'ajouter mes vœux à ceux de tous les savants de l'Europe pour le rétablissement de votre santé. Au nom de Dieu, ne songez plus qu'à cela, et surtout donnez-vous du repos. Je crois que le régime et la cessation de toute sorte de travail sont les seules choses qui puissent vous remettre.

Vous voulez savoir ce que je pense des cordes vibrantes; je viens d'achever un calcul qui me paraît jeter une grande lumière sur cette question. J'ai trouvé moyen de construire, d'une manière générale, la formule de l'article 27 de mes premières *Recherches sur le son* (¹), et cette construction est telle, qu'elle dégénère en celle de M. Euler lorsque le nombre des corps mobiles devient infini, pourvu que dans la courbe génératrice il ne se trouve point de $\frac{d^2y}{dx}$, $\frac{d^3y}{dx^2}$, $\frac{d^4y}{dx^3}$, ... finies, ce qui exclut seulement les cas où la courbure de la corde initiale fait des sauts ou qu'elle n'est pas nulle aux extrémités. Au reste, le calcul montre que la détermination du mouvement de la corde est impossible dans ces cas, car la valeur de y renferme alors plusieurs termes infinis.

J'ai fait aussi des recherches sur un autre sujet, peut-être plus important que celui-ci, qui est l'intégration de l'équation différentielle du problème des trois corps. J'ai trouvé pour cela une assez jolie méthode, laquelle me donne tout d'un coup la valeur du rayon vecteur, aussi approchée que je veux, sans que je sois obligé de substituer à chaque approximation la valeur trouvée par l'approximation

(¹) *Voir* la note 2 de la page 3.

précédente; aussi cette méthode donne exactement, suivant le degré de l'approximation, le mouvement de l'apogée et la valeur des autres équations. Je vous en entretiendrai une autre fois, si vous le souhaitez; en attendant, je vais vous remercier par avance du présent que vous m'avez annoncé (¹). Je l'attends avec impatience, car c'est une matière dans laquelle je suis tout à fait étranger, et je vous promets bien d'en faire mon profit. Je suis charmé que mes *Recherches sur la libration de la Lune* aient pu mériter votre approbation; je la regarde comme la plus grande récompense de mes travaux. Je verrai avec tout le plaisir et toute la déférence possibles les remarques que vous y avez faites; mais je ne veux point que vous m'en fassiez part que votre santé ne soit bien rétablie. La mienne est toujours bonne, quoique j'aie un peu maigri depuis que je suis ici. J'attends toujours l'effet des promesses du Roi, mais il n'en est pas comme César était : *Ad pœnas lentus, ad prœmia velox*. Adieu, mon cher et illustre ami; je serai toute ma vie, avec les sentiments d'estime, d'amitié et de reconnaissance que vous m'avez inspirés,

Votre

DE LA GRANGE.

9.

D'ALEMBERT A LAGRANGE.

A Paris, ce 16 octobre 1764.

Ma santé, mon cher et illustre ami, est beaucoup meilleure, grâce au régime que j'observe et aux remèdes que je ne fais point. Je me regarde même comme guéri, mais j'observe encore beaucoup de régime jusque dans l'étude; c'est ce qui fait que j'ai tardé si longtemps à vous

---

(¹) Le troisième Volume des *Opuscules mathématiques*.

répondre. M. Watelet m'a dit de vos nouvelles et est bien sensible à toutes vos attentions. Je viens maintenant à votre Lettre.

1° Ce que vous me mandez sur les cordes vibrantes semble me donner gain de cause absolument. En effet, j'ai prouvé dans mes *Opuscules* (p. 27, Tome I), et il résulte d'ailleurs de votre théorème que, si lorsque x est infiniment petite, la valeur de y en x contient un terme de cette forme $\pm pxx$ (p est très-petit), $\frac{d\,dy}{dx^2}$ fera un saut à l'origine et $\frac{d\,dy}{dx}$ y sera finie, en sorte qu'on n'aura pas $\frac{d\,dy}{dx^2} = \frac{d\,dy}{dt^2}$. Or, si cette valeur de y renferme un terme $\pm px^n$, n étant pair et positif, alors, faisant $\frac{d^{n-2}y}{dx^2} = z$, on aura un terme $\pm px^2$ dans la valeur de z; donc $\frac{d\,dz}{dx}$ ou $\frac{d^n y}{dx^{n-1}}$ sera finie. Donc la valeur de y à l'origine ne doit contenir que des puissances impaires positives $\big($non négatives, parce que $\frac{d\,dy}{dx^2}$ serait infinie à l'origine; non fractionnaires, parce qu'il y aurait quelque valeur $\frac{d^n y}{dx^{n-1}}$ qui serait finie à l'origine : par exemple, si n était $m + \frac{1}{2}$, ce serait $\frac{d^{m+1}y}{dx^m}\big)$; or, comme on peut placer aux deux extrémités indifféremment l'origine de la courbe, il est clair qu'en ces deux points on aura $y = Ax + Bx^3 + Cx^5 + \dots$, d'où il est aisé de conclure que la courbe aura trois branches alternatives égales et semblables au-dessus et au-dessous de l'axe, celle du milieu au-dessus; donc, comme je l'ai prouvé dans mes *Opuscules,* elle aura pour lors des branches alternatives *à l'infini;* donc le problème ne pourra se résoudre que quand les branches alternatives seront assujetties à la loi de continuité. Au reste, je crois avoir aussi trouvé (à ma manière), depuis votre Lettre reçue, une démonstration de votre théorème, qui est très-beau.

2° Ce que vous me mandez sur l'équation du problème des trois corps me persuade, ce que j'ai toujours pensé, de l'imperfection des méthodes connues jusqu'ici. Je suis même résolu, dès que j'aurai le temps (car j'ai bien d'autres choses en tête), de chercher une meilleure méthode, surtout pour le mouvement de l'apogée, et d'après les remarques que je vous ai dit avoir faites à ce sujet. A propos de cela, avez-vous vu dans le *Journal encyclopédique* une Lettre que j'y ai mise sur notre programme (¹), qui n'a pas le sens commun? Je ne sais pas quand j'aurai le temps de travailler à l'équation du problème des trois corps. En attendant, ne me mandez pas ce que vous avez fait; je veux m'y essayer à loisir.

3° Voici mes remarques sur le problème de la précession des équinoxes :

I. Toutes les solutions qu'on en a données, à commencer par la mienne, sont fautives, non dans le résultat, mais dans la méthode. Ces solutions ne me donnent ni $d\varepsilon = 0$ ni $d\pi = 0$ lorsque $t = 0$, c'est-à-dire au commencement du mouvement; cependant, en prenant les deux équations de ma précession des équinoxes

$$\psi \, dr^2 = d(d\varepsilon \cos \pi^2) + k' dr \, d(\sin \pi)$$

et

$$d\, d\pi = \Gamma \, dr^2 - d\varepsilon^2 \sin \pi \cos \pi + k' d\varepsilon \, dr \cos \pi,$$

il est aisé de prouver que si l'axe n'a pas reçu d'impulsion primitive lorsque $t = 0$, c'est-à-dire si la rotation se fait autour de l'axe, indépendamment de l'action des planètes, alors $\dfrac{d\varepsilon}{dr}$ et $\dfrac{d\pi}{dr}$ doivent être $= 0$ lorsque $t = 0$. Cela se tire aisément des deux équations ci-dessus.

(¹) L'Académie des Sciences avait proposé pour sujet de prix à décerner en 1766 la question suivante : *Quelles sont les inégalités qui doivent s'observer dans le mouvement des quatre satellites de Jupiter, à cause de leurs attractions mutuelles? la loi et les périodes de ces inégalités, surtout au temps de leurs éclipses, et la quantité de ces inégalités suivant les meilleures observations? Les changements qui paraissent avoir lieu dans les inclinaisons des orbites des deuxième et troisième satellites doivent surtout être compris dans l'examen de leurs inégalités.*

D'Alembert, comme il le dit ici, inséra, au sujet de cette question, une Lettre dans le numéro du 15 août 1764 (p. 124-128) du *Journal encyclopédique*, et c'est probablement par suite de cette Lettre que l'Académie, postérieurement à la publication de son programme, fit insérer dans les papiers publics une Note où elle déclarait qu'*elle n'entendait point exclure l'examen des inégalités que l'action du Soleil peut produire dans le mouvement des satellites de Jupiter. Voir* le Recueil de l'Académie, Histoire, année 1766, p. 165.

II. Soit à présent, en général, $\frac{d\varepsilon}{dz} = \mu$ et $\frac{d\pi}{dz} = \nu$ lorsque $t = 0$; intégrant la première équation et tirant de là la valeur de $d\varepsilon$ pour la mettre dans la seconde, on fera $\pi = \pi' + \alpha$; on trouvera (en négligeant les termes très-petits) une équation de cette forme

$$dd\alpha + \alpha k'^2 dz^2 - \frac{k' dz^2}{\cos\pi} \int \psi \, dz - k'\mu \cos\pi \, dz^2 - \Gamma dz^2 = 0,$$

qu'il faudra intégrer de manière que $\frac{d\alpha}{dz} = \nu$ lorsque $t = 0$, ce qui donnera une équation de plusieurs termes, où les seuls termes sensibles, si μ et ν sont supposés très-petits, sont ceux qu'on trouve par le résultat des anciennes méthodes, lequel se trouve heureusement confirmé par là, quoiqu'on y soit parvenu par une route fort sujette à caution.

III. Dans votre belle et très-belle preuve sur la libration, vous trouvez que la valeur de π renferme quatre arcs de cercle si N n'est pas $= 0$; or, vous ne pouvez supposer N *rigoureusement* $= 0$, à moins que la Lune n'ait eu au commencement une certaine situation déterminée, ce qui serait aussi incommode à supposer que l'égalité parfaite entre le mouvement primitif de rotation et le mouvement de translation périodique. Si vous supposez N très-petit, en sorte que Nr ne soit sensible qu'après bien des siècles, on pourra dire aussi que la libration en longitude n'est qu'apparente (comme la libration en latitude) et que, dans plusieurs siècles, la Lune nous montrera son autre face. D'ailleurs, comme les valeurs de π et de ε renferment les termes $\sin\zeta - \varepsilon$ et $\cos\zeta - \varepsilon$, et que ε renferme outre cela un terme Mz, il est aisé de prouver que, quand même N serait $= 0$, en substituant pour ε sa valeur en Mz et $\cos\zeta - Mz$, $\sin\zeta - Mz$, il viendra dans celle de π un terme (à la vérité très-petit) qui renfermera des arcs de cercle; or, il me semble qu'il ne doit point y en avoir si l'on veut expliquer d'une manière satisfaisante la libration de la Lune, qui paraît devoir être en latitude comme en longitude. J'ai donc cherché à expliquer cette libration en supposant la Lune un solide de

XIII. 3

révolution, ce qui ne donne plus d'arcs de cercle dans la valeur de π, et j'ai trouvé qu'on le pouvait en cette sorte : puisque

$$d(d\mathrm{P} + d\varepsilon \sin\pi) = 0$$

lorsque la Lune est un solide de révolution, donc, faisant

$$-d\mathrm{P} = dz + d\varepsilon + d\theta$$

(et supposant, pour abréger, le mouvement de la Lune autour de la Terre uniforme), on aura

$$d\,d\theta = d[d\varepsilon(1 - \sin\pi)];$$

donc

$$-d\theta = d\varepsilon(1 - \sin\pi) + \rho\,dz,$$

ρ étant une constante indéterminée. Soit, de plus,

$$d\varepsilon = \zeta dz + q\,dz, \quad \sin\pi = \sin\pi' + \sigma,$$

il faudra, à cause de $\theta = 0$ lorsque $z = 0$, que

$$\rho = -\zeta(1 - \sin\pi);$$

donc, lorsque $z = 0$, on aura

$$-\frac{d\theta}{dz} = q(1 - \sin\pi' - \sigma) - \zeta\sigma.$$

Soit, lorsque $z = 0$,

$$\frac{d\varepsilon}{dz} = \mu, \quad \text{c'est-à-dire} \quad \zeta + q = \mu,$$

alors, comme σ est $= 0$ lorsque $r = 0$, on aura

$$-\frac{d\theta}{dz} = (\mu - \zeta)(1 - \sin\pi'),$$

quantité qui n'est nulle que dans le cas où $\sin\pi'$ serait exactement $= 1$;

à l'égard de $\frac{d\pi}{dz} = \nu$, il sera tout ce qu'on voudra, quoique très-petit, et l'axe de rotation primitive ne sera pas l'axe de figure, ce qui n'en est que mieux pour la généralité de la solution.

IV. J'oublie de vous dire que, si π contient des arcs de cercle, alors, en ayant égard aux termes négligés dans l'équation de la libration, où l'on a supposé $\cos\pi = 0$ et $\sin\pi = 1$, vous trouverez qu'il y aura dans cette équation des termes de cette forme $Az\,dz^2$ (A étant à la vérité très-petit); mais, en ce cas, la libration ne serait pas réelle et cesserait au bout de plusieurs siècles.

V. Si π renferme des arcs de cercle par quelque cause que ce soit, par exemple si dans la Terre l'obliquité de l'écliptique diminue continuellement, comme on le prétend aujourd'hui, en ce cas ε n'en renfermera pas, car, comme on a $d\varepsilon = A\,dz\cos\pi$, en mettant pour π sa valeur $\pi' + cz$, on aura

$$d\varepsilon = A\,dz\,(\cos\pi'\cos cz - \sin\pi'\sin cz),$$

dont l'intégrale ne contient plus d'arcs de cercle. Ainsi, il n'y aurait pas réellement de mouvement rétrograde *continuel* dans les points équinoxiaux.

VI. Dans le cas où la Lune aurait son axe exactement perpendiculaire à l'écliptique et où il n'y aurait point d'inclinaison dans son orbite, et où même elle serait fort allongée dans la direction de l'orbite de la Terre, je trouve que $\frac{d\theta}{dz}$ pourrait être considérable lorsque $t = 0$, sans néanmoins qu'il y eût autre chose qu'une libration dans la Lune, en sorte qu'il pourrait toujours y avoir une partie de sa surface qui nous serait cachée. Je détermine même les limites de $\frac{d\theta}{dz}$ pour que la Lune n'ait qu'une libration, comme aussi la valeur que $\frac{d\theta}{dz}$ doit avoir pour que la Lune nous montre successivement toute sa surface.

Pardon, mon cher et illustre ami, de ce griffonnage et de ce verbiage. Pensez à cela tout à votre aise et dites-m'en votre avis à loisir. Ayez surtout bien soin de votre santé : *res prorsus substantialis*. Je ne

3.

vous répète point ce que je vous ai dit et les offres que je vous ai faites. Je suis toujours à votre service et vous n'aurez qu'à parler. J'ai reçu du roi de Prusse une Lettre admirable, pleine de sens et de philosophie (¹) Elle devrait être au chevet de tous les rois. Adieu, adieu encore une fois, je vous embrasse de tout mon cœur.

Tuus

D'Alembert.

P.-S. — Je pense que vous aurez enfin reçu mon Livre. Vous n'y trouverez pas des recherches bien profondes, mais, ce me semble, plus de vues et de choses nouvelles que dans ce qui a été donné jusqu'ici à ce sujet.

10.

LAGRANGE A D'ALEMBERT.

A Turin, ce 13 novembre 1764.

Je ne saurais vous exprimer, mon cher et illustre ami, la joie que j'ai ressentie en apprenant le rétablissement de votre santé. Je vous assure que cette nouvelle était bien nécessaire à mon repos, car, depuis que je vous ai su malade, j'ai toujours été dans des craintes et des inquiétudes qui ne se peuvent représenter. Enfin, vous voilà donc hors d'affaire. Mais, au nom de Dieu, ne quittez point le régime que votre estomac n'ait repris toute sa vigueur; surtout trêve de calculs.

J'ai reçu depuis peu votre bel Ouvrage sur l'Optique (²); je le lis et le relis avec la plus grande avidité et avec une extrême satisfaction; j'admire comment vous avez pu vous livrer à un travail si énorme,

---

(¹) C'est probablement la Lettre d'août 1764, insérée dans le tome XXIV, p. 382, des *OEuvres de Frédéric II* (Berlin, 1846-1856, 30 vol. in-8).

(²) Il s'agit du troisième volume des *Opuscules mathématiques*, publié en 1764, et qui contient cinq Mémoires sur l'Optique.

mais j'admire encore davantage comment vous avez su rendre pour
ainsi dire neuve une matière qui était déjà bien usée. Vos *Recherches
sur la réfraction* (¹) sont aussi ingénieuses qu'intéressantes; il me
semble que vous avez touché le vrai joint de la question sur la pro-
portion de réfrangibilité entre les différentes couleurs. Il est singulier
qu'on ait pu s'occuper pendant si longtemps d'une dispute que l'expérience seule pouvait décider.

Je pense comme vous sur les difficultés que présente le sujet proposé
par l'Académie, mais elles ne me paraissent pas insurmontables, d'autant qu'il ne s'agit que des principales inégalités qui ont lieu dans le
temps des éclipses; au reste, je vous serai infiniment obligé de
me faire savoir l'explication que l'Académie a donnée de son programme (²). Je viens maintenant à votre Lettre.

Vous avez raison de dire que mon théorème sur les cordes vibrantes
vous donne gain de cause par rapport à la continuité des branches de
la courbe génératrice lorsque la courbe initiale est assujettie à une
équation. En effet, il n'est pas difficile de prouver qu'il y ait une
équation entre x et y telle que y, $\dfrac{d^2y}{dx^2}$, $\dfrac{d^4y}{dx^4}$, ... soient $= 0$ lorsque
$x = 0$, sans qu'elle donne pour les x négatifs des valeurs de y égales
et de signe contraire à celles qui répondent aux x positifs; d'où il
s'ensuit qu'aucune courbe algébrique ni transcendante ne saurait être
admise, pour représenter la figure initiale de la corde, qu'elle n'ait les
conditions que vous y exigez, et je puis vous assurer que je ne suis
pas peu content de m'être rapproché de vous sur ce point. Au reste,
ma solution n'exigeant pas que la courbe initiale puisse s'exprimer par
une équation, elle aura toujours lieu quelle que puisse être cette
courbe, pourvu que les conditions dont je vous ai parlé s'y trouvent
remplies. Ce que vous dites sur l'imperfection de la méthode, dont
vous avez résolu les équations de la précession des équinoxes, me
paraît tout à fait fondé; mais il me semble qu'elle peut être justifiée

(¹) C'est le sujet du cinquième Mémoire (p. 341).
(²) *Voir* plus haut, p. 16, note 1.

par rapport au cas dont il s'agit, même sans considérer le résultat. A
l'égard de ma théorie de la libration, je vous avoue franchement que
je la crois encore assez imparfaite ; c'est du moins l'idée que j'en avais
lorsque je l'envoyai à l'Académie, car, n'en ayant gardé aucun exemplaire, il m'est à présent impossible d'en juger. Votre manière d'expliquer la libration ne me parait pas exempte de difficultés, car :

1° Vous substituez dans l'équation

$$d(dP + d\varepsilon \sin \pi) = 0$$

$dz + d\varepsilon + d\theta$ au lieu de $- dP$, c'est-à-dire que vous supposez

$$dP + d\varepsilon = - dz - d\theta;$$

mais, autant que j'en puis juger par quelques lambeaux de ma pièce
que j'ai retrouvés ici, il me semble que l'on a, en négligeant les autres
termes peu considérables,

$$dP + d\varepsilon \sin \pi = - d\theta - dz \sin \pi.$$

2° Pour que la quantité θ ne contienne point d'arcs de cercle, il faut
que la valeur de $\dfrac{d\theta}{dz}$ ne renferme aucun terme constant, ce qui ne peut
avoir lieu qu'en supposant une certaine équation entre les constantes
du calcul ; et cela serait aussi incommode à supposer que l'égalité
parfaite entre le mouvement circulaire et celui de rotation.

J'ai trouvé, par une méthode directe, mais assez singulière, la valeur
de $\varphi(x)$, qui résulte de cette équation

$$\varphi(x + y\sqrt{-1}) - \varphi(x - y\sqrt{-1}) = 2M\sqrt{-1},$$

lorsque $y = f + hx$. Cette valeur est

$$\varphi(x) = \frac{M(f + hx)}{\theta\pi} + A(f + hx)^{\frac{\mu}{\theta}} + B,$$

A et B étant deux constantes arbitraires, μ un nombre quelconque entier, π le rapport de la circonférence au diamètre, et θ un nombre tel que tang $\theta\pi = h$.

Si l'on fait $h = -1$, on aura le cas de l'article V du quatrième Mémoire de vos *Opuscules* ([1]). Cela me fait croire que, quelle que soit l'équation entre x et y, on pourra toujours avoir la valeur de $\varphi(x)$ par la condition dont il s'agit; au moins ce ne sera qu'une affaire de calcul.

Je vous remercie de tout mon cœur des offres que vous me faites; il est vrai que je ne suis encore attaché à ma patrie que par des espérances, et Dieu sait quand elles se réaliseront! Mais il me semble que Berlin ne me convient point tandis qu'il y a M. Euler. Au reste, je me remets là-dessus entièrement à vous.

> *Vale et me ama.*
>
> *Deditissimus*
>
> DE LA GRANGE.

11.

D'ALEMBERT A LAGRANGE.

A Paris, ce 12 janvier 1765.

Depuis votre Lettre du 13 novembre, mon cher et illustre ami, ma santé, quoique beaucoup meilleure qu'elle n'était l'été dernier, a eu encore des alternatives de bien et de mal qui m'ont forcé de me ménager sur le travail et qui m'ont empêché de vous faire réponse plus tôt. Je ne pourrai même vous répondre que d'une manière imparfaite sur les différents points de votre Lettre; mais, enfin, je ne veux pas tarder plus longtemps, ne fût-ce que pour vous engager à me donner de vos nouvelles et de celles de vos travaux. La déclara-

---

([1]) Ce Mémoire est intitulé : *Réflexions sur les lois du mouvement des fluides.* Voir *Opuscules mathématiques,* t. I, p. 140.

tion que l'Académie a faite au sujet du programme consistait à dire
qu'elle ne prétendait point exclure l'action du Soleil des causes des
dérangements des satellites, surtout en tant que cette action doit
produire dans les nœuds un mouvement rétrograde qui doit être
combiné avec celui que l'action des satellites peut occasionner. Je
voulais qu'elle donnât un autre programme, ayant démontré, dans
un Mémoire que j'y ai fait lire, que celui-là n'avait pas trop le sens
commun; mais elle n'a pas voulu, *per la dignità,* avouer si pleinement sa sottise.

Nous voilà donc d'accord sur les courbes vibrantes, au moins quand
la courbe initiale est exprimée par une équation. Il me semble qu'à
plus forte raison nous devons l'être quand cette courbe n'a pas d'équation; car : 1° si elle est tracée au hasard, comment s'assurera-t-on que,
dans cette courbe, $\frac{d^n y}{dx^n}$ ne fait de sauts en aucun endroit? La solution
serait donc alors illusoire, puisqu'on ne pourrait jamais assurer qu'elle
serait bonne. 2° Pour que $\frac{d^n y}{dx^n}$ ne fasse de sauts nulle part, il faut, ce
me semble, que la courbe ait pour équation

$$y = ax + bx^2 + cx^3 + ex^4 + \dots,$$

en prenant l'origine en un point quelconque, et que, en la prenant au
point où $x = 0$, on ait

$$y = ax + ex^3 + fx^5 + \dots.$$

Or, si la courbe doit être regardée comme une suite d'arcs de cercle
infiniment petits (supposition toujours légitime), et que ces arcs de
cercle ne soient reliés entre eux par aucune équation continue, il me
paraît évident qu'alors l'équation

$$y = ax + bx^2 + cx^3 + ex^4 + \dots$$

n'aura pas lieu et que $\frac{d^n y}{dx^n}$ fera quelque saut.

Il est bien vrai que ma méthode pour intégrer les équations de la précession des équinoxes peut être justifiée; mais il me semble que, pour avoir le cœur bien net sur cela, il faut s'y prendre, comme je vous l'ai indiqué, par une intégration rigoureuse et générale, sans quoi on ne peut être sûr de ce qu'on fait. Cette discussion peut faire la matière d'un Mémoire intéressant, qui aura sa place, à ce que j'espère, dans mon quatrième Volume.

A l'égard de mes idées pour expliquer la libration, voici ce que je puis vous en dire à bâtons rompus : 1° Je n'y ai eu recours que parce qu'il me semble que votre méthode, quoique très-ingénieuse et très-belle, ne sauve point les arcs de cercle et, par conséquent, n'empêche point qu'à la longue la Lune ne dût nous présenter toutes ses faces. 2° Il est vrai qu'elle suppose (ma méthode) une équation entre les constantes du calcul, c'est-à-dire que, la position du premier axe de rotation étant donnée, il faut supposer une certaine vitesse de rotation dépendante de cette position. Mais il y a au moins cet avantage que la position est arbitraire dans le premier axe de rotation, pourvu qu'elle diffère peu de celle de l'axe de figure et que, d'ailleurs, on ne peut ni ne doit supposer dans ce cas que l'équateur soit une ellipse, mais seulement un cercle. 3° A l'égard de ce que vous ajoutez que je n'ai pas dû supposer $d\mathrm{P} = -dz - d\varepsilon - d\theta$, mais $d\mathrm{P} = (-dz - d\varepsilon)\sin\pi - d\theta$, je pense que ma supposition est au moins aussi légitime que la vôtre. Car, en premier lieu, supposons $d\varepsilon = 0$ et $d\theta = 0$: il faut que, quand la planète aura fait une révolution entière, c'est-à-dire quand z sera $= 360$, elle représente la même face au spectateur; or, pour cela, il faut que $d\mathrm{P} = -dz$, et non pas $d\mathrm{P} = -dz\sin\pi$. En second lieu, si $\sin\pi = 0$, vous auriez $d\mathrm{P} = 0$, ce qui n'est pas nécessaire, car alors, quel que soit $d\mathrm{P}$, la planète présenterait toujours la même face, en supposant au moins $-dz - d\varepsilon = 0$. Il est vrai que, dans ce cas de $\sin\pi = 0$, il est impossible d'empêcher que la planète ne montre toutes ses faces, au moins si $d\varepsilon = 0$, c'est-à-dire si l'axe demeure toujours parallèle à lui-même et sur le plan de l'orbite. Mais c'est un inconvénient commun à toutes les solutions.

XIII. 4

Votre théorème sur

$$\varphi(x + y\sqrt{-1}) - \varphi(x - y\sqrt{-1}) = 2\,\mathrm{M}\sqrt{-1}$$

est charmant ; j'ai trouvé moyen, ce me semble, de le généraliser beau-coup par les considérations suivantes :

1° Soit

$$(1 + h\sqrt{-1})^{x'+y'\sqrt{-1}} = (1 - h\sqrt{-1})^{x'+y'\sqrt{-1}};$$

on aura

$$y' \log\sqrt{1 + hh} + x'(\omega \pm 2n\pi) = \pm\rho\pi,$$

$$y' \log\sqrt{1 + hh} - x'(\omega \pm 2n\pi) = \pm\sigma\pi \; (^1),$$

ω étant le plus petit des angles qui ont h pour sinus et 1 pour cosinus, et pour rayon $\sqrt{1 + hh}$, n et n' des nombres entiers quelconques, et ρ, σ des nombres entiers tous deux pairs ou tous deux impairs. Si $y = 0$, alors $n = n'$, ce qui revient à votre cas ; et pour lors $\rho = -\sigma$, et ρ peut être tel nombre entier qu'on voudra. Je tire ce théorème de ma méthode pour trouver la valeur de $(a + b\sqrt{-1})^{m+n\sqrt{-1}}$, donnée dans mon *Traité des vents* (^{2}) et ailleurs.

2° De là je conclus aisément que, au lieu de votre terme $(f + hx)^{\frac{\mu}{\eta}}$, je puis mettre

$$(f + hx)^{x'+y'\sqrt{-1}},$$

x' et y' ayant les conditions susdites. Je puis même mettre

$$[k + \mathrm{A}(f + hx)^\lambda]^p,$$

λ étant $x' + y'\sqrt{-1}$, p un entier positif ou négatif, et k une constante quelconque. Je puis même encore, à ce qu'il me semble, mettre

$$[k + \mathrm{A}'(f + hx)^\lambda]^p,$$

pourvu que $p\lambda = x' + y'\sqrt{-1}$, x' et y' ayant les propriétés susdites.

3° Je pourrai aussi mettre tant de termes qu'on voudra de cette

---

(^{1}) Il y a dans ces formules une inadvertance qu'il ne nous a point paru nécessaire de corriger.

(^{2}) *Réflexions sur la cause générale des vents,* 1747, in-4°.

forme
$$[k + A(f+hx)^\lambda]^p + [k' + A'(f+hx)^{\lambda'}]^{p'} + \ldots,$$

k, k' étant des constantes quelconques et $p\lambda$, $p'\lambda'$ ayant les conditions susdites.

4° Au lieu de ces termes je pourrai mettre c (nombre dont le log $= 1$) élevé à des puissances dont ces termes sont les exposants.

5° Je pourrai de même former une quantité où tous ces termes, exponentiels ou non, seront ajoutés, soustraits, multipliés, divisés les uns par les autres comme on voudra. Dans tous ces cas, j'aurai la formule

$$\varphi(x + y\sqrt{-1}) - \varphi(x - y\sqrt{-1}) = 0.$$

6° Pour avoir maintenant le cas où le deuxième membre est $2M\sqrt{-1}$, je n'ai qu'à prendre tant de termes que je voudrai,

$$a \log \frac{(1 + h\sqrt{-1})^m}{(1 - h\sqrt{-1})^m} + b \log \frac{(1 + h\sqrt{-1})^n}{(1 - h\sqrt{-1})^n},$$

que je ferai égaux à $2M\sqrt{-1}$, ce qui donne

$$ma(\omega \pm 2n\pi) + nb(\omega \pm 2n'\pi) + \ldots = 2M\ldots,$$

et ainsi du reste. Je ne doute pas même que cette méthode ne puisse être encore poussée plus loin, et je vois clairement qu'on résoudrait aussi le problème si l'on avait

$$a\varphi(bx + cy\sqrt{-1}) + f\varphi(cx + gy\sqrt{-1}) = 2M\sqrt{-1},$$

et, en général,

$$a\varphi(bx + cy) + f\varphi(cx + gy) = 2M,$$

a, b, c, f, g, M étant quelconques, réels ou imaginaires.

Je ne suis point éloigné de penser, comme vous, que le problème de

$$\varphi(x + y\sqrt{-1}) - \varphi(x - y\sqrt{-1}) = 2M\sqrt{-1}$$

peut se résoudre en général; on peut même en donner une espèce de démonstration en supposant $\varphi x = q$ et remarquant que l'équation devient alors

$$\frac{y\,dq}{dx} - \frac{y^3 d^3 q}{2.3\,dx^3} - \ldots = 2M,$$

4.

qui est une série infinie, etc., d'où l'on peut tirer la valeur de q en série. Mais il est bon de remarquer aussi que la solution est illusoire. si x fini et $= 0$ donne $y = 0$ en quelque point, comme il arrive dans le cas de $y = f + hx$ et dans mille autres, car vous trouverez aisément que dans ce cas M sera $= 0$ pour toutes les courbes. Donc, alors, ou le problème serait indéterminé, ou les particules du fluide décriraient des courbes semblables à la courbe des parois. Or vous verrez aisément que cela est impossible. La solution est donc illusoire, quoique bonne géométriquement.

Quoique j'aie peu pensé au problème des trois corps, j'ai aussi trouvé une méthode assez simple pour intégrer l'équation sans être obligé de substituer à chaque opération la valeur précédente du rayon vecteur. En voici un essai sur l'équation

$$ddt + \mathrm{N}^2 t\,dr^2 + bt \cos pr\,dr^2 = 0.$$

Je remarque que chaque terme $\mathrm{M} \cos kz$ de t doit donner dans l'intégrale

$$-\frac{b\mathrm{M}}{2} \frac{\cos kz \pm pz}{\mathrm{N}^2 - (k \pm p)^2} + \frac{b\mathrm{M} \cos \mathrm{N}z}{\mathrm{N}^2 - (k' \pm p)^2};$$

c'est pourquoi, ayant le premier terme $\mathrm{H} \cos \mathrm{N}z$ de t, je mets d'abord à droite et à gauche

$$-\frac{b\mathrm{H}}{2} \frac{\cos \mathrm{N}z + pz}{\mathrm{N}^2 - (\mathrm{N} + p)^2} \quad \text{et} \quad \frac{b\mathrm{H} \cos \mathrm{N}z - pz}{2[\mathrm{N}^2 - (\mathrm{N} - p)^2]},$$

et au-dessous de $\mathrm{H} \cos \mathrm{N}z$ les deux termes

$$+\frac{b\mathrm{H} \cos \mathrm{N}z}{\mathrm{N}^2 - (\mathrm{N} + p)^2} + \frac{b\mathrm{H} \cos \mathrm{N}z}{\mathrm{N}^2 - (\mathrm{N} - p)^2}.$$

Ensuite, à droite et à gauche de chacun de ces nouveaux termes, j'en mets deux autres qui sont égaux à ces nouveaux termes multipliés par $-\frac{b}{2}$ et divisés par $\mathrm{N}^2 - k^2$; k, étant $=$ à l'angle précédent augmenté de $\pm pz$, doit aussi être ajouté à l'angle après le signe cos. Les termes qui donneraient $\mathrm{N}^2 - \mathrm{N}^2$ au dénominateur, je les mets à part, et j'ajoute le numérateur à N^2 dans le terme $N^2 t dz^2$, après avoir divisé ce numérateur par le coefficient de $\cos Nz$ dans l'intégrale déjà trouvée.

Voilà, mon cher et illustre ami, une longue Lettre et des idées bien informes. Telles qu'elles sont, je vous prie de les regarder comme une marque du plaisir que j'ai à m'entretenir avec vous. Il ne me reste de papier que pour vous embrasser de tout mon cœur en vous demandant la continuation de votre amitié.

12.

LAGRANGE A D'ALEMBERT.

A Turin, ce 26 janvier 1765.

Votre long silence, mon cher et illustre ami, m'avait bien alarmé; je craignais qu'un nouveau dérangement de votre santé n'en fût la cause, et je vois en effet, par votre Lettre, que mes craintes n'étaient que trop justes. Mais êtes-vous bien rétabli à présent? Vous ne m'en dites rien; cela me rend fort inquiet. Il me semble que le voyage d'Italie vous ferait grand bien; quand la santé est une fois dérangée, il n'y a qu'une forte secousse qui puisse la rétablir; j'en parle d'après ma propre expérience.

Je suis sans doute d'accord avec vous sur les cordes vibrantes quand la courbe initiale peut être représentée par une équation; mais il me semble que cette condition n'est pas nécessaire pour que l'on ait $\frac{d^n y}{dx^n} = 0$ aux deux extrémités de la corde, et que cette quantité ne fasse de saut en aucun endroit, ce qui est la seule condition que ma théorie exige dans la courbe initiale. Il est vrai que je ne vois pas trop comment on pourrait s'assurer que cette condition fût observée dans une courbe tracée au hasard; mais il suffit que la chose soit possible pour qu'elle puisse avoir lieu dans la nature, et il me semble qu'il serait sans cela presque impossible de rendre raison des phénomènes des cordes sonores, qui sont d'ailleurs si bien d'accord avec la théorie. Au reste, j'ai trouvé, par une méthode tout à fait directe, que la condition dont nous parlons ne peut avoir lieu dans une courbe à équation, à moins qu'elle ne soit représentée par

$$y = \alpha \sin \frac{\pi x}{a} + \beta \sin \frac{2 \pi x}{a} + \dots$$

L'équation

$$dP = (- dz - d\varepsilon) \sin \pi - d\theta,$$

que je vous ai objectée, n'est pas chez moi une simple hypothèse, mais une conséquence de mes calculs; d'ailleurs cette équation n'est qu'approchée, et elle suppose π presque droit; ainsi votre difficulté tombe d'elle-même. Au reste, si mes calculs donnent des arcs de cercle, je crois que c'est moins un vice particulier de ma théorie qu'une imperfection commune à ces sortes de solutions par approximation; mais, au moyen de ma nouvelle méthode, j'espère pouvoir traiter ce sujet d'une manière plus exacte que je ne l'ai fait.

Votre théorème sur

$$\left(1 + h \sqrt{-1} \right)^{x' + y'\sqrt{-1}} = \left(1 - h \sqrt{-1} \right)^{x' + y'\sqrt{-1}}$$

et les conséquences que vous en tirez m'ont enchanté; ce que je vous ai envoyé là-dessus n'est qu'un cas particulier d'une solution générale par laquelle on peut trouver $\varphi(x)$ dans cette équation,

$$a \varphi(x + \alpha y) + b \varphi(x + \beta y) + \dots = X,$$

X étant une fonction quelconque de x, et $y = A + Bx$; et cette solution elle-même n'est aussi qu'un cas particulier d'une méthode d'intégration par laquelle je tire la valeur complète de y de cette équation du degré m,

$$P y + Q \frac{dy}{dx} + R \frac{dy^2}{dx^2} + \dots = X,$$

(P, Q, ..., X étant des fonctions quelconques de x), en supposant que je connaisse m ou au moins $m-1$, valeurs particulières de y dans l'équation

$$P y + Q \frac{dy}{dx} + R \frac{dy^2}{dx^2} + \ldots = 0.$$

Ceci fera la matière d'un Mémoire que j'insérerai dans le troisième Volume de nos *Mélanges*. Votre méthode pour intégrer l'équation du problème des trois corps est extrêmement simple et commode; je vous enverrai la mienne, qui en est totalement différente, dès que vous me paraîtrez le souhaiter; je puis me flatter d'avance qu'elle ne vous déplaira pas.

Notre Société se prépare à faire imprimer un nouveau Volume; voudriez-vous lui faire l'honneur de décorer cet Ouvrage de votre nom? Cela ferait assurément ici un grand effet, et je ne doute pas qu'il ne hâte beaucoup son établissement. Envoyez-nous quelques-uns de vos papiers; je les mettrai en ordre et je les ferai imprimer avec tout le soin possible.

Je ne sais si vous savez qu'on doit donner ici une édition de tous les Ouvrages du célèbre Leibnitz[1]; on m'a chargé de la partie mathématique, soit pour l'arrangement des pièces, soit pour les éclaircissements qui paraîtront nécessaires. On voudrait aussi que j'y ajoutasse deux mots en forme de préface[2] sur la nature et l'invention des nouveaux calculs; mais je n'ai ni le talent ni l'exercice nécessaires pour ces sortes de choses. Si je ne craignais de faire une indiscrétion, je vous

[1] Cette édition, dédiée à Georges III d'Angleterre, fut publiée à Genève en 1768, en 6 vol. in-4. Dans la préface générale placée en tête du premier Volume par l'éditeur Dutens, on lit ce qui suit (p. IV): « *Ludovico etiam de la Grange placuit in partem curarum mecum venire, in iis præsertim, quæ ad Mathesin pertinebant. Utinam ei, gravissimis aliis occupationibus districto, majorem mihi operam præstare licuisset! Summa certe, et quantam maximam Respublica literaria optare potuisset, ex præstantissimi mathematici lucubrationibus facta fuisset ad hoc opus accessio.* »
Louis Dutens, né à Tours de parents protestants, le 16 janvier 1730, mort à Londres le 23 mai 1812.
[2] Dutens s'excuse, dans la préface du troisième Volume, consacré aux Œuvres mathématiques de Leibnitz, de ne pas pouvoir donner une préface rédigée par Lagrange, comme il l'avait promis aux lecteurs; mais les occupations de celui-ci l'ont empêché de se livrer à ce travail.

prierais de vouloir bien vous en charger; il est certain que personne au monde n'y réussirait mieux que vous, et la mémoire du célèbre Leibnitz mériterait bien un pareil témoignage de reconnaissance de la part de l'un des premiers géomètres de notre siècle.

Adieu, mon cher et illustre ami, portez-vous bien et conservez-moi votre précieuse amitié.

13.

D'ALEMBERT A LAGRANGE.

A Paris, ce 2 mars 1765.

Mon cher et illustre ami, ma santé est beaucoup meilleure, mais elle a encore éprouvé des alternatives, depuis deux mois, qui m'obligent à observer un grand régime, surtout par rapport au travail. Je suis comme sûr de la rétablir, au moyen de ce que j'ai renoncé non-seulement aux remèdes des médecins, mais encore au genre de vie qu'ils m'avaient conseillé et qui ne valait pas mieux. Il faut avouer que la Médecine est une belle chose; je la regarde comme au-dessous de la Théologie.

J'ai bien de la peine à croire qu'une courbe tracée au hasard et sans aucune équation possible soit telle que $\frac{d^n y}{dx^n}$ n'y soit jamais fini ni infini à l'origine et n'y fasse jamais de saut nulle part. Il suffit d'ailleurs qu'il soit impossible de démontrer le contraire pour que la solution soit illusoire dans ce cas-là; et, à l'égard de ce que vous ajoutez qu'il n'y a pas moyen d'expliquer autrement que par cette supposition les phénomènes des cordes sonores qui s'accordent avec la théorie, je vous répondrai ce que j'ai déjà dit ailleurs : que, pour l'ordinaire, la première figure de la corde vibrante est un triangle, qui est exclu par vous-même de la solution. A cette occasion, je vous invite à lire les notes que Daniel Bernoulli a mises contre vous (et un peu contre moi) dans notre Volume de 1762 (¹), qui vient de paraître. Elles sont un peu impertinentes, mais il vous donne beau jeu et à moi aussi, et j'espère bien, pour ma part, lui en dire deux mots quelque jour.

Il me semble que l'équation

$$dP = (-dz - d\varepsilon)\sin\pi - d\theta$$

ne résulte point de votre théorie; j'y trouve bien l'équation

$$\tang(\omega + \theta) = \cos\pi\,(\tang v - s)$$

à laquelle vous parvenez dans votre excellente pièce et qui résulte aussi de mes formules; mais l'équation

$$dP = (-dz - d\varepsilon)\sin\pi - d\theta$$

ne résulte pas de celle-là, et il me semble qu'il est nécessaire que $\sin\pi$ ne se trouve point dans cette équation pour que la Lune nous tourne toujours à peu près la même face; car, quand même $\sin\pi$ différerait peu de l'unité, P serait fort différent de $-z - \varepsilon$ au bout d'un grand nombre de révolutions.

J'ai donné, dans la première édition de mon *Traité de Dynamique* (²), une méthode pour intégrer l'équation

$$d\,dy + M y\,dz^2 + P\,dz^2 = 0,$$

qui me fournit un moyen très-simple d'intégrer l'équation

$$P y + Q\frac{dy}{dx} + R\frac{d^2 y}{dx^2} + \ldots = X$$

lorsqu'on a $m - 1$ valeurs de y en x dans le cas de $X = 0$. Soit $y = vz$, z étant une de ces valeurs et v une indéterminée variable; j'aurai

$$P z + Q\frac{dz}{dx} + R\frac{d^2 z}{dx^2} + \ldots = 0,$$

et, substituant, il me viendra une équation du degré m qui n'aura

(¹) *Voir* le Mémoire de Bernoulli intitulé : *Recherches physiques, mécaniques et analytiques sur le son et sur le ton des tuyaux d'orgues différemment construits,* dans les *Mémoires de l'Académie des Sciences* de 1762. Les notes auxquelles d'Alembert fait allusion se trouvent aux pages 432, 437 et 441.

(²) La première édition de ce Traité est de 1743. Il a été réimprimé en 1758 et 1796.

d'inconnue que v et point de terme où soit V; donc, faisant $\frac{dv}{dz} = q$, j'aurai une équation du degré $m - 1$ où j'aurai $m - 2$ valeurs de q dans le cas de $X = 0$, puisque v ou $\frac{y}{z}$ a $m - 2$ valeurs connues (hyp.) et par conséquent $\frac{dv}{dz}$ ou q; donc, en continuant ainsi, j'arriverai à une équation de cette forme

$$dr + Zr\,dz + \zeta\,dz = 0,$$

qui est évidemment intégrable.

Je voudrais fort pouvoir faire ce que vous désirez par rapport à la Préface des Œuvres de Leibnitz; mais, sur l'invention et la nature du Calcul différentiel, je ne pourrais guère que répéter ce que j'ai dit au mot *Différentiel* de l'*Encyclopédie*. Vous m'avez dit, ce me semble, avoir sur cela des vues dont vous aurez occasion de faire part au public dans cette Préface. D'ailleurs, le régime que je suis obligé d'observer ne me permet pas ce surcroît d'occupations, d'autant que j'ai plusieurs choses de différent genre sur le métier, auxquelles je donne tous les moments dont je puis disposer. Vous recevrez, à ce que j'espère, bientôt l'*Histoire de la destruction des Jésuites* ([1]), que j'ai fait imprimer à Genève, non pas celle que je vous ai lue, mais le même fond avec beaucoup d'adoucissements. J'ai tâché d'y mettre en finesse ce que j'avais mis en force dans l'autre, et je crois que le diable et la Société, et tous les fanatiques, jansénistes, molinistes, augustinistes, congruistes et autres fous en istes, n'y perdront rien.

A l'égard de ce que vous me proposez, mon cher et illustre ami, d'insérer un Ouvrage de ma façon dans vos Mémoires, c'est un honneur auquel je suis très-sensible et auquel je désire fort de pouvoir répondre. Mais comme je veux éviter les tracasseries avec l'Académie, où je ne donne point de Mémoires par les raisons que je vous ai dites, et même avec l'Académie de Berlin, où depuis longtemps je n'en envoie pas

([1]) Le Livre est intitulé : *Sur la destruction des Jésuites en France,* par un auteur désintéressé. Sans lieu d'impression, MDCCLXV; in-12.

non plus, voici ce que je pourrais faire : ce serait de vous écrire une grande Lettre où je traiterais fort sommairement différentes matières et où (ce qui est plus important et plus cher pour moi) j'aurais occasion de vous rendre, sans avoir aucun air de flatterie, la justice que vous méritez. Vous pourriez donner à cet écrit le titre d'*Extrait de différentes Lettres de M. d'Alembert à M. de la Grange* (¹); ce serait comme une espèce d'analyse des principales choses que je dois traiter dans le quatrième Volume de mes *Opuscules*. Voyez si cela vous convient, et, en ce cas, dites-moi dans quel temps il faudra que cela soit prêt. Vous pouvez compter sur ma parole, pourvu que j'aie du temps devant moi, car je ne veux ni ne puis me presser; ma santé ne me permettant pas un long travail de suite sur la même matière.

J'oublie de vous dire que j'ai trouvé dans mes paperasses une vieille Lettre de Leibnitz à Varignon, bien authentique et signée de sa main. Elle ne vaut pas grand'chose, mais je vous l'envoie pour en faire l'usage que vous jugerez convenable (²). Encore une fois je voudrais fort vous faire le plaisir que vous me demandez au sujet de la Préface; mais cette besogne me rit peu, surtout dans un moment où j'ai beaucoup de choses commencées et peu de temps pour les finir. Adieu, mon très-cher et très-digne ami; vous avez bien raison de dire qu'un voyage (et surtout en Italie) serait peut-être le plus sûr et le plus prompt moyen de me rétablir; mais il faudrait pour cela être assez à mon aise pour faire le voyage tout seul, car je ne veux point de compagnon. M. Watelet seul me convenait, et je n'en retrouverais pas aisément un autre. Or, il s'en faut beaucoup que je sois en état de voyager sans me gêner. C'est tout ce que je puis faire, avec les charges que j'ai, d'attraper le bout de l'année en vivant avec beaucoup d'économie; je ne m'en plains pas, car vous êtes encore plus maltraité dans votre pays que je ne le suis dans le mien. Il faut s'en consoler.

(¹) C'est en effet le titre qui fut adopté par Lagrange.
(²) Cette Lettre sur les *Inclinations centrales* est insérée dans le Tome III de l'édition de Leibnitz, de Dutens, page 404, avec la mention suivante : *Communiquée à l'éditeur par M. d'Alembert.*

———

5.

14.

LAGRANGE A D'ALEMBERT.

A Turin, ce 20 mars 1765.

Mon cher et illustre ami, je vous remercie de votre Lettre du 2; elle est toute pleine d'amitié et de confiance, et calme un peu mes inquiétudes sur votre santé; je crois que vous avez bien fait de renoncer aux remèdes des médecins; votre estomac, délabré par le travail, ne veut pas être tracassé, et il ne lui faut, à mon avis, que du régime et du repos.

Je brûle de voir votre *Histoire de la destruction des Jésuites.* Il n'y en a encore ici qu'un exemplaire, que je sache; il est entre les mains du cardinal delle Lanze (¹); mais nos libraires ne seront pas longtemps sans en recevoir, pourvu néanmoins qu'ils ne tombent pas entre les griffes d'une certaine bête qui guette toujours avec une extrême vigilance tous les Livres nouveaux, et surtout ceux qui viennent de delà les monts. Au reste, comme cet Ouvrage est plutôt contre que pour les Jésuites, il est à espérer qu'il trouvera grâce devant nos fous en *istes* (²) et qu'ainsi on le laissera passer librement.

Je recevrai avec le plus grand plaisir le Mémoire dont vous voulez bien honorer notre troisième Volume (³). La forme que vous croyez devoir lui donner, pour éviter toutes tracasseries, n'en est que plus honorable pour moi et peut-être aussi plus convenable à l'état présent de notre Société. Vous pouvez prendre pour cela autant de temps que vous voudrez; nous ne sommes nullement pressés.

Je vous remercie de la Lettre de Leibnitz que vous avez eu la bonté de m'envoyer; je l'ai déjà mise à sa place dans le recueil des pièces

(¹) Charles-Victor-Amédée delle Lanze, de Turin, créé cardinal en 1747.
(²) *Voir* plus haut, p. 34.
(³) *Voir* plus haut, p. 34.

mathématiques de l'auteur, que j'ai entre les mains. Je souhaitais
fort que vous voulussiez vous charger d'y faire une Préface, car il
risque de n'en avoir aucune, ou bien, ce qui serait encore pis, de
n'en avoir qu'une mauvaise; mais les excuses que vous alléguez sont
très-bonnes, et je n'ai garde de m'y opposer.

J'ai lu le Mémoire de M. Daniel Bernoulli sur la théorie des tuyaux
d'orgues (¹); il n'a fait que délayer dans un long verbiage ce que
j'avais mis, dans quelques formules algébriques, dans mes deux
Mémoires sur le son; encore ne l'a-t-il fait qu'imparfaitement et dans le
seul cas particulier de l'isochronisme des vibrations. Cependant il a le
front de dire qu'il n'a *trouvé dans aucun Traité les vibrations de l'air
exactement décrites;* mais je lui donnerai bien sur les doigts.

Votre méthode pour intégrer l'équation

$$P y + Q \frac{dy}{dx} + R \frac{d^2 y}{dx^2} + \ldots = X$$

est très-belle; la mienne en est totalement différente et elle a l'avantage de donner tout d'un coup la valeur de y, moyennant quoi l'on
peut aussi l'appliquer aux équations infinies.

Quant à ce que vous m'objectez à l'égard de l'équation

$$d\mathrm{P} = (- dz - d\varepsilon) \sin \pi - d\theta,$$

je n'insisterai pas davantage sur ma prétention; outre que je n'ai
point de copie de ma pièce sur la libration, j'ai si bien oublié tout ce
que j'ai écrit sur ce sujet, que je ne me souviens presque plus de
l'avoir traité; mais j'espère y revenir quelque jour, et je remets à ce
temps-là notre discussion. A l'égard de celle qui roule sur les cordes
vibrantes, elle est maintenant réduite à un point qui échappe, ce me
semble, à l'analyse. Au reste, j'ai trouvé par une voie tout à fait directe
qu'en admettant dans la figure initiale les conditions que vous y exigez,
la solution se réduit à celle de M. Bernoulli, savoir :

$$y = \alpha \sin \frac{\pi x}{a} + \beta \sin \frac{2 \pi x}{a} + \ldots,$$

(¹) *Voir* plus haut, p. 33, note i.

et j'ai peine à croire que celle-ci soit la seule qui puisse avoir lieu dans
la nature. D'ailleurs, les phénomènes de la propagation du son ne
peuvent s'expliquer qu'en admettant les fonctions discontinues, comme
je l'ai prouvé dans ma seconde dissertation.

Je suis fort affligé de ce que vous me dites sur l'impossibilité de
votre voyage d'Italie, et je ne renonce qu'avec le plus grand regret à
la douce espérance que j'avais conçue de vous revoir bientôt; mais ce
qui est différé n'est pas perdu. Adieu, mon cher et respectable ami;
je vous embrasse de tout mon cœur.

15.

D'ALEMBERT A LAGRANGE.

A Paris, ce 18 juin 1765.

Mon cher et illustre ami, je ne vous parlerai guère aujourd'hui de
Géométrie, mais d'une injustice sans exemple que j'essuie et sur laquelle je vous laisse à faire vos réflexions.

Ornari res ipsa negat, contenta doceri.

Clairaut, qui vient de mourir, avait 9000 à 10000 francs de pension
sur différents objets; on ne m'en a pas donné un sol. Ce n'est pas de
quoi je me plains : il y a longtemps que je suis accoutumé à de pareils.
traitements, et d'ailleurs je n'en ai rien demandé; mais il laisse à
l'Académie une pension vacante qui m'est dévolue de droit, comme au
plus ancien : je ne parle point de mes autres titres. L'Académie des
Sciences, qui apparemment commence à craindre de me perdre, a écrit
au ministre, sans que je l'en aie sollicitée et de son propre mouvement, pour demander cette pension pour moi ([1]). Depuis un mois

---

([1]) Les registres manuscrits de l'Académie ne contiennent que la mention suivante, à la
date du 18 mai 1765. C'est le Secrétaire perpétuel, Grandjean de Fouchy, qui parle :

« L'Académie a appris la mort de M. Clairaut, arrivée hier 17; à l'occasion de quoi j'ai

le ministre ne fait aucune réponse, et ce qui prouve sa mauvaise volonté, c'est qu'il a répondu à l'Académie sur d'autres objets dont elle lui parlait dans la même Lettre où il était question de moi. De vous dire la cause d'un pareil traitement, je l'ignore et je crois qu'on y serait bien embarrassé. Je sais seulement que le ministre a dit que je venais de recevoir une pension de la czarine (ce qui est faux; il n'en a pas seulement été question, et puis, quand cela serait, voyez un peu la belle raison!). Il a ajouté que le roi était très-mécontent de mes écrits; vous ne vous en seriez jamais douté, ni moi non plus; aussi est-ce une fausseté : le roi ne connaît point mes Ouvrages, et, s'il les a lus, surtout le dernier sur la destruction des Jésuites, il n'a ni pu ni dû en être mécontent; au contraire, puisque je tâche d'y rendre odieuses et ridicules les disputes de religion qui troublent l'État, et que j'y parle d'ailleurs de la personne du roi, et même du gouvernement et de la religion, d'une manière irréprochable. Voilà, mon cher et illustre ami, où j'en suis après vingt-quatre ans de travail dans l'Académie des Sciences (¹) et tous les Ouvrages et les sacrifices que vous connaissez. Le public jette les hauts cris; j'espère que les étrangers

rendu compte à l'Académie de ce qui s'était passé en 1756, lorsque M. d'Alembert avait été fait surnuméraire dans la classe de Géométrie, et j'ai lu ce qui se trouve à ce sujet sur les registres dont je suis dépositaire; après quoi, l'Académie ayant délibéré dans la forme ordinaire pour savoir si la place de M. Clairaut était vacante ou non, il a été décidé que M. le comte de Saint-Florentin serait prié d'obtenir du roi de faire passer M. d'Alembert de la classe de Géométrie, où il est pensionnaire surnuméraire, dans la classe de Mécanique, et de vouloir bien informer l'Académie des intentions de Sa Majesté. »

· Voici le passage des registres manuscrits (séance du 31 mars 1756) dont Grandjean de Fouchy donna lecture à l'Académie :

« M. Duhamel, Directeur, ayant lu un écrit relatif à la proposition de M. d'Alembert par lequel il proposait ou de demander que la pension qu'il vient d'obtenir du roi (comme surnuméraire dans la classe de Géométrie) fût attachée à l'Académie pour former une nouvelle classe sous le titre de *Physique,* dans laquelle il serait pensionnaire, ou de le faire pensionnaire vétéran, ou enfin de le faire pensionnaire surnuméraire, il a été décidé qu'on ne pouvait délibérer que sur ce dernier parti, qui était le seul contenu dans la Lettre du ministre. En conséquence de quoi : L'Académie, ayant délibéré dans la forme ordinaire, suivant les ordres du roi, qui lui ont été adressés par M. le comte d'Argenson, sur la proposition de M. d'Alembert d'être fait pensionnaire surnuméraire dans sa classe, à condition de n'avoir ni pensions ni jetons jusqu'à ce que ses anciens soient placés, la pluralité des voix a été pour lui accorder sa demande. »

(¹) Il y était entré le 29 mai 1741.

s'y joindront et que vous me ferez le plaisir d'apprendre à vos amis cette *nouvelle littéraire* qui en vaut bien une autre. Quand le roi de Prusse la saura (il doit la savoir à présent), il ne manquera pas de dire : *Vous l'avez voulu, George Dandin,* et il aura raison ([1]). Je puis bien dire à mon pays comme Élisabeth dans la tragédie du *Comte d'Essex* ([2]) :

> O vous rois, que pour lui ma flamme a négligés,
> Jetez les yeux sur moi ; vous êtes bien vengés.

Notez que, par des arrangements qu'il serait trop long de vous dire, cette pension de Clairaut, qui était de 3000 francs et qui ne sera pour moi que de 1000 francs, se réduit à moins de 400 francs ; c'est pour ce bel objet qu'on commet une injustice criante et absurde. Au reste, je la vois comme je dois la voir ; elle n'a point pris sur ma santé, qui continue toujours à être bonne ; je n'ai pas même encore pris de parti. Je suis curieux de voir combien cela durera, car enfin il faudra bien que le ministre réponde oui ou non ; mais, quelle que soit sa réponse, la mauvaise volonté (non du roi, mais du gouvernement) est si marquée, que ma reconnaissance sera toujours la même.

Avez-vous lu cette *Destruction des Jésuites?* En êtes-vous content? Les fanatiques des deux partis jettent les hauts cris contre moi : c'est ce que je voulais. J'aime assez le déchaînement ; il m'amuse.

Dites-moi précisément quand vous aurez besoin du Mémoire que je vous ai promis. Je vous tiendrai parole. Vous recevrez incessamment un Ouvrage de M. de Condorcet sur le Calcul intégral ([3]), qui me paraît excellent et dont je crois que vous serez très-satisfait. Depuis deux mois j'ai travaillé beaucoup aux lunettes et à la théorie de la Lune, et je crois avoir trouvé de bonnes choses sur ces deux sujets. Je vous en

---

([1]) Frédéric lui écrivit, le 20 août suivant :

« J'ai été fâché d'apprendre la mortification qu'on vient de vous faire essuyer et l'injustice avec laquelle on vous a privé d'une pension qui vous revenait de droit. » Il ajoute : « Je me suis flatté que vous seriez assez sensible à cet affront pour ne pas vous exposer à en souffrir d'autres, » et continue sur ce ton pour l'engager à venir s'établir à Berlin.

([2]) Voir *le Comte d'Essex,* par Thomas Corneille, acte III, scène II.

a été du *Calcul intégral;* 1765, in-4. Les registres manuscrits de l'Académie con-
date du 22 mai 1765, un Rapport de d'Alembert et de Bézout sur cet Ouvrage.

parlerai une autre fois. Il ne me reste de place que pour vous embrasser.

Ce .... de Lalande est allé en Italie ('); j'espère que les Italiens le secoueront comme la vermine à laquelle il ressemble.

16.

D'ALEMBERT A LAGRANGE.

A Paris, ce 30 juin 1765.

Mon cher et illustre ami, je vous serai très-obligé de vouloir bien accueillir M. Desmarets (²), qui vous rendra cette Lettre et qui voyage en Italie pour y faire des observations d'Histoire naturelle. C'est un homme de mérite et très-éclairé, à qui je ne doute pas que vous ne procuriez toutes les facilités qui dépendront de vous pour remplir son objet dans la partie de l'Italie que vous habitez, et qui doit être bien glorieuse de vous posséder. Adieu, mon cher et illustre ami, je vous embrasse de tout mon cœur et vous souhaite une bonne santé.

D'ALEMBERT.

(¹) Joseph-Jérôme Le Français de Lalande, astronome, littérateur, membre de l'Académie des Sciences (1753), né le 11 juillet 1732 à Bourg (Ain), mort à Paris le 4 avril 1807. Comme on le voit ici, d'Alembert professait peu d'estime pour le caractère intrigant et hargneux (expression de Turgot) de son confrère. — Lalande a publié une relation très-intéressante de son voyage sous le titre de *Voyage d'un François en Italie, fait dans les années 1765 et 1766.* Venise et Paris, 1769, 8 vol. in-12.

(²) Nicolas Desmarets, membre de l'Académie des Sciences (1771), puis de l'Institut, né en 1725, mort en 1815.

17.

LAGRANGE A D'ALEMBERT.

A Turin, ce 6 juillet 1765.

Mon cher et illustre ami, je n'ai pu apprendre l'injustice qu'on vous fait essuyer sans en être vivement indigné; mais je vous avouerai franchement que je n'en ai pas été bien surpris et je crois que vous-même n'avez pas dû l'être non plus. Vous n'avez jamais sacrifié aux idoles; voilà, si je ne me trompe, votre crime. Le silence qu'on s'obstine à garder sur votre article me paraît n'avoir d'autre but que de vous engager à quelque espèce d'humiliation. Je suis impatient de voir quelle issue aura cette affaire, car, d'un côté, je vous crois incapable de démentir votre caractère un seul moment, et, de l'autre, je ne vois pas trop de quel front on oserait commettre à la face de toute l'Europe une injustice si criante et si absurde.

J'ai été enchanté de la *Destruction des Jésuites*. Les fanatiques d'ici l'ont déchirée comme de raison; mais le petit nombre de ceux qui pensent l'a regardée comme l'un des meilleurs Ouvrages qui soient sortis de votre plume. J'ai reçu le *Traité sur le Calcul intégral* de M. de Condorcet, et je l'ai trouvé bien digne des éloges dont vous l'avez honoré dans votre Rapport à l'Académie (¹); je voudrais seulement qu'il eût expliqué plus en détail la manière dont il parvient à trouver les différentes formes d'intégrales dont une équation différentielle est susceptible. Par exemple, on sait que l'intégrale de l'équation

$$(y^2 + Ay + B)\,dx + m(x^2 + Cx + D)\,dy = 0$$

est de la forme de

$$\frac{1}{b-a}\log\frac{x+a}{x+b} + \frac{m}{f-e}\log\frac{y+e}{y+f} + \text{const.} = 0,$$

(¹) *Voir* plus haut, p. 40, note 3.

laquelle n'est point comprise, ce me semble, dans celles de la page 56 du Traité de M. de Condorcet.

Notre Volume est sous presse depuis environ trois mois; mais, quand même toutes les pièces qui y doivent entrer seraient prêtes (ce qui n'est pas), il ne pourrait paraître que vers la fin de cette année ou au commencement de celle qui vient; ainsi votre Mémoire arrivera assez à temps si nous le recevons dans le courant de cette année-ci.

Je suis charmé que vous ayez fait de belles découvertes dans la théorie des lunettes et surtout dans celle de la Lune. J'ai aussi trouvé des choses assez singulières par rapport à l'équation du centre et au mouvement des nœuds d'une planète qui est attirée par plusieurs autres. Vous les verrez dans la pièce sur les satellites de Jupiter que je compte envoyer bientôt à l'Académie ([1]), et dont vous serez certainement l'un des juges. Adieu, mon cher et illustre ami, je vous embrasse de tout mon cœur et je me recommande à votre souvenir.

A Monsieur d'Alembert,
de l'Académie française, de celle des Sciences, etc., etc.,
rue Michel-le-Comte, à Paris.

_____

18.

LAGRANGE A D'ALEMBERT.

A Turin, ce 6 septembre 1765.

Mon cher et illustre ami, cette Lettre vous sera remise par M. Dutens ([2]), ci-devant chargé des affaires de la cour de Londres à la nôtre et auteur de la belle collection des Ouvrages de Leibnitz qui s'imprime

_____

([1]) C'est le Mémoire qui concourut pour le prix que l'Académie avait proposé et qui l'obtint. (*Voir* plus haut, p. 16, note 1, et plus loin, p. 58.)

([2]) *Voir* plus haut, p. 31, note 1.

actuellement à Genève ([1]). Il souhaite fort de vous connaître; aussi je vous prie de vouloir bien lui donner quelques moments de votre temps; vous verrez un homme qui joint à une grande érudition beaucoup de lumière et d'esprit philosophique.

J'ai envoyé à M. de Fouchy ([2]), il y a environ un mois, une pièce pour le prix de l'année prochaine, dont la devise est : *Multum adhuc restat operis*. Quoiqu'elle n'ait guère d'autre mérite que de m'avoir coûté beaucoup de travail, je souhaiterais que vous voulussiez bien jeter un coup d'œil sur les pages 2 et 3 du Chapitre IV. Ce que j'y dis touchant l'équation du centre et la latitude des satellites me paraît entièrement nouveau et d'une très-grande importance dans la théorie des planètes, et je suis maintenant après à en faire application à Saturne et à Jupiter.

J'ai trouvé, ces jours passés, une méthode de faire disparaître l'imaginaire $\sqrt{-1}$ des expressions

$$\frac{\varphi(x + t\sqrt{-1}) + \varphi(x - t\sqrt{-1})}{2} \quad \text{et} \quad \frac{\varphi(x + t\sqrt{-1}) - \varphi(x - t\sqrt{-1})}{2\sqrt{-1}}$$

en les réduisant en série de la manière que voici,

$$\frac{\varphi(x + t\sqrt{-1}) + \varphi(x - t\sqrt{-1})}{2}$$

$$= \frac{e^{\pi} - e^{-\pi}}{\pi}\left[\varphi(x) - \frac{1}{1+1}\frac{\varphi(x+t) + \varphi(x-t)}{2} + \frac{1}{1+j}\frac{\varphi(x+2t) + \varphi(x-2t)}{2} - \frac{1}{1+9}\frac{\varphi(x+3t) + \varphi(x-3t)}{2} + \ldots\right.$$

et

$$\frac{\varphi(x + t\sqrt{-1}) - \varphi(x - t\sqrt{-1})}{2\sqrt{-1}}$$

$$= \frac{e^{\pi} - e^{-\pi}}{\pi}\left[\frac{1}{1+1}\frac{\varphi(x+t) - \varphi(x-t)}{2} - \frac{2}{1+4}\frac{\varphi(x+2t) - \varphi(x-2t)}{2} + \frac{3}{1+9}\frac{\varphi(x+3t) - \varphi(x-3t)}{2} - \ldots\right],$$

moyennant quoi je suis en état de déterminer, par approximation, le

---

([1]) *Voir* plus haut, p. 31, note 1.

([2]) Jean-Paul Grandchamp de Fouchy, astronome, membre (1731), puis (1743) Secrétaire perpétuel de l'Académie des Sciences, né le 17 mars 1707 à Paris, où il mourut le 15 avril 1788.

mouvement d'un fluide qui se meut dans un canal horizontal et rectan-
gulaire, en supposant que le fluide soit parvenu à un état permanent et
qu'on connaisse le mouvement qu'il a dans une section quelconque du
canal, mouvement qui peut être quelconque comme la figure initiale
d'une corde vibrante. Il est vrai que, lorsque la fonction φ est donnée
soit algébriquement, soit transcendantement, on peut toujours faire
disparaître l'imaginaire $\sqrt{-1}$ des expressions proposées; mais la difficulté est de trouver la valeur de ces expressions lorsque la fonction
dont il s'agit n'est donnée que par une courbe dont on ne connaît point
l'équation.

Permettez-moi de vous rappeler les engagements que vous avez pris
à l'égard de notre Volume; vous avez encore pour cela tout le reste de
cette année-ci de temps. En attendant, je vous prie de me donner de
vos nouvelles et de celles de vos travaux; je vous parlerai des miens
une autre fois.

J'ai l'honneur de vous embrasser en vous demandant la continuation
de votre précieuse amitié.

19.

D'ALEMBERT A LAGRANGE.

A Paris, ce 28 septembre 1765.

Je vois par votre Lettre, mon cher et illustre ami, que vous avez
ignoré la maladie dangereuse qui m'a mis aux portes du tombeau.
C'était une inflammation d'entrailles, qui m'était comme annoncée
depuis longtemps par le dérangement de mon estomac. Je suis guéri
ou plutôt convalescent, mais il me reste encore de l'insomnie et beaucoup de faiblesse; toute application m'est interdite. Cependant, comme
j'ai encore près de trois mois devant moi, j'espère vous tenir la parole
que je vous ai donnée et vous envoyer un Mémoire en forme de Lettre

dans le mois de décembre prochain au plus tard. J'ai vu la mort avec
beaucoup de tranquillité, et je suis tout fait, à présent, à la recevoir
quand elle voudra. Ce qui me pique, c'est l'impertinence qu'on a eue
dans quelques gazettes étrangères de dire que le refus de la pension
m'a donné cette maladie. Il est vrai que j'ai été offensé de ce refus,
mais non jusqu'à en être malade ni même fort affligé. Le public et mes
confrères m'ont d'ailleurs assez vengé, et cela suffisait pour ma consolation. L'Académie a fait une seconde démarche en ma faveur
auprès du ministre qui, depuis plus d'un mois, ne lui a fait aucune
réponse; mais c'est encore faussement qu'on a dit dans les gazettes
que j'avais enfin cette pension; elle viendra quand elle voudra et je n'y
pense plus.

Votre manière de dégager l'imaginaire de l'équation

$$y = \varphi(x + t\sqrt{-1}) \pm \varphi(x - t\sqrt{-1})$$

me paraît très-curieuse; j'entrevois différents moyens de parvenir à
cette formule ou à quelque autre équivalente. Mais je ne me permets
pas même d'y penser; je ne veux pas m'occuper de Géométrie avant
trois mois, si ce n'est pour chercher dans mes paperasses de quoi
composer la Lettre que je vous ai promise. Cette raison ne m'a permis
encore que de jeter légèrement les yeux sur votre pièce au sujet des
satellites; je ne suis pas aussi difficile que vous et je suis très-content
du peu que j'en connais. Vous verrez dans ma théorie de la Lune
(p. 35 et suiv., 178 et suiv., 242 et suiv.) que j'ai aussi prévu les cas
qui doivent donner faussement des arcs de cercle et puis j'ai donné
un moyen simple d'y remédier; ce que j'ai dit à cette occasion pour
l'équation du centre s'applique aisément à l'inclinaison quand la
même difficulté aura lieu.

M. Dutens, qui m'a apporté votre Lettre, n'a fait qu'une apparition
à Paris. Je l'ai vu et j'ai été charmé de le connaître. Il reviendra cet
hiver et je compte bien le cultiver davantage, et comme votre ami et
comme un homme de mérite.

Connaissez-vous un Livre italien, *Dei delitti e delle pene* (¹), fait par un gentilhomme milanais qui me paraît penseur et vertueux? Adieu, mon cher ami, ma faiblesse ne me permet pas de vous en dire davantage. Comptez sur ma parole, sur mon amitié et sur tout l'intérêt que je prends à ce qui vous regarde. Je vois qu'on ne vous traite pas mieux dans votre pays qu'on ne me traite dans le mien; mais les étrangers vous rendront justice. Elle vous est encore plus due qu'à moi, qu'ils traitent avec tant de bonté. Je vous embrasse de tout mon cœur. Vous auriez perdu dans moi l'homme du monde qui vous aime et qui vous estime le plus.

<hr />

20.

D'ALEMBERT A LAGRANGE.

A Paris, ce 28 décembre 1765.

Mon cher et illustre ami, voilà ce que je vous ai promis. Je crains d'arriver un peu tard; je crains même que vous ne puissiez pas lire ce griffonnage, qu'il m'est impossible de recopier. Je désirerais cependant que ma peine ne fût pas perdue et que cet écrit parût dans votre troisième Volume; ce ne sont que des germes d'idées dont je vous ai déjà communiqué la plus grande partie, mais le titre du Mémoire me servira d'excuse de ne les avoir pas plus développées, d'autant plus que je ne travaille encore que très-peu, et peut-être encore que trop; mais il m'est impossible d'être oisif. Je compte que vous aurez reçu une Lettre que je vous ai écrite il y a quelque temps et où je vous parlais de la maladie dangereuse à laquelle j'ai pensé succomber au mois d'août dernier. Ma santé se rétablit, mais elle a grand besoin de ménagement, et je suis résolu de tout sacrifier à cet objet, quoique

(¹) C'est le célèbre Traité du marquis de Beccaria, né à Milan le 15 mars 1738, mort le 28 novembre 1794. Il avait paru l'année précédente à Milan.

j'aie dans la tête bien des projets d'Ouvrages et de travaux de différente espèce. Je ne sais si je vous ai dit que j'ai changé de logement et que je demeure à présent en meilleur air, rue Saint-Dominique, faubourg Saint-Germain, vis-à-vis Bellechasse. Je dois vous apprendre aussi qu'on s'est enfin lassé de me refuser cette misérable pension, qu'à la vérité je n'ai jamais demandée, mais que l'Académie demandait vivement pour moi. J'en ai fait au ministre un remercîment très-succinct et très-sec, et je me sais bon gré de n'avoir démenti dans cette ridicule affaire ni mes principes ni ma conduite antérieure, dont j'espère, par la grâce de Dieu, ne me jamais départir. Adieu, mon cher ami, faites à l'écrit que je vous envoie les changements que vous jugerez à propos; vous sentez que je vous en laisse le maître. Je vous souhaite bonne santé, bon an et longues années. A-t-on fait enfin quelque chose pour vous?

21.

LAGRANGE A D'ALEMBERT.

A Turin, ce 1er janvier 1766.

Mon cher et illustre ami, votre dernière Lettre m'a jeté dans de grandes inquiétudes en m'apprenant le mauvais état de votre santé ; j'ai cru devoir m'abstenir de vous écrire pendant quelque temps pour ne pas troubler votre repos; mais, enfin, l'impatience où je suis de savoir de vos nouvelles m'oblige à rompre le silence.

Je vous remercie de l'accueil obligeant que vous avez fait à M. Dutens. Vous trouverez en lui, si l'occasion vous vient de le pratiquer davantage, l'homme du monde le plus honnête et le plus cordial. J'ai vu M. Desmarets, qui m'a apporté une de vos Lettres (¹), et j'ai été très-

---

(¹) *Voir* plus haut, p. 41, Lettre 16.

charmé de le connaître ; il n'a fait que passer, mais il m'a donné l'espérance de le revoir à son retour d'Italie. Vous avez eu raison de vous fâcher contre les journalistes qui ont eu l'impertinence d'attribuer votre maladie au refus de la pension. Les sacrifices éclatants que vous avez faits doivent sans doute vous mettre à couvert de pareilles imputations. Il est vrai qu'on dit que le P. de Joyeuse ([1]), après avoir renoncé à la dignité de maréchal, mourut de chagrin pour ne pas avoir été fait provincial de son ordre ; mais il y a bien loin d'un capucin à un philosophe.

L'impression de notre Volume avance fort lentement, de sorte que, si votre Mémoire n'est point encore prêt et que vous n'ayez point changé de dessein, vous pouvez prendre encore deux mois de temps pour nous l'envoyer. Je suis charmé que vous ayez vu ma pièce sur les satellites ; si elle peut mériter votre approbation, je serai suffisamment récompensé de mon travail.

Adieu, mon cher et illustre ami ; je vous conjure de me donner de vos nouvelles le plus tôt que vous pourrez. Je ne vous dis rien de ma santé ; elle est parfaite, et je voudrais bien pouvoir vous la communiquer.

Avez-vous vu le troisième Volume de la *Mécanique* d'Euler? Il y a beaucoup de verbiage, mais il contient d'excellentes choses.

Je sais que vous avez déménagé, mais j'ignore votre nouvelle demeure ; en attendant que vous me l'appreniez, j'adresse toujours ma Lettre comme à l'ordinaire.

Je vous embrasse de tout mon cœur et vous serai attaché toute ma vie.

([1]) Henri, comte du Bouchage, duc de Joyeuse, né en 1567, mort à Rivoli (Piémont) le 27 septembre 1608. Il suivit d'abord la carrière des armes, se fit capucin après la mort de sa femme (1587), reprit les armes à la mort de son frère, grand prieur de Toulouse (1592), fut créé maréchal de France par Henri IV et rentra aux capucins de Paris en 1599.

22.

LAGRANGE A D'ALEMBERT.

A Turin, ce 15 janvier 1766.

Mon cher et illustre ami, je viens de recevoir le Mémoire que vous avez eu la bonté de composer pour le troisième Volume de nos *Mélanges,* et je me hâte de vous en témoigner ma reconnaissance. Vous ne devez pas craindre qu'il soit arrivé trop tard, car l'Ouvrage n'est encore qu'à moitié imprimé, et je doute qu'il soit en état de paraître avant le mois d'avril. A l'égard de votre écriture, je vous assure que je la trouve très-lisible, et vous devez être persuadé que j'apporterai tous mes soins à ce que cette pièce soit imprimée le plus correctement et le plus nettement qu'il sera possible. Je l'ai lue avec la plus grande satisfaction; tout ce qui vient de vous m'est toujours infiniment précieux, et je ne manque jamais d'en faire mon profit. Je conviens que votre manière de réduire en une série de termes tout réels la quantité $\varphi(x+y\sqrt{-1}) + \varphi(x-y\sqrt{-1})$ est préférable à la mienne, en ce qu'elle donne une suite finie lorsque $\varphi(x)$ est $= Ax^m + Bx'' + \ldots$; j'ai même fait à cette occasion une remarque assez curieuse : c'est que les coefficients A, B, C, ... de la formule

$$\varphi(x+my) - m\,\varphi[x+(m-1)y] + \frac{m(m-1)}{2}\,\varphi[x+(m-2)y] + \ldots$$

$$= Ay^m \frac{d^m \varphi(x)}{dx^m} + By^{m+1} \frac{d^{m+1}\varphi(x)}{dx^{m+1}} + Cy^{m+2} \frac{d^{m+2}\varphi(x)}{dx^{m+2}} + \ldots$$

$\Big($vous avez écrit par inadvertance $d^m\varphi(x)$, $d^{m+1}\varphi(x)$ au lieu de $\dfrac{d^m\varphi(x)}{dx^m}, \dfrac{d^{m+1}\varphi(x)}{dx^{m+1}}, \ldots\Big)$ sont les mêmes que ceux de la formule

$$\left(x + \frac{x^2}{2} + \frac{x^3}{2.3} + \ldots\right) = Ax^m + Bx^{m+1} + Cx^{m+2} + \ldots,$$

de sorte qu'on aura, comme l'on sait, en mettant α au lieu de $\frac{1}{2}$, β au lieu de $\frac{1}{2.3}$, ..., et faisant $m = n - 1$,

$$= 1, \quad B = \frac{n-1}{1}\alpha, \quad C = \frac{n-2}{2}\alpha B + \frac{2n-2}{2}\beta, \quad D = \frac{n-3}{3}\alpha C + \frac{2n-3}{3}\beta B + \frac{3n-3}{3}\gamma,$$

et ainsi de suite.

J'ai trouvé, de plus, que les coefficients de cette formule

$$y^m \frac{d^m \varphi(x)}{dx^m} = P \left\{ \varphi(x + my) - m\varphi[x + (m-1)y] + \frac{m(m-1)}{2}\varphi[x + (m-2)y] + \dots \right\}$$

$$+ Q \left\{ \varphi[x + (m+1)y] - (m+1)\varphi(x + my) + \frac{(m+1)m}{2}\varphi[x + (m-1)y] + \dots \right\}$$

$$+ R \left\{ \varphi[x + (m+2)y] - (m+2)\varphi[x + (m+1)y] + \dots \right\}$$

$$+ \dots\dots\dots\dots\dots\dots\dots\dots\dots\dots\dots\dots\dots\dots\dots\dots$$

sont les mêmes que ceux de la formule

$$\left(x + \frac{x^2}{2} + \frac{x^3}{3} + \dots \right)^m = P x^m + Q x^{m+1} + R x^{m+2} + \dots.$$

Si l'on fait m négatif, ces formules auront lieu également, et l'on aura

$$\frac{d^{-m}\varphi(x)}{dx^{-m}} = \int^m \varphi(x)\,dx^m.$$

Je suis charmé de vous savoir presque entièrement remis de votre dernière maladie et qu'on vous ait enfin rendu la justice qui vous est due (¹). On n'a encore rien fait pour moi jusqu'ici, et je crois même qu'on n'y pense plus; je sais seulement qu'un de nos ministres a dit à quelqu'un qui s'intéressait pour moi qu'il me connaissait à peine et qu'il ne me voyait jamais, mais je ne me sens pas le courage de sacrifier mon temps et ma tranquillité à l'espérance d'une misérable pension. Adieu, mon cher et illustre ami; je compte que vous aurez reçu

(¹) Au sujet de la pension dont il a été parlé plus haut, p. 38. — Cf. p. 48.

une Lettre que je vous ai écrite au commencement de ce mois et que je vous ai adressée à l'ordinaire, ne sachant pas votre nouvelle demeure. Je vous embrasse de tout mon cœur et je vous prie de me donner de vos nouvelles le plus souvent que vous pourrez.

23.

D'ALEMBERT A LAGRANGE.

A Paris, ce 4 mars 1766.

J'ai eu, mon cher et illustre ami, une belle peur ces jours passés. Vous avez, dit-on, perdu M. Bertrandi (¹), qui, je crois, était votre ami; imaginez-vous que ceux qui m'avaient d'abord dit cette nouvelle avaient mis votre nom à la place du sien et vous faisaient mort au lieu de lui. Quoique j'eusse reçu depuis assez peu de temps de vos nouvelles et que vous m'eussiez marqué que votre santé était parfaite, je ne fus pourtant pas sans une grande inquiétude, surtout songeant que vous êtes sujet à des maladies graves et que Clairaut avait passé en trois jours d'une très-bonne santé apparente au tombeau (¹); enfin j'ai été aux informations, et, Dieu merci, j'ai été tiré de peine. Conservez-vous, mon cher ami, pour les sciences, dont vous êtes la ressource; je m'y intéresse d'autant plus, que ma santé m'oblige à me ménager beaucoup sur le travail et que je ne ferai plus assurément autant que j'ai fait. Ce n'est pas que je n'aie autant d'ardeur, et, je crois, d'aptitude, que par le passé; mais il faut digérer et dormir, et je fais assez mal l'un et l'autre.

Je crois que vous pouvez être tranquille sur le sort de votre belle pièce concernant l'action des satellites; cependant n'en dites rien

---

(¹) *Voir* plus loin, p. 55, note 1.

jusqu'à ce que le jugement ait été porté en forme, ce qui sera vers la fin de ce mois. Je vous en donnerai avis sur-le-champ et je crois pouvoir vous en féliciter d'avance, à moins, ce que je ne crois pas, que les commissaires ne remettent le prix, à quoi je m'opposerai très-fort; car assurément nous ne pouvons rien espérer de mieux que ce que vous avez fait.

M. Euler s'en va, dit-on, à Pétersbourg pour quelque mécontentement qu'il a eu à Berlin. Je lui ai écrit pour l'en dissuader. S'il s'en va, et que vous vouliez le remplacer, vous n'avez qu'à m'écrire un mot et je ferai de mon mieux pour vous servir.

Voilà une petite addition au Mémoire que je vous ai envoyé. S'il est imprimé il ne faudra point faire usage de cette addition, mais seulement faire un carton ou simplement un *errata,* dans lequel vous ne mettrez que les deux ou trois dernières valeurs de ρ, r', ρ', celles qui diffèrent le plus des résultats que je vous ai envoyés. Si le Mémoire n'est pas imprimé, vous ferez en conséquence les changements nécessaires et vous insérerez le reste à son lieu. Peut-être, au reste, pourriez-vous mettre le tout en addition à l'*errata* si le Mémoire est imprimé. Vous ferez ce que vous jugerez le meilleur. Adieu, mon très-cher et très-illustre ami.

(*Addition au Mémoire dont il a été précédemment parlé.*)

Du 4 mars 1766.

Ayant vérifié de nouveau et perfectionné à certains égards les calculs que je vous ai envoyés pour les rayons d'un objectif à trois lentilles, je les ai trouvés comme il suit :

$$r = \quad 0,5986 \, \text{R},$$

$$\rho = \quad 0,3255 \, \text{R},$$

$$r' = + \, 0,7288 \, \text{R},$$

$$\rho' = - \, 1,8116 \, \text{R}$$

ou bien

$$r = + \ 0,4630 \ \text{R},$$
$$\rho = + \ 2,7574 \ \text{R},$$
$$r' = + \ 0,2081 \ \text{R},$$
$$\rho' = - \ 15,594 \ \text{R}.$$

Ces dimensions supposent que le rapport de $d\text{P}$ à $d\text{P}'$ soit $\frac{2}{3}$; il est inutile de dire qu'elles changeraient si $\frac{d\text{P}}{d\text{P}'}$ avait une autre valeur, par exemple celle de 20 à 32, comme plusieurs expériences le donnent; dans ce cas, l'aberration de réfrangibilité ne serait pas détruite, mais $= \frac{11}{45}$ de celle d'une lentille biconvexe isoscèle, ce qui est considérable; au reste, il est aisé de remédier à cet inconvénient par différents moyens qu'il serait trop long de détailler ici.

Vous trouverez dans nos Mémoires de 1759, qui viennent de paraître, un Mémoire de M. d'Arcy (¹), que je n'ai pas encore eu le temps d'examiner suffisamment, et dans lequel il prétend que j'ai fait la précession des équinoxes double de ce qu'elle doit être suivant la vraie théorie. Comme mon résultat s'accorde avec celui de M. Euler et avec le vôtre (sans compter plusieurs autres géomètres dont je ne suis pas, à la vérité, aussi sûr que de vous deux), cela me tranquillise beaucoup; il me semble que M. d'Arcy tombe dans la même méprise que j'ai reprochée (entre beaucoup d'autres) à M. Newton, et qui consiste à ne pas faire assez d'attention au mouvement du sphéroïde autour de son axe (*voyez* l'art. 145 de mes *Recherches*). Mais je me propose d'examiner tout cela plus à fond et même de faire voir encore dans la solution de M. Newton d'autres incongruités. Si nos Mémoires de 1759 vous tombent entre les mains, je serais charmé que vous eussiez le temps d'examiner en quoi M. le chevalier d'Arcy se trompe, car je ne

---

(¹) Patrick d'Arcy, né à Galway (Irlande) le 27 septembre 1725, mort à Paris le 18 octobre 1779. Il était entré au service de France et devint, en 1749, membre de l'Académie des Sciences. Son éloge a été écrit par Condorcet. Le travail dont parle d'Alembert est intitulé *Mémoire sur la précession des équinoxes* et est inséré (p. 420-429) dans les *Mémoires de l'Académie* de 1759.

doute pas et ne saurais douter de la bonté de ma solution et de l'exactitude de mon résultat, qui est fondé sur la théorie la plus rigoureuse et sur deux méthodes différentes, etc.

24.

LAGRANGE A D'ALEMBERT.

Mars 1766.

Mon cher et illustre ami, je suis infiniment sensible à l'inquiétude que vous avez eue sur mon sujet; je me porte très-bien, Dieu merci, et ma santé est aussi bonne que je puis le souhaiter. Il est vrai que nous avons perdu M. Bertrandi ([1]), homme de beaucoup de mérite et mon ami depuis longtemps; une hydropisie causée par une inflammation de poitrine qu'il avait eue un an auparavant est ce qui l'a mis au tombeau; je l'ai plaint d'autant plus qu'il n'était rien moins que philosophe.

Je vous remercie de l'intérêt que vous voulez bien prendre à tout ce qui me regarde, et j'accepte avec la plus vive reconnaissance l'offre que vous me faites de me procurer la place de M. Euler, en cas qu'il persiste dans sa résolution. Rien ne serait plus propre à me tirer de l'oubli où l'on me laisse ici qu'une pareille invitation, et, pourvu que je ne paraisse point l'avoir briguée, je ne doute pas qu'elle ne produise un très-bon effet, soit qu'on me permette de m'y rendre ou qu'on juge à propos de m'en empêcher.

Votre Mémoire n'est pas encore imprimé; ainsi j'y puis faire corrections que vous m'avez envoyées. Je crois que le troisième Volume paraîtra vers la fin du mois prochain.

J'ai lu à Paris le Mémoire de M. le chevalier d'Arcy; sa méprise

([1]) Jean-Antoine-Marie Bertrandi, chirurgien, membre de la Société de Turin, né à Turin le 18 octobre 1723, mort le 6 décembre 1765. (*Voir* p. 52.)

consiste, si je ne me trompe, en ce qu'il compare deux forces accélératrices calculées l'une dans l'hypothèse de la courbe polygone et l'autre
dans celle de la courbe rigoureuse, ce qui lui donne précisément un
résultat double de celui qu'il devrait trouver; c'est au moins en quoi
pèche sa prétendue réfutation de Simpson (¹). Lorsque les *Mémoires*
de 1759 me tomberont entre les mains, je ne manquerai pas de l'examiner de nouveau et de vous en dire mon avis.

Je vous serai très-obligé de me donner part le plus tôt que vous
pourrez du jugement des commissaires. Si quelque chose peut me
faire espérer un heureux succès, c'est l'indulgence que vous voulez
bien avoir pour mon Ouvrage; mais je voudrais avoir mérité encore
plus cette indulgence par un plus grand travail. Adieu, mon très-cher
et illustre ami. Conservez-vous pour votre patrie, pour l'Europe et
pour les sciences, mais surtout pour vous-même et pour vos amis. Je
vous embrasse de tout mon cœur en vous demandant la continuation
de votre précieuse amitié.

A Monsieur d'Alembert, de l'Académie française,
de l'Académie royale des Sciences de Paris, etc.,
faubourg Saint-Germain, rue Saint-Dominique,
vis-à-vis Belle-Chasse, à Paris.

25.

D'ALEMBERT A LAGRANGE.

A Paris, ce 25 mars 1766.

Mon cher et illustre ami, nous avons donné le prix à une pièce qui
a pour devise : *Multum adhuc restat operis.* J'en soupçonne l'auteur; je

---

(¹) *Voir l'Examen de la méthode de M. Sympson pour trouver la précession des
équinoxes,* dans le Mémoire cité plus haut de d'Arcy, p. 426 et suivantes. — Thomas
Simpson, géomètre, né à Bosworth (comté de Leicester) en 1710, mort le 14 mai 1761.

crois qu'il est de votre connaissance, et en ce cas je vous prie de l'en informer. L'Ouvrage est admirable et fait grand honneur à son père, quel qu'il soit. J'y ai trouvé beaucoup à m'instruire, et je voudrais que nous eussions souvent de pareilles pièces. Nous avons proposé, pour le sujet du prix de 1768 (¹), de perfectionner les méthodes sur lesquelles est fondée la théorie de la Lune, de fixer par ce moyen les équations de cette planète qui sont les plus incertaines, et d'examiner en particulier si l'on peut rendre raison par cette théorie de l'équation séculaire du moyen mouvement de la Lune. Voilà, ce me semble, un sujet bien digne de vous exercer. Les équations dont je voudrais qu'on fixât la valeur sont surtout celles qui ont pour argument $2z - 2Nz - 2pz$ et $z - nz + \pi nz$, qui deviennent assez grandes par l'intégration ; la dernière surtout a été un sujet de dispute entre Clairaut et moi, et je crois qu'il avait tort.

Comme je ne veux pas me fatiguer, je ne travaille qu'à bâtons rompus, mais j'ai bien des choses, ou plutôt des rogatons, sur le métier. Je n'ai pas encore eu le temps d'examiner le chevalier d'Arcy ; mais, à vue de pays, il ne sait ce qu'il dit, ni quand il résout le problème à sa manière, ni quand il réfute Simpson. Je soupçonne, de plus, que la solution de Simpson ne vaut pas grand'chose, mais par un tout autre côté que celui que le chevalier d'Arcy attaque.

Je prépare une nouvelle édition de mon Traité des fluides (²). Il contiendra peu de choses nouvelles ; je ne ferai guère qu'y indiquer ce qui a été fait depuis sur cette matière par moi-même ou par d'autres, parce que je n'aime pas à faire acheter de nouveau les mêmes choses au public.

(¹) On lit dans la *Table des Mémoires de l'Académie* (1761-1770), art. PRIX, p. 513 : « L'Académie, qui avait proposé, pour le sujet du prix de 1768, de perfectionner les méthodes sur lesquelles est fondée la théorie de la Lune, de fixer par ce moyen celles des équations de cette planète qui sont encore incertaines, et d'examiner en particulier si l'on peut rendre raison par cette théorie de l'équation séculaire du mouvement de la Lune, n'ayant pas été satisfaite des recherches qu'elle a reçues sur ce sujet, l'a proposé de nouveau pour l'année 1770, avec un prix double. »

(²) Le *Traité de l'équilibre et du mouvement des fluides* avait été publié en 1744, in-4°. La seconde édition parut en 1770, in-4°.

Adieu, mon cher et illustre ami, je vous embrasse de tout mon cœur; conservez-vous longtemps, pour vous, pour moi et pour la Géométrie. Je viens d'écrire à Berlin pour ce que vous savez ([1]), et j'attends la réponse. La personne à laquelle vous vous intéressez ne sera point compromise, en cas de refus, car je ne l'ai engagée à rien. J'ai seulement demandé la permission de lui écrire, mais je crois avoir inspiré une grande envie de l'avoir.

26.

LAGRANGE A D'ALEMBERT.

A Turin, ce 5 avril 1766.

Mon cher et illustre ami, j'ai reçu votre Lettre du 25 mars et j'ai écrit en conséquence à M. de Fouchy qu'il me déclarât auteur de la pièce *Multum adhuc restat operis* à l'assemblée publique de l'Académie, ce que j'espère qu'il aura fait. Les éloges dont vous l'honorez sont le prix le plus flatteur de mon Ouvrage; ils entretiendront mon émulation, et ils l'augmenteront même, s'il est possible. Le roi et les ministres ont paru prendre part à la nouvelle marque d'honneur que je viens de recevoir des étrangers. On a réitéré les promesses qu'on m'avait faites à mon retour de Paris, et on en est demeuré là comme de coutume.

On ne saurait être plus sensible que je le suis à toutes les preuves d'estime et d'amitié que vous me donnez; je ne doute pas que le succès de l'affaire en question ne réponde à l'intérêt que vous y prenez; mais, quel qu'il soit, ma reconnaissance sera toujours la même.

([1]) Il s'agissait, comme on le voit par la Lettre précédente, de faire obtenir à Lagrange la place que laissait vacante à l'Académie de Berlin le départ d'Euler pour Saint-Pétersbourg, où il avait séjourné de 1733 à 1741 et où il retournait, rappelé par Catherine II. La Lettre de d'Alembert à Frédéric II ne figure pas dans la correspondance de ce prince.

Je vous serai très-obligé de me faire savoir comment il faudra que je m'y prenne pour que le prix me soit délivré, n'ayant point de récépissé du secrétaire et ayant même négligé de mettre mon nom dans un billet cacheté, comme on le pratique ordinairement.

La question pour 1768 est aussi importante que difficile et méritait bien d'être proposée une fois par votre Académie, mais je n'oserais me flatter de réussir dans un sujet auquel les plus grands géomètres de l'Europe se sont déjà exercés. Adieu, mon cher et illustre ami; je vous embrasse de tout mon cœur et vous serai attaché toute ma vie.

A Monsieur d'Alembert, de l'Académie française
et de l'Académie royale des Sciences, etc.,
rue Saint-Dominique, faubourg Saint-Germain,
vis-à-vis Belle-Chasse, à Paris.

27.

D'ALEMBERT A LAGRANGE.

A Paris, le 19 avril 1766.

Mon cher et illustre ami, il faut que, pour toucher l'argent de votre prix, vous envoyiez à quelqu'un domicilié à Paris un papier signé de vous et conçu à peu près en ces termes : « Je soussigné, membre de la Société royale des Sciences de Turin et de l'Académie royale des Sciences de Prusse, m'étant déclaré l'auteur de la pièce sur les satellites de Jupiter qui a pour devise *Multum adhuc restat operis* et qui a remporté le prix de l'Académie royale des Sciences de Paris pour la présente année 1766, ai donné commission à M. . . . de retirer le montant de ce prix des mains de M. de Buffon, trésorier de ladite Académie royale des Sciences de Paris. A Turin, ce . . . .

8.

Il faudra que celui à qui vous donnerez cette commission donne à M. de Buffon son reçu lorsqu'il aura touché la somme. Vous pouvez vous adresser pour cela à quelqu'un de chez votre ambassadeur à la cour de France ou à quelque banquier de Turin, qui enverra la commission signée de vous à son correspondant. Il est presque impossible que vous ne trouviez pas à Turin quelqu'un qui se charge de vous faire venir une lettre de change sans frais ni remise. Si tout cela vous embarrasse trop et vous paraît trop difficile, adressez-moi la commission, et je tâcherai de vous faire parvenir cet argent aux moindres frais possibles.

Je désirerais beaucoup que vous vous occupassiez de la question proposée pour 1768 et que vous examinassiez surtout l'équation qui a pour argument $z - nz + \pi nz$, qui a été entre Clairaut et moi un sujet de dispute où je crois que Clairaut avait tort. Il me semble que, sans vous engager dans des calculs arithmétiques effroyables, vous pouvez ajouter beaucoup à ce qui a déjà été fait sur cette matière. Je travaillerai moi-même de mon côté, pendant cette année et la prochaine, à mettre en ordre et perfectionner, autant que ma santé me le permettra, ce que j'ai déjà barbouillé dans mes papiers sur ce sujet. Peut-être de nos travaux communs résultera-t-il quelque degré de perfection nouveau à la théorie de la Lune.

J'attends avec grande impatience votre nouveau Volume, qui, sans doute, sera bientôt fini d'imprimer, s'il ne l'est déjà. J'espère y trouver beaucoup à profiter. Je n'ai jamais eu tant envie de travailler, et, si ma santé me le permettait, il me semble que je pourrais encore quelque chose ; mais je suis si fort obligé de me ménager, que je me regarde comme une espèce de géomètre vétéran qui a rempli à peu près sa course.

J'ai écrit au roi de Prusse une Lettre où je lui parle en détail de la personne que vous savez, et d'une manière dont je crois que cette personne serait contente (¹). On fait tout ce qu'on peut pour retenir

____

(¹) Comme nous l'avons dit plus haut, p. 58, cette Lettre ne figure point dans la correspondance de Frédéric II et de d'Alembert.

M. Euler, mais il me paraît avoir grande envie de s'en aller. Je ne sais ce qu'il en sera, mais en cas qu'il parte, et que le roi de Prusse me croie, M. Euler aura un successeur qui le vaut bien.

On dit que votre ami M. de Foncenex ne s'éloignerait pas de demander du service en Prusse; comme il est habile ingénieur, et que le roi de Prusse cherche surtout de ces officiers-là, je crois qu'il n'aurait pas de peine à s'y placer. Adieu, mon cher et illustre ami, je vous embrasse de tout mon cœur; portez-vous bien, travaillez et soutenez l'honneur de la Géométrie, qui n'a plus guère d'espérance qu'en vous.

28.

D'ALEMBERT A LAGRANGE.

A Paris, 26 avril 1766.

Mon cher et illustre ami, le roi de Prusse me charge de vous écrire (¹) que, si vous voulez venir à Berlin pour y occuper une place dans l'Académie, il vous donne 1500 écus de pension qui font 5000 livres argent de France; on ne me parle point des frais de voyage, qui vont sans dire, et qui sans doute vous seront payés. Voyez si cette proposition vous convient; je le désire beaucoup, et je serais charmé d'avoir fait faire à un grand roi l'acquisition d'un grand homme. M. Euler, mécontent pour des raisons dont je ne sais pas bien le détail, mais dans lesquelles je vois que tout le monde lui donne le tort, sollicite son congé et veut s'en aller à Pétersbourg. Le roi, qui n'a pas trop d'envie de le lui accorder, le lui donnera certainement si vous acceptez la proposition qu'on vous fait; et, d'ailleurs, quand même M. Euler se déterminerait à rester, ce que je ne crois pas d'après tout

(¹) La Lettre de Frédéric II ne figure pas dans ses OEuvres.

ce qu'on me mande, je ne doute pas que le roi de Prusse ne tînt toujours son marché avec vous et qu'il ne fût charmé d'avoir fait pour son Académie une aussi brillante conquête que la vôtre. Voyez donc, mon cher et illustre ami, ce que vous voulez faire, et répondez-moi promptement sur cet objet, car le roi me mande de ne point perdre de temps pour vous faire cette proposition. J'attends votre réponse avec impatience, en vous embrassant de tout mon cœur.

Ma santé est toujours bien variable et a grand besoin de régime; je ne vous parle point de mes travaux; outre qu'ils sont peu considérables, vu mon état, je ne veux vous parler aujourd'hui que de l'affaire qui fait l'objet de cette Lettre, et qui sera également glorieuse pour vous, quelque parti que vous preniez. Adieu, mon cher et illustre ami; je vous embrasse *iterum*.

D'Alembert.

29.

LAGRANGE A D'ALEMBERT.

A Turin, ce 10 mai 1766.

Mon cher et illustre ami, vous aviez raison d'être fâché qu'on n'eût eu aucun égard jusqu'ici à tout ce que vous aviez fait pour moi, et qu'après les belles espérances qu'on m'avait données à Paris on me laissât depuis deux ans dans un très-profond oubli; mais votre dernière Lettre vous a bien vengé. On a été très-choqué de voir que le roi de Prusse faisait assez de cas de moi pour me faire des offres aussi avantageuses (car ici l'intérêt est la commune mesure de tout), et on a fait ce qu'on a pu pour me détourner de les accepter. On en est venu jusqu'à vouloir me faire un crime de ce que je paraissais disposé à en profiter; mais enfin, me trouvant inébranlable, on a changé de ton et l'on a pris le parti de différer mon congé, peut-être dans l'idée de me faire faire quelque proposition sous main. Quoi qu'il en soit, je suis tout à fait déterminé à profiter des bontés du roi de Prusse, ne fût-ce que par la manière dont on en a agi avec moi dans cette occasion. D'ailleurs, je connais assez ce pays par la théorie et par l'expérience pour devoir ne faire aucun fond sur tout ce qu'on pourrait me dire pour me retenir, car je ne doute pas qu'on ne retombât dans les mêmes dispositions à mon égard dès que cette espèce de fermentation serait passée. La raison en est qu'on regarde la science dont je m'occupe comme très-inutile et même ridicule, et qu'on aurait regret à son argent si l'on faisait quelque chose pour un géomètre. J'espère que le retard qu'on apporte à mon congé ne me fera point manquer l'occasion d'un établissement aussi avantageux et aussi honorable que celui que vous m'avez obtenu, et dont les sciences vous auront peut-être un jour quelques obligations. Je vous laisse le maître de dire au roi de Prusse tout ce que vous jugerez à propos de ma part; vous connaissez depuis longtemps ma situation, et je vous ai assez expliqué mes sentiments.

J'ai donné commission à un banquier de mes amis de faire retirer à Paris la somme du prix, et je crois qu'il l'aura fait; ce prix est venu bien à point, comme vous le voyez, car, quoique vous me mandiez que le roi ne manquera pas de subvenir aux frais de mon voyage, il se pourrait néanmoins qu'on attendît pour me rembourser que je fusse arrivé à Berlin. J'ai quelque envie de passer par Paris, ne fût-ce que pour avoir la consolation de vous embrasser; mais je vous en écrirai plus précisément lorsqu'on m'aura donné mon congé, qu'on ne me retarde que *per la dignità*. Adieu, mon cher et illustre ami; vous recevrez par ce même courrier une autre Lettre de moi que je ne vous ai écrite que pour la forme, et de manière que je n'aie rien à risquer quand même elle serait interceptée. Pour celle-ci, je la fais passer par une voie particulière, afin d'éviter tout inconvénient. Quand vous voudrez me répondre, je vous prie d'adresser votre Lettre, garnie d'une double enveloppe, à *M. Bouvier, agent du roi de Sardaigne à Lyon, pour M. Martin, banquier à Turin.*

Connaissez-vous un certain médecin Carburi (^{1}), qui est actuellement à Paris? Il ne manque pas de talent, mais c'est un intrigant de premier ordre, et il serait fort dangereux que vous lui fissiez la moindre confidence sur ce qui me regarde, car c'est la créature d'un de nos ministres qui n'aime pas trop la Société (^{2}) et qui pourrait me rendre de mauvais offices dans la conjoncture présente. Adieu, mon meilleur ami; il faut que je finisse, parce que je risquerais de ne plus trouver la personne qui veut bien se charger de cette Lettre.

30.

LAGRANGE A D'ALEMBERT.

A Turin, 10 mai 1766.

Mon cher et illustre ami, j'ai été infiniment touché des offres aussi avantageuses qu'honorables que vous m'avez faites de la part du roi de Prusse. Je vous prie de vouloir bien lui en rendre en mon nom de très-humbles actions de grâces, et l'assurer que je regarderai comme un bonheur bien précieux celui de venir faire ma cour par mes travaux à un monarque et à un philosophe tel que lui. J'en ai demandé la permission au roi comme sujet et comme employé, et il m'a fait répondre ce matin par un de ses ministres qu'il n'avait pas encore délibéré sur cette affaire, mais que je pouvais néanmoins espérer que ma demande ne serait point rejetée. Adieu, mon cher et illustre ami; quand on m'aura donné une réponse décisive, je vous en avertirai sur-le-champ. En attendant, je vous prie de croire que personne ne vous

---

(^{1}) Le comte Jean-Baptiste Carburis, médecin, né dans l'île de Céphalonie, mort en 1801 à Padoue, où il était professeur de Physiologie. Après avoir professé vingt ans à la Faculté de Médecine de Turin, il suivit à Paris la fille du roi de Sardaigne, devenue la femme du comte d'Artois (1770), et fut nommé par Louis XVI médecin de la famille royale.

(^{2}) La Société royale des Sciences de Turin.

est plus attaché ni par plus de raisons que moi. Je vous embrasse de
tout mon cœur.

DE LA GRANGE.

A Monsieur d'Alembert, de l'Académie française,
de l'Académie royale des Sciences,
rue Saint-Dominique, faubourg Saint-Germain,
vis-à-vis Belle-Chasse, à Paris.

31.

LAGRANGE A D'ALEMBERT.

A Turin, ce 14 mai 1766.

Mon cher et illustre ami, je compte que vous aurez reçu par le dernier courrier deux Lettres de moi, l'une fort courte et conçue de façon
qu'elle pût être ouverte sans danger, l'autre beaucoup plus longue et
contenant quelques détails particuliers sur l'affaire dont il s'agit.
Comme cette dernière aurait pu me faire du tort si elle avait été interceptée, je l'ai envoyée, ainsi que je fais celle-ci, par le canal d'un
de mes amis, et je vous serai obligé de m'en accuser la réception le
plus tôt que vous pourrez pour m'ôter toute inquiétude sur ce sujet.
J'attends toujours qu'on délibère si on veut m'accorder ou non le
congé que j'ai demandé. Je ne trouve point du tout étrange qu'on retarde celui de M. Euler, qui, outre qu'il a une bonne pension, a encore
été gratifié du roi, il y a deux ans, comme vous savez; mais est-on en
droit d'en user de la sorte avec moi, qui n'ai depuis dix ans qu'une
misérable pension de 250 écus, et qu'on a regardé jusqu'ici comme
une personne entièrement inutile? Il ne serait pas même impossible
qu'on ne fût bien aise de me faire manquer cette occasion pour pouvoir
se venger sur moi du dépit qu'on a d'être forcé de convenir à la face

de l'Europe, et surtout vis-à-vis d'un monarque tel que le roi de Prusse, du peu d'égard qu'on a ici pour les sciences, et je ne doute pas, d'après la manière dont on m'a parlé, qu'on ne m'eût imposé silence sur cette affaire si je n'avais eu la précaution de rendre votre Lettre publique. Quoi qu'il en soit, j'ai tout lieu de croire que ma condition ne pourrait qu'empirer si j'étais obligé de rester; aussi suis-je déterminé à me tirer d'ici à quelque prix que ce soit, et pour cela je compte sur votre parole, sur votre amitié et sur tout l'intérêt que vous voulez bien prendre à ce qui me regarde.

La personne dont vous m'avez parlé dans votre pénultième Lettre (¹) est actuellement sur mer; quand elle sera de retour, je ne manquerai pas de la sonder sur ce que vous avez entendu dire sur son sujet; mais je ne doute pas que les torts qu'on lui a faits en dernier lieu ne l'aient mise dans la disposition que vous me marquez.

J'ai vu ces jours derniers le P. Frizi (²), qui s'en va à Paris; il a dessein de présenter à l'Académie un Ouvrage de sa façon sur la gravité, dans lequel il m'a dit avoir traité des principaux points du système du monde; mais, entre nous, je ne le crois pas bien fort sur ces matières.

Le Volume de notre Société paraîtra infailliblement vers la fin de ce mois, et je vous en enverrai sur-le-champ un exemplaire; mais je ne voudrais pas que vous eussiez d'avance une opinion trop avantageuse de mes travaux, de peur que vous ne soyez ensuite obligé d'en rabattre beaucoup.

Je relis actuellement vos Mémoires sur les verres optiques, que je n'avais fait que parcourir, et j'en suis content au delà de tout ce que

---

(¹) Il s'agit de Daviet de Foncenex, dont il a été parlé plus haut (p. 4), et que d'Alembert, dans une Lettre datée du 12 septembre 1766, propose au roi de Prusse comme un « homme de condition et de beaucoup de mérite, surtout dans la partie de l'artillerie et du génie. M. de la Grange, ajoute-t-il, est persuadé qu'il serait propre à former en ce genre une excellente école. Il est actuellement sur mer, employé dans la marine du roi de Sardaigne, où il est peu satisfait de son traitement. » (OEuvres de Frédéric II, t. XXIV, p. 409-410.)

(²) Paul Frisi, barnabite, né en 1727 à Milan, où il est mort en 1784. Il était, depuis 1753, correspondant de l'Académie des Sciences, qui, en 1758, avait donné un prix à son Mémoire : De Atmosphæra cœlestium corporum.

je puis vous dire. Je ne manquerai pas, puisque vous m'y encouragez, de m'occuper de la théorie de la Lune dès que je serai tranquille. Je vois en gros les difficultés que renferme la détermination des équations dont vous me parlez, et je m'attacherai surtout à la discussion de ce point important.

Adieu, mon cher et illustre ami; j'espère qu'avant que je reçoive votre réponse mon affaire sera décidée; ainsi, vous pouvez écrire au roi que j'ai accepté et que je n'attends que mon congé pour partir, car vous voyez que l'affaire est trop avancée pour qu'il soit permis de reculer.

Écrivez-moi dorénavant sous l'enveloppe de M. Bouvier, agent du roi de Sardaigne à Lyon, pour M. Martin, banquier à Turin. Il ne me reste de papier que pour vous embrasser.

32.

D'ALEMBERT A LAGRANGE.

A Paris, ce 20 mai 1766.

Mon cher et illustre ami, votre Lettre m'a transporté de joie; j'ai lieu d'espérer que ma négociation réussira; je viens de l'écrire à l'instant au roi de Prusse (¹), qui, dans sa dernière Lettre, me charge de faire tout mon possible pour vous persuader, et qui me réitère la

---

(¹) Voici ce que, la veille, le 19 mai, d'Alembert avait écrit au roi de Prusse : « Sire, je ne perds point de temps pour apprendre à Votre Majesté que M. de la Grange a reçu ses offres avec autant de respect que de reconnaissance, qu'il se tient trop heureux d'avoir mérité les bontés d'un prince tel que vous et d'être à portée de les mériter encore davantage par ses travaux; qu'il a demandé au roi de Sardaigne, son souverain, la permission d'accepter ses offres; que le roi de Sardaigne lui a promis de lui faire donner incessamment sa réponse et a bien voulu lui faire espérer que sa demande ne serait point rejetée. Je crois donc, Sire, que M. de la Grange ne tardera pas à venir remplacer M. Euler, et j'ose assurer Votre Majesté qu'il le remplacera très-bien pour les talents et le travail, et que, d'ailleurs,

promesse de vous donner 1500 écus d'Allemagne, qui font 6000 livres
de France. Dès que vous aurez reçu la permission que vous attendez, je
vous serai obligé de me l'écrire sur-le-champ; mais en même temps
je vous exhorte et vous conseille même : 1° d'écrire sur-le-champ au
roi de Prusse une Lettre courte, mais convenable, sur la satisfaction
que vous avez d'être à portée de mériter ses bontés par vos travaux;
2° une autre Lettre à M. de Catt (¹), secrétaire des commandements du
roi de Prusse et membre de l'Académie de Berlin. C'est un galant
homme, fort mon ami, et qui vous sera très-utile. Vous lui manderez
en quel temps vous pourrez partir (je crois que le plus tôt sera le
mieux), quelle route vous tiendrez, et vous demanderez ce que vous
jugerez nécessaire pour votre voyage. Je lui mande que je crois que
1000 écus de France ne seraient pas trop; vous verrez si cela vous suffira. Je n'ose désirer que vous allongiez votre route en passant par
Paris; cependant vous ne doutez pas du plaisir que j'aurais de vous
voir. Je vous préviens que le chemin est difficile, les gîtes mauvais, et
que par conséquent il vaut mieux demander un peu plus qu'un peu
moins pour votre voyage. Prenez là-dessus les éclaircissements nécessaires. J'attends avec impatience votre réponse, et je ne doute pas,
d'après ce que le roi votre souverain vous a fait dire, qu'elle ne soit
telle que nous le désirons.

Vous devez bien être persuadé que j'ai déjà rendu d'avance au roi
de Prusse le témoignage que vous méritez et que je l'ai bien assuré
de l'excellente acquisition qu'il va faire en votre personne. Adieu, mon
cher et illustre ami; je me tiens trop heureux de pouvoir tout à la fois
contribuer au bien-être d'un grand homme et à la satisfaction d'un

par son caractère et sa conduite, il n'excitera jamais dans l'Académie la moindre division
ni le moindre trouble. Je prends la liberté de demander à Votre Majesté ses bontés particulières pour cet homme d'un mérite vraiment rare et aussi estimable par ses sentiments que
par son génie supérieur, etc. » (*OEuvres de Frédéric II,* t. XXIV, p. 403.)

(¹) Henri-Alexandre de Catt, né à Morges (canton de Vaud), membre de l'Académie de
Berlin (1760), mort à Potsdam le 24 novembre 1795. Il devint, en 1758, lecteur de Frédéric II, dont il fut le familier et l'ami jusqu'en 1780, où il tomba, on ne sait trop pourquoi,
dans une disgrâce complète.

grand roi, digne de toute ma reconnaissance. Je vous embrasse de tout mon cœur.

P.-S. — Vous mettrez la Lettre pour le roi de Prusse et celle pour M. de Catt dans un même paquet à l'adresse de M. de Catt, à Potsdam, en Brandebourg. Ne perdez point de temps pour écrire ces Lettres dès que vous aurez reçu votre permission.

J'oublie de vous dire que M. Euler part pour Pétersbourg; c'est le roi lui-même qui me le mande; ainsi vous ne devez avoir aucun scrupule. Vous n'allez sur les brisées de personne et ne serez sur le chemin de qui que ce soit.

33.

D'ALEMBERT A LAGRANGE.

A Paris, ce 23 mai 1766.

Mon très-cher et très-illustre ami, j'ai répondu il y a déjà quelques jours à la petite Lettre que vous m'avez écrite, et dans laquelle vous m'annoncez que vous n'attendez que votre congé. Depuis ce temps, j'en ai reçu presque coup sur coup deux autres auxquelles je vais répondre. J'ai annoncé au roi de Prusse, et je vais lui annoncer de nouveau la disposition où vous êtes d'accepter les offres également honorables et avantageuses qu'il vous fait (¹); je ne doute point que ce

---

(¹) D'Alembert écrivit en effet à Frédéric II, en date du 26 mai, une nouvelle Lettre dont nous extrayons le passage suivant : « Toutes les Lettres que je reçois de M. de la Grange m'assurent de la ferme résolution où il est de profiter des offres également honorables et avantageuses que Votre Majesté veut bien lui faire. S'il n'est pas encore parti de Turin pour se rendre auprès de Votre Majesté, ce n'est ni sa faute ni la mienne : c'est celle des ministres du roi de Sardaigne, qui, n'osant pas lui refuser absolument son congé, cherchent à le différer, dans l'espérance qu'il changera d'avis ; mais il me mande que son parti est pris et inébranlable. Je ne doute point que, si Votre Majesté juge à propos de faire demander au

prince n'en soit charmé, car il me mande de *faire l'impossible* pour vous engager, et M. de Catt m'écrit d'hier (M. de Catt est le secrétaire du roi) que ce prince vous désire beaucoup, vous attend avec impatience, qu'il est bien sûr que si vous voulez vous aurez plus de 2000 écus de France, et que vous aurez à Berlin tous les agréments possibles. Je profiterai de cette bonne volonté pour demander qu'on vous procure toutes les facilités pour votre voyage et votre établissement. Il faut qu'un homme tel que vous soit appelé par un prince tel que lui avec les distinctions et l'agrément que vous méritez. Je désire beaucoup que vous passiez par Paris; j'en demanderai même la permission au roi de Prusse; mais cependant, comme il me paraît pressé de vous avoir, je n'insisterai pas là-dessus. Ne manquez pas d'écrire au roi dès que vous aurez votre congé; peut-être même ferez-vous bien de lui écrire avant que de l'avoir obtenu. Je ne doute presque pas, à moins de quelque inconvénient que je ne prévois point, que ce prince ne vous demande au roi de Sardaigne, si votre congé tardait trop. J'aurai l'honneur de lui en écrire un mot. Écrivez aussi à M. de Catt, secrétaire des commandements de Sa Majesté, à Potsdam, en Brandebourg, ou à Berlin. Vous mettrez le tout sous un seul paquet à l'adresse de MM. Girard, Michelet et Cie, négociants à Berlin. Il faudra que la Lettre pour le roi soit dans la même enveloppe avec celle de M. de Catt, parce que celui-ci la présentera. Je vous conseille de demander : 1° la permission de passer par Paris, pour me voir et pour raisonner avec moi de bien des choses concernant la Prusse et l'Académie; 2° une bonne somme pour votre voyage, plutôt plus que moins; 3° un logement et une somme pour vous meubler, si cela est possible. Cependant il ne faut pas trop insister sur ce dernier article; je me

---

roi de Sardaigne même le congé de M. de la Grange, il ne l'obtienne sur-le-champ et ne se mette incessamment en route. En ce cas, Votre Majesté voudrait bien donner ses ordres pour les frais de son voyage. Il est bien singulier que M. Euler, comblé de biens par Votre Majesté, lui et sa famille, ait obtenu son congé si aisément, après vingt-six ans de séjour, et que M. de la Grange, dont on ne juge pas à propos d'assurer la fortune dans son pays, soit obligé de solliciter comme une grâce la permission d'aller jouir ailleurs de la justice qu'un grand roi lui rend. » (*OEuvres de Frédéric II*, t. XXIV, p. 404.)

charge de le demander et de représenter au roi qu'il faut faire les choses en cette occasion d'une manière également profitable et honorable pour vous. Euler est parti, ou va partir; ainsi vous n'enlevez rien à personne. J'ai déjà prévenu M. le prince héréditaire de Brunswick (¹), qui est ici, de l'excellente acquisition que le roi son oncle va faire, et toute l'Académie des Sciences de Paris pense déjà que la perte de M. Euler est réparée. Vous ne sauriez croire la réputation dont vous jouissez parmi nous, et que vos deux excellentes pièces qui ont remporté le prix vous ont si justement acquise. J'espère que vous ne serez pas moins heureux dans la théorie de la Lune; mais ce n'est pas ici le moment de parler de tout cela, non plus que de mon travail sur les verres optiques, dont je suis charmé que vous soyez content.

J'ai rencontré à Paris le médecin dont vous me parlez (²). Quoiqu'il soit venu me chercher deux fois, je ne lui ai pas fait grand accueil. Il semble que je me doutais de ce que vous me marquez à son sujet. Je lui ai seulement parlé de vous avec toute l'estime profonde que vous méritez à tous égards, et je lui ai dit que je ne doutais pas que le roi de Prusse ne cherchât à vous avoir, mais que je ne savais pas si vous accepteriez ses offres, quoique je ne doutasse pas qu'elles ne fussent très-avantageuses. A l'égard de la personne qui est sur mer, et dont vous me promettez de me parler plus en détail, je voudrais savoir si elle est surtout versée dans ce qui concerne le génie et l'attaque des places. Ensuite de quoi, laissez-moi faire.

Adieu, mon très-cher et très-illustre et très-digne ami. Je regarde comme un des plus heureux moments de ma vie celui où j'ai pu contribuer à vous procurer un sort heureux, honorable, en un mot digne de vous. Je désire beaucoup de vous voir, ne fût-ce que quelques moments; mais sur cela je me soumets à la Providence.

P.-S. — Il me vient une pensée : le roi me charge de lui chercher un président pour son Académie; cette place vous conviendrait-elle?

(¹) Le prince héréditaire de Brunswick-Lunebourg était arrivé à Paris le 22 avril.
(²) Carburis. *Voir* plus haut, p. 64.

Voyez. Vous sentez qu'en ce cas votre sort serait beaucoup plus considérable. A tout hasard je vais en dire un mot au roi. Cela ne vous engagera à rien, ni lui non plus. Il suffit que vous acceptiez ses offres d'ailleurs, que vous alliez à Berlin avec une bonne pension et qu'il en soit content, et il me semble que tout va bien à cet égard.

34.

LAGRANGE A D'ALEMBERT.

A Turin, ce 4 juin 1766.

Mon cher et illustre ami, j'ai reçu vos deux Lettres à la fois, et j'ai été enchanté d'apprendre les bonnes dispositions que le roi de Prusse veut bien avoir pour moi. Je lui écris par ce même ordinaire une Lettre de remercîment accompagnée d'une autre Lettre pour M. de Catt, dans laquelle je le prie de me procurer la permission de passer par Paris et de me donner les instructions nécessaires pour mon voyage. Il est vrai que je n'ai pas encore obtenu mon congé, mais j'ai tout lieu de croire qu'on ne tardera pas beaucoup à me le donner; et c'est ce que j'ai eu soin de marquer à M. de Catt, afin que je ne sois pas obligé d'attendre encore une autre réponse de lui, ce qui retarderait trop mon départ et me mettrait peut-être dans l'impuissance de passer par Paris. Je soupçonne, non sans raison, que le roi a fait écrire à Berlin et qu'il attend la réponse; si cela était, il n'en serait que mieux pour moi. Quoi qu'il en soit, il m'est revenu de différents endroits que le roi est disposé à me laisser aller et qu'il veut que je parte d'ici très-content de lui. *Videbimus*. A l'égard de ce que vous me proposez de me procurer la place de président, c'est une nouvelle marque de votre amitié à laquelle je suis très-sensible, mais à laquelle je me connais trop pour pouvoir répondre. Mon amour-propre peut me faire croire que je ne suis pas tout à fait indigne de succéder à M. Euler, mais il ne me séduit point jusqu'à me persuader que je suis en état d'occuper une place qui vous était destinée. D'ailleurs je veux pouvoir vivre en philosophe et faire de la Géométrie à mon aise. Quant à la personne que vous savez (¹), vous pouvez, sans crainte de vous compromettre, rendre à qui que ce soit les plus grands témoignages de sa capacité, surtout dans les sciences dont vous me parlez, puisqu'il y a été élevé pendant dix ans et qu'il ne s'y est pas moins distingué que dans tout le reste. Je vous embrasse de tout mon cœur.

P.-S. — Ce que vous avez demandé pour mon voyage me paraît très-convenable; je vous avoue que j'ai une espèce de répugnance à demander pour moi, et je vous serai très-obligé de me permettre de remettre toute cette affaire entre vos mains. Dès que j'aurai obtenu mon congé, je vous l'écrirai sur-le-champ et à M. de Catt aussi. J'oublie de vous dire que M. Euler m'a proposé d'aller avec lui à Pétersbourg; vous jugez bien que je l'en ai remercié.

Adressez toujours vos réponses à M. Bouvier, agent du roi de Sardaigne à Lyon, pour M. Martin, banquier à Turin.

35.

LAGRANGE A D'ALEMBERT.

A Turin, ce 5 juillet 1766.

Mon cher et illustre ami, je viens enfin d'obtenir mon congé, et je le dois à une Lettre que le roi de Prusse a fait écrire à son ministre pour me demander au roi de Sardaigne d'une manière également obligeante pour lui et honorable pour moi. Voilà ce qu'on voulait ici;

(¹) M. de Foncenex.

aussi en a-t-on été charmé, et il y a grande apparence que le roi ne me laissera point partir sans me donner quelque marque de bonté.

Je compte que vous aurez reçu une Lettre que je vous ai écrite au commencement du mois passé et dans laquelle je vous marquais que je venais d'écrire au roi et à M. de Catt, comme vous me l'aviez conseillé. Je n'ai point encore reçu la réponse, mais j'espère qu'elle sera telle que je pourrai partir en conséquence. En attendant, je vais toujours annoncer à ce dernier que j'ai reçu mon congé et que je n'attends plus que les ordres du roi. Je puis vous assurer, mon cher ami, que je regarde cet événement comme le plus grand bonheur qui pût jamais m'arriver, et ce qui met le comble à ma satisfaction, c'est de penser que c'est à vous que j'en ai obligation. Je me flatte qu'on me donnera la permission de passer par Paris et qu'ainsi je serai à portée de satisfaire en quelque façon la sensibilité de mon cœur; ce sera le second voyage que j'y aurai fait uniquement pour vous, mais je ne veux pas que ce soit le dernier. A propos, j'ai lu dans quelques gazettes que Mme Geoffrin (1) est partie ou va partir pour Varsovie, et on ajoute que vous devez ensuite l'accompagner jusqu'à Pétersbourg. Cette dernière circonstance me transporterait de joie si elle avait lieu, puisque je pourrais espérer de vous posséder quelque temps à Berlin à votre retour; mais je n'ose me flatter d'un pareil bonheur.

Le Volume de notre Société n'a pas encore paru, mais il paraîtra infailliblement avant la fin de ce mois; votre Mémoire est imprimé, et j'y ai fait les corrections que vous m'avez envoyées. Aussitôt qu'il sera en état de voir le jour, je vous en enverrai un exemplaire par la voie qui me paraîtra la plus sûre et la plus prompte, car je serais bien aise que vous y jetassiez un coup d'œil, même avant mon arrivée à Paris, afin que je pusse ensuite causer avec vous de différentes choses qui nous intéressent particulièrement. Adieu, mon cher et illustre ami;

(1) Mme Geoffrin (née en 1699 à Paris, où elle mourut en 1777), dont le salon était l'un des plus célèbres de Paris, avait tiré de prison à Paris, en payant ses dettes, Stanislas Poniatowski, et ce prince, qui l'appelait sa mère, étant monté sur le trône de Pologne, l'invita à venir le voir à Varsovie. Elle s'y rendit en 1766, malgré ses soixante-huit ans.

croyez qu'il n'y a personne qui vous aime plus sincèrement ni par plus de raisons que moi. Je vous embrasse de tout mon cœur.

P.-S. — Je compte, à moins de quelque inconvénient que je ne prévois point, que je pourrai partir dans un mois ou un mois et demi au plus tard; cependant, si l'on me pressait, je tâcherais de hâter mon départ autant qu'il me serait possible.

36.

D'ALEMBERT A LAGRANGE.

A Paris, ce 16 juillet 1766.

Mon cher et illustre ami, je suis ravi d'apprendre que vous ayez enfin obtenu ce congé tant désiré. J'en attendais la nouvelle d'un jour à l'autre, et c'est pour cette raison que je n'avais point répondu à votre avant-dernière Lettre. Je vois que j'avais bien fait d'engager le roi de Prusse à vous faire demander au roi de Sardaigne et que cela a fort bien réussi. Vous avez bien fait d'écrire à M. de Catt. Il me mande que, dès qu'il aura la nouvelle de votre dernière résolution, il arrangera tout pour votre voyage. J'espère que le roi de Prusse vous permettra de passer par Paris (¹), et que j'aurai le plaisir de vous embrasser et de me féliciter avec vous d'avoir enfin rendu heureux un homme d'un mérite supérieur. On me mande de Berlin que l'Académie vous désire et vous attend avec impatience; il est sûr que vous seul pouviez remplir le vide que M. Euler y laisse. Ne perdez pas de temps pour partir dès que vous aurez les derniers ordres du roi de Prusse. Comme je compte vous voir, je remets à notre entrevue à vous

---

(¹) D'Alembert le lui avait demandé comme une grâce dans un *post-scriptum* de la Lettre déjà citée du 26 mai.

dire différentes choses sur l'Académie, le pays et le roi même, et sur les gens que vous trouverez dans votre nouvelle patrie.

J'ai grande impatience de voir votre nouveau Volume et de causer avec vous de ce qu'il contient. Je réimprime actuellement mon Traité des fluides, et, outre cela, j'imprime deux Mémoires sur les verres optiques dans le Volume de 1764, qui est sous presse. J'ai pensé aussi au problème de la précession des équinoxes, et je me suis bien convaincu que ni Simpson, ni le chevalier d'Arcy, ni le .... Lalande, barbet de Simpson, n'y ont rien entendu.

Ma santé est assez bonne, mais ma tête n'est plus guère propre à un long travail. C'est une sottise que ce que les gazettes ont avancé au sujet de mon voyage avec Mme Geoffrin. Elle est actuellement à Varsovie, mais sans moi, et, si elle va à Pétersbourg, ce sera sans moi aussi. Adieu, mon cher et illustre ami; je vous embrasse d'avance de tout mon cœur, en attendant que je vous embrasse en réalité et que je vous félicite, et moi aussi, et l'Académie aussi, et le roi de Prusse aussi, de la bonne acquisition qu'ils vont faire. *Iterum vale.*

A Monsieur de la Grange,
de la Société royale des Sciences de Turin, à Turin.

(Au bas de cette Lettre se trouve cette note, de la main de Lagrange, qui, comme le prouve l'écriture, a dû l'ajouter dans sa vieillesse :)

N.-B. — M. de la Grange est parti de Turin au commencement d'août 1766 ([1]); il a été à Paris, où il ne s'est arrêté que quinze jours; de là il a été à Londres chez le marquis Caraccioli, ambassadeur de Naples, et il s'est embarqué pour Hambourg, d'où il est arrivé à Berlin dans le commencement de novembre. Il n'a plus quitté Berlin que pour venir à Paris au mois de juin 1787.

([1]) Le 26 juillet, Frédéric II écrivait à d'Alembert : « Le sieur de la Grange doit arriver à Berlin; il a obtenu le congé qu'il sollicitait, et je dois à vos soins et à votre recommandation d'avoir remplacé dans mon Académie un géomètre borgne (Euler) par un géomètre qui a ses deux yeux.... La modestie avec laquelle vous vous comparez au sieur de la Grange élève votre mérite au lieu de le rabaisser, et ne me fera pas prendre le change sur ma façon de penser et sur l'estime que j'ai pour vous. » (*OEuvres*, t. XXIV, p. 407.)

37.

LAGRANGE A D'ALEMBERT.

A Turin, ce 16 août 1766.

Mon cher et illustre ami, je pars jeudi 21 pour Paris, et je compte
d'y arriver le 2 du mois prochain. Le roi de Prusse consent que je
passe par cette ville pour vous voir et vous entretenir tout à mon aise.
Il m'a accordé 1500 livres de Piémont pour mon voyage, qui en font
1800 de France, et m'a fait expédier un passe-port convenable. Je n'ai
pas encore pris congé de la cour, mais je n'en attends que des compliments; ce sera une obligation de moins. Le troisième Volume de nos
Mélanges vient de paraître. Je vous en apporterai moi-même un exemplaire, parce que toute autre voie serait moins prompte. Adieu, mon
cher et illustre ami; je me fais une fête de vous revoir, de vous embrasser et de pouvoir vous témoigner tous les sentiments que je vous
dois et que je suis bien flatté de vous devoir. Adieu, adieu encore une
fois; les embarras de mon départ ne me permettent pas de vous écrire
davantage.

A Monsieur d'Alembert, de l'Académie française,
de l'Académie royale des Sciences de Paris, etc.,
rue Saint-Dominique, faubourg Saint-Germain,
vis-à-vis Belle-Chasse, à Paris.

38.

LAGRANGE A D'ALEMBERT.

A Londres, ce 23 septembre 1766.

Mon cher et illustre ami, je suis arrivé ici le 20 en très-bonne santé.
Mon voyage a été aussi heureux que je le pouvais souhaiter. La mer

ne m'a presque point incommodé, quoique j'y aie été environ quatorze heures, à cause de la contrariété du vent. J'ai vu ici le ministre du roi de Prusse, lequel m'a assez bien accueilli. Il m'a promis de me recommander à Hambourg et de me procurer toutes les facilités possibles pour mon embarquement; je n'en ai pas encore fixé le jour, mais ce sera infailliblement dans le courant de la semaine prochaine. Je ne manquerai pas d'écrire à M. de Catt avant de partir d'ici, et j'aurai soin de lui marquer la route que je vais prendre aussi bien que le temps auquel je pourrai arriver à Berlin, en supposant que j'aie, comme je l'espère, une navigation assez favorable. Je ne puis vous exprimer, mon cher ami, tout le regret que j'ai de vous avoir si tôt quitté; le plaisir de voir Londres ne saurait me dédommager de la centième partie de celui dont je me suis privé en m'éloignant de vous. Le marquis Caraccioli ([1]), chez qui je suis, a soin de me rendre ce séjour le plus agréable qu'il lui est possible; il me promène et il me montre partout, mais je n'ai pas assez de curiosité pour pouvoir sentir tout le prix de ses attentions.

Adieu, mon cher et illustre ami; conservez-moi votre précieuse amitié, et croyez que rien n'altérera jamais les sentiments que je vous dois et que je suis bien flatté de vous devoir. Je vous embrasse de tout mon cœur.

A Monsieur d'Alembert, de l'Académie française,
de l'Académie royale des Sciences de Paris, etc.,
rue Saint-Dominique, faubourg Saint-Germain,
vis-à-vis Belle-Chasse, à Paris.

([1]) Dominique, marquis Caraccioli, né à Naples en 1715, mort en 1789. Il fut successivement ambassadeur à Turin, en Angleterre et en France, puis vice-roi de Sicile. Il était très-lié d'amitié avec d'Alembert, Diderot, Condorcet, etc.

39.

D'ALEMBERT A LAGRANGE.

A Paris, 6 octobre 1766.

Mon cher ami, j'ai reçu votre Lettre de Londres ; je compte que vous êtes actuellement en chemin et que vous arriverez à Berlin le 15 d'octobre. Je prie M. de Catt de vous remettre cette Lettre et de vous rendre tous les services qui dépendront de lui. Vous savez combien je vous suis dévoué ; adressez-vous au roi pour les choses qui vous seront nécessaires, et soyez persuadé qu'il aura égard à vos demandes, parce que je suis bien sûr qu'elles seront justes. Dites à l'Académie en général et à chacun de ses membres en particulier combien je leur suis dévoué. Faites mes compliments à MM. Bitaubé, de Castillon, Thiébault, etc. (¹) ; mais surtout portez-vous bien, pour l'avantage des sciences et de l'Académie. Quand vous aurez à m'écrire, adressez vos Lettres à M. de Catt.

Je n'ai point encore reçu de réponse du roi au sujet de la place de directeur, mais je compte qu'il aura bien voulu avoir égard à votre juste prière et faire avant votre arrivée les arrangements convenables à ce sujet. Adieu, mon cher et illustre ami ; je vous embrasse de tout

---

(¹) Jean-François-Mauro-Melchior Salvemini de Castillon ou Castiglione, géomètre, né en 1709 à Castiglione (Toscane), mort le 11 octobre 1791 à Berlin, où il était devenu directeur de la classe de Mathématiques de l'Académie. D'Alembert, dans ses Lettres, le recommande souvent au roi de Prusse.

Paul-Jérémie Bitaubé, né en 1732 à Kœnigsberg, d'une famille de réfugiés français, mort à Paris le 22 novembre 1808. Après avoir renoncé à l'état ecclésiastique, il devint membre de l'Académie de Berlin, revendiqua, à la Révolution, ses droits de Français, et devint, en 1795, membre de l'Institut. Les plus connus de ses Ouvrages sont *Joseph*, poëme en prose, et une traduction d'Homère.

Dieudonné Thiébault, né le 26 décembre 1733 à La Roche (Vosges), mort le 5 décembre 1807 à Versailles, où il était devenu proviseur du Collége. Après la destruction de l'ordre des Jésuites, dont il faisait partie, il rentra dans le monde, fut appelé à Berlin (1765), comme professeur de Grammaire, par Frédéric II, dans l'intimité duquel il vécut, et rentra en France en 1784. On a de lui *Mes souvenirs de vingt ans de séjour à Berlin*, 1804, 5 vol. in-8°, plusieurs fois réimprimé.

mon cœur. Ma santé est passable, mais ma tête est toujours fort peu capable d'application. Je profiterai du peu de bons moments qu'elle aura pour vous envoyer les extraits que je vous ai promis. *Iterum vale.*

A Monsieur de la Grange,
de l'Académie royale des Sciences et Belles-Lettres de Prusse, à Berlin.

40.

LAGRANGE A D'ALEMBERT.

A Berlin, ce 3 novembre 1766.

Mon cher et illustre ami, je suis ici depuis cinq ou six jours; j'en ai passé trois à Potsdam, où M. de Catt a eu pour moi toutes sortes de bontés. Il m'a présenté au roi et à tous les princes, et j'ai été fort bien reçu partout. Sa Majesté a daigné m'entretenir deux fois de différents sujets. Il m'a paru qu'elle n'était pas mécontente de moi. Je le suis infiniment d'elle (¹). Vous devez avoir appris qu'elle a fait pour moi beaucoup plus que je n'avais demandé. Elle m'a nommé tout de suite directeur de la Classe mathématique avec la pension attachée à cette place, laquelle est de 200 écus, de sorte que ma pension est actuellement de 1700 écus. Elle a voulu de plus que cette pension commençât à compter depuis le temps de mon engagement, c'est-à-dire de la date de votre Lettre, ce qui m'a fait une somme de 850 écus que j'ai touchée en arrivant ici. Vous voyez par là que ma situation est très-agréable et qu'elle ne me laisse point regretter d'avoir quitté ma patrie.

Ma santé est bonne, mais elle a grand besoin de repos. Je suis venu de Londres à Hambourg par mer, comme je l'avais projeté. Ce voyage

---

(¹) Lagrange, par un *lapsus calami*, dit le contraire de ce qu'il voulait dire. Il aurait dû écrire : « Je suis infiniment content. »

m'a fort bien réussi, mais il a été un peu plus long qu'il n'aurait dû l'être, à cause que le vent nous a presque toujours été contraire. C'est ce qui a retardé d'environ dix ou douze jours mon arrivée ici. L'affaire de mon ami de Foncenex est sur le tapis. Le roi paraît assez porté à le recevoir à son service, et il a même eu la bonté de me dire que ce serait une nouvelle obligation qu'il m'aurait. Il n'y a qu'une place d'aide de camp qui puisse lui convenir; c'est l'avis de M. de Catt et de Rosière, qui veulent bien s'intéresser à lui.

J'ai mandé à un de ses amis ce qu'il faut qu'il fasse pour bien réussir dans cette affaire. C'est d'écrire une Lettre ostensible à M. le colonel d'Anhalt, premier aide de camp du roi, pour le prier de vouloir bien faire parvenir ses idées à S. M. Je lui conseille d'exposer dans cette Lettre sa qualité de gentilhomme, les études qu'il a faites, en appuyant beaucoup sur l'attaque et la défense des places, le rang qu'il a actuellement, et enfin ses prétentions. J'espère qu'il fera cela comme il faut et que le succès sera tel que je le souhaite.

Le roi et tous les princes m'ont demandé de vos nouvelles. Je leur ai donné l'espérance de vous revoir ici si votre santé vous le permet. Ils en ont été charmés. Vous seriez adoré ici, mon cher; vous seriez le maître de mener telle vie qu'il vous plairait. M. de Catt m'a dit que le roi est entré là-dessus dans un grand détail avec lui et qu'il a répondu d'avance à toutes les difficultés que vous pourriez faire. Notre Académie a grand besoin de vous, à ce que tout le monde me dit. Vous êtes le seul qui puissiez la remettre sur un bon pied et servir en même temps les sciences et ceux qui les cultivent. Je reprendrai ce sujet une autre fois, lorsque j'aurai un peu plus de loisir. En attendant, je me contenterai de vous assurer que mon sort est très-heureux et que rien ne manquerait à mon bonheur si vous étiez ici. Je ne compte pas cela parmi les motifs qui pourraient vous engager à vous rendre à nos vœux, mais il est certain que vous trouveriez ici l'homme du monde qui vous aime et vous estime le plus, et qui a pour vous l'attachement le plus vif et le plus sincère. Adieu, mon cher ami; je vous embrasse de tout mon cœur. J'ai été interrompu vingt fois depuis le commence-

XIII. 11

ment de cette Lettre et je ne l'ai écrite qu'à bâtons rompus. Je vous prie d'en excuser le désordre. Je n'ai pas même le temps de la relire.

41.

D'ALEMBERT A LAGRANGE.

A Paris, ce 21 novembre 1766.

J'ai reçu, mon cher et illustre ami, avec le plus grand plaisir, votre Lettre du 5; je commençais à être inquiet de ne pas avoir de vos nouvelles; cependant je présumais que le vent, qui, pendant le mois d'octobre, a presque toujours été à l'est et au nord, vous avait empêché d'arriver aussi tôt que vous le comptiez. Je vois avec la plus extrême satisfaction que vous êtes content et heureux, et cela suffit pour me le rendre. J'ai reçu, il y a peu de jours, une Lettre du roi, où Sa Majesté me parle beaucoup de vous, et paraît très-satisfait des conversations que vous avez eues avec lui ([1]). Je réponds à ce grand prince que plus il vous connaîtra, plus il sentira à tous égards le prix de l'acquisition qu'il a faite. Je vous exhorte seulement à bien ménager votre santé; le reste ne m'inquiète pas. La mienne est assez bonne depuis le cou

---

([1]) On n'a point la Lettre de Frédéric, mais on a celle que d'Alembert adressa au roi le jour même où il écrivit à Lagrange. « Sire, la Lettre que Votre Majesté m'a fait l'honneur de m'écrire m'a comblé de la plus vive satisfaction. Je vois que Votre Majesté n'a pas été mécontente des conversations qu'elle a eues avec M. de la Grange, et qu'elle a trouvé que ce grand géomètre était encore, comme j'avais eu l'honneur de le lui dire, un excellent philosophe et d'ailleurs versé dans la littérature agréable. J'ose assurer Votre Majesté qu'elle sera de plus en plus satisfaite de l'acquisition qu'elle a faite en lui et qu'elle le trouvera digne de ses bontés par son caractère aussi bien que par ses talents. Il me paraît, Sire, pénétré de reconnaissance de la manière dont Votre Majesté l'a reçu et enchanté de la conversation qu'elle a bien voulu avoir avec lui. Il est bien résolu de faire tous ses efforts pour répondre à l'idée que Votre Majesté a de lui et dont il est infiniment flatté. M. de la Grange, Sire, remplira cette idée. Je ne crois pas rien hasarder en vous l'assurant. Il nous effacera tous, ou du moins empêchera qu'on ne nous regrette. Pour moi, je ne suis plus, Sire, qu'un vieil officier réformé en Géométrie.... » (*OEuvres de Frédéric II*, t. XXIV, p. 412.)

jusqu'aux pieds, mais ma tête est toujours très-peu capable d'application; j'espère cependant acquitter la parole que je vous ai donnée et vous envoyer quelques fragments de Lettres au moins pour les *Mémoires* de votre Académie, qui n'a rien perdu en perdant M. Euler, puisque vous le remplacez. Je travaille actuellement à un Supplément pour la nouvelle édition de mon *Traité des fluides* qui est sous presse, et je mets en ordre ce que j'avais déjà fait sur les verres optiques; tout cela, avec quelques autres choses, fournira un quatrième Volume d'*Opuscules,* que je tâcherai de rendre le plus intéressant que je pourrai; j'aurai encore de la matière pour un cinquième, mais il faut que ma tête puisse y suffire.

Vous savez tout ce que je vous ai dit sur la présidence dont vous me parlez; je ne me porte plus assez bien pour songer à autre chose qu'à travailler en repos, durant le peu de temps qui me reste peut-être encore, pour faire quelque chose de passable. J'ai quarante-neuf ans, mais mon esprit est bien plus vieux que mon corps. Adieu, mon cher ami, je ne désespère pas, quelque peu en état que je sois de me transplanter, d'aller encore vous embrasser. Donnez-moi des nouvelles de votre santé et de vos travaux. Si vous êtes à portée de rendre service au pauvre Castillon, je vous en serai obligé. Faites mille compliments de ma part à MM. Thiébault et Bitaubé, et aimez-moi comme je vous aime et comme je vous estime.

P.-S. — J'ai reçu les *Mémoires* de votre Académie de 1764; il me manque 1759, 1760, 1761, 1762 et 1763. Si quelqu'un de ces Volumes est imprimé, je vous prie de me le faire parvenir; l'Académie a toujours eu la bonté de me les envoyer. Voulez-vous bien assurer cet illustre corps de mon respect, et chacun de ses membres de mon estime et de mon dévouement? J'écris par le même courrier un mot à M. Bitaubé.

A Monsieur de la Grange,
directeur de la Classe mathématique de l'Académie des Sciences
et Belles-Lettres, à Berlin.

42.

D'ALEMBERT A LAGRANGE.

A Paris, 12 décembre 1766.

Mon cher ami, vous recevrez incessamment, et peut-être vous aurez déjà reçu, une petite balle qui vous est adressée par M. Franck, de Strasbourg, de la part de Bruyset, mon libraire de Lyon. Cette balle contient quelques exemplaires du cinquième Volume de mes *Mélanges* ([1]), dont je vous prie de faire la distribution suivante :

Un pour vous,

Un pour M. Bitaubé,

Un pour Mgr le prince de Prusse; avec les quatre Volumes précédents, que je n'avais pas encore eu occasion de lui présenter.

Les autres, vous les adresserez à M. de Catt; il y en a un pour le roi, un pour lui, un pour milord maréchal ([2]) et un pour le marquis d'Argens ([3]).

Mon libraire a fait la sottise de vous adresser cette balle, au lieu de l'envoyer à M. de Catt, comme je le lui avais mandé; vous vous ferez rembourser des frais du port par MM. Michelet ([4]), en leur disant de ma part que c'est pour le compte du roi, à qui je n'ai pas cru devoir adresser cette balle directement.

Il y a quelques fautes de copiste ou d'impression désagréables; je

([1]) *Mélanges de Littérature, d'Histoire et de Philosophie* (sans nom d'auteur), Amsterdam, 5 vol. in-12. Les quatre premiers Volumes sont de 1764; le cinquième est de 1767.

([2]) G. Keith, maréchal héréditaire d'Écosse, connu sous le nom de *milord maréchal,* né à Kincardineshire vers 1685, mort près de Potsdam en 1778. Condamné à mort après une tentative en faveur du prétendant, il se réfugia en Espagne, puis passa au service de Frédéric II, qui le nomma gouverneur de la principauté de Neuchâtel. Il fut très-lié avec Rousseau. D'Alembert a écrit son éloge (*Mém. de l'Acad. de Berlin,* année 1760, p. 450).

([3]) J.-B. Boyer, marquis d'Argens, né à Aix (Provence) en 1704, mort en 1771. Il séjourna vingt-cinq ans près de Frédéric II, qui le fit son chambellan et le nomma directeur général de l'Académie de Berlin. Les *Lettres juives* sont le plus connu de ses Ouvrages.

([4]) Négociants à Berlin, comme on l'a vu plus haut.

vous enverrai l'*errata* incessamment. Je vous préviens seulement que, dans le morceau sur le Calcul des probabilités, l'imprimeur a mis en deux endroits *dix-sept fois* pour *cinq fois,* et dans un autre, *donnera un écu à Pierre* pour *recevra un écu de Pierre.* Vous vous apercevrez aisément de ces petites inadvertances, qui viennent peut-être de la copie, car l'Ouvrage n'a pas été imprimé sous mes yeux. Je souhaite que cet Ouvrage ne vous déplaise pas, et je désire fort savoir en détail votre avis sur les morceaux qu'il contient et dont vous connaissez déjà la plupart; mais je les ai retouchés en plusieurs endroits.

Je tiendrai la parole que je vous ai donnée de vous envoyer dans le courant de l'année prochaine quelques broutilles pour votre Volume; en attendant, je travaille à mettre en ordre des matériaux pour un quatrième Volume d'*Opuscules,* et peut-être même pour un cinquième. Donnez-moi de vos nouvelles et de celles de vos travaux. Je vous embrasse, mon cher et illustre ami, de tout mon cœur. Mille compliments à MM. Bitaubé et Thiébault, et mille respects à l'Académie. Le P. Frisi, qui est ici pour l'hiver, vous fait mille compliments.

P.-S. — En finissant cette Lettre, je reçois l'*errata* ci-joint que je vous envoie; vous mettrez les six à chaque exemplaire. Il me manque votre Volume de 1759 et les suivants, excepté 1764.

*A Monsieur de la Grange, de l'Académie royale des Sciences,
et directeur de la Classe mathématique, à Berlin.*

43.

D'ALEMBERT A LAGRANGE.

A Paris, ce 7 février 1767.

Il y a un siècle, mon cher ami, que je n'ai entendu parler de vous; je crois pourtant que vous vous portez bien. On est très-inquiet de vous à Turin. J'ai reçu une longue Lettre de M. votre père, à qui j'ai répondu tout ce que j'ai cru capable de le calmer, et qui craint que vous ne soyez malade ou que vos Lettres réciproques ne soient interceptées. Il me mande que, depuis que vous êtes à Berlin, il n'a reçu aucune Lettre de vous; M. de Saluces (¹) m'écrit la même chose. Voyez donc à prendre des mesures pour les tirer d'inquiétude. J'écris au roi pour le prier de prendre des mesures afin que vos Lettres parviennent à leur destination, si par hasard elles étaient interceptées en allant par une voie directe.

. Vous devez avoir reçu le cinquième Volume de mes *Mélanges*, au moins si j'en juge par une Lettre que m'écrit le prince de Prusse; dites-moi si vous les avez lus et ce que vous en pensez.

Quoique ma santé continue à n'être pas trop bonne, je n'ai pas laissé de travailler à bien des petites choses, entre autres sur le problème des trois corps, dont j'avoue que toutes les solutions que je connais me paraissent laisser beaucoup à désirer. J'espère vous envoyer dans le courant de cette année ce que je vous ai promis pour vos *Mémoires*; il me paraît par les journaux que le Volume de 1759 paraît, et peut-être celui de 1760; je désirerais beaucoup de les voir, surtout s'il y avait quelque chose de vous.

M. de Catt vous remettra un petit Mémoire que j'ai lu à l'Académie le jour où le prince de Brunswick y vint; ce n'est que l'extrait d'un plus long Mémoire qui sera imprimé dans nos Volumes de Paris (²).

Adieu, mon cher ami, donnez-moi de vos nouvelles et n'oubliez pas d'écrire à Turin, où votre famille et vos amis sont fort en peine de vous. M. Dutens me marque aussi qu'il n'a point entendu parler de vous et qu'il en est en peine. Je lui donnerai de vos nouvelles au premier jour, mais écrivez-lui de votre côté. *Iterum vale et me ama.*

A Monsieur de la Grange, directeur de la Classe mathématique
de l'Académie royale des Sciences, à Berlin.

(¹) J.-Ange, comte de Saluces de Menusiglio, général d'artillerie, physicien, chimiste, l'un des fondateurs de l'Académie de Turin, né à Saluces en 1746, mort en 1810.

(²) Ce Mémoire, intitulé *Nouvelles recherches sur les verres optiques*, est inséré dans le

N.-B. — Au dos de cette Lettre se trouve la note suivante, qui est probablement de la main de M. de Catt, à qui d'Alembert adressait souvent les Lettres qu'il écrivait à Berlin :

Voilà, mon bon ami, une Lettre que je viens de recevoir avec cette pièce. On est fort inquiet, me dit M. d'Alembert, chez vous, de ce qu'on n'a point de vos nouvelles. Je crois bien que ce sot de domestique gardait les Lettres. Vous avez bien fait de le chasser. Adieu, monsieur; mille compliments à M. Bitaubé. Portez-vous bien, pensez à moi, aimez-moi, et donnez quelquefois de vos nouvelles. Je vous embrasse.

44.

LAGRANGE A D'ALEMBERT.

A Berlin, ce 23 février 1767.

Mon cher et illustre ami, je suis bien touché de la marque d'amitié que vous me donnez en vous plaignant de mon silence; je vous promets que vous n'aurez plus de pareils reproches à me faire à l'avenir. Cependant vous me feriez tort de m'accuser de négligence à votre égard. Votre temps vous est si précieux, que je crains toujours de vous importuner, surtout quand je n'ai rien d'important à vous mander. Mais enfin je suis bien aise que vous m'enhardissiez à cultiver davantage votre commerce, qui ne peut que m'être avantageux à tous égards.

J'ai reçu de la part de votre imprimeur les exemplaires du cinquième Volume des *Mélanges* que vous m'aviez annoncés. J'en ai gardé un pour moi, dont je vous remercie de tout mon cœur, et j'ai distribué les autres suivant ce que vous m'avez dit. Il est inutile de vous dire combien je suis content de cet Ouvrage. Vous savez assez à quel point tout ce qui vient de vous m'est précieux; tant pis pour moi si je pensais autrement. Une des choses qui m'ont le plus enchanté, c'est votre Mémoire sur l'inoculation ([1]). Il est plein de vues et de réflexions très-

---

Volume des *Mémoires de l'Académie* de l'année 1765 (p. 53 et suiv.), Volume qui ne parut qu'en 1768. Un extrait en avait été lu à l'Académie le 14 mai 1766 et fut imprimé dans le *Journal de Trévoux* de janvier 1767. C'est cet extrait que d'Alembert envoie à Lagrange.

([1]) Il est divisé en trois Parties et intitulé : *Réflexions philosophiques et mathématiques sur l'application du Calcul des probabilités à l'inoculation de la petite vérole* (p. 305-430).

fines et très-exactes qui avaient échappé à tous ceux qui avaient déjà traité cette matière et qui la rendent tout à fait neuve et intéressante. A l'égard de vos difficultés sur le Calcul des probabilités, je conviens qu'elles ont quelque chose de fort spécieux qui mérite l'attention des philosophes plus encore que celle des géomètres, puisque de votre aveu même la théorie ordinaire est exacte dans la rigueur mathématique. Au reste, la lecture de ce Mémoire m'a fourni quelques idées dont je pourrai vous faire part, si vous le souhaitez, pourvu qu'elles se trouvent confirmées par un plus sérieux examen.

Vos *Éclaircissements sur les éléments de Philosophie* ([1]) m'ont beaucoup plu, et surtout le sixième ([2]), le neuvième ([3]) et les suivants. Ce que vous dites sur la multiplication des lignes est excellent. J'ajouterai seulement qu'il n'est pas nécessaire que le parallélogramme soit rectangle; il suffit que l'angle soit le même dans tous ceux que l'on veut comparer ensemble. La notion que vous donnez de l'Algèbre est aussi nette que précise, et, si elle ne suffit pas à ceux qui n'ont aucune connaissance de cette science, ce sera une marque certaine qu'il faut au moins y être initié pour pouvoir s'en former une idée. Pour ce qui est des autres Mémoires, qui sont de pure littérature, je me contente de les lire et de les admirer. Dans votre Discours sur la poésie ([4]), il me semble que vous en réduisez le mérite aux pensées et à la difficulté vaincue dans l'expression; mais permettez que je vous demande grâce pour tous nos poëtes italiens, et surtout pour mon poëte favori, l'Arioste, qui n'a guère ni l'un ni l'autre de ces deux mérites.

M. de Catt m'a remis votre Mémoire sur les objectifs achromatiques ([5]), que j'ai lu avec le plus grand plaisir, et qui m'a donné une grande envie de lire celui que vous faites imprimer parmi les *Mémoires*

([1]) Le quatrième Volume des *Mélanges* contenait un *Essai sur les éléments de Philosophie ou sur les principes des connaissances humaines* (p. 1-298), et c'est comme supplément à ce travail que d'Alembert inséra dans son cinquième Volume (p. 7-272) seize *Éclaircissements* sur différents passages.

([2]) *Sur l'art de conjecturer.*

([3]) *Sur les différents sens dont un même mot est susceptible.*

([4]) *Réflexions sur la poésie* (p. 433-468).

([5]) *Voir* plus haut la note 2 (p. 86) de la Lettre du 7 février.

de l'Académie. Le Volume de 1759 de notre Académie (¹) a paru, et celui de 1760 est sous presse et paraîtra bientôt. M. Formey (²) m'a dit qu'il attendait une occasion pour vous faire parvenir un exemplaire de celui qui est déjà imprimé. Au pis aller vous les recevrez tous les deux à la fois. Ils ne contiennent rien de moi, mais ils n'en sont que plus intéressants, la partie mathématique étant, à l'ordinaire, toute d'Euler. L'Académie sera très-charmée de recevoir quelque chose de vous pour ses *Mémoires*. Vous réparerez au moins d'un côté ce qu'elle a perdu de l'autre. Quant à moi, je fais ce que je puis pour rendre le vide qu'Euler y a laissé le moins sensible qu'il est possible. Je suis obligé de remplir presque seul les devoirs de ma classe, M. Castillon s'étant un peu éloigné de l'Académie depuis mon arrivée, et M. Bernoulli (³) étant encore fort jeune, comme vous savez. A propos de ce premier, nous nous sommes réciproquement rendu visite une fois ou deux, et nous ne sommes ni bien ni mal ensemble. Si l'occasion me venait de lui rendre quelque service, je m'en ferais un plaisir. Au reste, comme il n'est point pensionnaire, il n'avait aucun droit de prétendre à la place de directeur; si on a fait tort à quelqu'un, c'est à M. Bernoulli seul, qui d'ailleurs n'a pas fait paraître la moindre prétention à cet égard. Ma santé est toujours toute parfaite, et mon sort est très-heureux. Je ne songe à autre chose qu'à faire de la Géométrie en paix et à justifier votre choix autant qu'il m'est possible. Le roi voudrait que je travaillasse pour votre prix, parce qu'il croit qu'Euler y travaille : c'est, ce me semble, une raison de plus pour moi pour n'y pas travailler. Voici une solution complète du problème des *tautochrones*, à laquelle je suis arrivé par une route très-directe, et que je lirai à l'Académie au premier jour.

Soient u la vitesse du corps, x l'espace qui lui reste à parcourir et p

---

(¹) De l'Académie de Berlin.

(²) Jean-Henri-Samuel Formey, fils d'un réfugié français, né à Berlin le 31 mai 1711, mort le 8 mars 1797. Il était depuis 1748 secrétaire perpétuel de l'Académie de Berlin.

(³) Jean Bernoulli, astronome, neveu de Daniel, né à Bâle le 4 novembre 1744, mort le 13 juillet 1807 à Berlin, où il avait été appelé à l'âge de dix-neuf ans pour être astronome de l'Académie et où il devint, en 1779, directeur de la Classe des Mathématiques.

sa force accélératrice le long de la courbe qu'il décrit, en sorte que
l'on ait

$$u\,du + p\,dx = 0.$$

Je dis qu'il faut pour le tautochronisme que l'on ait, en général,

$$p = u^2 \left[\frac{\varphi\left(\dfrac{u}{\xi}\right)}{\xi} - \frac{1}{\xi}\frac{d\xi}{dx} \right],$$

$\varphi\left(\dfrac{u}{\xi}\right)$ dénotant une fonction quelconque de $\dfrac{u}{\xi}$, et ξ une fonction quelconque de x telle qu'elle soit nulle lorsque $x = 0$ et que $\dfrac{d\xi}{dx}$ ne soit,
dans ce cas, ni nulle ni infinie.

Si l'on fait

$$\varphi\left(\frac{u}{\xi}\right) = f + g\frac{\xi}{u} + \frac{\xi^2}{u^2},$$

et qu'on suppose ensuite

$$\frac{f}{\xi} - \frac{1}{\xi}\frac{d\xi}{dx} = \mathrm{K},$$

on aura le cas où la résistance est comme $gu + \mathrm{K}u^2$, et la force sera

$$f\frac{1 - e^{-\mathrm{K}x}}{\mathrm{K}},$$

comme il résulte de la solution de M. Fontaine ([1]).

J'ai enfin reçu une Lettre de mon père en réponse à l'une des
miennes; je ne sais ce que mes premières Lettres sont devenues. J'ai
tout lieu de croire que le domestique que j'avais pris et que j'ai renvoyé ensuite a gardé les Lettres pour pouvoir garder l'argent.

Si le P. Frisi est encore à Paris, je vous prie de lui faire bien mes
compliments et de lui offrir mes services dans ce pays si je puis lui
être bon à quelque chose. M. Thiébault se recommande à votre souvenir.
M. Bitaubé doit vous avoir écrit. Adieu, mon cher ami, je vous embrasse.

([1]) *Voir* la note 1 de la page 95.

45.

D'ALEMBERT A LAGRANGE.

A Paris, le 4 avril 1767.

Mon cher et illustre ami, mes yeux sont devenus un peu faibles aux lumières, qui est le temps où j'écris mes Lettres; c'est pour cela que je me sers d'une main étrangère ([1]). Ma santé est d'ailleurs assez bonne, mais si facile à s'altérer par le moindre dérangement, que je n'espère pas de vous voir cette année et que je ne sais pas quand je pourrai avoir cette satisfaction. Je suis charmé que vous soyez content de mon cinquième Volume, et en particulier de ce que mes réflexions sur l'inoculation ne vous ont point déplu. Vous verrez dans nos *Mémoires* de 1760 que Daniel Bernoulli, presque pour unique réponse, m'exhorte à me *mettre au fait* des matières que je traite ([2]); je répondrai de la bonne sorte à cette politesse de sa part.

Comme je suis occupé de différents objets, je n'avais point d'abord voulu penser à chercher votre formule sur les tautochrones; cependant, comme elle m'a paru fort élégante, j'ai fait quelques tentatives à ce sujet et j'en ai trouvé une plus générale par une méthode fort simple;

([1]) La Lettre n'est que signée par d'Alembert.

([2]) Daniel Bernoulli avait envoyé à l'Académie, sur la mortalité causée par la petite vérole et sur l'inoculation, un travail qui, résumé d'abord dans la partie *Histoire* (p. 99-108) du Volume de l'année 1760 (paru seulement en 1766), fut inséré en entier dans la partie du même Volume consacrée aux Mémoires (p. 1-46). D'Alembert en avait eu connaissance avant qu'il fût publié, et, pour le réfuter, il écrivit les *Réflexions* citées plus haut, auxquelles Bernoulli répondit à son tour par des notes qu'il ajouta à son Mémoire lorsqu'il fut livré à l'impression.

C'est à la note de la page 18 que se trouvent les passages auxquels fait allusion d'Alembert. On y lit : « Dans une critique de ce Mémoire qu'on a fait imprimer longtemps avant que le Mémoire l'ait été.... Je souhaiterais que l'auteur de cette critique prit la peine de faire à son gré une distribution des 100 ou 101 personnes qu'on sait positivement que la petite vérole enlève communément sur une génération de 1300 enfants : il verrait s'il est possible de concilier sa critique avec ce qu'il dit.... »

je vous enverrai bientôt ces détails pour vos *Mémoires,* avec d'autres choses que j'y joindrai.

M. votre père m'écrit que vous avez résolu de donner tous les mois un Mémoire à l'Académie et qu'il trouve cela trop fort; je pense comme lui et je vous exhorte à ménager votre santé.

Je voudrais bien que vous travaillassiez au prix sur la Lune, et je ne crois pas que M. Euler même soit pour vous un rival à craindre.

Je vous serai très-obligé de m'envoyer par la première occasion les Volumes de l'Académie de Berlin de 1759 et 1760; il me tarde beaucoup de voir les Volumes qui contiendront quelque chose de vous.

Le P. Frisi est parti pour Milan, et, en partant, il m'a remis une Lettre pour vous que vous avez dû recevoir il y a quelque temps. M. Dutens m'écrit de Londres qu'il espère que vous lui donnerez de vos nouvelles, ainsi qu'au marquis Caraccioli; ils me paraissent bien contents l'un et l'autre de vous savoir heureux et en bonne santé. M. et Mme Vallette ([1]), que vous avez vus à Paris, me chargent sans cesse de vous faire mille compliments et de les rappeler dans votre souvenir.

Adieu, mon cher et illustre ami, donnez-moi quelquefois de vos nouvelles; je vous embrasse de tout mon cœur.

D'ALEMBERT.

P.-S. — Mes compliments, je vous prie, à MM. Thiébault et Bitaubé.

A Monsieur de la Grange,
de l'Académie royale des Sciences de Prusse, à Berlin.

En note au dos : *reçue le 18 avril.*

([1]) Il s'agit sans aucun doute de Siméon Fagon, dit Valette du nom de sa mère, littérateur et mathématicien, né à Montauban en 1719, mort le 29 décembre 1801. Il mena pendant longtemps une existence errante et misérable, et est le héros du *Pauvre Diable* de Voltaire, à qui il avait été recommandé par d'Alembert et qui l'avait hébergé pendant trois mois à Ferney. On peut consulter sur ce personnage une curieuse Notice insérée dans l'année 1811, Tome II, du *Magasin encyclopédique* (p. 68-81), par Tourlet, qui a donné en outre sur le même sujet un article au *Moniteur* le 15 mai de la même année (p. 509-510).

46.

D'ALEMBERT A LAGRANGE.

A Paris, ce 24 avril 1767.

Je ne sais, mon cher et illustre ami, si vous aurez le talent et la patience de déchiffrer l'abominable grimoire que je vous envoie (¹); mais il ne m'a pas été possible de me résoudre à le recopier, premièrement par le temps que cela m'aurait fait perdre et secondement parce que j'ai remarqué que d'écrire fatigue beaucoup mon estomac, en conséquence de quoi j'écris le moins qu'il m'est possible. Ce qui me tranquillise un peu, c'est que vous êtes accoutumé à mon griffonnage, sur lequel vous avez eu la bonté de jeter souvent les yeux; mais de quoi je doute fort, c'est que les imprimeurs puissent se tirer de ce labyrinthe si vous le jugez digne de leur être confié. Je souhaite qu'il vous paraisse en valoir la peine; dites-moi naturellement ce que vous en pensez. J'aurais été plus court si j'avais pu recopier ce Mémoire; tel qu'il est, je vous l'abandonne; ajoutez, retranchez, corrigez, en un mot faites-en ce qu'il vous plaira : la seule chose que je vous demande, c'est de faire agréer à l'Académie cet hommage de mon attachement et de mon respect. Je ne manquerai point de lui fournir mon contingent tous les ans le mieux qu'il me sera possible, et peut-être recevrez-vous encore bientôt quelque autre chose de moi.

M. Dutens a passé ici en allant à Tours voir sa famille; je ne l'ai presque vu qu'un moment, et ce moment a été employé presque tout entier à parler de vous; il vous aime et vous estime comme il le doit, c'est-à-dire infiniment, et il est charmé de la manière dont vous réussissez à Berlin auprès de tout le monde.

M. de Castillon m'a écrit il y a quelque temps, et je lui ai fait

(¹) C'est le Mémoire sur les tautochrones destiné au Recueil de l'Académie de Berlin et dont il est question dans la Lettre suivante de Lagrange.

réponse. Je crois qu'il a tort de ne plus aller à l'Académie : ce n'est pas le moyen d'obtenir ce qu'il désire.

Adieu, mon cher ami ; faites mes compliments à MM. Bitaubé et Thiébault, et à tous ceux qui veulent bien se souvenir de moi. Je me recommande toujours à vous pour avoir les Volumes de l'Académie à mesure qu'ils paraîtront.

Vale et me ama.

D'ALEMBERT.

Au haut de la dernière page : *reçue le 6 mai.*

47.

LAGRANGE A D'ALEMBERT.

A Berlin, ce 25 mai 1767.

Mon cher et illustre ami, j'ai reçu votre beau Mémoire sur les tautochrones et je l'ai lu avec autant de plaisir que de fruit.

L'Académie, à qui je l'ai présenté de votre part, m'a chargé de vous en faire ses remercîments ; elle le fera imprimer, avec le mien sur le même sujet, dans le Volume qui est actuellement sous presse et qui paraîtra vers la Saint-Michel. Vous verrez que nous nous sommes rencontrés sur plusieurs points, quoique ma méthode soit totalement différente de la vôtre. J'avais remarqué aussi de mon côté que le temps devient une fonction de $\frac{u}{\xi}$, ξ étant une fonction de l'arc x telle qu'elle soit nulle lorsque $x = 0$, d'où j'avais tiré cette conclusion générale que, pour que le mouvement d'un corps soit tautochrone, il suffit que l'on ait $t = \varphi(z)$, z étant une fonction quelconque de u et de x telle qu'elle soit nulle lorsque $u = 0$ et infinie lorsque $x = 0$, ce qui revient à peu près au même que ce que vous avez trouvé. Au reste, je suis charmé d'avoir été comme l'occasion de vos profondes recherches sur cette matière. M. Fontaine (¹) n'avait fait que l'effleurer, et il doit vous savoir gré d'avoir fait valoir sa méthode, que j'avais toujours regardée comme plus ingénieuse qu'utile. M. Euler avait entrepris la même chose, mais il n'a pas été aussi heureux que vous, comme vous pouvez le voir par le Mémoire qu'il a donné sur ce sujet dans le Tome X de Pétersbourg (²).

M. de Catt m'a montré un article d'une de vos Lettres concernant l'affaire de M. l'abbé Bossut (³). Il est certain qu'elle dépend uniquement du roi et qu'ainsi vous êtes plus en état que personne de la faire réussir. Pour moi, je ne puis que vous remercier de la déférence que vous avez bien voulu me marquer, et vous assurer que je m'estimerai toujours très-heureux de pouvoir vous donner des preuves de la mienne. Je souhaiterais seulement, par rapport à l'affaire dont il s'agit, que cela n'ouvrît point la porte de l'Académie à tant d'autres personnes qui y aspirent depuis longtemps, et je ne vous dissimulerai pas que je me suis opposé de toutes mes forces à la démarche que quelques-uns de mes confrères voulaient faire, il y a quelques mois, auprès du roi, pour l'engager à nommer quelques nouveaux membres étrangers, car, comme le nombre en est encore fort grand, si on continue à l'augmenter, il deviendra de plus en plus impossible de le fixer, comme nous l'avions projeté.

Vous faites très-bien de ménager votre vue autant qu'il vous est possible. On dit que M. Euler a perdu ou va perdre la sienne : ce serait

---

(¹) Alexis Fontaine des Bertins, géomètre, membre de l'Académie des Sciences, né à Claveyson (Drôme) en 1705, mort à Cuiseaux (Saône-et-Loire) le 21 août 1771. — Dans le Recueil de ses *Mémoires donnés à l'Académie royale des Sciences, non imprimés dans leur temps*, Paris, 1764, in-4°, se trouve à la page 15 un Mémoire *Sur les courbes tautochrones*, qui commence ainsi : « Lorsque j'entrai à l'Académie, l'Ouvrage que M. Jean Bernoulli lui avait envoyé en 1730, qui est un chef-d'œuvre, venait de paraître. Cet Ouvrage avait tourné l'esprit de tous les géomètres de ce côté-là ; on ne parlait que du problème des tautochrones. J'en donnai la solution que voici, et on n'en parla plus. »

(²) Le Tome X des *Commentarii Academiæ Scientiarum imperialis petropolitanæ*, qui se rapporte à l'année 1738 et ne parut qu'en 1767, contient sept Mémoires d'Euler.

(³) Charles Bossut, géomètre, membre de l'Académie des Sciences (1768), puis de l'Institut, né le 11 août 1730 à Tarare, mort le 14 janvier 1814.

une perte inestimable pour la Géométrie (¹). Je suis très-sensible au souvenir de M. Dutens et de M. et Mme Vallette; voudriez-vous bien leur faire mes compliments et leur offrir mes services si je leur suis bon à quelque chose? Adieu, mon cher et illustre ami; je suis toujours content et heureux, et ce n'est pas une des plus petites douceurs de ma vie de penser que je vous les dois. Je vous embrasse de tout mon cœur et suis à vous pour la vie.

P.-S. — M. Bitaubé s'est chargé de vous faire parvenir les deux derniers Volumes de l'Académie, et je ne doute point que vous ne les ayez déjà reçus ou au moins que vous ne les receviez bientôt.

48.

LAGRANGE A D'ALEMBERT.

A Berlin, ce 29 mai 1767.

Mon cher et illustre ami, une légère indisposition que j'ai eue ces jours-passés m'a empêché de vous répondre plus tôt; je vous prie d'en recevoir mes très-humbles excuses. Je compte que vous aurez reçu les deux derniers Volumes de l'Académie, que MM. Girard-Michelet ont envoyés depuis longtemps à M. Métra (²) pour qu'il vous les remît francs de port. Je vous ferai parvenir de même tous les autres à mesure qu'ils paraîtront. On vient de mettre sous la presse celui de 1766; mais il ne contiendra rien de moi qu'un Mémoire sur le prochain passage

------

(¹) Euler, qui devint aveugle peu d'années après, avait déjà perdu un œil quand il quitta Berlin, et Frédéric écrivait à d'Alembert, à propos de Lagrange : « Je dois à vos soins et à votre recommandation d'avoir remplacé dans mon Académie un géomètre borgne par un géomètre qui a ses deux yeux, ce qui plaira surtout fort à la classe des anatomistes. » (Lettre du 26 juillet 1766.)

(²) Métra était le banquier du roi de Prusse à Paris. Il est possible qu'il fût parent du nouvelliste du même nom, auteur ou principal auteur du Recueil bien connu intitulé *Correspondance littéraire secrète* (depuis 1775 jusqu'au 7 mai 1793), 1775-1793, 19 vol. in-8°.

de Vénus, que j'ai composé pour me prêter au désir de quelques-uns de mes confrères. Vous sentez bien que, si je l'avais renvoyé à une autre année, ce n'aurait plus été que de la moutarde après dîner. Quoiqu'il reste encore beaucoup de Mémoires d'Euler à imprimer, j'espère que les Volumes de 1762 et 1763, qui sont encore à paraître, pourront nous en débarrasser, de sorte que j'aurai pour les miens autant de place que je voudrai dans les Volumes de 1767 et des années suivantes.

Je n'ai pas encore reçu les Livres que vous m'annoncez; je les attends avec la plus grande impatience. Les recherches des autres me font autant et peut-être encore plus de plaisir que les miennes propres; mais tout ce qui vient de vous m'est doublement précieux.

Je suis charmé que le prix de la Lune ait été remis ([1]); je ne désespère pas de concourir, et j'ai déjà quelques vues sur ce sujet dont je pourrai peut-être tirer un bon parti. Nous avons choisi les lunettes achromatiques pour le sujet de prix qui doit se proposer dans la prochaine assemblée publique. Il sera conçu dans ces termes : *Quelles sont les dimensions des objectifs, composés de deux matières telles que le verre commun et le cristal d'Angleterre, les plus propres à détruire entièrement ou au moins sensiblement les aberrations de réfrangibilité et de sphéricité tant pour les objets placés dans l'axe que pour ceux qui sont hors de l'axe, et quels sont le nombre et l'arrangement des oculaires qu'il faudrait adapter à de tels objectifs pour avoir les lunettes les plus parfaites qu'il est possible?* Je souhaiterais, pour l'honneur de l'Académie, que les premiers géomètres de l'Europe ne dédaignassent point d'y travailler, et vous avez déjà pour cela une si grande avance, qu'il ne vous en coûterait guère que la peine d'écrire.

Je ne sais si c'est par représailles que M. Fontaine a attaqué ma méthode des isopérimètres, à cause que j'ai osé toucher à ses tautochrones ([2]). *Videbimus et cogitabimus.*

Je ne doute pas qu'on ne fût charmé de vous voir à Berlin cette

---

([1]) *Voir* plus haut la note 1 de la page 52.
([2]) *Voir* plus haut, p. 95.

année, et je doute encore moins que ce voyage ne fût entièrement utile
à votre santé; il n'y a certainement rien de tel que les voyages pour
ceux qui sont accoutumés à mener une vie sédentaire et qui sont sujets,
en conséquence, aux maladies qui viennent de ce genre de vie : je vous
en parle d'après ma propre expérience, et je vous assure qu'il n'y a pas
de comparaison entre la santé dont je jouis depuis quelques années et
celle que j'avais avant mon premier voyage de Paris. S'il n'y a donc
point d'autre considération qui vous retienne que celle de votre santé,
vous avez, ce me semble, doublement tort de vous refuser ainsi aux
instances de vos amis; mais je crains beaucoup que toutes les raisons
que vous apportez ne soient que des défaites, et, malgré l'extrême
envie que j'ai de vous revoir et de vous embrasser, je n'ose encore me
flatter si tôt de cette espérance. Je joins ici un papier pour M. Bailly [1],
en réponse à celui que vous m'avez envoyé de sa part. Je crois avoir
donné la véritable théorie des équations séculaires de Jupiter et de
Saturne, et je serais charmé que quelqu'un voulût bien prendre la peine
de la comparer avec les observations. Adieu, mon cher et illustre ami ;
il ne me reste de papier que pour vous embrasser.

49.

D'ALEMBERT A LAGRANGE.

A Paris, ce 7 août 1767.

Mon cher et illustre ami, je suis charmé que vous n'ayez pas été
mécontent de mon Mémoire sur les tautochrones [2], et je vous suis
obligé d'avoir réveillé d'anciennes idées que j'avais sur ce problème

[1] J.-Sylvain Bailly, membre de l'Académie française, de l'Académie des Sciences et de
l'Académie des Inscriptions, astronome, littérateur, homme politique, né à Paris en 1736,
mort sur l'échafaud le 12 novembre 1793.

[2] *Voir* plus haut, p. 93.

et que je n'aurais peut-être jamais développées sans l'occasion que vous m'en avez donnée. Depuis ce Mémoire, je n'ai presque rien fait qui mérite votre attention; ma tête est devenue presque absolument incapable de travail, quoique d'ailleurs le fond de ma santé ne soit pas mauvais. Dites-moi, je vous prie, des nouvelles de vos travaux et de ce que vous faites; je suis comme les vieux gourmands, qui, ne pouvant plus digérer, ont encore du plaisir à voir manger les autres. Toute l'espérance de la Géométrie est actuellement en vous, s'il est vrai, comme vous me le marquez, que le pauvre Euler soit aveugle; c'est un malheur dont je suis vraiment touché, et par rapport à lui, et par rapport aux sciences. Ménagez bien, mon cher ami, votre santé et vos yeux, et croyez, comme je l'ai bien appris à mes dépens, que la Science et la gloire ne viennent qu'après.

Je voudrais bien que vous eussiez travaillé à notre prix sur la théorie de la Lune : je ne doute point que vous ne l'emportassiez, à votre ordinaire, sur vos concurrents. J'ai un peu travaillé sur cet objet, et il me semble que j'ai trouvé des méprises importantes dans la théorie de Clairaut, qui cependant, par un hasard heureux, n'ont point influé considérablement sur son dernier résultat, parce que ces méprises se compensent à peu près. Elles consistent en ce qu'il n'a pas, ce me semble, assez fait d'attention à la *double courbure* de l'orbite de la Lune, en conséquence de quoi il a mal évalué la distance réelle de la Lune au nœud qui entre dans l'expression des forces perturbatrices. Il a pris aussi mal à propos pour le mouvement moyen celui qui résulte du mouvement réel de la Lune dans son orbite. Le vrai mouvement moyen est celui qui résulte du mouvement de la Lune rapporté à l'écliptique, et ce mouvement moyen n'est pas le même que l'autre, à cause du mouvement du nœud.

J'ai reçu les deux Volumes de 1759 et 1760 de vos *Mémoires,* ainsi que le Tome de Pétersbourg ([1]) où il est question des tautochrones, mais je n'ai fait encore que les parcourir légèrement. Pour ne pas me

---

([1]) C'est le Tome X des *Mémoires* de l'Académie de Pétersbourg.

pendre d'ennui dans l'espèce d'épuisement où est ma tête, j'ai pris le parti de revoir différents Mémoires que j'ai faits depuis longtemps et dont je vous avais communiqué la plus grande partie; je les fais actuellement imprimer, ce qui produira le quatrième et probablement le dernier Volume de mes *Opuscules*. Adieu, mon cher et illustre ami; vivez, travaillez, effacez-nous tous, et surtout portez-vous bien. Voulez-vous bien assurer l'Académie de mon dévouement et de mon respect? Donnez-moi, je vous prie, de vos nouvelles.

A Monsieur de la Grange,
directeur de la Classe mathématique de l'Académie des Sciences, à Berlin.

50.

D'ALEMBERT A LAGRANGE.

A Paris, ce 21 septembre 1767.

Mon cher et illustre ami, on m'écrit de Berlin que vous avez fait ce qu'entre nous autres philosophes nous appelons le *saut périlleux* et que vous avez épousé une de vos parentes que vous avez fait venir d'Italie (¹); recevez-en mon compliment, car je compte qu'un grand mathématicien doit avant toutes choses savoir calculer son bonheur et qu'après avoir fait ce calcul vous avez trouvé le mariage pour solution. Ce qu'on ajoute dans les mêmes Lettres ne me fait pas autant de plaisir: on me mande que votre santé est fort dérangée, que la vie que vous menez en est vraisemblablement la cause, que vous prenez trop de café et de thé, que vous vivez trop en solitaire. Au nom de Dieu, mon

(¹) Dans un manuscrit de la Bibliothèque Nationale (n° 2273) qui fait partie des papiers de Lalande, on lit ce qui suit (p. 199 *bis*): « Lagrange aime à thésauriser. Il avait fait venir à Berlin une cousine à qui il achetait lui-même des rubans pour qu'elle dépensât moins. On l'obligea à l'épouser. » Je dois la communication de cette note à l'obligeance de M. Henry.

cher ami, je vous prie, par le tendre intérêt que je prends à vous et par celui de la Géométrie, dont vous êtes la ressource, de ménager une santé aussi précieuse que la vôtre pour vos amis et pour les sciences. Croyez-moi, ne vous excédez point de travail et ne vous détruisez pas par une vie trop sédentaire. Personne peut-être n'a observé dans le travail plus de régime que moi; cependant je m'en ressens aujourd'hui au point de ne pouvoir presque plus m'occuper. Lisez le Livre que vient de donner M. Tissot, médecin de Lausanne, *De morbis litteratorum* ([1]), et conformez-vous, comme je fais, à ce qu'il prescrit. Il n'est plus guère temps pour moi, mais il l'est encore pour vous, qui avez vingt-cinq ans de moins.

Je vous annonce d'avance et de bonne heure que nous remettrons sûrement à l'année 1770 le prix sur la théorie de la Lune; il sera double, c'est-à-dire de 5000[fr] : cela vaut bien la peine de vous tenter, surtout depuis votre mariage, et vous aurez tout le temps de faire cette besogne à votre aise.

Avez-vous des nouvelles d'Euler? Je serais bien affligé qu'il fût devenu aveugle.

Je crois vous avoir dit que je fais imprimer le quatrième Volume de mes *Opuscules;* la plupart des choses qui doivent y entrer vous sont connues; j'y ai fait seulement quelques changements et quelques additions; je compte qu'il paraîtra dans le courant de l'année 1769. Vous trouverez dans les Volumes de l'Académie, à mesure qu'ils paraîtront, la suite de mes recherches sur les verres. Je m'occupe actuellement à quelques recherches analytiques sur la théorie de la Lune, que je donnerai aussi dans les Volumes de l'Académie. Au reste, je vous prie de ne faire part à personne de la remise que je vous annonce du prix à l'année 1770; je crois seulement devoir vous en avertir, par le désir que j'ai que vous le remportiez. Adieu, mon cher ami; donnez-moi des

([1]) Simon-André Tissot, né à Grancey (pays de Vaud) en 1728, mort en 1797. L'Ouvrage si connu dont parle d'Alembert parut à Lausanne, 1766, in-8°, sous le titre de *De valetudine litteratorum* et fut traduit par Tissot lui-même en français sous le titre de *De la santé des gens de lettres,* 1768, in-12, souvent réimprimé.

nouvelles de vos travaux, et surtout de votre santé, qui m'intéresse plus que je ne puis vous dire. Je vous embrasse de tout mon cœur.

A Monsieur de la Grange,
directeur de la Classe mathématique de l'Académie royale
des Sciences et Belles-Lettres de Prusse, à Berlin.

51.

LAGRANGE A DALEMBERT.

A Berlin, ce 20 novembre 1767.

Mon cher et illustre ami, j'ai reçu vos Lettres et vos compliments; je vous en remercie de tout mon cœur. Je ne sais si j'ai bien ou mal calculé, ou plutôt je crois n'avoir point calculé du tout, car j'aurais peut-être fait comme Leibnitz, qui, à force de réfléchir, ne put jamais se déterminer. Quoi qu'il en soit, je vous avouerai que je n'ai jamais eu du goût pour le mariage et que je ne m'y serais jamais engagé si les circonstances ne m'y avaient en quelque façon obligé. Étant dans un pays étranger, sans amis et sans liaisons, avec une santé assez délicate, j'ai cru devoir engager une de mes parentes, que je connaissais depuis longtemps et avec qui j'avais déjà vécu quelques années dans la maison de mon père, à venir partager mon sort et avoir soin tant de moi que de tout ce qui me regarde. Voilà l'histoire exacte de mon mariage ([1]). Si je ne vous en ai point fait part, c'est qu'il m'a paru que la chose était si indifférente d'elle-même, qu'elle ne valait point la peine de vous en entretenir.

Je suis charmé que l'Académie ait dessein de remettre le prix de la Lune à l'année 1770. Je ne vous dissimulerai point le regret que j'ai de n'avoir pu concourir. Les embarras de mon établissement dans ce pays et les Mémoires que j'ai dû composer pour l'Académie, et qui sont au nombre de neuf ou dix, en ont été la cause. Ce n'est pas que j'ai

([1]) *Voir* plus haut, p. 100, note 1.

manqué de bonne volonté; mais, peu content des idées que j'avais je-
tées sur le papier et manquant de loisir pour les mieux digérer, j'ai
cru qu'il valait mieux que je m'abstinsse de concourir; au reste, si le
prix est renvoyé, vous pouvez compter que je ne demeurerai pas oisif.

Le Volume de nos *Mémoires* qui était sous presse a paru, et M. Bitaubé
s'est chargé de vous en faire parvenir un exemplaire. Quand vous l'aurez reçu, je serai charmé que vous vouliez bien me dire votre avis sur la
méthode des tautochrones; il me semble que vous et moi nous sommes
les premiers qui ayons éclairci une matière si difficile et sur laquelle
plusieurs grands géomètres s'étaient déjà exercés. Le Volume qui s'imprime actuellement et qui paraîtra à Pâques ne contiendra vraisemblablement rien de moi, parce qu'il se rapporte à l'année 1760; mais je
ne manquerai pas de faire insérer quelque chose dans celui qu'on mettra sous presse à Pâques et qui paraîtra à la Saint-Michel. Au reste,
quand vous voudrez honorer notre Académie de quelques-uns de vos
Ouvrages, elle se fera toujours un devoir de les faire paraître le plus
tôt qu'il sera possible. J'apprends, par une Lettre du fils d'Euler, que
son père n'est point aveugle, comme on l'avait cru, et qu'il continue à
enrichir la Géométrie de ses recherches. Quoi qu'on en dise, il me
semble qu'il est aussi content d'être à Pétersbourg que je le suis d'être
ici, et je crois que nous n'avons guère tort ni l'un ni l'autre.

A propos, je ne dois point manquer de vous dire que l'Académie a
reçu au nombre de ses membres étrangers un certain M. Davila ([1]),
qui lui avait envoyé le Catalogue d'un beau cabinet d'Histoire naturelle
qu'il doit avoir mis en vente à Paris. Voici comment cela s'est fait:

([1]) Don Pedro Franco Davila, naturaliste, membre externe de l'Académie de Berlin
(10 septembre 1767), né à Guayaquil (Pérou), mort en 1785. Il avait formé à Paris un très-
beau cabinet d'Histoire naturelle et une collection de curiosités, de tableaux, de miniatures,
de gravures et de manuscrits. Le Catalogue en fut publié sous le titre de *Catalogue systé-
matique et raisonné des curiosités de la nature et de l'art qui composent le cabinet de
M. Davila, avec figures en taille-douce de plusieurs morceaux qui n'avoient point encore été
gravés* (Paris, 1767, 3 vol. in-8°). La partie relative à l'Histoire naturelle a été rédigée par
Romé de l'Isle. Ces collections furent vendues aux enchères (à partir du 12 novembre 1767,
s'il faut s'en rapporter à l'*Avertissement* placé en tête du premier Volume). La Bibliothèque
de l'Institut possède de ce Catalogue un exemplaire où sont indiqués, en marge de chaque
article (d'une main inconnue), le prix de vente et le nom de l'acquéreur.

M. Daniel Bernoulli écrivit à l'Académie pour le lui proposer; tout de suite on alla aux voix, et la pluralité fut pour qu'on le proposât au roi, qui a bien voulu l'agréer. Pour moi, j'ai résolu de ne prendre dorénavant aucune part à ce qui regarde l'élection de nos membres étrangers. Nous en avons, je crois, environ cent cinquante; si on voulait en pousser le nombre jusqu'à deux cents et au delà, je ne m'y opposerais point. Puisque j'en suis sur le chapitre des membres de l'Académie, pourriez-vous me dire en confidence pourquoi M. Pernetti, que le roi a fait venir pour être son bibliothécaire et à qui il a assigné une pension de 1000 écus sur notre caisse, n'a point été mis de l'Académie ([1])? On en parle diversement, mais personne n'en a encore donné une bonne raison. Adieu, mon cher et illustre ami; il ne me reste de papier que pour vous renouveler les assurances de mon estime et de mon attachement inviolable.

P.-S. — Je viens de lire une seconde partie de la *Destruction des Jésuites;* j'en suis enchanté et j'en félicite l'auteur.

52.

D'ALEMBERT A LAGRANGE.

A Paris, ce 18 janvier 1768.

Puisque votre mariage, mon cher et illustre ami, est une affaire d'arrangement et de convenance, je vous en fais mon compliment, comme les prêtres donnent l'absolution *quantum possum et quantum tu indiges,* et je trouve que, tout calculé et pour dernier résultat, vous avez très-bien fait.

Vous pouvez être sûr que le prix sur la Lune sera remis; ainsi je

---

([1]) Dom Antoine-Joseph Pernety, bénédictin, né à Roanne le 13 février 1716, mort en 1801. Après avoir été aumônier de Bougainville dans un voyage que celui-ci fit aux îles Malouines, il quitta son ordre en 1766 et fut appelé en Prusse par Frédéric II, qui le nomma conservateur de la Bibliothèque de Berlin avec une pension. Il rentra en France en 1782 et, entre autres travaux, s'occupa beaucoup d'Alchimie.

vous exhorte à y penser. J'ai grande envie de lire dans le nouveau Volume de l'Académie vos recherches sur les tautochrones et tout ce qui sera de vous. Pour moi, ne pouvant plus m'occuper d'un long travail, je m'amuse à faire imprimer deux Volumes d'*Opuscules,* dont le premier est presque fini, et qui contiendront, avec quelques nouveaux Mémoires, tous les rogatons géométriques dont je vous ai fait part et que j'imprime pour m'en débarrasser, comme ces femmes qui épousent leurs amants pour s'en défaire.

Je suis charmé de ce que vous me marquez qu'Euler n'a pas perdu la vue comme on me l'avait dit. Nous avons eu ici un froid horrible, le plus fort du siècle depuis 1709, et ce qui vous étonnera, c'est que pendant ce grand froid je me suis porté à merveille. Depuis le dégel cela ne va pas aussi bien; le sommeil est moins bon et la tête plus faible. Il faut se soumettre à sa destinée.

Il est, entre nous, assez ridicule que, sur la simple recommandation de M. Daniel Bernoulli, on ait mis de l'Académie ce M. d'Avila, que personne ne connaît que parce qu'il a un beau cabinet. C'est comme si l'on mettait quelqu'un de nos fermiers généraux dans la classe de Chimie parce qu'il a un bon cuisinier. J'ai écrit au roi sur l'abbé Bossut, qui du moins vaut mieux que ce d'Avila, et, d'après sa réponse, j'irai en avant ou me tiendrai tranquille.

J'ignore absolument pourquoi M. Pernetti n'est point de l'Académie; je le connais très-peu, et ce n'est pas moi qui l'ai indiqué au roi pour être son bibliothécaire. Adieu, mon cher et illustre ami; donnez-moi des nouvelles de votre santé et de vos travaux. Voilà un programme qui n'est guère de votre gibier, mais qui pourrait être de celui de M. de Castillon ou de quelque autre.

Vous devez avoir reçu un Mémoire de moi sur les verres optiques, qui vient de paraître dans les *Mémoires de l'Académie* de Paris ([1]). Je

---

([1]) *Nouvelles recherches sur les verres optiques, pour servir de suite à la théorie qui en a été donnée dans le Volume III des Opuscules mathématiques.* Ce Mémoire est inséré (p. 75-145) dans le Volume de l'année 1764 de l'Académie des Sciences, Volume qui ne parut qu'en 1767.

souhaite que vous en soyez content. Cet Ouvrage a plus le mérite de l'utilité que celui de la difficulté vaincue.

L'auteur de la Lettre sur les Jésuites que vous avez lue me charge de vous dire qu'il est très-flatté de votre suffrage; il vient de faire faire une nouvelle édition de la première et de la seconde Partie, avec un Appendice sur l'expulsion des Jésuites de Naples et d'Espagne, et il vous enverra ce Volume le plus tôt qu'il pourra.

Adieu encore une fois, mon cher et illustre ami; portez-vous bien et aimez-moi toujours, et parlez-moi un peu de ce qui vous occupe. C'est presque la seule consolation qui me reste d'entendre parler de Géométrie, comme aux gourmands qui ont un mauvais estomac de voir manger aux autres ce qu'ils craignent de ne pas digérer. *Vale, vale.* J'attends avec impatience le Volume de l'Académie que M. Bitaubé doit m'envoyer. Je vous écrirai plus au long quand je ne serai plus obligé d'écrire aux lumières, qui fatiguent beaucoup ma vue.

53.

LAGRANGE A D'ALEMBERT.

A Berlin, ce 5 mars 1768.

Mon cher et illustre ami, j'ai lu avec autant de satisfaction que de fruit votre nouveau Mémoire sur les verres optiques, et j'en attends la suite avec la plus grande impatience. J'ai vu surtout avec beaucoup de plaisir comment vous parvenez aux dimensions des deux objectifs que vous aviez déjà proposés dans le troisième Volume des *Mélanges* de Turin, et je ne doute pas que ces deux objectifs, étant bien exécutés, ne fassent un effet surprenant, pourvu néanmoins que les rapports de réfraction et de dispersion soient tels que vous les supposez. C'est pourquoi je voudrais que quelqu'un de vos plus habiles artistes entreprît de les exécuter, pour qu'on ne puisse pas dire, au préjudice de la

Géométrie, que, tandis que les Français, les Allemands et les Italiens calculent, les Anglais font seuls, et sans calcul, d'excellentes lunettes. Au reste, vos recherches ont pour moi et doivent avoir nécessairement pour tous les géomètres un mérite indépendant du succès de l'expérience, car, quand même toute cette matière ne serait que de pure curiosité géométrique, elle vaudrait autant la peine d'être approfondie qu'une autre, et il n'y aurait pas moins de gloire, à mon avis, pour celui qui y réussirait le mieux.

Je suis très-flatté de l'empressement que vous me témoignez de voir mon petit Mémoire sur les tautochrones, mais je le serai bien davantage de votre approbation, s'il peut la mériter. Je ne sais si M. Bitaubé a trouvé une occasion pour vous faire parvenir le Volume où il a été inséré avec le vôtre sur la même matière. Elles sont très-rares, parce que nos marchands ne font guère d'envois à Paris; c'est pourquoi je voudrais vous proposer de me permettre de vous envoyer dorénavant nos Volumes par la poste à mesure qu'ils paraîtront, ce qui est, ce me semble, le seul moyen de vous les faire tenir avec exactitude. Je les affranchirai jusqu'à Strasbourg, et vous n'aurez plus qu'à payer le port de Strasbourg à Paris, ce qui ne saurait jamais monter à grand'chose, surtout en prenant la voie du coche. M. Métra pourrait vous donner des lumières là-dessus, et, en tout cas, si la dépense était considérable, je tâcherais de m'arranger avec M. Michelet pour que vous les receviez tout à fait francs de port.

Je m'occupe depuis quelque temps du problème des trois corps, et je ne désespère pas de pouvoir concourir pour le prix de votre Académie si elle le remet à l'année 1770, comme vous m'en assurez. La nôtre proposera aussi un prix de Mathématique dans la prochaine assemblée publique du 30 mai. Si vous saviez quelque sujet qui méritât particulièrement l'attention de savants, je vous serais très-obligé de m'en faire part. Qu'est-ce que c'est qu'une *Histoire impartiale de la Société jésuitique depuis son commencement jusqu'à sa destruction* (¹) qui

_____

(¹) L'Ouvrage est de Linguet. Voici son titre exact: *Histoire impartiale des Jésuites de-*

a paru depuis peu en France? Serait-ce celle que je connais déjà en
partie et dont j'attends la suite avec impatience? Adieu, mon cher et
illustre ami ; ayez soin de votre santé et surtout ménagez vos yeux.
J'attends une Lettre d'Euler, mais je sais qu'il se porte bien et sa famille aussi, et qu'il est aussi content de son nouveau sort que je le suis
du mien. Je vous embrasse de tout mon cœur et je suis à vous pour
la vie.

54.

D'ALEMBERT A LAGRANGE.

A Paris, ce 21 mars 1768.

Mon cher et illustre ami, je suis fort aise que vous ayez été content
de mon Mémoire sur les verres. J'espère vous en envoyer bientôt un
second, auquel je joindrai deux exemplaires de l'Ouvrage de M. de
Condorcet (¹), que vous n'avez point reçu ; il y en a un pour vous et un
pour l'Académie. Vous aurez aussi bientôt le quatrième Volume de mes
Opuscules, qu'on achève d'imprimer, mais où vous trouverez peu de
choses qui puissent vous intéresser et que vous ne connussiez pas déjà.
J'ai déjà mis sous presse le cinquième, qui paraîtra dans cinq ou six
mois, et c'est à peu près toute mon occupation que de corriger les
épreuves; encore cette besogne me fatigue-t-elle beaucoup, car ma
pauvre tête n'est guère capable d'application. Je dors si mal depuis
quelque temps, que je ne me lève presque jamais avec des idées nettes,
et il faut que, pour quelque temps au moins, je me résolve à végéter.

Vous pouvez être assuré que le prix de la Lune sera remis à l'année

---

puis leur établissement jusqu'à leur première expulsion, Madrid (Paris), 1768, in-8°.
Simon-Nicolas-Henri Linguet, avocat et publiciste, né à Reims le 14 juillet 1736, mort sur
l'échafaud à Paris le 27 juin 1794.

(¹) *Essais d'Analyse,* 1768, in-4°.

prochaine, et je serai fort aise que vous vouliez y concourir. Je n'ai point encore reçu le Volume de 1765 de vos *Mémoires*, quelque impatience que j'aie de le lire. Faites-moi le plaisir de savoir de M. Bitaubé s'il n'a point encore trouvé d'occasion pour me le faire parvenir, et, en cas qu'il n'en ait pas trouvé, j'accepte l'offre que vous voulez bien me faire de m'envoyer directement les Volumes à mesure qu'ils paraîtront. Il me manque 61, 62, 63 et 65, car j'ai 64. Ayez la bonté de vous adresser pour cela à M. Michelet et de le prier de les adresser à M. de Catt, ou par quelque occasion, ou, s'il n'en trouve pas de prochaine, par la voie publique la moins coûteuse qu'il pourra. M. de Catt, à qui j'en ai parlé, m'a dit qu'il pourrait les envoyer à Strasbourg à quelqu'un qui les adresserait ensuite à M. de Catt par le coche. Si M. Michelet connaît quelque autre moyen moins coûteux, il pourrait s'en servir; mais je crois que celui-là ne l'est pas beaucoup, et je préférerais un moyen un peu plus cher, mais un peu plus prompt. En un mot, mon cher ami, arrangez tout avec M. Michelet pour le mieux, mais il n'est pas juste que vous payiez les frais du port de Berlin à Strasbourg; je ne le veux pas absolument, et vous pouvez aisément vous en dispenser en remettant le paquet à M. Michelet, à qui je tiendrai compte de ses déboursés, que je remettrai à M. de Catt. Je vous serai bien obligé de vous servir de cette voie pour me faire parvenir vos *Mémoires* à mesure qu'ils paraîtront, et même ce qui pourra paraître d'intéressant chez vous en Mathématique.

L'*Histoire impartiale des Jésuites* est un Ouvrage assez bon et en effet assez impartial, mais trop long, trop plein de choses étrangères au sujet, et qui d'ailleurs ne va que jusqu'en 1595 et n'ira pas plus loin, car notre illustre Parlement vient de la brûler (¹). Je tâcherai, si je puis en avoir un exemplaire, de vous envoyer une seconde édition du mien avec les Suppléments que j'y ai faits. Adieu, mon cher et illustre

---

(¹) « Avant-hier on a brûlé au pied du grand escalier (du Palais) un Livre intitulé *L'Histoire impartiale des Jésuites*. L'arrêt du Parlement, rendu le 19 janvier et publié aujourd'hui, le condamne comme contenant des maximes dangereuses, des principes erronés et une déclamation indécente contre tous les monastiques. » (*Mémoires secrets de la République des Lettres*, année 1768, 1ᵉʳ février.)

ami; portez-vous bien et aimez-moi. M. Fontaine et M. de Borda ([1])
viennent de nous lire chacun un Mémoire sur les isopérimètres; ils
prétendent que votre méthode sur cet objet n'est pas complète. Je n'ai
pas la tête assez capable de travail pour vous dire s'ils ont raison;
mais en tout cas vous êtes bon pour leur répondre, et je n'en suis pas
embarrassé. *Iterum vale et me ama.*

A Monsieur de la Grange,
directeur de la Classe mathématique de l'Académie des Sciences, à Berlin.

55.

D'ALEMBERT A LAGRANGE.

A Paris, ce 29 avril 1768.

Mon cher et illustre ami, le quatrième Volume de mes *Opuscules*
vient enfin de paraître, et j'ai remis à M. Métra un paquet adressé à
l'Académie des Sciences, qui renferme un exemplaire de cet Ouvrage
pour vous et un pour l'Académie. Outre cela, il y a encore dans ce
même paquet un exemplaire du second Ouvrage de M. de Condorcet,
qui vous est destiné, un exemplaire de mon second Mémoire sur les lunettes achromatiques et un exemplaire de la *Destruction des Jésuites*, nouvelle édition avec les Suppléments. Ayez soin de vous faire remettre ces
Livres par M. Formey. Il y a d'ailleurs dans le paquet un petit mémoire
de la destination de chaque exemplaire ou Volume. Je vous recommande, si vous prenez la peine de relire la *Destruction des Jésuites,* de
faire auparavant les corrections indiquées dans l'*Errata,* car l'Ouvrage
est plein de fautes grossières.

([1]) J.-C., chevalier de Borda, marin, géomètre, astronome, adjoint-géomètre (1756), puis
associé (1768) de l'Académie des Sciences, né à Dax le 4 mai 1733, mort à Paris le 20 février 1799.

Vous ne trouverez guère dans mon quatrième Volume que des choses
que vous connaissiez déjà pour la plupart. Daniel Bernoulli y est assez
malmené (¹); nous verrons ce qu'il dira. Vous y verrez, sur le Calcul
des probabilités, des réflexions qui pourront mériter votre attention;
je suis convaincu que tout ce Calcul a des fondements bien peu solides.
J'ai parlé de vous dans ma Préface comme je le dois à tous égards, à
l'occasion de notre controverse sur les vibrations des cordes (²).

Le cinquième Volume s'imprime actuellement et sera fini dans cinq
ou six mois au plus tard. Je n'ai point encore reçu le Volume de
1765 (³); je ne sais même s'il est parti. Je vous serai très-obligé de
m'envoyer les Volumes à mesure qu'ils paraîtront; pourvu que les frais
de port ne soient pas excessifs, je les payerai volontiers, plutôt que
d'attendre si longtemps ce qui vient de vous. M. Michelet vous procu-
rera sûrement avec plaisir plusieurs moyens de me les faire parvenir,
ou par quelque occasion, ou par les voitures publiques, à des frais
modiques.

Le prix de la théorie de la Lune a été remis, et je compte que nous
aurons sur ce sujet quelque chose de vous. Voilà un petit papier que

---

(¹) En voici quelques exemples tirés du premier Supplément au Mémoire *Sur les vibrations des cordes sonores* (*Opuscules mathématiques*, t. IV) : « Un célèbre géomètre, qui n'est
ni M. de la Grange ni M. Euler, prétend prouver par un singulier raisonnement... » (p. 156).
« Il ne s'agit pas de *conjecturer*, mais de *démontrer*, et il serait dangereux (quoiqu'à la
vérité ce malheur soit peu à craindre) qu'un genre de démonstration si singulier s'introduisît
en Géométrie. Ce qui pourra seulement paraître surprenant, c'est que de pareils raisonnements soient employés comme démonstratifs par un mathématicien célèbre... » (p. 157).
Voir encore p. 176 et 177.

(²) D'Alembert, en effet, commence ainsi le Mémoire cité dans la note précédente :
« Dans le premier Volume de mes *Opuscules*, j'ai fait sur cette matière différentes réflexions, dont une partie avait pour objet la savante solution du problème des cordes vibrantes donnée par M. de la Grange dans le premier Volume des *Mémoires de l'Académie des
Sciences* de Turin, solution par laquelle ce grand géomètre prétendait prouver contre moi
que ce problème pouvait toujours se résoudre, quelle que fût la figure initiale de la corde.
Ce célèbre mathématicien a fait une savante réponse à mes réflexions dans le second Volume
des mêmes *Mémoires*; c'est cette réponse que je me propose de discuter encore, non pour
prolonger cette controverse avec un savant pour lequel je suis rempli de la plus grande
estime et qui d'ailleurs paraît aujourd'hui s'être presque entièrement rapproché de mon
avis, mais parce que cette discussion épineuse et délicate en recevra de nouveaux éclaircissements qui pourront être utiles dans d'autres occasions. » (*Opuscules*, t. IV, p. 128.)

(³) Des *Mémoires de l'Académie* de Berlin.

M. Bailly me donna hier à l'Académie et sur lequel il vous prie de lui faire un mot de réponse.

On m'écrit qu'on désirerait fort de me voir à Berlin cette année, mais ma santé est trop chancelante et m'oblige à un trop grand régime pour entreprendre un voyage. Je ne désespère pourtant pas de le pouvoir faire encore une fois, mais il faut pour cela que je ne craigne pas de rester en chemin au pied de quelque arbre. Un de mes plus grands plaisirs sera sûrement de vous embrasser et de vous dire combien je vous aime et vous estime. *Vale et me ama.*

A Monsieur de la Grange,
de l'Académie royale des Sciences de Prusse, à Berlin.

56.

D'ALEMBERT A LAGRANGE.

A Paris, ce 16 juin 1768.

Mon cher et illustre ami, j'ai enfin reçu les deux Volumes de vos *Mémoires* de 1765 et 1761. Je n'ai encore eu le temps, vu le peu de force de ma tête, que de parcourir votre Mémoire sur les tautochrones. Il me semble que votre méthode est très-belle et très-directe, et je n'ai pas trop compris ce que M. Fontaine prétend y objecter, d'autant plus que vous avez ajouté à votre Mémoire un Appendice qui donne une solution infiniment simple (et beaucoup plus simple que la sienne) et qui s'accorde avec le résultat que j'ai trouvé aussi. J'espère, si ma santé me le permet, vous envoyer quelques rogatons vers la fin de cette année. Vous avez grand tort de croire que les raisons qui m'empêchent d'aller vous embrasser soient des défaites ([1]). Il est certain que j'ai besoin, pour n'être pas sur les dents, de mener la vie du monde la plus réglée

([1]) Ceci répond à une Lettre de Lagrange que nous n'avons pas.

et la plus uniforme, et que je dois (soit dit entre nous) le dérangement de ma santé depuis cinq ans à mon voyage de Berlin, et surtout au séjour de Potsdam, dont l'air humide et marécageux m'a été fort nuisible. Je ne désespère cependant pas d'aller encore une fois vous embrasser, et je présume que ce pourra être en 1770, mais je vous demande le secret là-dessus; il me serait difficile de m'absenter l'année prochaine, parce que je serai directeur de l'Académie, et que j'aurai plusieurs raisons pour ne pas m'éloigner et m'exempter des fonctions de cet emploi. M. Bailly vous remercie du papier que vous lui avez envoyé, et il vous écrira à ce sujet quand il en aura fait usage.

Je suis bien aise que vous ayez choisi les lunettes achromatiques pour sujet de prix; l'article des oculaires surtout a besoin d'être approfondi. Je vous enverrai incessamment un carton que j'ai fait à mon dernier Mémoire, et qui concerne cet objet. Je ne puis vous répondre de m'en occuper pour concourir; j'ai une répugnance presque invincible pour les calculs arithmétiques que ce sujet exigerait, et je ne veux plus faire de la Géométrie que pour m'amuser et tuer le temps.

À propos, vous me mandez que M. Métra m'a dû remettre les deux Volumes de l'Académie francs de port : je n'entends nullement que les frais soient sur votre compte; j'ai déjà payé $7^{tt}10^s$ à M. Métra, qui me les a demandés, et je l'ai prié de rembourser à M. Michelet, qui vous le remettra, ce qu'il peut lui en avoir coûté, ou plutôt à vous. Vous sentez, mon cher ami, que cela ne doit pas être autrement; sans quoi, vous m'ôteriez la liberté d'en user avec vous comme je fais en vous priant de m'envoyer vos *Mémoires* dès qu'ils paraîtront. Par une suite de cette même liberté, je vous prie d'adresser de nouveau vos Lettres à M. de Catt, afin que je les reçoive franches de port. Mille pardons, mon cher ami, de ces détails; portez-vous bien, continuez à travailler pour l'avancement des Sciences : je ne suis plus guère en état de courir dans la lice, mais je vous y verrai avec grand plaisir faire des pas de géant. Je vous invite à ne pas oublier la théorie de la Lune, et je contribuerai avec grand plaisir à vous faire donner 5000 livres. *Vale et me ama.*

XIII.   15

Voici (en cas que vous ne l'ayez pas présent) l'énoncé du sujet : *Perfectionner les méthodes sur lesquelles est fondée la théorie de la Lune, fixer par ce moyen celles des équations de cette planète qui sont encore incertaines, et examiner en particulier si l'on peut rendre raison, par cette théorie, de l'équation séculaire du mouvement moyen de la Lune.*

Du 18 juin.

P.-S. — Je viens de recevoir le carton dont je vous ai parlé dans cette Lettre, et je vous en envoie un exemplaire pour vous et un pour M. de Castillon, à qui je vous prie de le faire remettre. M. Métra, qui part ces jours-ci, veut bien se charger de vous remettre ma Lettre et mon petit rogaton.

Dites-moi, je vous prie, que signifient les élections que vous avez faites depuis quelque temps : M. d'Avila (¹), M. de Sozzi (²), M. Élie de Beaumont (³), tous fort honnêtes gens sans doute, mais, ce me semble, très-peu académiques? Quand pourrai-je proposer l'abbé Bossut? J'en ai parlé deux fois au roi, qui ne m'a point fait de réponse à ce sujet. Adieu, mon cher ami. *Vale et labora.*

57.

LAGRANGE A D'ALEMBERT.

A Berlin, ce 15 août 1768.

Mon cher et illustre ami, j'ai reçu depuis quelque temps deux de vos Lettres, l'une par MM. Girard Michelet et Cⁱᵉ, et l'autre par M. Métra,

---

(¹) *Voir* plus haut, p. 103, note 1.

(²) Louis-François Sozzi, avocat, littérateur, né à Paris le 4 octobre 1706. Il fut nommé membre externe de l'Académie de Berlin le 14 avril 1768.

(³) J.-B.-Jacques Élie de Beaumont, jurisconsulte qui se rendit célèbre par son *Mémoire pour les Calas* (1762), né à Carentan en octobre 1732, élu membre externe de l'Académie de Berlin, le 28 avril 1768, mort à Paris le 10 janvier 1786.

qui vous rendra celle-ci. J'ai reçu aussi tous les Livres que vous avez eu
la bonté de m'envoyer, à l'exception seulement de la *Destruction des
Jésuites* qu'on m'a dit avoir été confisquée à Strasbourg. Mais M. Bitaubé,
qui en a un exemplaire, m'a promis de me le prêter, et je ne manquerai
pas d'en profiter. Si ma reconnaissance pouvait encore être augmentée,
elle le serait infiniment par les présents que vous venez de me faire,
et surtout par la manière extrêmement honorable dont vous avez bien
voulu parler de moi dans vos nouveaux *Opuscules* (¹), d'autant plus
que je ne puis la regarder que comme un pur effet de votre amitié.

Je n'ai pas pu lire encore votre dernier Mémoire sur les *verres
optiques*, parce que M. Beguelin, à qui je l'ai d'abord prêté parce qu'il
s'occupe fort de ces matières, ne me l'a pas encore rendu; mais, en
revanche, j'ai bien lu et relu vos *Opuscules,* et j'ai même fait par-ci
par-là différentes remarques que je vais soumettre à votre jugement.

J'ai été enchanté de votre solution du mouvement d'un corps quelconque; j'en ai aussi donné une dans un Mémoire que j'ai lu l'année
passée à l'Académie, mais la vôtre a sur la mienne et sur celle de
M. Euler l'avantage de l'élégance et de la simplicité du calcul. Quant
à la manière de déterminer les axes principaux, je trouve aussi la vôtre
préférable à celle de M. Euler; pour moi, j'en ai fait abstraction, et ma
solution est indépendante non-seulement de cette considération, mais
aussi de celle de la rotation du corps autour d'un ou de plusieurs axes.
Au reste, j'ai peine à vous accorder la proposition que vous avancez
dans l'article **80** du vingt et unième Mémoire (p. 29); au moins il ne
me paraît pas que le calcul sur lequel vous l'appuyez soit tout à fait
concluant. Cette proposition est, ce me semble, dans le même cas que
celles des pages 181 et 190 du troisième Volume de vos *Recherches sur
le système du monde* (²), et dont nous avons beaucoup causé autrefois.
Il me paraît évident que ces propositions ne sont vraies qu'à peu près,
c'est-à-dire aux quantités du second ordre et des ordres ultérieurs près,

---

(¹) *Voir* la note 3 de la page 2.
(²) *Recherches sur différents points importants du système du monde.* Paris, 1754-1756,
3 vol. in-4°.

qu'on néglige dans le calcul. Or vous sentez bien que, si les forces qui
résultent de la rotation du corps ne se détruisent pas entièrement et
rigoureusement, les forces restantes, quelque petites qu'elles soient,
doivent nécessairement produire quelque changement dans l'axe de
rotation et dans la vitesse. A l'égard des cordes vibrantes, je n'ai rien
à ajouter à ce que j'en ai dit dans le troisième Volume des *Mémoires*
de Turin, d'autant plus qu'il me semble que nous sommes à présent
presque entièrement d'accord sur cette matière ; je ne saurais cependant
me rendre aux raisons avec lesquelles vous combattez l'analyse de la
page 221 de ce Volume. Je conviens que le développement de la fonc-
tion $\varphi(t+a)$ en $\varphi(t) + a\dfrac{d\varphi(t)}{dt} + \cdots$ peut donner des séries diver-
gentes ; mais cet inconvénient n'influe point, ce me semble, sur le
résultat de mon calcul, résultat qui ne dépend nullement de la somme
de la série dont il s'agit.

L'exemple que vous apportez à la page 345 pour fortifier votre objection ne me paraît pas décisif, car : 1° je trouve qu'il est possible de
réduire $y^{\frac{2}{3}}$ à cette forme

$$\alpha + \beta \cos y + \gamma \cos 2y + \ldots$$

En effet,

$$y = \sin y + a \sin^3 y + b \sin^5 y + \ldots = \sin y (a' + b' \cos 2y + c' \cos 4y + \ldots);$$

donc

$$y^2 = \frac{1 - \cos^2 y}{2} (a'' + b'' \cos 2y + c'' \cos 4y + \ldots)$$
$$= a''' + b''' \cos 2y + c''' \cos 4y + \ldots;$$

donc, extrayant de part et d'autre la racine cubique, on aura

$$y^{\frac{2}{3}} = \alpha + \gamma \cos 2y + \delta \cos 4y + \ldots.$$

2° En faisant $x - \sin x = y$ et $1 - \cos x = z$, j'ai

$$\cos x = 1 - z, \quad \sin x = \sqrt{2z - z^2};$$

donc

$$x = y + \sqrt{2z - z^2},$$

et, par conséquent,

$$\sqrt{2z - z^2} = \sin\left(y + \sqrt{2z - z^2}\right),$$

d'où il est aisé de tirer z par approximation. Or, supposant d'abord z fort petit, on aura

$$\sqrt{2z} = \sin y + \cos y \sqrt{2z};$$

donc

$$\sqrt{2z} = \frac{\sin y}{1 - \cos y} \quad \text{et} \quad 2z = \frac{1 - \cos^2 y}{(1 - \cos y)^2} = \frac{1 + \cos y}{1 - \cos y},$$

expression qui se réduit évidemment à cette forme :

$$\alpha + \beta \cos y + \gamma \cos 2y + \dots.$$

Votre démonstration du principe de la force d'inertie est très-belle et très-ingénieuse ; il serait seulement à souhaiter qu'on pût la rendre un peu plus simple et plus courte, ce qui ne me paraît pas impossible.

Au reste, celui de tous les Mémoires qui composent votre quatrième Volume que j'estime le plus, et qui doit selon moi mériter le plus l'attention des géomètres, c'est celui qui roule sur le Calcul intégral ([1]). Je l'ai déjà bien étudié et je me propose de l'étudier encore pour profiter des vues ingénieuses et nouvelles que vous y donnez, et à l'aide desquelles je ne doute pas qu'on ne puisse aller bien loin dans cette matière.

Vous me demandez, mon cher ami, qu'est-ce que signifient les deux dernières élections que notre Académie a faites (car, pour celle de M. d'Avila, je vous en ai rendu compte dans le temps, si je ne me trompe) ; je vous réponds que je n'en sais rien et que nous n'avons fait que nous conformer aux ordres du roi, qui s'est réservé depuis quelques années non-seulement la nomination, mais même la présen-

([1]) *Recherches de Calcul intégral*, p. 225-282.

tation de nos associés. En vérité, mon cher ami, nous sentons de plus en plus le besoin de vous avoir à la tête de notre Compagnie, et il me semble que, quand vous n'auriez d'autre raison d'accepter la place que le roi vous a destinée que celle de pouvoir contribuer au maintien d'une des principales Académies de l'Europe, cette raison devrait être plus que suffisante pour vous déterminer, aux dépens même de votre tranquillité philosophique. Je souhaite que vous ne changiez point de résolution d'ici à l'année 1770, à laquelle vous avez renvoyé votre voyage à Berlin. Malgré tout ce que vous me dites, je ne puis me persuader que les voyages soient nuisibles à votre santé. Je ne puis rien dire de l'air de Potsdam, n'y ayant séjourné que trois jours ; mais je puis bien vous assurer, d'après ma propre expérience, que celui de Berlin est très-sain et très-bon pour les géomètres.

Je me suis plaint à M. Métra de ce qu'il vous a fait payer le port des deux derniers Volumes de l'Académie. Il en a rejeté la faute sur ses commis, et il m'a promis d'avoir soin dorénavant que tout ce qui vous sera adressé de ma part vous soit remis franc de port. Ainsi, j'exige de votre amitié que vous acquiesciez à cet arrangement et que vous ne donniez jamais le moindre argent pour cela, quand même on vous en demanderait.

Vous n'avez pas besoin de m'encourager à travailler pour le prix de la Lune ; j'ai déjà bien des matériaux tout prêts et j'ai même déjà lu à l'Académie deux Mémoires sur le problème des trois corps, lesquels contiennent différentes vues nouvelles dont je compte faire usage dans la théorie de la Lune. Je me suis occupé, ces jours passés, pour diversifier un peu mes études, de quelques problèmes d'Arithmétique, et je vous assure que j'y ai trouvé beaucoup plus de difficultés que je ne croyais. En voici un, par exemple, dont je ne suis venu à bout qu'avec beaucoup de peine : *Un nombre quelconque entier, positif et non carré n étant donné, trouver un nombre entier et carré x^2 tel que $nx^2 + 1$ soit un carré.* Ce problème est d'une grande importance dans la théorie des quantités carrées qui font le principal objet de l'analyse de Diophante. Les géomètres du siècle passé s'y sont fort appliqués ; mais nous n'avons, que je sache, que la solution de Wallis ([1]), qui est d'ailleurs fort imparfaite et qui ne consiste que dans une espèce de tâtonnement. Au reste, j'ai trouvé à cette occasion de très-beaux théorèmes d'Arithmétique, dont je vous ferai part une autre fois, si vous le souhaitez.

Je suis charmé que vous ayez goûté ma solution des tautochrones. Je suis curieux de voir les objections de M. Fontaine tant contre cette solution que contre celle des isopérimètres que j'ai donnée dans le deuxième Volume de Turin et que M. Euler vient de redonner dans le dixième Volume de Pétersbourg. On m'a dit que le chevalier de Borda a aussi attaqué cette dernière. Si j'ai tort, je ne manquerai pas de leur rendre justice. J'ai appris que M. Camus ([2]) est mort. A qui a-t-on donné sa place? N'est-il point question encore du marquis de Condorcet?

Adieu, mon cher et illustre ami; j'ai honte d'avoir si fort abusé de votre patience et je vous en demande mille pardons. Portez-vous bien, et croyez que personne au monde ne vous aime ni ne vous estime plus que moi. Je vous embrasse de tout mon cœur.

P.-S. — Je joins ici un exemplaire du dernier programme de notre Académie; je souhaiterais fort que vous engageassiez quelques-uns de vos amis à travailler sur les lunettes d'après les principes et les vues que vous avez déjà données sur cette matière.

([1]) Jean Wallis, géomètre, né le 23 novembre 1616 à Ashford, mort à Londres le 28 octobre 1703.

([2]) Charles-Étienne-Louis Camus, géomètre et astronome, membre de l'Académie des Sciences, né à Crécy (Seine-et-Marne) le 25 août 1699, mort le 2 février 1768.

58.

D'ALEMBERT A LAGRANGE.

A Paris, ce 20 novembre 1768.

M. le comte de Redern ([1]) veut bien se charger, mon cher et illustre
ami, de vous remettre ces deux Volumes ([2]), un pour vous et un autre
pour l'Académie, à qui je vous prie de faire agréer mon respect. Cet
Ouvrage sera peut-être le dernier que je publierai hors des Mémoires
de l'Académie, car ma santé ne me permet pas un travail tant soit peu
assidu; j'ai même essayé depuis un mois de ne rien faire du tout, et
ma machine s'en trouve si bien, que je suis fort tenté de continuer.

Je souhaite que vous trouviez dans cette nouvelle production mathématique quelques objets dignes de votre attention, et je suis charmé
que le précédent Volume ne vous ait pas déplu. J'ai grande envie de
voir votre solution du problème sur le mouvement d'un corps de figure
quelconque; vous verrez dans ce Volume-ci, pages 498 et 499, quelques vues que je crois utiles pour intégrer ces sortes d'équations. A
l'égard de votre objection sur l'article 80 de mon vingt et unième Mémoire ([3]), j'ai tâché d'y répondre à la page 501 de ce Volume. Je crois
avoir répondu aussi, page 511, à votre objection sur la manière de
réduire $y^{\frac{2}{3}}$ en série. Vous en jugerez. Je ne doute pas que ma démonstration du principe de la force d'inertie ne puisse être rendue plus
courte et plus simple; mais je n'ai pas travaillé beaucoup à en chercher une, parce qu'il m'a semblé que le mérite principal de cette
démonstration était dans l'idée sur laquelle elle est fondée, et qui, ce

---

([1]) Sigismond Ehrenreich, comte de Redern, grand chambellan de la reine douairière de
Prusse, l'un des curateurs de l'Université de Berlin, membre de l'Académie de Berlin, né en
1719 dans la Marche de Brandebourg, mort le 1er juillet 1789.

([2]) Le cinquième Volume des *Opuscules*.

([3]) Ce vingt et unième Mémoire, le premier du Tome IV des *Opuscules,* est intitulé : *Recherches sur les axes de rotation d'un corps de figure quelconque qui n'est animé par aucune force accélératrice* (p. 1-31).

me semble, est assez singulière et nouvelle. Si jamais je puis me dégoûter du *far niente*, que je trouve si merveilleux en ce moment, je pourrai m'occuper de simplifier cette démonstration. J'ai bien aussi différentes vues dans la tête sur le Calcul intégral; mais, encore un coup, je ne veux, d'ici à plusieurs mois, m'occuper de rien que de ma santé et de la vie animale. Je puis dire de la Géométrie ce qu'Horace dit des vers :

.... Peream male, si non
Optimum erat : verum nequeo dormire.... (¹).

Vous me faites grand plaisir de m'annoncer que vous travaillez au prix de la Lune; j'espère trouver dans vos nouvelles recherches beaucoup à profiter. Je voudrais savoir ce que vous pensez de mes réflexions sur ce problème et des méprises que je reproche à Clairaut, et qui me semblent très-réelles.

Il y a bien des années que je me suis un peu exercé aux problèmes de Diophante; je crois cette matière d'autant plus intéressante que le Calcul intégral pourrait en tirer de grands avantages, si je ne me trompe; mais je me souviens de l'avoir trouvée plus difficile qu'elle ne paraît d'abord, et je n'ai garde, par les raisons susdites, de m'occuper en ce moment du problème dont vous me parlez. N'y en a-t-il pas une espèce de solution dans le sixième Volume des anciens *Mémoires* de Pétersbourg? Je n'ai point assez examiné cet endroit pour n'être pas tenté de m'en occuper. Vous pouvez, je crois, être tranquille sur les objections de M. Fontaine contre votre solution des tautochrones. Je n'avais point encore lu cette solution quand il a lu son Mémoire, et il me semble que ses objections portent à faux. Il n'a soufflé mot de la mienne; je n'ai rien dit, mais, en cas qu'il en eût ouvert la bouche, j'avais dans ma poche quatre lignes toutes prêtes pour le confondre.

A l'égard de votre méthode sur les *maxima*, je ne la connais pas assez pour juger de la solidité des objections, mais je m'en fie plus à vous qu'à vos adversaires.

(¹) *Satires*, liv. II, vers 7 et 8.

On a donné la place de Camus à l'abbé Bossut. Le marquis de Condorcet l'aurait eue sans difficulté s'il résidait à Paris, et d'ailleurs sa
famille ne veut pas qu'il soit adjoint de l'Académie. Nous avons pourtant
grand besoin de géomètres. Je voudrais bien que nous pussions l'acquérir, d'autant qu'il nous vaque encore une place par la mort de M. Déparcieux ('). C'était un de ces hommes qu'il est bon d'avoir dans les
Académies, afin que les gens en place soient persuadés qu'elles sont
bonnes à quelque chose.

Je souhaite que vous ayez de bonnes pièces sur les verres achromatiques; j'ai donné des formules pour les oculaires, mais les calculs
arithmétiques m'ennuient et me fatiguent si fort, que je n'y penserai
pas si tôt. J'ai encore un troisième Mémoire à vous envoyer sur ce sujet.
Il est actuellement sous presse. Si je puis en avoir un exemplaire avant
le départ de M. de Redern, je le prierai de s'en charger; sinon, ce sera
pour une autre occasion. A propos, j'oublie de vous dire qu'il est ridicule que vous vouliez payer le port des *Mémoires de l'Académie* qu'on
m'envoie. Cela n'est ni juste ni convenable. J'attends avec impatience
les Volumes de 1762 et 1766, que je n'ai pas encore, et qui, selon mon
calcul, doivent paraître à présent. Adieu, mon cher ami; portez-vous
bien et soutenez, comme vous faites, l'honneur de la Géométrie, qui
est encore votre maîtresse et qui n'est plus que ma vieille femme.

59.

D'ALEMBERT A LAGRANGE.

A Paris, ce 29 novembre 1768.

Il y a environ huit jours, mon cher et illustre ami, que je remis à

(¹) Antoine Déparcieux, géomètre, ingénieur, membre de l'Académie des Sciences (1748),
né à Cessoux (Gard) le 18 octobre 1703, mort à Paris le 2 septembre 1768.

M. le comte de Redern un paquet qui contenait une Lettre pour vous.
Le délai de son départ me permet de vous adresser encore celui-ci.
Vous y trouverez deux exemplaires de mon troisième Mémoire sur les
verres optiques, un pour vous et un pour M. de Castillon, que je vous
prie de lui faire remettre de ma part. Vous y trouverez aussi deux
exemplaires d'un nouvel Ouvrage de M. de Condorcet, un pour vous,
qu'il me charge de vous faire parvenir, et l'autre pour l'Académie, à
laquelle il vous prie de le présenter.

Je me trouve toujours assez bien du régime que je suis et dont je
vous ai parlé dans ma Lettre du 20 au 21 de ce mois-ci, qui est dans
l'autre paquet; je dors et digère mieux; cependant j'ai eu, il y a quelques jours, un assez violent débordement de bile qui heureusement
n'a point eu de suite. Adieu, mon cher ami; M. Mettra m'a annoncé un
paquet de vous que j'attends avec grande impatience. Dites, je vous
prie, à M. Bitaubé que je lui écrirai au premier jour, si je ne l'ai pas
encore fait quand vous recevrez cette Lettre. *Iterum vale et me ama.*
Mes compliments à MM. Thiébault, Formey, etc., et à tous ceux qui
veulent bien se souvenir de moi.

A Monsieur de la Grange, à Berlin.

60.

LAGRANGE A D'ALEMBERT.

A Berlin, ce 6 décembre 1768.

Mon cher et illustre ami, j'ai remis à M. Mettra une longue Lettre
pour vous, que je ne doute pas qu'il ne vous ait rendue à son arrivée
à Paris; cependant, comme il y a près de six mois que je n'ai reçu de
vos nouvelles et que je ne sais à quoi attribuer un si long silence, je

ne puis m'empêcher de vous écrire de nouveau pour vous prier de me tirer d'inquiétude : deux mots de votre part me suffiront. Dès que je saurai que vous vous portez bien et que vous n'êtes point indisposé contre moi, je serai tranquille.

M. Euler le père a écrit depuis peu à l'Académie une Lettre que je joins ici, parce que je ne doute pas que vous ne soyez bien aise d'être informé de ce qu'elle contient. Je vous avoue que le succès des travaux d'un homme tel que lui dans la théorie de la Lune, dont il s'est occupé si longtemps, devrait naturellement me décourager de concourir pour le prix; mais, comme il semble insinuer qu'il a dessein de publier ses recherches avant le jugement de l'Académie, je ne me départirai pas de la résolution que j'ai prise d'envoyer quelque chose pour le concours. M. Michelet s'est chargé de vous faire parvenir le Volume de 1766 de notre Académie, tout à fait franc de port; j'insiste sur cette condition, parce qu'il serait indécent que vous dussiez acheter un tribut que l'Académie croit devoir vous payer; au reste, j'espère que l'ambassadeur de France (¹), qui doit, dit-on, arriver dans peu, ne refusera pas de se charger des envois que j'aurai occasion de vous faire à l'avenir. Il s'imprime actuellement le Volume de 1762, où il n'y aura rien de moi, parce que la Classe de Mathématiques est déjà surchargée de plusieurs Mémoires d'Euler; cependant vous y trouverez un Mémoire de M. Beguelin sur les objectifs achromatiques, qu'il s'est empressé de faire paraître parce qu'il contient des remarques sur les dimensions qu'on a proposées jusqu'ici. Il trouve *a posteriori*, c'est-à-dire en cherchant la quantité d'aberration qui a lieu dans chaque objectif pour une ouverture donnée, il trouve, dis-je, que les lentilles que vous avez proposées comme les meilleures de toutes sont encore sujettes à une aberration considérable, aussi bien que celles que M. Clairaut a données dans le Volume de 1762. Je n'ai pas vérifié ses calculs, qui ne sont que numériques, mais il ne serait pas impossible, ce me semble, que vous vous fussiez trompé dans les vôtres, surtout si vous ne les avez fait

---

(¹) Le marquis de Valory.

revoir par personne; au reste, comme cela n'influe en rien sur vos méthodes, que j'ai trouvées aussi ingénieuses et élégantes qu'il soit possible, je vous avoue que je n'y ai pas fait beaucoup d'attention, d'autant plus que, quand il a lu ce Mémoire, j'étais occupé de matières
toutes différentes.

Quant à mes travaux, ils ne sont pas bien considérables. J'ai lu en
dernier lieu à l'Académie un très-long Mémoire sur la solution des
problèmes indéterminés qui conduisent à des équations du second degré à deux inconnues, lorsqu'il s'agit de déterminer ces inconnues en
sorte qu'elles soient exprimées par des quantités rationnelles ou même
par des nombres entiers. J'ai trouvé des méthodes directes et générales
pour résoudre ces sortes d'équations, soit que les inconnues puissent
être des nombres rationnels quelconques, soit qu'elles doivent être
des nombres entiers; mes méthodes donnent toutes les solutions possibles dans l'un et l'autre cas, de sorte que je crois avoir entièrement
épuisé cette matière, sur laquelle M. Euler paraît s'être vainement
exercé (*voir* t. IX, *Nouveaux Commentaires* de Pétersbourg).

Si vous voyez M. le marquis de Condorcet, je vous prie de lui dire
que j'ai reçu son Ouvrage sur le problème des trois corps, et que j'attends la Lettre qu'il vous a adressée sur le Calcul intégral et le
système du monde; dès que je l'aurai reçue, je ne manquerai pas de lui
écrire et de le féliciter de ses succès, auxquels je prends et je prendrai
toujours toute la part possible.

Adieu, mon cher et illustre ami; soyez persuadé que personne ne
vous aime ni ne vous estime autant et pour plus de raisons que moi.
Je vous embrasse de tout mon cœur.

61.

D'ALEMBERT A LAGRANGE.

A Paris, le 19 décembre 1768.

Je me sers d'un secrétaire, mon cher et illustre ami, parce que mes yeux fatiguent beaucoup aux lumières. Il y a plus d'un mois que j'ai répondu à la Lettre que M. Mettra m'a remise au bout de six semaines de date; cette réponse est assez longue et jointe à un paquet de Livres que je vous envoie. M. le comte de Redern, qui, depuis un mois, est toujours au moment de partir, s'est chargé du tout, et j'espère qu'il vous le remettra incessamment. Ce paquet contient mon nouveau Volume et celui de M. de Condorcet; quand j'écrirai à ce dernier, je m'acquitterai de vos commissions pour lui.

M. Euler a écrit à notre Académie la même Lettre que vous m'envoyez. J'ai grande impatience de voir les Ouvrages qu'il annonce, et surtout sa théorie de la Lune; mais, malgré toute mon estime pour lui, je vous avoue que je doute un peu de toute l'étendue de ce qu'il promet, et je vous exhorte fort à ne point abandonner vos travaux sur cette matière, dont, à vous dire le vrai, j'ai aussi bonne opinion que des siens.

J'ai bien de la peine à croire qu'il reste une aberration sensible dans mes objectifs, dont j'ai fait le calcul avec beaucoup de soin; cependant je serai fort aise de voir les remarques de M. Beguelin sur ce sujet quand elles paraîtront. Quant à présent, j'ai fait trêve avec tout travail depuis l'impression de mon cinquième Volume, et je m'en trouve à merveille. Je suis fort curieux de voir vos recherches sur les équations indéterminées du second degré; je me suis autrefois un peu occupé de cette matière, qui m'a paru très-difficile. Quant à présent, je ne veux rien faire, de six mois au moins, qui exige de moi une forte application. Adieu, mon cher et illustre ami; je me réfère pour le reste à la Lettre et aux Livres que M. de Redern vous remettra. Je vous souhaite une bonne année et vous embrasse de tout mon cœur.

D'ALEMBERT.

P.-S. — Je reçois en ce moment le Volume de 1766. J'en ai payé le port à M. Mettra ; il n'y a pas l'ombre de raison à vouloir que cela soit autrement. Je n'ai pas encore eu le temps de le lire, et vous croyez bien que je commencerai par votre Mémoire sur le passage de Vénus.

A Monsieur de la Grange,
de l'Académie royale des Sciences et directeur
de la Classe mathématique, à Berlin.

62.

LAGRANGE A D'ALEMBERT.

A Berlin, ce 28 février 1769.

J'ai reçu, mon cher et illustre ami, il y a près d'un mois, les paquets que vous avez remis au comte de Redern ; j'ai envoyé d'abord à M. de Castillon un exemplaire de votre Mémoire sur les verres optiques, et j'ai ensuite présenté à l'Académie votre cinquième Volume, ainsi que le nouvel Ouvrage de M. de Condorcet. Elle m'a chargé de vous en témoigner sa reconnaissance, et je vous prie en même temps de recevoir aussi mes très-humbles et très-sincères remerciments des présents dont vous m'avez honoré, et dont je suis d'autant plus flatté que je les regarde comme une marque de la continuation de votre estime et de votre précieuse amitié. Je vous demande pardon d'avoir tardé à m'acquitter de ce devoir; une indisposition, qui m'a duré quelques jours, m'en a empêché; d'ailleurs, je voulais me mettre auparavant un peu au fait des matières que vous venez de traiter, pour être en état d'en causer un peu avec vous; mais, ayant dû achever quelques Mémoires pour notre Académie, où mon tour à lire revient au moins une fois par mois, je n'ai encore eu le temps que de parcourir vos nouveaux Mémoires, dont quelques-uns, surtout ceux qui roulent sur les fluides et sur la précession des équinoxes, exigent de moi une lecture bien attentive et suivie, parce que ce sont des matières que j'ai entièrement perdues de vue depuis que je suis ici. Vos remarques sur le problème des trois corps m'ont paru aussi ingénieuses que justes, et la méprise que vous relevez dans la théorie de Clairaut me semble très-réelle. Je me souviens même d'y avoir fait attention il y a longtemps, à l'occasion de votre contestation avec lui; mais je ne poussai pas alors plus loin cette remarque, et je trouve que vous avez très-bien fait d'entrer dans quelque détail sur ce sujet pour l'instruction de ceux qui pourraient, dans la suite, se servir encore de cette même théorie.

Le problème dont je vous ai parlé m'a occupé beaucoup plus que je ne le pensais d'abord; enfin, j'en suis venu heureusement à bout, et je crois n'avoir presque rien laissé à désirer sur le sujet des équations du second degré à deux inconnues. Je connais le Mémoire de M. Euler qui se trouve dans le sixième Volume des anciens *Mémoires* de Pétersbourg, ainsi qu'un autre plus récent, imprimé dans le neuvième Volume des *Nouveaux Commentaires;* mais dans l'un et dans l'autre de ces Mémoires on suppose toujours que l'on connaisse déjà une solution, et la difficulté est de trouver cette première solution. D'ailleurs, M. Euler n'y considère que le cas où les inconnues doivent être des nombres entiers; or, si l'on ne demande que des nombres rationnels, il peut arriver très-souvent que le problème soit soluble, quoiqu'il ne le soit pas en nombres entiers; enfin je puis dire que ce que l'on avait sur cette matière, par les recherches de Diophante, de Fermat, de Wallis, d'Euler et d'autres, était encore très-peu de chose. Mon Mémoire sur ce sujet est très-long, parce que j'y ai traité aussi d'autres sujets analogues; cependant je tâcherai de le faire imprimer tout entier dans le Volume de l'année 1763, que l'on va mettre sous presse à Pâques. Celui qu'on imprime actuellement regarde l'année 1762 et ne contient que de vieux Mémoires d'Euler, avec le Mémoire de M. Beguelin dont je vous ai parlé. Je ne manquerai pas de vous le faire parvenir dès qu'il paraîtra. Je vous serai toujours fort obligé de m'envoyer les Mémoires que vous donnerez à votre Académie, parce que, outre que j'aime à avoir tous vos Ouvrages ensemble, je suis bien aise de pouvoir me dispenser d'acheter les Volumes de l'Académie, dont les neuf dixièmes roulent sur des matières qui me sont ou étrangères ou indifférentes. Il paraît actuellement le *Calcul intégral* d'Euler; l'avez-vous déjà? Sinon, je pourrai vous l'envoyer. En général, comme je suis plus à portée que vous de recevoir ce qui vient de Pétersbourg, je me chargerai volontiers de vous envoyer les Volumes de l'Académie à mesure qu'ils paraîtront, ainsi que tout ce qu'Euler publiera, n'ayant rien tant à cœur que de pouvoir vous donner au moins quelques faibles marques des sentiments que je vous dois et avec lesquels je serai toute ma vie.

63.

D'ALEMBERT A LAGRANGE.

A Paris, le 10 avril 1769.

Mon cher et illustre ami, je suis fort aise que vous ne soyez pas mécontent du peu que vous avez encore pu lire de mon nouveau Volume; j'ai grande envie de savoir votre avis sur le reste. L'erreur de Clairaut sur l'orbite de la Lune ne me paraît pas douteuse; cependant je suis charmé qu'elle vous paraisse réelle ainsi qu'à moi, car je ne conçois pas comment elle a pu lui échapper; il était pour l'ordinaire fort exact, et c'est une raison de plus pour remarquer cette méprise.

Je suis si peu capable d'un travail suivi, que je n'ai pas grande nouvelle à vous apprendre de mes travaux. J'ai développé, dans un Mémoire que j'ai lu il n'y a pas longtemps à l'Académie, ce que j'ai dit à la fin de mon cinquième Volume d'*Opuscules* sur la libration de la Lune. Je ne sais quand il sera imprimé; je ne manquerai pas de vous l'envoyer aussitôt. J'ai fait aussi quelques recherches de Calcul intégral; mais tout cela est assez peu de chose.

J'ai grande envie de lire vos recherches sur les problèmes de Diophante, et je compte bien en faire mon profit, si pourtant ma tête me permet de les suivre. Vous me marquez qu'on imprime l'année 1762 de vos *Mémoires?* Est-ce que l'on n'imprime pas aussi 1767, ou est-ce que cette année a déjà paru? Je n'ai encore que 1766 et j'attends 1767 avec d'autant plus d'impatience, que j'espère y trouver bien des choses de vous.

Que dites-vous de M. Euler, qui, tout aveugle qu'il est, fait imprimer trois Volumes de Dioptrique, un sur la Lune et deux de Calcul intégral? Briasson ([1]) doit recevoir incessamment ce dernier Ouvrage et m'en a promis un exemplaire; c'est pour cela que je ne vous prie point de me l'envoyer. S'il paraît chez vous quelque nouveauté intéressante, je vous prie de me la faire parvenir; comme le roi a présentement un ministre en France, les envois seront peut-être plus faciles et moins dispendieux. Vous avez peut-être appris par les gazettes que nous avons enfin reçu M. de Condorcet ([2]), la famille ayant jugé à propos de ne plus mettre d'obstacle à ce qu'il fût de l'Académie, car beaucoup de nos gentilshommes croient que le titre et le métier de savant dérogent à la noblesse.

Je vous prie de demander à M. Beguelin ([3]) si j'ai eu l'honneur de répondre à la Lettre qu'il m'a fait l'honneur de m'écrire au sujet des verres optiques. J'ai idée d'avoir rempli ce devoir, mais je n'en suis pas

---

([1]) Antoine-Claude Briasson, libraire à Paris dès 1724, était, depuis le 15 juin 1768, syndic de sa corporation.

([2]) Condorcet fut élu adjoint-mécanicien le 8 mars 1769 et associé le 22 décembre 1770.

([3]) Nicolas de Beguelin, physicien, membre (1747) de l'Académie de Berlin, dans le Recueil de laquelle il a inséré de nombreux travaux, né en Suisse en 1714, mort à Berlin le 3 janvier 1789.

sûr, et, en ce cas, je le prie d'excuser mon défaut de mémoire, qui me fait souvent faux bond depuis que ma tête est affaiblie. Je vous prie de lui dire que je lirai son Mémoire avec grande attention et que je profiterai des vues utiles qu'il contiendra sans doute. Adieu, mon cher ami ; ayez bien soin de votre santé, *res prorsus substantialis*, comme Newton disait du *repos*. Je vous embrasse de tout mon cœur. Mes respects à M. le comte de Redern.

A Monsieur de la Grange,
directeur de la Classe de Mathématiques de l'Académie royale
des Sciences, à Berlin.

64.

LAGRANGE A D'ALEMBERT.

A Berlin, ce 2 juin 1769.

Mon cher et illustre ami, la maladie que j'ai eue ces jours passés, et dont il me reste encore beaucoup de faiblesse, a tout à fait dérangé le plan de mes travaux, de sorte que je suis en doute si je pourrai concourir pour le prix de la Lune comme je me l'étais proposé. Ce n'est pas que je n'aie les matériaux tout prêts, mais ils demandent du temps pour être mis en œuvre, et j'ai déjà perdu plus d'un mois de celui que j'y destinais ; le pis est que ma tête ne me permet pas encore une application un peu soutenue. J'ai eu tort, je l'avoue, de n'avoir pas mieux profité de tout le temps que j'avais ; mais il faut que vous sachiez que, comme je suis presque seul dans ma Classe (les autres membres étant MM. Bernoulli et de Castillon, dont l'un est absent depuis six mois et l'autre est âgé et infirme), je suis obligé de lire à l'Académie au moins un Mémoire par mois, parce que, chez nous, chacune des quatre Classes lit un Mémoire à tour de rôle, avec cette différence que les Classes de

Physique et de Mathématiques lisent deux fois pendant que les deux autres ne lisent chacune qu'une fois. Au reste, je suis bien éloigné de me plaindre de cet arrangement; mais il en résulte que je n'ai pas beaucoup de temps de reste, d'autant plus qu'il arrive souvent que les sujets que j'entreprends de traiter m'entraînent plus loin que je ne voudrais : c'est ce qui m'est arrivé surtout à l'égard du problème dont je vous ai parlé, et qui m'a beaucoup plus occupé que je ne croyais d'abord. D'ailleurs, j'ai une mauvaise habitude dont il m'est impossible de me défaire : c'est que je refais souvent mes Mémoires, même plusieurs fois, jusqu'à ce que j'en sois passablement content.

Il s'imprime actuellement le Volume de 1767, dans lequel il y aura deux Mémoires de moi, l'un, très-long, sur la résolution des équations du second degré à deux inconnues, et l'autre sur la résolution des équations numériques d'un degré quelconque ([1]). Ce sont deux sujets élémentaires, comme vous voyez, mais je puis vous assurer qu'ils m'ont donné plus de peine que toutes mes autres recherches; au reste, je me flatte d'avoir traité ces deux matières d'une manière qui ne laisse presque rien à désirer; si vous en jugez de même, je ne regretterai pas le temps que j'ai consumé à ces sortes de recherches.

Les Ouvrages que M. Euler publie à Pétersbourg étaient faits depuis longtemps et n'étaient restés en manuscrit que faute de libraire qui voulût s'en charger; il y en a même un qu'il n'aurait pas dû publier pour son honneur : ce sont ses *Lettres à une princesse d'Allemagne* ([2]). Je ne sais si vous les connaissez; mais, si vous en étiez curieux, je pourrais vous en faire parvenir un exemplaire par la première occasion qui se présenterait.

Il a paru à Pâques un Volume de notre Académie; c'est celui de l'année 1762, dans lequel il n'y a que de vieux Mémoires d'Euler sur la Dioptrique et un Mémoire de M. Beguelin sur le même sujet. Je ne vous

---

([1]) *Voir* t. II de cette édition, p. 377 et 539.

([2]) *Lettres à une princesse d'Allemagne sur plusieurs sujets de Physique et de Philosophie*, Saint-Pétersbourg, 1768-1772, 3 vol. in-8°; souvent réimprimées. Elles sont adressées à la princesse d'Anhalt-Dessau, nièce de Frédéric II.

l'ai pas encore envoyé faute d'avoir trouvé une occasion convenable; elles se présentent très-rarement. M. Formey s'est chargé de voir si l'on pourrait profiter du canal du Bureau des Affaires étrangères; mais il ne m'a pas encore rendu réponse.

M. Beguelin, à qui j'ai fait votre commission, est très-sensible à votre souvenir et n'a point, à la vérité, reçu de vos Lettres; mais il lui suffira que vous vouliez bien jeter les yeux sur ses Mémoires et lui en dire votre avis. C'est un homme très-estimable par sa science et par son caractère. Il a été précepteur de Mgr le prince de Prusse (1); mais, s'étant trouvé en quelque sorte enveloppé dans la disgrâce du gouverneur du prince (2), il paraît avoir été un peu oublié du roi: c'est pourquoi il souhaiterait que vous voulussiez bien vous intéresser pour lui en temps et lieu. Au reste, il est beau-frère de M. de Catt, mais il ne paraît pas qu'il compte beaucoup sur la protection de ce dernier.

Je crois que le comte de Redern vous aura mis un peu au fait de l'état actuel de notre Académie : elle aurait grand besoin d'un chef; nos Règlements sont extrêmement imparfaits, et on ne les suit presque pas; il y a des membres qui ne pensent qu'à brouiller, dans l'espérance de pouvoir dominer; enfin, à l'exception d'un très-petit nombre qui travaillent, les autres ne s'occupent que de brigues et de cabales.

Je lis actuellement votre cinquième Volume d'*Opuscules* et j'y trouve de très-excellentes choses; j'aurai peut-être l'honneur un jour de vous faire part des réflexions que cette lecture me fait faire, si, par un plus sérieux examen, je les trouve dignes d'être soumises à votre jugement.

Je vous embrasse de tout mon cœur et suis à vous pour la vie.

(1) Ce prince était neveu de Frédéric II, qui le déclara prince royal en 1758, et auquel il succéda sous le nom de Frédéric-Guillaume II. Né le 25 septembre 1744, il mourut le 16 décembre 1797.

(2) Le gouverneur du prince était le comte de Borck, que Frédéric II, en 1764, exila dans ses terres en Poméranie, en même temps qu'il renvoyait Beguelin à Berlin. « On a prétendu, dit Thiébault, que ce qui avait déterminé le roi à les renvoyer, c'est qu'un jour le comte de Borck, interrogé, chez le prince et pendant le dîner, sur la préférence à accorder en général à un roi guerrier ou à un roi pacifique, avait paru estimer ce dernier plus que l'autre. » (*Mes souvenirs de vingt ans de séjour à Berlin*, 1813, t. I, p. 315.)

65.

D'ALEMBERT A LAGRANGE.

A Paris, ce 16 juin 1769.

Mon cher et illustre ami, je me disposais à vous envoyer le paquet ci-joint, et dont je vous parlerai dans un moment, lorsque j'ai reçu votre Lettre du 1er juin, par laquelle vous m'apprenez que vous avez été malade. Quoique vous n'entriez là-dessus dans aucun détail, je vois que cette maladie a été assez sérieuse, et ce que vous me dites de vos travaux me fait craindre que l'excès de l'application n'en soit la cause. Au nom de Dieu, mon cher ami, ménagez-vous ; songez que vous avez la plus belle carrière à parcourir et que le moyen d'y courir longtemps c'est de ne pas vous essouffler à l'entrée. Que mon exemple vous soit utile : j'ai observé assez de régime dans le travail, et je suis cependant vieux à cinquante ans. J'espère que vous voudrez bien me donner de vos nouvelles, et je me flatte d'apprendre votre parfait rétablissement. Ne vous forcez point pour travailler à notre prix si votre santé ne vous le permet pas. Je doute d'abord qu'Euler concoure ; il a fait demander à l'Académie s'il ne pourrait pas lui envoyer son Ouvrage imprimé, et l'Académie a décidé, à la vérité contre mon avis et celui des meilleurs de nos géomètres, qu'elle s'en tiendrait à ses règles ordinaires ; ainsi, je ne sais pas s'il nous enverra son manuscrit et s'il le pourra à temps. Nous n'aurons donc vraisemblablement que des Ouvrages qui nous détermineront à remettre encore le prix. Je souhaite pour vous que nous y soyons obligés.

Le Mémoire ci-joint contient quelques nouvelles recherches sur les cordes, dont je souhaite que vous soyez content ; je vous en enverrai bientôt un autre. Vous les ferez imprimer quand et comme vous voudrez. Je serai bien charmé que vous me fassiez part de vos remarques sur mon cinquième Volume d'*Opuscules*. A propos de cela, je me souviens que vous m'aviez promis, il y a longtemps, quelques réflexions sur le Calcul des probabilités. Je pense que cette matière est toute neuve et aurait besoin d'être traitée par un mathématicien tel que vous.

Je verrai avec grand plaisir vos recherches sur les équations; j'attends le Volume de 1762 et je vous prie de dire à M. Beguelin que je lirai avec attention ses Mémoires sur la Dioptrique. Faites-lui, je vous prie, mille compliments de ma part; il ne doit point douter que je ne sois disposé à lui rendre auprès du roi tous les services qui pourront dépendre de moi, et certainement je parlerai en sa faveur en temps et lieu; mais malheureusement je n'ai pas autant de crédit qu'il se l'imagine.

Je ne doute pas que l'Académie n'ait grand besoin d'un président; pourquoi ne vous le ferait-on pas? Dites-moi si cela vous convient, et j'agirai. Je vais, en attendant, préparer les voies en écrivant de nouveau au roi tout le bien que je pense de vous. A propos de votre Académie, j'ai toujours oublié de vous demander ce que vous pensez de M. Lambert ([1]); ce que j'ai lu de lui jusqu'à présent ne me paraît pas de la première force : on dit pourtant que M. Euler en faisait grand cas. J'attends incessamment de Pétersbourg le *Calcul intégral* de ce dernier, et je ne serais même pas fâché de voir ses *Lettres à une princesse d'Allemagne;* suivant ce que vous m'en dites, c'est son *Commentaire sur l'Apocalypse* ([2]). Notre ami Euler est un grand analyste, mais un assez mauvais philosophe.

Je désire savoir votre avis sur mes nouvelles objections à Daniel Bernoulli; il me semble que je détruis assez bien les prétendues vibrations *multiples.* Le jeune Bernoulli a passé ici quinze jours; je lui ai fait beaucoup d'amitiés; je lui ai dit un mot du peu d'honnêteté de son oncle à mon égard et je l'ai assuré, ce qui est très-vrai, que je n'en

---

([1]) Jean-Henri Lambert, l'un des savants les plus remarquables du xviiie siècle, fils d'un réfugié français, né à Mulhouse le 29 août 1728, mort en 1771 à Berlin, où, depuis 1764, il était membre pensionnaire de l'Académie.

([2]) Allusion à l'Ouvrage de Newton sur l'Apocalypse.

rendrais pas moins au neveu tous les services qui dépendraient de moi, parce que, en effet, il me paraît le mériter. Vous m'aviez promis de donner un peu sur les doigts à Daniel Bernoulli, et vous ferez bien. Quant à moi, je trouve très-bon qu'on m'attaque et même qu'on me réfute, pourvu qu'on n'y procède pas, comme dit Montagne, *d'une trogne trop impérieusement magistrale* ([1]). Adieu, mon cher ami; je vous embrasse.

>

66.

D'ALEMBERT A LAGRANGE.

A Paris, ce 30 juin 1769.

Mon cher et illustre ami, voilà un petit Supplément au second des deux Mémoires que vous avez dû recevoir il y a huit jours. Je me suis aperçu d'une méprise qui est corrigée, comme vous le verrez, dans ce Supplément. Cependant, comme la restriction n'a lieu que quand les deux suites en question sont finies, je crois qu'il n'y a nul inconvénient à imprimer les deux Mémoires tels qu'ils sont; il faudra seulement avoir l'attention que la correction que je vous envoie se trouve dans le même Volume où sera le second Mémoire.

J'ai ajouté à celui-ci un petit *post-scriptum* que je vous prie d'avoir soin de faire imprimer à la fin. Je croyais avoir fait le premier la remarque singulière et importante qui est à la fin de l'article XVIII sur les cas où, dans une équation différentielle, y est tout ce qu'on voudra, x étant zéro. A peine avais-je écrit le peu que je vous dis à ce sujet, que j'ai reçu le premier Volume du *Calcul intégral* d'Euler, et j'ai vu que ce diable d'homme avait déjà fait la même remarque. Cependant

---

([1]) Voici la phrase de Montaigne : « Pourveu qu'on n'y procède d'une trongne trop impérieuse et magistrale, je preste l'espaule aux repréhensions que l'on faict en mes escripts. » *Essais*, liv. III, chap. VIII. Paris, Didot, 1802, in-12, t. IV, p. 37.

je crois qu'il n'a pas tout dit; mais j'ai vu, avec quelque regret, qu'il m'avait enlevé la fleur des réflexions que j'avais faites sur ce sujet. Je pourrai vous en faire part une autre fois.

Ce Traité du *Calcul intégral* me parait plein d'excellentes choses; dites-moi, je vous prie, si le second Volume paraît ou si vous savez quand il paraîtra. Pour prévenir l'inconvénient où je viens de tomber, je fais parapher actuellement par le secrétaire de l'Académie l'énoncé de différents problèmes et théorèmes de Calcul intégral, afin de m'en conserver du moins la possession et de constater que je les ai trouvés de mon côté, si ce diable d'homme me prévient encore sur quelques-uns, ce qui pourrait bien être, car où ne fouille-t-il pas? Adieu, mon cher et illustre ami; je vous embrasse de tout mon cœur. Donnez-moi des nouvelles de votre santé et surtout ménagez-la, pour vous premièrement, et puis pour l'intérêt des sciences et pour la tranquillité de vos amis, à la tête desquels je me flatte que vous me placez. *Iterum vale et me ama.*

67.

LAGRANGE A D'ALEMBERT.

A Berlin, ce 15 juillet 1769.

Mon cher et illustre ami, j'ai reçu successivement les deux paquets que vous m'avez fait l'honneur de m'envoyer et j'y ai trouvé trois Mémoires pour notre Académie, que je lui ai présentés jeudi passé et dont elle m'a chargé de vous témoigner sa reconnaissance. S'ils étaient venus un peu plus tôt, on aurait pu les faire paraître dans le Volume de 1767, qui est actuellement sous presse, et j'en aurais volontiers supprimé un des miens pour leur faire place; mais à présent la Classe de Mathématiques est déjà presque tout imprimée, et, d'ailleurs, elle est déjà si chargée, que ce serait une espèce d'indiscrétion de

vouloir la grossir davantage, parce que ce ne pourrait être qu'aux
dépens des deux suivantes. Ainsi, je réserverai vos Mémoires pour
le Volume de 1768, qui sera mis sous presse à Pâques prochain, à
moins que vous n'aimiez mieux les insérer dans le Volume de 1763
qu'on mettra sous presse à la Saint-Michel de cette année-ci; mais,
comme je n'étais pas encore ici en 1763, ce serait, ce me semble, un
anachronisme trop grand de rapporter à cette année des Mémoires qui
me sont adressés en forme de Lettres; du reste, je ferai là-dessus ce
que vous voudrez.

Vos remarques sur la théorie des cordes vibrantes de M. Bernoulli
me paraissent décisives. J'admire la constance avec laquelle vous êtes
capable de poursuivre un même objet pendant un si long temps; pour
moi j'ai ce malheur que, à force de remanier la même matière, j'en
prends à la fin un si furieux dégoût, qu'il m'est comme impossible d'y
revenir encore, et c'est précisément ce qui m'est arrivé à l'égard des
cordes vibrantes; voilà pourquoi j'ai toujours négligé de répondre à
M. Daniel Bernoulli, quoique je pusse le faire avec avantage. Je suis
charmé que vous ayez reconnu que ma solution de l'équation de
Riccati (¹) revient au même que celle de M. Euler, ce qui peut servir à
confirmer la bonté de ma méthode; au reste, j'ai peine à croire que
l'intégrale que donne ma méthode ne soit pas complète et générale,
comme vous paraissez l'insinuer : c'est un point que je me propose
d'examiner à loisir. Les restrictions que vous ajoutez à ma solution
générale du problème des tautochrones sont très-légitimes. Lorsque
je lus à l'Académie l'appendice qui contient cette solution, j'avais dessein de l'étendre et de la perfectionner dans un Mémoire particulier;
mais, ayant vu ensuite que vous m'aviez déjà prévenu sur ce sujet, j'ai
cru devoir l'abandonner entièrement, d'autant plus qu'il me semble
que vous l'avez déjà presque épuisé.

Je vais maintenant, si vous me le permettez, m'entretenir un peu
avec vous sur quelques points relatifs à votre cinquième Volume

(¹) Le comte Jacopo Riccati, mathématicien, né en 1676 à Venise, mort à Trévise en 1754.
(*Voir*, au sujet de cette équation, Montucla, Part. V, Liv. I, t. III, p. 135.)

d'*Opuscules*. J'approuve entièrement les remarques que vous faites sur les lois de l'équilibre des fluides (art. 18 et suiv. du Mémoire XXX); il y aurait peut-être quelque chose à dire à l'égard de celle de l'article 20; ce serait une dispute analogue à celle que j'eus autrefois avec vous touchant l'attraction d'un point vers une surface sphérique; mais, comme ces sortes de discussions regardent plutôt la Métaphysique que le Calcul, je crois qu'il vaut encore mieux les laisser là. Je suis presque convaincu qu'un fluide homogène et dont toutes les parties s'attirent mutuellement dans une raison quelconque dépendante de la distance ne saurait être en équilibre, à moins qu'il ne forme une masse sphérique; cependant il me paraît comme impossible d'en trouver une démonstration générale. Celle que vous proposez dans les articles 48 et suivants suppose que le rayon soit exprimé par une fonction rationnelle et entière de l'angle; mais je ne vois aucun inconvénient à ce qu'il le soit par une fonction rationnelle et rompue du même angle. Il est vrai que dans ce cas on pourrait toujours réduire la fonction rompue en une fonction entière par le moyen des séries, mais il est clair qu'en admettant une série infinie il serait possible d'en déterminer tous les coefficients; au moins on ne voit point d'abord que la chose soit impossible. J'avais autrefois fait beaucoup de calculs sur ce sujet, dont j'ai retrouvé heureusement les brouillons; peut-être pourrai-je m'en occcuper encore si je vois jour à pouvoir me flatter de quelque succès. Au reste, je ne saurais être entièrement de votre avis par rapport à ce que vous dites à l'article 86 (p. 38); car, quoique l'équation de l'équilibre ait lieu à peu près lorsque α est très-petit, il ne s'ensuit pas, ce me semble, que la figure qui donnerait l'équilibre rigoureux ne diffère que d'une quantité de l'ordre α^2 de celle qui résulte de l'équation approchée de l'équilibre, à moins qu'on n'ait fait voir auparavant qu'il existe nécessairement une telle figure d'équilibre rigoureux; en effet, s'il arrivait que les termes de l'ordre de α^2 de l'équation ne pussent jamais se détruire qu'en supposant $\alpha = o$, il est clair que la figure résultante de la destruction des termes de l'ordre α différerait nécessairement de celle de l'équilibre rigoureux par des quantités de l'ordre α. En général, il me semble que l'équilibre n'est qu'un état unique, et qu'un équilibre approché et même aussi approché qu'on voudra sera toujours un non-équilibre, de sorte que pour pouvoir tirer des conclusions exactes sur cette matière il faut absolument pouvoir résoudre le problème en rigueur, ou au moins avoir égard successivement aux quantités des différents ordres, en sorte qu'on puisse s'assurer que l'équilibre rigoureux est possible. Par exemple, vous avez trouvé qu'en supposant $\delta = \frac{2}{5}$ et $\varphi = 0$ l'ellipticité α peut être tout ce qu'on voudra; or, s'il était démontré qu'un fluide homogène qui recouvre une sphère solide et homogène ne saurait être en équilibre en vertu de la simple attraction mutuelle, à moins qu'il n'ait aussi la figure sphérique, ce qui me paraît très-vraisemblable, on ne pourrait plus dire que α pourrait être tout ce qu'on voudrait; or il me paraît très-possible que l'équation de l'équilibre soit telle qu'elle n'ait jamais lieu rigoureusement, à moins que α ne soit $= 0$, abstraction faite de la force centrifuge, et que cependant elle puisse avoir lieu à peu près, c'est-à-dire aux quantités de l'ordre α^2 près.

Vos remarques sur la convergence des séries (p. 1, Mémoire XXXV) me paraissent très-justes et très-utiles; je me rappelle d'avoir lu quelque part celle qui regarde la convergence de la série qui exprime le sinus par l'angle, mais je vous avoue qu'elle ne me paraît pas aussi nécessaire qu'à vous pour la validité de la démonstration de M. Bernoulli, qui n'est fondée que sur la théorie des équations; au reste, le paradoxe que vous proposez sur la fin de l'article 32 de ce même § (p. 183) ne me paraît pas inexplicable. En considérant d'abord l'expression du sinus par l'arc, qu'on peut trouver directement de plusieurs manières, et supposant le sinus donné, on a une équation dont les racines sont les différents arcs qui répondent au même sinus; maintenant, si par la méthode du retour des suites on tire de cette équation la valeur de l'arc, on n'aura, par la nature même de cette méthode, que la plus petite des racines de l'équation, et, par conséquent, l'expression de l'arc par le sinus ne représentera jamais qu'un seul arc.

J'ai un peu médité sur le paradoxe qui concerne la résistance des

fluides; il me semble que tout dépend de la supposition que les particules du fluide aient le même mouvement à la partie postérieure qu'à
la partie antérieure; j'avoue que cette supposition est légitime analytiquement, mais il se peut qu'elle ne le soit pas physiquement. En effet,
si l'on considère un fluide homogène et sans pesanteur qui se meuve
dans un tuyau infiniment étroit, si l'on veut, et évasé en haut et en bas,
en sorte que ce tuyau ait la même figure de part et d'autre de la section
de la plus petite largeur, il est clair qu'on peut supposer analytiquement que le mouvement du fluide soit aussi le même des deux côtés
de cette section; cependant il est facile de concevoir que le fluide doit
nécessairement quitter les parois du vase et se mouvoir comme une
masse solide continue, après avoir passé par la plus petite section; c'est
aussi ce que vous avez remarqué dans votre *Traité des fluides* et ailleurs.
Or, le cas qui donnerait la résistance nulle peut se réduire, si je ne me
trompe, à celui dont je viens de parler, moyennant quoi on pourra
expliquer le paradoxe proposé.

Voilà une partie des remarques que la lecture de vos derniers Ouvrages m'a fait faire; je les soumets entièrement à votre jugement, en
vous priant de me pardonner la liberté que je prends de vous les communiquer et de ne la regarder que comme une marque du désir que j'ai
de profiter de vos lumières.

Je suis infiniment sensible à la part que vous avez bien voulu prendre
à ma maladie; je suis maintenant parfaitement rétabli. J'ai communiqué à M. Beguelin l'article de votre Lettre qui le regarde; il y a été
fort sensible et m'a chargé de vous en témoigner sa reconnaissance.
M. Lambert, sur qui vous souhaitez de savoir mon sentiment, est sans
contredit un des meilleurs sujets de notre Académie; il est très-laborieux
et soutient presque seul notre Classe de Physique. Il possède assez bien
l'Analyse, mais son fort est la Physique, sur laquelle il a donné un Ouvrage estimé, intitulé *Photometria* (¹), c'est-à-dire de la mesure de

---

(¹) *Photometria, sive de mensura et gradibus luminis, colorum et umbrae.* Augustæ Vindelicorum, 1760, in-8°.

la lumière; il y a surtout un excellent Mémoire de lui sur l'aimant dans le Volume de 1766. Au reste, il a quelque chose de singulier dans son maintien et dans sa conversation qui déplait au premier abord, et je ne suis pas surpris que le roi ne l'ait pas goûté, ayant eu moi-même de là peine à m'accommoder à ses manières. Il était ou du moins il me parut si plein de lui-même, lorsque j'arrivai ici, que je pris le parti de ne pas le fréquenter, mais en même temps de ne laisser échapper aucune occasion de le rabaisser; cela l'a rendu beaucoup plus traitable, et à présent nous sommes assez bons amis. Il n'a que 500 écus de l'Académie, et, si l'occasion vous venait de lui procurer une augmentation, je vous assure que vous feriez une très-bonne œuvre, car il est certainement un de ceux à qui notre Académie doit le plus (¹).

Quant à moi, je suis toujours très-content de mon état et je n'en souhaite que la continuation. Je vous remercie du fond de mon cœur des offres que vous me faites touchant la place de président; mon amour-propre ne saurait m'aveugler au point de me laisser croire que cette place puisse me convenir, surtout dans les circonstances présentes, et quoique je sois intimement persuadé que l'Académie a grand besoin d'un chef, je ne le suis pas moins de mon insuffisance pour un pareil poste, n'ayant ni le talent ni les autres qualités nécessaires pour le remplir dignement et au gré du roi. D'ailleurs, ma situation actuelle est telle qu'elle ne me laisse rien à désirer; il est vrai que je suis marié, mais je

---

(¹) Voici ce que, dans une Lettre sans date, mais probablement de janvier 1765, Frédéric II écrivait à d'Alembert :

« On m'a, pour ainsi dire, presque forcé de prendre la plus maussade créature qui soit dans l'univers pour la mettre dans notre Académie. Il se nomme Lambert, et, quoique je puisse attester qu'il n'a pas le sens commun, on prétend que c'est un des plus grands géomètres de l'Europe. Mais, comme cet homme ignore les langues des mortels et qu'il ne parle qu'équations et Algèbre, je ne me propose pas de sitôt d'avoir l'honneur de m'entretenir avec lui. En revanche, je suis très-content de M. Toussaint, dont j'ai fait l'acquisition. Sa science est plus humaine que celle de l'autre. Toussaint est un habitant d'Athènes, et Lambert un Caraïbe ou quelque sauvage des côtes de la Cafrerie. Cependant, jusqu'à M. Euler, toute l'Académie est à genoux devant lui, et cet animal, tout crotté du bourbier de la plus crasse pédanterie, reçoit ces hommages comme Caligula recueillait ceux du peuple romain, chez lequel il voulait passer pour dieu. Je vous prie que ces petites anecdotes de notre Académie ne sortent pas de vos mains. » (OEuvres de Frédéric II, t. XXIV, p. 392.)

n'ai point d'enfants et je ne souhaite pas d'en avoir; ma femme, qui est une de mes cousines et qui a même vécu assez longtemps dans ma famille, est très-bonne ménagère et n'a d'ailleurs aucune espèce de prétention, de sorte qu'à tout prendre mon mariage ne m'est pas une charge.

Vous recevrez bientôt ou peut-être vous aurez déjà reçu le Volume de notre Académie de l'année 1762, qui a paru à Pâques; M. Thiébault s'est chargé de vous le faire parvenir par le moyen d'un de ses amis qui retourne à Paris; celui qui est actuellement sous presse, et qui appartient à l'année 1767, paraîtra à la Saint-Michel, et je tâcherai de vous l'envoyer le plus tôt qu'il sera possible; cependant, comme mes *Mémoires* sont déjà imprimés, si avant la publication du Volume je trouve une occasion pour Paris, j'en profiterai pour vous envoyer un exemplaire de ces *Mémoires*, et j'y joindrai les *Lettres* de M. Euler *à une princesse d'Allemagne*, que vous souhaitez de voir et qui vous amuseront peut-être par les sorties que vous y trouverez contre les esprits forts.

Le deuxième Volume de son *Calcul intégral* n'a pas encore paru, et l'on ne sait pas quand il paraîtra; il doit aussi y en avoir un troisième sur le Calcul des différences partielles. Je suis bien aise d'apprendre qu'il a dessein de concourir pour le prix; cela diminue beaucoup le regret que j'ai de ne pas concourir aussi; car, s'il est vrai que sa théorie soit telle qu'il l'a annoncée, il y aurait de la témérité et de la folie à vouloir entrer en concurrence avec lui. Mille pardons, mon cher et illustre ami, d'avoir abusé si fort de votre patience par une si énorme lettre; la multitude des choses que j'avais à vous dire et plus encore le plaisir de m'entretenir avec vous m'ont entraîné presque malgré moi, mais je vous promets d'être plus discret à l'avenir. Je vous embrasse de tout mon cœur.

68.

LAGRANGE A D'ALEMBERT.

A Berlin, ce 2 août 1769.

Mon cher et illustre ami, depuis ma dernière Lettre, qui vous aura été remise par M. Mettra, on m'a procuré une occasion de vous faire parvenir, par le canal de M. Briasson, deux exemplaires de mes Mémoires sur les équations, qui doivent paraître dans le Volume de notre Académie pour l'année 1767 ([1]). L'un de ces exemplaires est pour vous et l'autre est pour notre ami le marquis de Condorcet, à qui je vous prie de vouloir bien le faire remettre de ma part. Quoique les matières qui font le sujet de ces Mémoires ne soient peut-être pas tout à fait de votre goût, j'espère néanmoins que vous voudrez bien vous en occuper un peu à vos heures perdues et m'en dire ensuite votre avis. Je souhaite surtout de savoir votre jugement sur la méthode pour la résolution des équations numériques de tous les degrés. Si l'amour de mon Ouvrage ne me séduit point, je crois avoir résolu le problème d'une manière qui ne laisse rien à désirer. Si je n'ai pas fait mention de l'Ouvrage de M. Fontaine, c'est que j'ai pris une route tout à fait différente de la sienne. D'ailleurs son travail est, ce me semble, plus ingénieux qu'utile, n'y ayant pas d'apparence que personne veuille jamais continuer les Tables qu'il propose; outre cela, sa méthode n'est pas entièrement exempte de difficultés. Vous en avez proposé quelques-unes, dans l'article ÉQUATION de l'*Encyclopédie*, auxquelles il paraît n'avoir fait aucune attention en donnant le recueil de ses OEuvres([2]), peut-être parce qu'il ne les a pas jugées assez fondées; mais je pourrais démontrer qu'elles le sont, surtout celle de la page 854, car je pourrais produire des équations qui, étant

---

([1]) *Sur la résolution des équations numériques. — Addition au Mémoire sur la résolution des équations numériques.* Voir *OEuvres*, t. II, p. 539 et 581.

([2]) *Mémoires recueillis et publiés avec quelques pièces inédites*, 1764, in-4°.

traitées par la méthode de cet auteur, donneront des équations en φ (*voir* p. 583 de ses OEuvres) telles, qu'en faisant $\varphi = 0, 1, 2, 3, \ldots$ à l'infini on aura toujours des résultats positifs.

Au reste, comme j'ai une grande aversion pour les disputes, et que je serais fâché de faire peut-être de la peine à un homme dont je respecte beaucoup les lumières et qui m'a même autrefois honoré de son amitié, je me suis promis de ne jamais faire aucun usage des remarques que j'ai faites sur son Ouvrage, à moins que je n'y sois forcé en quelque façon pour ma propre défense.

J'avais compté de vous envoyer en même temps les *Lettres* de M. Euler, que vous souhaitez de voir; mais, comme elles auraient trop grossi le paquet, je les remets à une autre occasion, d'autant plus qu'elles n'ont d'autre mérite que d'être sorties de la plume d'un grand géomètre. Je serais fort curieux de savoir s'il a concouru pour le prix et si sa théorie est telle qu'il l'a vantée; je ne puis excuser la démarche qu'il a faite d'annoncer sa découverte longtemps avant de la donner au public qu'en supposant qu'il ait voulu par là décourager ceux qui auraient pu concourir pour le prix, en quoi je ne doute pas qu'il n'ait parfaitement *réussi*; au reste, je souhaite fort qu'il *puisse tenir tout ce qu'il a promis*, et j'applaudirai de tout mon cœur à ses succès. Je vous embrasse très-tendrement et je vous suis de plus en plus dévoué.

69.

D'ALEMBERT A LAGRANGE.

A Paris, ce 7 août 1769.

Mon cher et illustre ami, je suis charmé que vous ne soyez pas mécontent de ce que je vous ai envoyé pour vos *Mémoires*; je serais très-fâché que vous forçassiez rien pour les faire entrer dans le Volume de 1767, ni même dans celui de 1763, encore plus que vous supprimassiez pour cet objet aucun de vos Mémoires. Vous les ferez imprimer quand vous voudrez et quand vous le pourrez. Cependant, si le Volume de 1763 n'était pas fort, il n'y aurait pas, je crois, grand inconvénient à les y mettre, avec leur date bien entendu, puisque je vois dans vos Volumes de 1762 et autres des Mémoires lus à la fin de 1768. Au reste, je m'en rapporte là-dessus entièrement à vous, et je trouverai bien tout ce que vous ferez.

Je crois qu'en effet M. Bernoulli n'aura rien à répondre à mes nouvelles remarques. Vous êtes étonné que j'aie la patience de revenir si souvent aux mêmes objets. Ce n'est que par ce moyen que j'ai pu faire en ma vie quelque chose de passable, car il n'est pas trop dans la nature de mon esprit de m'occuper de la même chose fort longtemps de suite; je la laisse bientôt, mais je la reprends ensuite autant de fois qu'il me vient en fantaisie, sans me rebuter, et, pour l'ordinaire, cette opiniâtreté *éparpillée* me réussit, lorsque souvent je n'aurais rien gagné par une opiniâtreté trop longtemps continue. Je pourrai bien, par exemple, vous envoyer encore dans quelque temps des remarques nouvelles sur le problème des tautochrones, supposé que je puisse tirer parti de quelques nouvelles vues que j'ai à ce sujet.

Je vous suis très-obligé des remarques que vous me communiquez sur mon cinquième Volume; elles me paraissent mériter attention; cependant, à vue de pays, je ne les crois pas sans réponse, au moins pour la plupart. Mais, comme je n'y ai pas encore pensé suffisamment, je vous en parlerai une autre fois.

Je ne me rappelle pas exactement ce que j'ai dit sur la formule

$$x = A u^\nu + B u^{\nu+1} + \dots,$$

que vous assignez, dans les *Mémoires* de Turin de 1762-1765, pour l'intégrale de l'équation

$$\frac{d^2 x}{du^2} + \left(2h + \frac{n}{u}\right)\frac{dx}{du} + \dots = 0.$$

Cependant il me paraît, en effet, que cette formule n'est qu'une intégrale particulière; mais il est vrai aussi que, dans l'endroit cité, vous n'avez pas besoin de l'intégrale générale; ainsi, cette remarque ne touche point au fond de votre méthode.

J'ai reçu, il y a quelques jours, le Volume de 1762. J'y ai trouvé le Mémoire de M. Beguelin, dont il m'avait déjà envoyé l'extrait, au moins pour ce qui me regarde. Je n'ai point encore eu le temps de le lire avec l'attention qu'il exige. Il se pourrait bien faire que ses calculs et les miens fussent également justes; mais je soupçonne que les quantités négligées dans le calcul algébrique peuvent produire une aberration beaucoup plus grande qu'on ne croit, et ce qui me le fait penser, c'est que les objectifs calculés par feu M. Clairaut donnent aussi, pour la plupart, selon M. Beguelin, de grandes aberrations. Je reprendrai cette matière quand j'en aurai le courage, car il n'y a qu'une chose qui me rebute pour y revenir : c'est la longueur des calculs qui m'ennuie et me fatigue à l'excès. Au reste, je vous prie de faire à M. Beguelin mes compliments et mes remercîments, et de lui dire que j'ai trouvé occasion de parler de lui avantageusement, à cette occasion même, dans la dernière Lettre que je viens d'écrire au Roi. J'ai dit aussi un mot de M. Lambert, d'après le bien que vous m'en dites ([1]); je désirerais beaucoup pouvoir améliorer le sort de l'un et de l'autre. Si la *Photométrie* ([2]) de M. Lambert était en latin, je vous serais obligé de m'indiquer où on la trouve. Quant aux *Lettres* d'Euler *à une princesse d'Allemagne*, il est inutile de me les envoyer, à moins qu'elles ne soient déjà parties; en ce cas, je céderais mon exemplaire à quelque ami et je vous ferais remettre le prix du vôtre. Vous avez bien raison de dire qu'il n'eût pas dû faire imprimer cet Ouvrage pour son

([1]) Le même jour, en effet, 7 août, d'Alembert écrivait à Frédéric II : « Les *Mémoires* de votre Académie des Sciences sont un excellent Ouvrage et prouvent que c'est une des Sociétés savantes les mieux composées de l'Europe. Je ne parle pas seulement de M. de la Grange, dont le mérite est bien connu de Votre Majesté; je parle, entre autres, de MM. Lambert et Beguelin, qui donnent tous deux d'excellents Mémoires dans ce Recueil et qui me paraissent dignes des bontés dont Votre Majesté a toujours honoré le mérite. » (*OEuvres de Frédéric II*, t. XXIV, p. 460.) Frédéric lui répond le 14 septembre : « Les trois sujets dont vous parlez sont, sans contredit, ce qu'il y a de mieux dans ce corps. » (*Ibid.*, p. 461.)

([2]) *Voir* plus haut la note de la page 141.

honneur. Il est incroyable qu'un aussi grand génie que lui sur la Géométrie et l'Analyse soit en Métaphysique si inférieur au plus petit écolier, pour ne pas dire si plat et si absurde, et c'est bien le cas de dire : *Non omnia eidem Dii dedere.*

Je serai ravi de recevoir le Volume de 1767, et surtout vos Mémoires. Si vous avez occasion de me les envoyer à part et le plus tôt que vous pourrez, j'en serai ravi, car j'ai grande impatience de les lire. Adieu, mon cher et illustre ami ; ménagez votre santé avant toutes choses, et souvenez-vous que c'est là *res prorsus substantialis.* Ne me faites point d'excuse de la longueur de vos Lettres : je les trouve toujours trop courtes. *Vale et me ama.* Je vous embrasse de tout mon cœur.

A Monsieur de la Grange, directeur de la Classe mathématique de l'Académie royale des Sciences, à Berlin.

70.

LAGRANGE A D'ALEMBERT.

A Berlin, ce 12 septembre 1769.

Mon cher et illustre ami, je compte que vous aurez déjà reçu mes Mémoires sur la résolution des équations ; M. Briasson, à qui j'en ai fait envoyer deux exemplaires, doit vous les remettre entièrement francs de port ; l'un est pour vous, et l'autre, je vous prie de le faire parvenir de ma part à notre ami le marquis de Condorcet. Je serai plus que récompensé de mon travail si vous le jugez digne de quelque attention. Toute mon ambition est de pouvoir mériter votre suffrage. Depuis l'impression de ces Mémoires, j'ai fait quelques nouvelles remarques sur ma méthode pour les résolutions numériques des équations, que j'ai déjà lues à l'Académie et que je pourrai vous communiquer si vous le souhaitez. Elles ont rapport surtout à la manière de reconnaître et de

trouver les racines imaginaires, dont je n'avais dit qu'un mot dans le
§ 2 du second Mémoire.

A Dieu ne plaise que je désapprouve l'espèce d'opiniâtreté que vous
mettez dans vos recherches; je sais que c'est le moyen de réussir dans
tout ce qu'on se propose, et je me rappelle toujours d'avoir ouï dire
que Newton répondait à ceux qui lui demandaient comment il avait pu
trouver le système du monde que ce n'était qu'à force d'y avoir pensé.

J'ai fait votre commission à M. Beguelin; il est extrèmement sensible
à l'intérêt que vous voulez bien prendre à ce qui le regarde. M. Lambert
vous remercie aussi des bons offices que vous voulez bien lui rendre
auprès du Roi; il m'a remis deux de ses Ouvrages latins pour que je
vous les fasse parvenir de sa part; un des amis de M. Thiébaut s'en est
chargé, et je crois que vous ne tarderez pas à les recevoir. L'un de ces
Ouvrages, c'est sa *Photometria,* que vous avez paru désirer; l'autre,
c'est un petit Traité sur l'orbite des comètes et des planètes (¹), où il
y a de très-beaux théorèmes, surtout celui de la page 124, concernant
le temps nécessaire pour parcourir un arc quelconque d'ellipse ou de
parabole. Je ne doute pas que M. Bernoulli ne vous ait aussi engagé à
vous intéresser pour lui; vous lui rendriez un service d'autant plus
grand que j'apprends qu'il vient de se marier. Nous avons depuis hier
un nouvel associé étranger: c'est M. Messier (²), que vous connaissez
sans doute, au moins de réputation. Comme j'ai eu quelque part à son
élection, je suis bien aise de vous dire comment la chose s'est passée.
M. Messier a écrit au Roi pour lui donner part de la comète qu'il venait de découvrir, et, à cette occasion, il l'a prié de lui accorder une
place d'associé étranger dans l'Académie. Sa Majesté s'est d'abord con-
tentée de m'envoyer la Lettre de M. Messier et de m'enjoindre de cor-
respondre avec lui sur ce sujet. J'ai fait part de cette affaire à l'Académie, et elle m'a chargé d'insinuer au Roi, dans ma réponse, qu'elle
serait charmée de s'attacher M. Messier en qualité de membre étranger,

---

(¹) *Insigniores orbitæ cometarum proprietates.* Augustæ Vindelicorum, 1761, in-8°.
(²) Charles Messier, astronome, membre de l'Académie des Sciences (1770), puis de l'Institut, né à Badonviller (Meurthe) le 26 juin 1730, mort à Paris le 12 avril 1817.

pour l'engager, par ce moyen, à lui faire part de ses observations, tant sur la comète que sur d'autres sujets importants d'Astronomie; car, quoique nous ayons un bon observatoire, et même assez bien fourni d'instruments, nous n'avons pour astronomes que M. Castillon, qui n'y met presque jamais les pieds, et M. Bernoulli, qui ne fait que commencer. J'aprends que ma Lettre a eu tout l'effet qu'on pouvait souhaiter et que Sa Majesté a daigné ordonner à l'Académie de recevoir M. Messier académicien étranger: c'est à quoi on procédera jeudi prochain.

Il ne paraît encore rien d'Euler; mais, si vous voulez, je me charge de vous faire parvenir ses Ouvrages à mesure qu'ils paraîtront, par le même canal de M. Briasson, si je ne trouve pas d'autre occasion.

Je vous embrasse de tout mon cœur et je suis à vous pour la vie.

71.

D'ALEMBERT A LAGRANGE.

A Paris, ce 16 octobre 1769.

Mon cher et illustre ami, j'ai été faire à la campagne une retraite d'environ un mois, dont, par parenthèse, je ne me suis pas trop bien trouvé, et c'est en revenant à Paris, il y a dix ou douze jours, que j'ai trouvé votre Lettre du 12 septembre. J'ai envoyé sur-le-champ chez Briasson, qui n'avait pas encore reçu le paquet que vous m'annoncez et qui ne l'a pas reçu encore en ce moment. Je me fais un grand plaisir de lire vos Mémoires, mais je ne veux pas tarder plus longtemps à vous en remercier. Je remettrai au marquis de Condorcet l'exemplaire que vous lui destinez. Je serai charmé de voir la suite de vos recherches sur les racines imaginaires des équations; mais je ne puis approuver votre délicatesse au sujet de M. Fontaine, qui vous a attaqué, comme vous le verrez incessamment, sur la méthode *de maximis et minimis*.

D'ailleurs, comme il paraît avoir méprisé mes objections, parce qu'il est plus facile de mépriser que de répondre, je serai fort aise, je vous l'avoue, de les voir appuyées et démontrées par vous.

J'ai lu les *Lettres* de M. Euler *à une princesse d'Allemagne*, et je vous ai mandé ce que j'en pense. Vous désirez de savoir ce que je pense de sa théorie de la Lune. Il nous a en effet envoyé une pièce sur cet objet, écrite de la main de son fils (¹). Je vous demande le secret, parce que je suis un des juges, et même (entre nous) le seul des cinq commissaires nommés qui puisse apprécier son travail (²). Cette théorie est au-dessous (oui au-dessous) de ce qui a été fait de bon jusqu'ici ; je ne puis revenir de mon étonnement, qu'un homme tel que M. Euler ait annoncé avec tant d'emphase un Ouvrage aussi médiocre. Aucun point de la difficulté n'y est résolu, ni même touché, et je vous dis d'avance à l'oreille que mon avis sera de remettre le prix une troisième fois ; ce sera 7500 livres à gagner, et j'espère que vous y aurez bonne part, car je vous garantis que vous ne devez pas hésiter à concourir.

Votre Académie de Turin me tourmente pour lui envoyer quelque chose. Je ramasse actuellement, pour la satisfaire, quelques brouilles que j'ai dans mes papiers. Dès que j'en serai quitte, je reverrai mes calculs sur les lunettes achromatiques, et j'espère découvrir en quoi ils s'écartent des résultats de M. Beguelin, à qui je vous prie de faire mille compliments de ma part. Je viens encore d'écrire en sa faveur au Roi, ainsi qu'en faveur de M. Lambert (³), dont je n'ai point encore reçu les deux Ouvrages que vous m'annoncez ; en attendant, je vous prie de lui en faire tous mes remerciments et de l'assurer de ma parfaite estime.

(¹) Euler eut trois fils : Jean-Albert-Léonard, né le 27 novembre 1734 à Saint-Pétersbourg, où il mourut le 6 septembre 1800 ; Charles, né en 1740 à Saint-Pétersbourg, mort en 1800 ; Christophe, né à Berlin en 1743, mort vers 1805.

(²) D'après les Registres manuscrits de l'Académie des Sciences, la Commission chargée de l'examen des pièces du concours pour le prix de 1768, remis à 1770, était composée de d'Alembert, Cassini, de Mairan, Camus et Lemonnier. Camus, étant mort, fut, à la séance du 6 septembre 1769, remplacé par Maraldi.

(³) « Les trois sujets dont Votre Majesté me fait l'honneur de me parler, écrit d'Alembert le 16 octobre, MM. de la Grange, Beguelin et Lambert, sont en effet les meilleurs de l'Académie, et très-dignes à cet égard des bontés de Votre Majesté. J'espère que le jeune M. Bernoulli marchera sur leurs traces. » (*OEuvres de Frédéric II*, t. XXIV, p. 462.)

Vous avez très-bien fait de recevoir dans l'Académie M. Messier, qui depuis longtemps devrait être dans la nôtre. C'est au moins un astronome observateur, et ceux que nous avons ne sont ni observateurs ni géomètres. On m'a dit que le second Volume du *Calcul intégral* d'Euler était imprimé. Si vous pouvez me l'envoyer, je vous en serai obligé, et je chargerai M. Mettra de vous en faire remettre le prix par M. Michelet. Je compte aussi vous envoyer bientôt quelques théorèmes sur le Calcul intégral, avec le Mémoire de M. Fontaine (¹) contre vous, et un Ouvrage du P. Frisi sur la Lune (²), qui est assez peu de chose, mais qu'il me charge de vous faire parvenir. Adieu, mon cher ami; je pourrai vous faire part une autre fois de quelques réflexions sur les endroits de mon cinquième Volume dont vous m'avez parlé et sur quelques autres objets. En attendant, je vous embrasse de tout mon cœur et vous suis bien sincèrement et bien tendrement attaché.

Au dos de cette Lettre se trouve le billet suivant, probablement de M. de Catt, à qui d'Alembert envoyait les Lettres qu'il adressait à Berlin :

« Voici une Lettre, cher ami, que je viens de recevoir. Comment est votre santé ? Ménagez-la bien, je vous prie. Mes amitiés à M. Bernoulli. Madame est-elle contente du séjour de Berlin ? Nous avons ici un comte de Solar. Bonjour. Pensez quelquefois à moi. Si j'avais eu plus de temps, je vous aurais écrit plus au long. (Ce cinquième dimanche.)

A Monsieur de la Grange,
directeur de la Classe mathématique de l'Académie royale des Sciences
et Belles-Lettres, à Berlin.

(¹) *Addition à la Méthode pour la solution des problèmes* de maximis et minimis, dans les *Mémoires de l'Académie* de 1767, p. 588.
(²) *Danielis Melandri et Pauli Frisii alterius ad alterum de Theoria Lunæ Commentarii.* Parme, 1769.

72.

LAGRANGE A D'ALEMBERT.

A Berlin, ce 20 novembre 1769.

Mon cher et illustre ami, j'ai reçu votre Lettre du 16 octobre, laquelle m'a fait d'autant plus de plaisir que je commençais à être un peu inquiet de n'avoir pas de vos nouvelles. Je trouve que vous avez très-bien fait d'aller passer quelque temps à la campagne; j'en ferais de même ici si je le pouvais; mais il n'y a autour de Berlin que des chaumières, où l'on ne peut être que très-mal logé et sans aucune sorte de commodité. Il est singulier que vous n'ayez pas encore reçu le paquet que j'ai remis à notre libraire Bourdeau il y a près de quatre mois; je vous ai fait depuis encore trois autres envois: 1° j'ai remis à M. Thiébault deux Ouvrages de M. Lambert, savoir sa *Photométrie* ([1]) et un petit Traité *Sur les orbites des comètes* ([2]); 2° j'ai remis à M. le duc de la Rochefoucauld ([3]) le Volume de notre Académie pour l'année 1767, où se trouvent les mêmes Mémoires que je vous avais déjà envoyés séparément; 3° enfin j'ai remis, il y a quelques jours, à M. Bitaubé, le deuxième Volume du *Calcul intégral* d'Euler, lequel s'est chargé de vous le faire parvenir par le canal de l'envoyé de France ([4]). Comme je suis plus à portée que vous d'avoir les Livres qui paraissent à Pétersbourg, je me charge, une fois pour toutes, de vous envoyer tout ce qu'Euler fera imprimer; j'y joindrai même, si vous le souhaitez, les *Commentaires* ([5]) de Pétersbourg, dont je viens de recevoir le douzième Volume. Il me semble que vous ne devez point faire de façons avec moi pour de

([1]) *Voir* plus haut, p. 141, note 1.

([2]) *Voir* plus haut, p. 149, note 1.

([3]) Louis-Alexandre, duc de la Rochefoucauld-d'Enville, membre de l'Académie des Sciences (1782), né le 11 juillet 1743, massacré à Gisors le 14 septembre 1792.

([4]) Adrien-Louis, comte de Guines.

([5]) Les *Mémoires de l'Académie de Saint-Pétersbourg. Voir* plus haut, p. 95, note 2.

pareilles bagatelles, et je regarderai toujours comme une grâce très-flatteuse de votre part de me procurer des occasions de vous servir. J'attends avec impatience les Mémoires que vous m'annoncez, et surtout celui de M. Fontaine contre ma méthode *de maximis et minimis*. Si ses objections étaient assez fondées pour la renverser (ce que je ne crois pas), je serais d'autant plus sensible à cette espèce de disgrâce, que la méthode dont je parle a été le premier fruit de mes études (n'ayant que dix-neuf ans lorsque je l'imaginai) et que je la regarde toujours comme ce que j'ai fait de mieux en Géométrie.

Je suis, en vérité, tombé des nues, lorsque j'ai lu l'endroit de votre Lettre où vous parlez du prix. S'il est encore remis, vous pouvez sûrement compter sur moi. MM. Lambert et Beguelin m'ont chargé de vous remercier des bons offices que vous leur avez rendus auprès du Roi; il leur est revenu que Sa Majesté avait déclaré, à cette occasion, qu'elle les regardait comme de très-habiles gens et qui faisaient honneur à l'Académie. M. Beguelin, en particulier, m'a dit que c'était là tout ce qu'il souhaitait pour le présent. Je crois qu'il vise à la place de directeur de sa Classe, qui est celle de Métaphysique, et qui est occupée actuellement par M. Heinius (¹), qui est octogénaire. Ce qui rend ces places de quelque importance, c'est premièrement qu'il y a une pension de 200 écus d'attachée et ensuite qu'elles donnent un titre, chose dont les Allemands sont fort avides.

Les remarques que j'ai faites sur quelques endroits de votre cinquième Volume ne me paraissent guère assez importantes pour mériter beaucoup d'attention de votre part; aussi ne vous les ai-je communiquées que pour vous faire voir que je lisais vos Ouvrages. En voici encore une que j'ai faite depuis peu et comme par hasard : elle regarde l'erreur que vous imputez à Simpson (p. 283). Étant tombé sur cet endroit de votre Ouvrage et ne voyant pas bien en quoi consistait la méprise de cet auteur, j'ai fait, pour m'en éclaircir, le calcul, que voici :

Un corps circulant uniformément dans la circonférence d'un cercle,

(¹) Jean-Philippe Heinius. Il était, depuis le 19 avril 1730, membre de l'Académie de Berlin, où il a inséré divers Mémoires sur les philosophes de l'antiquité.

tandis que le plan du cercle tourne uniformément autour d'un de ses dia-
mètres, on demande les forces nécessaires pour entretenir le mouvement
de ce corps.

Soit le quart de cercle CDA, lequel, en tournant autour du diamètre DC, soit venu dans la position CDB, et soit P le corps qui se meut

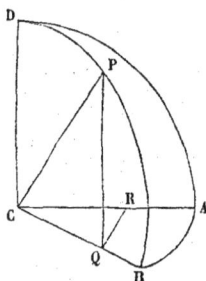

sur la circonférence de cercle; nommons v le rayon $CD = CP$, φ
l'angle DCP et ψ l'angle ACB, en sorte que $\dfrac{d\varphi}{dt}$ soit la vitesse angulaire du corps dans le cercle et $\dfrac{d\psi}{dt}$ la vitesse angulaire du cercle autour
du diamètre de rotation CD, et, comme ces deux vitesses sont constantes
(hypothèse), on aura d'abord $d^2\varphi = 0$ et $d^2\psi = 0$. Cela posé, qu'on abaisse
du point P la perpendiculaire PQ sur CB et du point Q la perpendiculaire QR sur AC, et, faisant $CR = x$, $RQ = y$, $QP = z$, on aura pour
l'orbite du corps P les trois coordonnées rectangles x, y, z, de sorte
qu'il faudra que le corps soit sollicité suivant les directions de ces coor-
données par trois forces représentées par $\dfrac{d^2x}{dt^2}, \dfrac{d^2y}{dt^2}, \dfrac{d^2z}{dt^2}$. Je change
d'abord les deux forces $\dfrac{d^2x}{dt^2}$ et $\dfrac{d^2y}{dt^2}$, qui agissent parallèlement au
plan ACB, en deux autres, l'une parallèle et l'autre perpendiculaire à
CB, et, nommant L la première et P la seconde, je trouve

$$L = \frac{x\,d^2x + y\,d^2y}{dt^2\sqrt{x^2+y^2}}, \quad P = \frac{x\,d^2y - y\,d^2x}{dt^2\sqrt{x^2+y^2}};$$

ensuite, combinant la force L et la force $\dfrac{d^2z}{dt^2}$ qui agissent dans le plan DCB, je les réduis à deux autres, l'une suivant la direction du rayon PC et l'autre suivant la tangente au point P ; et, nommant la première R et la seconde Q, je trouve

$$R = -\frac{L\sqrt{x^2+y^2} + z\dfrac{d^2z}{dt^2}}{\sqrt{x^2+y^2+z^2}}, \quad Q = \frac{Lz - \sqrt{x^2+y^2}\dfrac{d^2z}{dt^2}}{\sqrt{x^2+y^2+z^2}},$$

de sorte que j'aurai les trois forces P, Q, R, dont la première est perpendiculaire au plan du cercle, la seconde tangentielle au cercle et la troisième dirigée vers le centre même du cercle. Or, il est facile de voir qu'on aura

$$z = r\cos\varphi, \quad y = r\sin\varphi\sin\psi, \quad x = r\sin\varphi\cos\psi;$$

donc, substituant ces valeurs et faisant attention que r, $d\varphi$ et $d\psi$ sont constants, on trouvera

$$P = 2r\cos\varphi\frac{d\varphi}{dt}\frac{d\psi}{dt}, \quad Q = -r\sin\varphi\cos\varphi\frac{d\psi^2}{dt^2}, \quad R = r\left(\frac{d\varphi^2}{dt^2} + \sin^2\varphi\frac{d\psi^2}{dt^2}\right),$$

de sorte que la force perpendiculaire P sera à la force centripète R comme $2\cos\varphi\dfrac{d\varphi}{dt}\dfrac{d\psi}{dt}$ à $\dfrac{d\varphi^2}{dt^2} + \sin^2\varphi\dfrac{d\psi^2}{dt^2}$, et lorsque $\dfrac{d\psi}{dt}$ est très-petit vis-à-vis de $\dfrac{d\varphi}{dt}$, comme $2\cos\varphi\dfrac{d\psi}{dt}$ à $\dfrac{d\varphi}{dt}$, ce qui s'accorde avec le théorème de Simpson.

Adieu, mon cher et illustre ami, il ne me reste de papier que pour vous embrasser et vous renouveler les assurances de mes sentiments les plus tendres et les plus respectueux.

P. S. — Vos deux Mémoires s'impriment dans le Volume de 1763, qui est actuellement sous presse et qui paraîtra à Pâques.

73.

D'ALEMBERT A LAGRANGE.

A Paris, ce 18 décembre 1769.

Mon cher et illustre ami, je commence par vous envoyer quelques remarques que m'a fait naître la lecture du Mémoire de M. Beguelin ([1]); vous pouvez, je crois, y trouver quelque chose d'utile, et vous verrez que d'ailleurs je rends justice au Mémoire qui les a occasionnées. Vous pourrez imprimer ces remarques dans tel Volume de vos *Mémoires* que vous jugerez à propos. Elles sont datées du temps où elles ont été écrites. Je vous les adresse par M. de Catt.

De tous les Ouvrages que vous m'annoncez, je n'ai encore reçu que les deux Ouvrages de M. Lambert sur la mesure de la lumière et sur les comètes ; je lui en avais déjà fait d'avance mes remerciments. Ils me paraissent dignes d'être lus et étudiés. Quant au paquet de vos Mémoires que Briasson me devait remettre il y a quatre mois, je ne l'ai point encore, grâce à ses soins, et quoique je lui en parle tous les huit jours. Je ne sais quand je l'aurai ; il me répond toujours qu'il est en route ou qu'il va partir incessamment. J'en suis d'autant plus fâché, que vous connaissez mon juste empressement pour lire tout ce qui vient de vous. Je comptais au moins me dédommager par le Volume de 1767, que vous me dites avoir remis à M. le duc de la Rochefoucauld ; admirez mon malheur : au lieu du Volume de 1767, il m'a remis un gros paquet avec une adresse écrite de la main de M. Formey, et ce paquet contenait le Volume de 1766, que j'ai déjà depuis plus d'un an, et point de 1767. Voyez, mon cher ami, ce que je

---

([1]) Ces remarques furent insérées dans le Volume de 1769 (paru en 1771) des Mémoires de l'Académie de Berlin (p. 254 et suiv.), sous le titre de : *Extrait d'une Lettre de M. d'Alembert à M. de la Grange*. Elles commencent ainsi : « J'ai lu avec beaucoup de satisfaction les excellentes recherches de M. Beguelin sur les lunettes achromatiques, dans le Tome XVIII de vos Mémoires. »

dois faire de ce double Volume, dont je n'ai pas besoin, et s'il est possible de me faire parvenir 1767 par quelque autre occasion. Enfin, je n'ai point reçu non plus le deuxième Volume du *Calcul intégral* d'Euler; mais, comme de raison, je mande, en attendant, à M. Bitaubé, de vous en faire rembourser le prix par M. Michelet. Je n'accepte qu'à cette condition les offres que vous me faites, et vous sentez bien qu'il serait déraisonnable d'insister pour que cela fût autrement. A cette condition donc, je vous serai obligé de m'envoyer ce qui paraîtra d'Euler et, en général, d'intéressant en Géométrie.

J'attends que M. de Borda m'ait remis un exemplaire de son Mémoire (¹), qu'il m'a promis de me donner incessamment, pour vous le faire parvenir avec celui de M. Fontaine. Je compte aussi vous envoyer bientôt une seconde édition de mon *Traité des fluides;* il n'y a que très-peu d'augmentations, mais je vous prie de la recevoir comme un gage de mon amitié. J'y joindrai un exemplaire du même Ouvrage pour M. Lambert et un pour l'Académie; mais, comme le paquet sera un peu gros, je tâcherai de trouver quelque occasion pour vous l'envoyer sans frais.

Vous êtes très-sûr que je vous dis la vérité au sujet de la pièce d'Euler. Je suis bien fâché que vous ne soyez pas à portée d'en juger, et je gage bien que vous seriez de mon avis. J'en suis aussi surpris que vous, mais la chose n'en est pas moins vraie. Vous pouvez travailler en toute sûreté; car, quand même on donnerait le prix (ce que je ne crois pas), je suis comme assuré qu'on proposera encore le même sujet.

Voici ce que le Roi m'écrit du 25 novembre : « *L'approbation que vous donnez à quelques-uns des membres de notre Académie me les rend encore plus précieux* (²). » Vous pouvez assurer MM. Lambert et Beguelin que je ne négligerai aucune occasion de les faire valoir auprès du Roi; cette manière de les servir vaut mieux, je crois, que si je demandais directe-

---

(¹) Ce travail, inséré (p. 559) dans les *Mémoires de l'Académie* de l'année 1767 (publié en 1769), est intitulé *Éclaircissement sur les méthodes de trouver les courbes qui jouissent de quelque propriété du* maximum *ou du* minimum.

(²) *OEuvres de Frédéric II,* t. XXIV, p. 404.

ment quelque chose pour eux ; cependant je suis bien loin de le leur refuser; mais je crois que, quand ils désireront quelque chose, ils feront mieux d'écrire directement au Roi, et ils trouveront les choses aussi bien disposées de ma part qu'il sera possible. En général, il me semble que le Roi n'aime pas beaucoup à être sollicité ; mais, quand il est averti du mérite d'un sujet qu'il n'est pas à portée de connaître par lui-même, je crois qu'il se porte volontiers à lui donner des marques de satisfaction.

Le calcul que vous m'envoyez sur la page 283 de mon cinquième Volume me paraît juste; mais la démonstration de Simpson que j'attaque en cet endroit n'en vaut pas mieux; elle en devient même bien plus mauvaise, parce que, outre le paralogisme que j'ai relevé, il en a fait encore un autre auquel je n'avais pas pris garde (m'étant contenté d'en trouver un qui suffisait pour prouver le vice de sa théorie). Ce second paralogisme redresse la faute du premier, mais la théorie de Simpson n'en doit pas moins être rejetée, quoique le résultat de 22 secondes qu'il trouve pour la précession des équinoxes s'accorde avec le nôtre. Je vous parlerai de cela plus au long une autre fois. Adieu, mon cher et illustre ami.

74.

D'ALEMBERT A LAGRANGE.

A Paris, ce 27 décembre 1769.

M. le baron de Goltz (¹) veut bien se charger, mon cher et illustre ami, de vous remettre ce paquet. Vous y trouverez :

1º Un carton d'une feuille volante pour un endroit de mon troisième Mémoire sur les lunettes achromatiques : c'est le dernier Mémoire que

---

(¹) Le baron Bernard-Guillaume de Goltz, né vers 1730, mort le 6 février 1795. Il fut ministre plénipotentiaire de la Prusse, en France, de 1772 à 1792.

vous avez reçu. Le carton a pour objet une faute de calcul que j'ai corrigée. L'erreur était peu importante, mais il vaut mieux être exact, quoique le philosophe de Lalande ait dit, dans la Préface de son *Astronomie*, que *l'exactitude était le sublime des sots* ([1]); heureuse application d'un trait qui n'est pas de lui.

2° Vous trouverez les Mémoires de MM. Fontaine et de Borda ([2]). Vous y verrez que ce dernier vous traite avec beaucoup d'honnêteté; il n'en est pas tout à fait de même de l'autre, que je vous exhorte fort à ne pas ménager sur la théorie des équations. Quant à l'affaire des isopérimètres, je ne l'ai pas assez examinée pour savoir si ces messieurs ont raison contre vous, d'autant plus que depuis quinze jours j'ai des insomnies et des maux de tête abominables. Ah! mon cher ami, ménagez-vous et ne soyez pas vieux, comme moi, à cinquante ans.

3° Vous trouverez enfin deux pièces sur la théorie de la Lune ([3]), que le P. Frisi m'a chargé, il y a déjà quelque temps, de vous envoyer. Je ne me suis pas pressé, parce que ces deux pièces, comme vous le verrez, sont peu de chose.

4° Vous trouverez enfin (et c'est même le second article, que j'avais oublié) l'énoncé de différents théorèmes sur le Calcul intégral que j'ai lus l'été dernier à l'Académie ([4]), ne voulant pas être prévenu par

---

([1]) Voici la phrase de Lalande : « J'écris pour mon amusement, et j'y renoncerais si j'étais obligé de mettre dans mes écrits cette rigoureuse exactitude si ennuyante pour un auteur et qui fait souvent, dit-on, tout le sublime des sots. » (*Astronomie,* 1764, 2 vol. in-4°, t. I, *Préface,* page xv.)

([2]) *Addition à la méthode pour la solution des problèmes* de maximis et minimis, p. 588 du Volume de l'année 1767 de l'Académie des Sciences. Il y parle ainsi du Mémoire de Lagrange : « Je me mis à examiner le Mémoire de M. de la Grange; je trouvai qu'il s'était égaré dans la route nouvelle qu'il avait prise pour n'en avoir pas connu la vraie théorie. »

Borda, dans son Mémoire qui traite du même sujet, dit de son côté (*voir* plus haut, p. 158, note 1): « La méthode (de M. Euler) n'ayant pas paru assez simple à M. de la Grange, cet auteur, qui s'était déjà fait en Géométrie une réputation aussi brillante que rapide, etc. » (P. 551.)

([3]) *Voir* plus haut, p. 152, note 2.

([4]) On trouve (p. 573-587) dans le Volume des *Mémoires de l'Académie* de 1767 (publié en 1770) des *Recherches sur le Calcul intégral* qui ne contiennent que l'énoncé de quarante-neuf théorèmes dont les démonstrations furent lues par d'Alembert à l'Académie en juillet 1769 et figurent (p. 73-146) dans le Volume de cette même année (publié en 1772).

le second Volume du *Calcul intégral* d'Euler, qui ne paraissait pas encore. J'ai réservé pour le Volume de 1769 les démonstrations de ces théorèmes, qui ne sont pas fort difficiles à trouver, avec plusieurs autres corollaires. Quelques-uns de ces théorèmes sont assez généraux, et la plupart peuvent souvent être utiles.

On imprime actuellement le Volume de 1768, où il y aura deux Mémoires de moi sur la *libration de la Lune* ([1]). Je vous les enverrai dès qu'ils seront imprimés, mais ce ne sera guère que dans deux ou trois mois au plus tôt.

Vous avez dû recevoir un paquet dans lequel il y avait un assez long Mémoire sur les lunettes achromatiques, à l'occasion de celui de M. Beguelin. Si ma pauvre tête me le permet, je pourrai vous envoyer dans quelque temps d'autres broutilles, car je ne suis guère en état de suivre un long travail, et je ne fais guère que voltiger d'un objet à l'autre pour ne me point trop fatiguer; encore suis-je sujet à en perdre le sommeil, pour peu que l'objet demande quelque application. Comme je suis, Dieu merci, délivré du directorat de l'Académie, qui a exigé de moi plus de travail, je vais me ménager le plus que je pourrai l'année prochaine. Peut-être, en unissant le régime du travail au régime du manger et du reste, je pourrai faire encore quelque petite chose en Géométrie. Adieu, mon cher ami; vous qui êtes destiné pour les grandes, ayez bien soin de votre santé, car, en vérité, il n'y a que ce bien de réel au monde. Je vous embrasse de tout mon cœur. Mille compliments à MM. Bitaubé, Lambert, Thiébault, Beguelin, et à tous ceux qui veulent bien se souvenir de moi.

N. B. — Je n'ai point encore reçu votre paquet de Briasson; il faut que le diable l'ait emporté.

([1]) Ils sont intitulés : *Recherches sur les mouvements de l'axe d'une planète quelconque dans l'hypothèse de la dissimilitude des méridiens* (p. 1-53 et p. 332-384).

75.

LAGRANGE A D'ALEMBERT.

A Berlin, ce 2 février 1770.

J'ai reçu, mon cher et illustre ami, vos deux paquets contenant, l'un des *Recherches sur les lunettes achromatiques* pour notre Académie, à laquelle j'aurai l'honneur de les présenter au premier jour, et l'autre les Mémoires de MM. Fontaine et de Borda sur la méthode *de maximis et minimis*, votre Mémoire sur différents théorèmes de Calcul intégral et l'Ouvrage du P. Frisi sur la théorie de la Lune; je vous en remercie de tout mon cœur, et je vous prie de vouloir bien aussi témoigner ma reconnaissance au P. Frisi et au chevalier de Borda. J'ai communiqué à MM. Lambert et Beguelin l'article de votre Lettre du 18 décembre qui les regarde; ils sont très-sensibles à vos bontés, et ils m'ont chargé de vous témoigner combien ils sont reconnaissants des bons offices que vous leur avez rendus auprès du Roi. Le dernier (M. Beguelin) me marque à ce sujet dans un de ses billets « que c'est tout ce qu'il avait à souhaiter, qu'il n'était question que de détruire des impressions étrangères qui pouvaient lui être peu favorables, que, cela fait, tout ce qu'on ajouterait serait suspect, à moins que l'occasion n'en fût très-naturelle et qu'on en profitât bien sobrement ».

Comme vos *Recherches sur les lunettes* l'intéressent particulièrement, j'ai cru devoir les lui communiquer; il m'a dit qu'il en était très-satisfait, et il a même fait par-ci par-là quelques remarques dont il pourra vous faire part si vous le souhaitez et s'il en trouve l'occasion. Il m'a remis en même temps un exemplaire imprimé de son second Mémoire sur la perfection des lunettes (¹), pour que je vous le fasse parvenir

---

(¹) *Remarques détachées sur la perfection réelle des lunettes dioptriques,* inséré dans les *Mémoires de l'Académie de Berlin* de 1769 (p. 3-56). Le premier Mémoire (*Nouvelles recherches pratiques sur les aberrations des rayons réfractés et sur la perfection des lunettes*) avait paru dans le Volume de 1762 (p. 343-416).

de sa part; le Volume dont il fait partie ne devant paraître qu'après Pâques, je le joindrai au Volume de 1767, que vous n'avez point reçu par l'inadvertance de M. Formey, dont je suis très-fâché. M. Bitaubé s'est chargé de me procurer une occasion de vous faire ces envois par le moyen du secrétaire de l'envoyé de France, avec qui il est un peu lié. En attendant, M. Formey, à qui j'ai fait des plaintes de sa petite étourderie(¹), m'a dit qu'il vous serait très-obligé de demander à M. de, la Condamine s'il a reçu le Volume que vous avez maintenant double, et de le lui remettre de sa part au cas que ce Volume lui manque; sinon vous pouvez le remettre à M. Mettra, pour qu'il le fasse parvenir à M. Formey par le premier envoi qu'il aura occasion de lui faire.

Je suis au désespoir que le paquet que j'ai fait adresser à M. Briasson ne vous ait pas encore été remis; j'en ai fait quelques reproches à M. Bourdeaux, qui s'est chargé de ce paquet, et il m'a fait voir une Lettre de M. Briasson dans laquelle il lui marque que le paquet en question est resté à Strasbourg, chez Mirille et Perin père et fils, faute d'occasion pour le faire parvenir à Paris. Je ne comprends rien à cela, d'autant plus que je m'étais engagé avec M. Bourdeaux à payer les frais jusqu'à Paris; au reste, je me flatte que vous l'aurez reçu à l'heure qu'il est, à moins que le diable ne l'ait effectivement emporté. J'espère aussi que vous aurez reçu le deuxième Volume du *Calcul intégral* d'Euler, dont l'envoyé de France a bien voulu se charger. J'aurai soin de vous envoyer les autres Ouvrages d'Euler à mesure qu'ils paraîtront et même les *Commentaires* de Pétersbourg, si vous le souhaitez. Je serais au désespoir que vous fissiez la moindre façon avec moi, et je vous demande comme la grâce la plus flatteuse de me procurer quelque occasion de vous servir.

Vos théorèmes de Calcul intégral me paraissent très-beaux, et je suis fort curieux d'en voir les démonstrations; en attendant, j'essaye de les trouver moi-même, pour m'exercer sur cette matière aussi difficile qu'importante.

Il faut maintenant que je vous dise un mot du Mémoire de M. Fon-

(¹) *Voir* plus haut, p. 157.

taine sur la méthode *de maximis et minimis*. Je vous assure que ce Mémoire me parait très-peu digne de lui, tant pour le fond que pour la
forme. Je ne me plaindrais pas de la manière peu obligeante dont il
parle de mon Ouvrage si le sien valait en effet beaucoup mieux ;
mais je ne puis m'empêcher d'être, en quelque façon, indigné de voir
qu'après m'avoir traité d'ignorant sur cette matière il s'approprie ma
méthode même, en la tronquant et la défigurant seulement un peu, et
c'est ce qu'il appelle ensuite sa seconde méthode. Quant à la première,
elle n'est autre chose que celle dont Euler s'était servi autrefois et que
cet auteur a ensuite abandonnée pour adopter la mienne. Au reste, ce
Mémoire ne contient absolument rien de nouveau et ne me parait remarquable que par son impertinence. Il n'en est pas de même de celui
de M. le chevalier de Borda, à qui je vous prie de vouloir bien faire
mes compliments, en lui témoignant de ma part combien je suis sensible à la manière flatteuse dont il a bien voulu parler de moi ([1]). J'ai
trouvé dans ce Mémoire des réflexions ingénieuses sur la matière dont
il s'agit; mais il me semble que ses objections n'attaquent point le fond
de ma méthode, et qu'elles ne touchent tout au plus qu'à l'analyse
que M. Euler a donnée dans les *Commentaires* de Pétersbourg (t. X des
nouveaux) et non pas à la mienne. M. de Borda m'objecte que la ligne

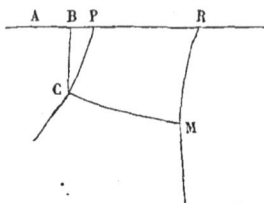

sur laquelle un corps doit se mouvoir pour descendre d'une courbe
donnée à une autre courbe donnée dans le moindre temps possible n'est
pas celle des cycloïdes, qui couperait les deux courbes données à angles
droits, comme je l'ai trouvé par ma méthode (article 4), et cela par la
raison que le premier côté de la brachistochrone doit toujours être vertical. J'en conviens si l'on suppose que le corps parte du repos; mais

([1]) *Voir* plus haut, p. 16o, note 2.

mon analyse suppose évidemment que le corps au sommet C de la brachistochrone CM, qui doit être terminée par les lignes données PC, RM, ait déjà la vitesse due à la hauteur BC $= x$, AR étant l'axe des ordonnées horizontales y; et, dans ce cas, je dis que la ligne CM, sur laquelle le corps pourra arriver dans le moindre temps possible de la courbe PC à la courbe RM, sera nécessairement celle des cycloïdes décrites sur la base AR, qui coupera ces deux courbes à angles droits en C et en M.

Adieu, mon cher et illustre ami, je vous embrasse de tout mon cœur et je vous recommande, au nom de Dieu, de bien prendre soin de votre santé; la mienné est assez bonne, et jusqu'à présent je ne puis qu'être très-content de ma situation. Si jamais vous avez occasion de faire mention de moi dans vos Lettres au Roi, je vous prie de lui en parler sur ce pied; car, outre que c'est la pure vérité, je sais que c'est encore un grand mérite auprès des rois de n'avoir rien à leur demander.

76.

LAGRANGE A D'ALEMBERT.

A Berlin, ce 20 février 1770.

Je suis charmé, mon cher et illustre ami, que vous ayez enfin reçu l'exemplaire de mes *Mémoires* que je vous avais destiné, et qui est resté en chemin beaucoup plus longtemps que je ne pensais, par la faute de ceux à qui je me suis adressé pour faire parvenir mon paquet à Paris. Je suis fort aise que vous ne soyez pas mécontent de ce que vous avez déjà lu, et j'ai grande envie de savoir votre avis sur le reste. Peut-être regarderez-vous le sujet de mon premier Mémoire ([1]) comme peu intéressant et peu digne de vous occuper; mais je vous prie de considérer

---

([1]) *Voir* plus haut, p. 144, note 1.

que c'est une matière qui est presque encore toute neuve et qui offre des difficultés d'un genre particulier et beaucoup plus difficiles à surmonter que celles de l'Analyse ordinaire.

Je n'ai pas encore reçu le quatrième Volume de Turin; je suis impatient de l'avoir pour y lire les Mémoires que vous y avez fait insérer ([1]), et que je ne doute pas qu'ils ne répondent à la haute opinion que j'ai de votre génie.

Si vous faites imprimer quelque chose dans les *Mémoires* de votre Académie, je vous aurais beaucoup d'obligation si vous vouliez avoir la bonté de m'en envoyer un exemplaire; je vous promets d'en user toujours de même envers vous pour tout ce que je publierai dans nos *Mémoires*. J'accepterais avec beaucoup de plaisir et de reconnaissance la proposition que vous me faites de m'envoyer un Mémoire de votre façon si je pouvais ensuite le faire paraître dans le Recueil de l'Académie; mais, suivant nos règlements, il n'y peut entrer que les Ouvrages des académiciens, et, quoique votre nom méritât qu'on fît une exception en votre faveur, cependant je n'oserais m'en charger, d'autant plus qu'il n'y a personne ici qui soit véritablement en état d'apprécier vos travaux. Le Roi s'est réservé depuis quelque temps la nomination des membres étrangers, et il a même défendu à l'Académie de lui en présenter, de sorte que tout ce que l'Académie peut faire à cet égard, c'est de faire connaître à Sa Majesté, lorsque l'occasion s'en présente, le mérite de ceux qui pourraient lui faire honneur, et vous jugez bien qu'il ne tiendra pas à moi qu'elle fasse une acquisition telle que la vôtre.

Je plains M. Fontaine et je crains très-fort qu'il ne perde son procès s'il n'est mieux fondé dans ses prétentions civiles qu'il ne l'est dans les littéraires. J'ai lu son Mémoire pour les *maxima et minima*, et j'en ai été très-scandalisé. Je pourrais bien (et peut-être le

----

([1]) Il y en a cinq, savoir : *Solution d'un problème d'Arithmétique* (p. 44); *Sur l'intégration de quelques équations différentielles* (p. 98); *Sur la méthode des variations* (p. 163); *Recherches sur les mouvements d'un corps qui est attiré vers deux centres fixes* (deux Mémoires, p. 188 et 216). Voir *OEuvres*, t. I, p. 671; t. II, p. 5, 37, 67.

ferais-je un jour) lui donner bien du fil à retordre au sujet de sa théorie des équations, et je crois pouvoir dire et soutenir avec beaucoup plus de fondement que lui « qu'il s'est égaré pour n'avoir pas connu la véritable théorie ». Je vous embrasse de tout mon cœur.

77.

D'ALEMBERT A LAGRANGE.

A Paris, ce 9 mars 1770.

J'ai depuis six semaines, mon cher et illustre ami, une faiblesse de tête qui me rend incapable d'application et qui m'empêchera même de vous écrire une longue Lettre. Je suis bien aise que vous ayez reçu tous mes paquets. J'ai aussi reçu votre double Mémoire sur les équations et sur les problèmes de Diophante; mais, dans l'état où je suis, je n'ai pu que les parcourir très-légèrement, et ce que j'en ai *subodoré* me paraît excellent et me donne bien envie de le connaître mieux dès que je le pourrai, car j'ai pris le parti de renoncer pour deux mois ou six semaines au moins à toute espèce de travail. Je recevrai avec grand plaisir le Mémoire de M. Beguelin et les observations qu'il voudra bien me communiquer; je vous prie de le lui dire et de lui faire mes compliments, ainsi qu'à M. Lambert.

Je vous exhorte fort à ne pas laisser impunie l'impertinence de Fontaine : c'est un homme qui mérite d'être humilié; je n'en connais pas de plus orgueilleux et de plus méchant. Je vous invite non-seulement à lui répondre sur la question *de maximis et minimis*, mais à faire voir aussi l'insuffisance de sa méthode pour les équations. Je suis d'ailleurs particulièrement intéressé à ce dernier objet, et je vous serai très-obligé de vouloir bien lui prouver que mes objections sur cette méthode méritaient un peu plus d'attention de sa part. M. le chevalier de Borda me charge de vous faire ses compliments. Je lui ai communiqué votre réponse à ses objections; il en a pris copie. J'ignore s'il a quelque réplique à y faire, mais du moins il est honnête et vous n'aurez point à vous plaindre de lui.

J'écris encore à M. Bitaubé de vous faire rembourser par M. Michelet le prix du deuxième Volume du *Calcul intégral* d'Euler. Si vous persistez dans les façons (ridicules entre amis) que vous faites à ce sujet, vous me priverez de l'avantage d'avoir beaucoup plus tôt par votre moyen ce qui pourra paraître d'intéressant, car je vous prierai de ne me plus rien envoyer.

Je compte avoir dans trois semaines ou un mois une occasion pour vous faire parvenir trois exemplaires de la nouvelle édition de mon *Traité des fluides*, un pour vous, un pour M. Lambert et le troisième pour l'Académie.

J'attends le Volume de 1767 et ceux qui auront pu paraître depuis, comme 1763. J'ai fait remettre à M. de la Condamine le Volume de 1766. Je n'ai pu savoir s'il le gardera, parce qu'il est à la campagne et n'en est pas encore revenu. En tout cas, j'aurai soin qu'il ne soit pas perdu. Adieu, mon cher et illustre ami; que le dieu qui préside à la Géométrie vous conserve: pour moi, je n'existe plus.

A Monsieur de la Grange, directeur de la Classe mathématique de l'Académie royale des Sciences, à Berlin.

78.

D'ALEMBERT A LAGRANGE.

A Paris, ce 25 mars 1770.

Voilà, mon cher et illustre ami, trois exemplaires de la nouvelle édition de mon *Traité des fluides*, un pour vous, un pour l'Académie, que je vous prie d'assurer de mon profond respect, et un pour M. Lambert, à qui vous voudrez bien le présenter de ma part comme une marque de mon estime et de ma reconnaissance. J'attends toujours les Volumes de 1767 et 1763. On m'a dit que le dernier Volume du *Calcul intégral* d'Euler paraissait, ainsi que le premier Volume de la *Dioptrique*. Je ne les ai point encore vus. Ma pauvre tête va un peu mieux, mais je veux la laisser reposer longtemps, et je ne compte recommencer un peu de travail que dans le mois de mai ; encore irai-je fort doucement. Je vous embrasse de tout mon cœur et vous souhaite une meilleure santé qu'à moi.

A Monsieur de la Grange,
de l'Académie royale des Sciences, à Berlin.

79.

LAGRANGE A D'ALEMBERT.

A Berlin, ce 26 mars 1770.

Votre Lettre, mon cher et illustre ami, me donne beaucoup de chagrin et d'inquiétude en m'apprenant le dérangement de votre santé ; je vous exhorte et vous conjure, par le vif intérêt que je prends à votre conservation, de ne rien négliger de ce qui pourrait contribuer à vous rétablir. Je crois que le régime et surtout la cessation de toute sorte de travail sont les meilleurs remèdes dont vous puissiez user ; mais il me semble que rien ne vous ferait autant de bien qu'un voyage : j'en parle d'après ma propre expérience. Le bruit court ici que vous devez nous venir voir cet été ; quoique vous ne m'en disiez rien dans votre Lettre, je suis cependant porté à le croire, non-seulement parce que je le souhaite beaucoup, mais parce que je me rappelle que vous m'en avez, en quelque manière, donné votre parole il y a deux ans ; je vous prie de me dire ce que vous avez résolu à cet égard, et, si c'est un secret, vous pouvez être assuré que je n'en laisserai rien transpirer. Je suis bien aise que vous ayez enfin reçu ce paquet, que je croyais déjà perdu.

J'ai vu, par une Lettre du marquis de Condorcet, que vous lui avez remis l'exemplaire de mes Mémoires que je lui avais destiné; je vous remercie de cette complaisance aussi bien que de celle que vous avez eue de faire remettre à M. de la Condamine le Volume de 1766. J'ai remis, il y a quelque temps, celui de 1767, avec un Mémoire imprimé de M. Beguelin sur les lunettes achromatiques et quelques remarques manuscrites de sa façon sur votre dernier Mémoire, au secrétaire de M. le comte de Czernichew, ci-devant ambassadeur de Russie à Londres, lequel est parti pour Paris et s'est chargé de vous remettre le tout avec la plus grande ponctualité possible. Le Volume de 1763, qui était le seul des arriérés qui manquait encore, est imprimé et va paraître dans peu; il ne contient rien de moi, parce que j'ai été obligé de faire place aux Mémoires de M. Euler qui restaient encore; cependant j'y ai fait insérer le vôtre, non pas le dernier, qui est arrivé trop tard, mais le précédent. Je vous enverrai ce Volume par la première occasion que je pourrai trouver. On va mettre incessamment sous presse le Volume de 1768, où je compte insérer deux Mémoires de ma façon, dont l'un contient des additions considérables à celui que j'ai donné sur les équations numériques, et dont l'autre renferme une nouvelle méthode pour la résolution des équations littérales par le moyen des séries, matière presque aussi rebattue que l'autre, mais que j'ai traitée d'une manière nouvelle et qui ne laisse presque rien à désirer. J'ai, outre cela, une douzaine de Mémoires qui ont déjà été tous lus à l'Académie, mais que je désespère de pouvoir faire imprimer dans les Volumes ordinaires, de sorte que je vais tâcher de m'arranger avec quelque libraire pour les publier séparément. Au reste, je ne manquerai pas, au risque de devoir laisser en arrière quelque chose de moi, de faire imprimer dans ce Volume votre dernier Mémoire sur les lunettes. Je vous prie de ne pas vous fâcher si j'ai refusé de prendre de M. Bitaubé le prix du *Calcul intégral,* qu'il a voulu me remettre de votre part; ce n'est pas que je veuille insister davantage sur ce que je vous ai déjà dit à ce sujet; mais, puisque vous voulez à toute force me rembourser de ces sortes de bagatelles, j'aimerais mieux que vous m'envoyassiez à votre tour quelqu'un des Ouvrages de Géométrie qui peuvent paraître chez vous, comme de l'abbé Boussut ([1]), ou de M. Bézout, ou d'autres. J'ai de ce dernier le *Cours de Mathématiques* jusqu'au second Volume de la Mécanique inclusivement; s'il avait paru quelque chose depuis, je ne serais pas fâché de l'avoir.

A dieu, mon cher et illustre ami; j'avais encore bien des choses à vous dire, mais il ne me reste de papier que pour vous embrasser et me recommander à votre souvenir.

A Monsieur d'Alembert, de l'Académie française,
des Académies royales des Sciences de Paris, de Berlin, etc., à Paris.

80.

D'ALEMBERT A LAGRANGE.

A Paris, ce 10 avril 1770.

Mon cher et illustre ami, nous avons en effet, comme je vous l'avais fait espérer, proposé de nouveau le sujet de la Lune pour l'année *prochaine*, 1772 ([2]); je dis *prochaine*, car ce prix ne peut se donner que tous

---

([1]) Lagrange a écrit Boussut, suivant sa prononciation italienne.

([2]) « L'Académie avait proposé pour le sujet du prix de 1768 *de perfectionner les méthodes sur lesquelles est fondée la théorie de la Lune; de fixer par ce moyen celles des équations de cette planète qui sont encore incertaines, et d'examiner en particulier si l'on peut rendre raison, par cette théorie, de l'équation séculaire du mouvement moyen de cette planète.* N'ayant pas été satisfaite des recherches qu'elle avait reçues sur ce sujet, elle l'avait proposé de nouveau pour cette année 1770, avec un prix double. Quoique, dans le nombre des pièces envoyées, il s'en soit trouvé plusieurs remplies de recherches estimables, l'Académie n'a pas cru la question suffisamment résolue; cependant, considérant la difficulté du proles deux ans; il devrait être triple, mais il ne sera que double, parce que, le prix étant déjà double cette année, nous avons cru devoir en donner la moitié à M. Euler pour plusieurs raisons : 1° parce qu'il y a beaucoup de travail dans sa pièce, quoique assurément il n'ait pas fait un pas en avant; 2° parce que les autres pièces ne valent rien du tout et que, si M. Euler avait fait imprimer la sienne avant 1772 et que, par quelque raison de mauvaise santé, vous n'eussiez pas pu concourir, nous aurions pu être forcés de donner en 1772 le prix *triple* à une très-mauvaise pièce, car le testament de M. de Meslay, qui a fondé le prix, nous oblige de ne pas le remettre plus de trois fois. Par l'arrangement que nous venons de prendre, et que je suis fort aise d'avoir imaginé, nous pourrons, si nous voulons, ne donner le prix qu'en 1774, en cas que nous n'eussions encore rien de bon en 1772, ce qui vous donne beaucoup plus de temps et de facilité en cas que vous jugiez à propos de travailler. Quand vous ne seriez pas encore parfaitement content de ce que vous auriez fait en 1772, vous pourriez l'envoyer; notre pis aller sera de remettre le prix en 1774, et pour lors il sera triple; je dis *notre pis aller,* car je doute beaucoup que d'autres que vous puissent nous envoyer quelque chose de bon.

J'ai reçu, il y a peu de jours, le Volume de 1767, et j'ai remis celui de 1766 à quelqu'un qui doit le reporter vers la fin de mai à M. Formey. J'ai reçu aussi le Mémoire de M. Beguelin, dont je vous prie de le remercier de ma part. Comme ma tête est toujours très-faible, je n'ai fait que parcourir ses remarques manuscrites; ainsi je n'en puis rien dire pour le présent, d'autant plus que je n'ai point de copie du Mémoire ou de la Lettre qui est l'objet de ces remarques. Cependant il me paraît en général que les calculs de M. Beguelin tendent

---

blème, et ne voulant pas décourager les concurrents, elle a cru devoir récompenser le travail qui distingue surtout une des pièces, qui a pour devise : *Errantemque canit Lunam,* et, en conséquence, elle lui a adjugé la moitié du prix double. Les auteurs de cette pièce sont, conjointement, MM. Léonard Euler, associé étranger de l'Académie et membre de celles de Berlin et Pétersbourg, et Jean-Albert Euler, son fils. L'autre moitié du prix double est réservée pour la joindre à celui de l'année 1772, qui sera, par ce moyen, de 4500 livres, et l'Académie propose de nouveau la même question pour ce prix. » (*Mémoires de l'Académie des Sciences,* année 1770, *Histoire,* p. 119-120.)

à confirmer ce que j'ai avancé, qu'il ne faut pas comparer l'aberration des télescopes avec celle des lunettes ordinaires, parce que les résultats ne s'accorderaient point.

Je vous adresse cette Lettre par la poste, afin que vous soyez plus tôt instruit de ce qui concerne le prix. Je ne vous en dirai pas davantage quant à présent, étant abattu de tristesse de l'état où je suis. Portez-vous mieux que moi, et souvenez-vous quelquefois d'un ami qui vous chérit autant qu'il vous estime.

P.-S. — Vous recevrez dans peu trois exemplaires de mon *Traité des fluides,* un pour vous, un pour M. Lambert et le troisième pour l'Académie.

A Monsieur de la Grange, directeur de la Classe mathématique de l'Académie royale des Sciences de Prusse, à Berlin.

81.

LAGRANGE A D'ALEMBERT.

A Berlin, ce 17 juin 1770.

Pardonnez-moi, mon cher et illustre ami, si je n'ai pas répondu plus tôt à votre dernière Lettre; j'ai eu une espèce de fièvre chaude qui m'a duré plusieurs jours et qui, par l'abattement où elle me mit d'abord, me donnait lieu de craindre que ce ne fût une fièvre maligne; mais, Dieu merci, j'en ai été quitte à assez bon marché, et je me porte actuellement très-bien. L'arrangement que vous avez pris par rapport au prix me paraît excellent; je suis très-aise que M. Euler ait été au moins en partie récompensé de son travail et de sa bonne volonté. Il est vrai qu'il y a eu un peu de fanfaronnade dans la démarche qu'il a faite d'écrire des lettres-circulaires à toutes les Académies pour leur annoncer sa prétendue solution du problème des trois corps; mais aussi la déclaration que vous faites dans votre programme, dont par parenthèse je vous suis très-obligé, doit lui servir d'admonition salutaire. Au reste, comme la déclaration de M. Euler n'a pu manquer de donner d'avance à tous les géomètres une grande idée de sa pièce, il conviendrait, ce me semble, que votre Académie se hâtât de la publier, pour mettre tout le monde en état d'en juger. Pour moi, je vous avoue que je serais fort curieux de voir en quoi consiste cette nouvelle manière de représenter le mouvement de la Lune sans *sinus* et *cosinus,* qu'Euler a tant vantée dans sa Lettre, et que l'Académie a jugée peu simple et peu accommodée aux calculs astronomiques. Ne pourriez-vous pas m'en donner une idée en gros, au cas que la pièce ne s'imprime pas? Quoique le peu de succès du travail de M. Euler dût plutôt me décourager de concourir que m'y inviter, cependant, comme j'ai des matériaux prêts depuis longtemps, j'espère que je pourrai au moins faire nombre parmi les concurrents, et je vous promets de vous envoyer quelque chose de ma façon, ne fût-ce que pour vous donner une marque de ma déférence. Je n'ai pas encore reçu votre nouveau *Traité des fluides;* je l'attends avec la plus grande impatience, tout ce qui vient de vous m'étant toujours infiniment précieux. Il n'a rien paru à la dernière foire de Leipzig qui puisse vous intéresser. Le troisième Volume du *Calcul intégral* d'Euler ne paraît pas encore, non plus que sa *Dioptrique.* Si vous avez occasion de voir le marquis de Condorcet, je vous prie de lui dire que je répondrai au premier jour à sa dernière Lettre et que je suis charmé qu'il n'ait pas été mécontent de mes Mémoires sur les problèmes indéterminés et sur la résolution numérique des équations. Il trouvera encore quelque chose sur les mêmes matières dans le Volume de 1768, qui est déjà sous presse et qui paraîtra à la Saint-Michel. Je souhaiterais bien d'en savoir aussi votre avis, dont vous savez combien je fais de cas, mais dans l'état où vous me marquez que votre esprit se trouve, je n'ose vous prier de vous mettre à examiner de pareilles matières, qui, quoique moins sublimes que d'autres, ne laissent cependant pas d'être très-abstruses. J'espère que la belle saison pourra contribuer

beaucoup à vous rétablir et que la Géométrie ne vous perdra pas sitôt; mais vous faites très-bien de vous ménager, surtout sur l'article
de la Géométrie, et de laisser un peu reposer votre tête. Adieu, mon
cher et illustre ami, je vous embrasse de tout mon cœur.

A Monsieur d'Alembert, de l'Académie française,
des Académies des Sciences de Paris (sic), Berlin, etc., à Paris.

82.

D'ALEMBERT A LAGRANGE.

A Paris, ce 13 juillet 1770.

Il serait difficile, mon cher et illustre ami, de publier la pièce
d'Euler, parce que l'imprimeur ne voudrait pas, je crois, la vendre séparément; je verrai cependant ce qu'il sera possible de faire là-dessus,

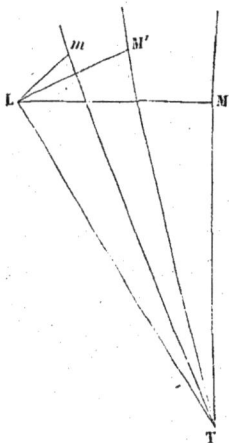

mais en attendant je puis vous donner une idée de la pièce. Soient T la
Terre et TL le rayon de l'orbite lunaire, rapportée à l'écliptique.
M. Euler cherche d'abord l'équation différentielle de l'orbite par rap-

port à deux coordonnées TM, ML de position constante; il transforme ensuite ces deux coordonnées en deux autres TM′, MT, TM′ étant dirigée vers le Soleil; ensuite il tire Tm telle que l'angle mTM′ soit égal à l'élongation *moyenne* de la Lune à l'opposition du Soleil, et il a deux nouvelles coordonnées Tm, mL; il appelle Tm, $a(\mathrm{1}+x)$, a étant la distance moyenne de la Lune, et LM, ay, et il a, par le moyen des équations précédentes, deux équations différentielles du second ordre dont ddx et ddy sont les premiers termes, et qui sont assez compliquées.

Toutes ces réductions et transformations occupent huit grandes pages d'une écriture assez serrée. Il remarque ensuite, ce qu'il est facile de voir, que la longitude vraie de la Lune est égale à la longitude moyenne, plus l'équation du centre du Soleil, plus l'angle dont la tangente est $\dfrac{y}{\mathrm{1}+x}$, c'est-à-dire l'angle LTm. Il intègre ensuite les équations différentielles en ddx et ddy : 1° en n'ayant égard qu'à la variation, c'est-à-dire à l'élongation de la Lune au Soleil; 2° en n'ayant égard qu'à l'excentricité combinée avec l'élongation; 3° en ayant égard à la latitude de la Lune, ce qui lui donne une troisième équation différentielle du deuxième ordre en z, z étant la distance de la Lune à l'écliptique, et sur ce point sa méthode revient, ce me semble, à la vôtre, par laquelle vous vous passez des deux équations du mouvement des nœuds et de l'inclinaison; après quoi il cherche les inégalités qui, dans l'expression de x et de y, dépendent de l'inclinaison de l'orbite; 4° il cherche ensuite les termes qui dans x et y dépendent de la parallaxe du Soleil; 5° enfin il cherche celles qui dépendent de l'excentricité de l'orbite de la Terre. Pour ces différentes intégrations, il n'emploie d'autre méthode que celle des coefficients indéterminés, sans aucun artifice particulier; par exemple, pour les inégalités qui viennent de l'élongation, il fait d'abord $x = a \cos 2p, y = b \sin 2p$, p étant l'élongation moyenne, et il trouve par des approximations successives de nouveaux termes qui contiennent $\cos 4p$ et $\sin 4p$, etc. Pour les inégalités qui dépendent de l'excentricité de l'orbite, il fait d'abord $x = \alpha \cos q$ et $y = \beta \sin q$, q étant l'anomalie moyenne, et il trouve ensuite par des approximations réitérées les termes qui ont pour arguments $3q$, $2q$, $2p+q$, $2p-q$, ... Vous voyez assez par là l'esprit général de la méthode pour déterminer les autres inégalités.

M. Euler prétend qu'il y a beaucoup d'avantage à introduire cet angle, dont la tangente est $\frac{y}{1+x}$; c'est ce que je ne vois point du tout : au contraire, le calcul analytique me paraît en devenir plus compliqué, et l'expression de cette tangente est incommode pour les Tables astronomiques, qui doivent donner l'angle immédiatement. Elle est encore incommode, ce me semble, pour l'expression du rayon vecteur, qui devient alors $a\sqrt{yy+(1+x)^2}$. Il est, ce me semble, bien plus simple, et pour l'analyse et pour le calcul astronomique, d'avoir l'équation entre le rayon vecteur et le mouvement moyen, sans aller chercher cette tangente. M. Euler insiste aussi beaucoup sur l'avantage d'avoir introduit dans le calcul l'élongation moyenne p de la Lune à l'opposition du Soleil; ce qui met, dit-il, en état de déterminer les inégalités par des angles proportionnels au temps. Mais, outre qu'il n'est pas le premier qui ait imaginé de déterminer immédiatement les inégalités par le mouvement moyen, idée qui se présente d'ailleurs assez naturellement, il est aisé, ce me semble, de suivre cette méthode sans avoir besoin de la tangente $\frac{y}{1+x}$ et sans compliquer le calcul.

A l'égard des équations incertaines par le peu de convergence des approximations, par exemple de celles qui auraient pour arguments $2p-2q$ ou $2q-2r$, r étant l'argument de la latitude, M. Euler n'entre là-dessus dans aucune discussion. On ne trouve pas même dans ses formules l'argument $p+t$ (t étant l'anomalie moyenne du Soleil), qui est un des plus délicats à traiter, pour l'expression surtout du rayon vecteur. Enfin il n'effleure pas même l'article de l'équation séculaire, et il se contente de dire à la fin de son Mémoire *qu'il paraît bien constaté que l'équation séculaire du mouvement de la Lune ne saurait être produite par les forces de l'attraction.*

Voilà, mon cher et illustre ami, un précis assez fidèle de ce Mémoire, et je vous laisse à juger si l'Académie a été injuste dans le parti qu'elle a pris. Elle aurait plutôt à se reprocher trop d'indulgence que trop de rigueur. J'oublie de vous dire que quelques-uns de nos astronomes, ayant calculé des lieux de la Lune d'après les formules de M. Euler, ont trouvé des différences énormes avec les lieux observés.

Toutes ces considérations doivent vous déterminer à nous envoyer une pièce pour le prochain concours, et j'en augure beaucoup mieux d'avance que de tout le fatras de calcul de M. Euler. J'oublie de vous dire qu'il attaque les méthodes connues, en ce qu'*on y détermine*, dit-il, *les équations partielles indépendamment l'une de l'autre;* mais, ou je n'entends rien à ce reproche, ou vous devez voir par le détail ci-dessus que son analyse est dans le même cas et que sa méthode d'approximation pour les intégrales n'a rien de particulier. Pour moi, je ne reviens point de mon étonnement qu'un si grand géomètre ait annoncé si peu de chose avec tant d'emphase, et je suis bien impatient de savoir si vous en jugez de même d'après le détail que je viens de vous faire.

En voilà assez sur M. Euler. Je viens présentement à vous, mon cher ami; je vois avec frayeur et avec chagrin que vous avez tous les ans une maladie grave, occasionnée certainement par l'excès du travail. Ménagez-vous, je vous en supplie, et n'apprenez point comme moi, par une cruelle expérience, combien il est triste d'être obligé de se priver de toute occupation; je suis toujours dans ce malheureux état, et il se joint à cela d'autres sujets de chagrin qui me conduisent lentement où vous savez. Si ma fortune me le permettait, j'entreprendrais le voyage d'Italie; mais cela m'est impossible dans les circonstances présentes, où nos pensions ne sont point payées, et où j'ai bien de la peine à vivre même sans me déplacer et en usant de la plus grande économie. J'ai quelques recherches commencées que je voudrais bien finir avant de descendre aux sombres bords; mais il n'y faut pas penser. Heureusement, vous dédommagerez la Géométrie avec usure de ce qu'elle perdra en moi, de ce qu'elle a perdu dans Clairaut, et de ce qu'elle est prête à perdre dans Euler et Bernoulli.

C'est avec bien du regret que je n'ai pu encore lire vos deux Mémoires de 1767; cela me serait impossible dans la situation où je suis;

j'ai pourtant pris à bâtons rompus une idée générale de votre méthode pour la résolution des équations, qui, autant que j'en puis juger, me paraît très-belle et très-simple. Il me serait, ce me semble, plus facile, surtout à présent, de prendre la Lune avec les dents que d'en faire autant. M. de Condorcet est hors de Paris depuis deux mois. Adieu, mon cher et illustre ami; faites mes compliments et presque mes adieux à tous ceux qui veulent bien se souvenir de moi. Je verrai si le reste de la belle saison (qui n'est pas encore trop venue, car il fait un temps horrible) raccommodera ou soulagera ma tête; si elle est dans le même état à la fin d'août, j'essayerai peut-être de la saignée, car il y a, je crois, tout à la fois rhumatisme dans la tête et défaut de circulation au dedans. Adieu; je vous demande pardon de vous entretenir si tristement et je finis en vous embrassant de tout mon cœur. Dites, je vous prie, à M. Bitaubé que je lui répondrai incessamment et que M. et Mme de Bruas, dont il est en peine, se portent bien.

83.

LAGRANGE A D'ALEMBERT.

A Berlin, ce 26 août 1770.

Je vous suis infiniment obligé, mon cher et illustre ami, du précis que vous avez bien voulu me donner de la pièce d'Euler sur la Lune. Non-seulement je ne vois pas que sa méthode puisse avoir quelque avantage sur les méthodes connues, mais il me paraît au contraire qu'elle leur est même inférieure à plusieurs égards; d'ailleurs cette méthode ne contient rien, ce me semble, qui puisse être pris pour une découverte, et encore moins pour une découverte telle que M. Euler l'avait annoncée. J'aurais bien de la peine à passer une pareille fanfaronnade à un écolier; du moins j'en concevrais une très-mauvaise opinion, et je crois que je n'aurais pas tort. Vous pouvez être assuré que j'enverrai quelque chose pour le concours prochain, à moins que des obstacles insurmontables ne m'en empêchent. Je compte d'envisager le problème des trois corps d'une manière générale et tout autrement qu'on ne l'a fait jusqu'à présent; ce n'est pas que je me flatte de donner une théorie de la Lune meilleure que celles qu'on a déjà, mais je pense qu'il est bon de tourner et de retourner cette question de tous les sens possibles, sauf à s'en tenir après tout aux solutions connues si l'on n'en trouve pas de meilleures.

Ce que vous me dites de votre santé me jette dans les plus grandes inquiétudes. Je pense comme vous qu'un voyage, et surtout celui d'Italie, pourrait vous faire du bien ; je ne doute pas que vous ne trouviez, si vous voulez, bien des occasions de le faire avec toute la commodité possible et sans qu'il vous en coûte presque rien, et vous pouvez être sûr d'être reçu en Italie avec tous les égards que vous méritez. Je voudrais bien que les circonstances me permissent de vous y accompagner ; c'est un voyage que je souhaite de faire depuis longtemps, mais Dieu sait quand je le pourrai; au reste, si vous partez, comme vous y paraissez disposé, suivant ce que M. Bitaubé vient de me dire, je vous prie de m'en donner avis et de me marquer en même temps comment je pourrai avoir de vos nouvelles et vous donner des miennes. Je ne sais si vous savez que le marquis Caraccioli a été nommé ambassadeur de Naples à Paris. Il me mande qu'il compte d'y être dans deux mois; j'en suis d'autant plus charmé que, comme j'entretiens toujours avec lui un commerce de Lettres, je pourrais me servir de son canal pour la continuation de notre correspondance. Comme il a pour vous une très-grande estime, je ne doute pas qu'il ne s'empresse de cultiver votre connaissance, et je puis vous assurer que vous trouverez en lui un homme qui joint à beaucoup de philosophie un excellent caractère.

Le Volume de l'année 1763 a paru, et je crois que M. Formey s'est chargé de vous le faire parvenir; celui de 1768 est sous presse et paraîtra à la Saint-Michel ; je n'ai pu y faire entrer vos remarques sur le Mémoire de M. Beguelin, mais elles seront certainement imprimées dans celui de l'année 1769, qu'on mettra sous presse dès que l'autre aura paru. Le troisième Volume du *Calcul intégral* d'Euler ne paraît pas encore, non plus que sa *Dioptrique*. Je ne manquerai pas de vous envoyer tout cela dès que je l'aurai reçu, et je vous prie toujours de compter sur moi si je ¦puis vous servir en quelque chose. Il paraît depuis quelque temps une Algèbre allemande de M. Euler, en deux Volumes in-8°; si vous le souhaitez, je vous l'enverrai; mais elle ne contient rien d'intéressant qu'un Traité sur les questions de Diophante, qui est, à la vérité, excellent, et où l'on trouve presque tout ce que l'on a de mieux sur cette matière. Si vous n'êtes pas rebuté par la langue, je crois que vous pourriez le lire avec plaisir. Au reste, si vous n'êtes pas pressé, vous pourriez attendre la traduction française qu'on a envie d'en donner, et à laquelle je pourrai bien joindre quelques petites notes (¹). -

Comme j'ai fait tirer à part quelques exemplaires des Mémoires que j'ai insérés dans le Volume de 1768, je vous en enverrai un pour le marquis de Condorcet, et même un pour vous, si j'en trouve l'occasion, avant que le Volume paraisse, car vous pensez bien que je ne m'adresserai plus à M. Bourdeaux, comme j'ai fait l'année passée. En attendant, je vais vous communiquer ici un théorème que j'ai trouvé et dont ¦j'ai fait un grand usage dans mon Mémoire sur la résolution des équations littérales par le moyen des séries.

Soit l'équation

$$\alpha - x + \varphi(x) = 0,$$

$\varphi(x)$ dénotant une fonction quelconque de x dont p soit une des racines; je dis qu'on aura, $\psi(p)$ dénotant une fonction quelconque de p,

$$\psi(p) = \psi(x) + \varphi(x)\,\psi'(x) + \frac{d[\varphi(x)^2\,\psi'(x)]}{2\,dx} + \frac{d^2[\varphi(x)^3\,\psi'(x)]}{2.3\,dx^2} + \cdots$$

ou

$$\psi'(x) = \frac{d\psi(x)}{dx},$$

(¹) Il en sera question plus loin.

pourvu qu'on mette dans cette série z à la place de x après avoir exécuté les différentiations indiquées, en y prenant dx pour constant.

Adieu, mon cher et illustre ami ; tâchez de faire provision de santé dans votre voyage, et n'oubliez pas surtout les habitants du Nord, dont vous n'êtes pas moins admiré et aimé que de ceux du Midi.

84.

D'ALEMBERT A LAGRANGE.

A Paris, ce 6 septembre 1770.

Je pars incessamment, mon cher et illustre ami, pour tâcher de rétablir ma santé. Je vais d'abord à Lyon, et de là, suivant l'état où je me trouverai, je me déterminerai, soit à aller en Italie, soit à passer simplement une partie de l'hiver ou l'hiver entier en Provence, car les avis de mes amis sont partagés à ce sujet. Je ne recevrai probablement de vos nouvelles de longtemps, à moins que vous n'ayez déjà répondu à ma dernière Lettre et que je ne reçoive cette réponse avant mon départ, qui sera au plus tard le 15 et plus tôt si je puis. Le marquis de Condorcet veut bien être mon compagnon de voyage : c'est une grande consolation et une grande ressource pour moi.

Quoique nos *Mémoires* de 1768 n'aient pas encore paru et ne doivent paraître qu'à la fin de l'année, je vous envoie avant mon départ ce qui peut vous y intéresser le plus. Je remets ce paquet à M. Métra, qui se chargera de vous le faire parvenir sans frais. J'ai reçu par M. Formey le Volume de l'Académie de 1763 ; ainsi ne me l'envoyez point. Mais vous pourrez toujours m'adresser à Paris, en mon absence, ce que vous jugerez digne de mon attention ; je serai bien aise de retrouver tout cela à mon retour, car j'espère enfin pouvoir encore m'occuper de Géométrie, si le voyage réussit à affermir ma tête.

Vous trouverez dans ce paquet deux Mémoires de moi sur la libration de la Lune ([1]); je souhaite que vous en soyez content; il y a, ce me semble, quelques vues et quelques recherches que j'aurais perfectionnées et simplifiées si ma santé me l'avait permis. Vous y trouverez aussi le Mémoire de Fontaine sur les tautochrones ([2]). Il me paraît d'une injustice et d'une insolence rares, et je vous recommande de ne le pas épargner, ni sur cette matière, ni sur les maxima et minima, ni sur les équations. *Qui se fait brebis, le loup le mange :* c'est un proverbe qui me paraît très-vrai et que je me suis toujours bien trouvé d'avoir suivi.

J'ai écrit au Roi en faveur de M. Beguelin ([3]); j'espère qu'il y aura égard. Ce prince met le comble à ses bontés pour moi en voulant bien me donner les secours nécessaires à mon voyage ([4]), car je ne suis pas assez riche pour aller à mes dépens même en Provence. Ma fortune est peu considérable, j'ai des charges énormes et indispensables, quoique volontaires, et la plupart de mes pensions sont retardées pour le payement. Avec cela on n'est pas en fonds.

Quoique très-peu capable de travail, je ne puis m'empêcher de m'occuper encore quelquefois de Géométrie, à la vérité légèrement, et dans les moments où ma tête est un peu moins vacillante. J'ai eu occasion de revenir ces jours-ci sur la démonstration du principe de la force d'inertie, que j'ai donnée dans le Tome IV de mes *Opuscules*, et je crains qu'elle ne soit insuffisante, à moins d'y joindre une considération métaphysique dont je ne suis pas pleinement satisfait. En deux mots, voici

([1]) *Recherches sur les mouvements de l'axe d'une planète quelconque dans l'hypothèse de la dissimilitude des méridiens.* — Suite de ces *Recherches* (*Mémoires de l'Académie*, 1768, p. 1 et 332).

([2]) *Addition au Mémoire imprimé en 1734, sur les courbes tautochrones.* (*Mémoires de l'Académie*, 1768, p. 460.)

([3]) « J'oserai, Sire, recommander de nouveau à ces mêmes bontés M. Beguelin, qui vient de donner dans les *Mémoires* de l'Académie d'excellentes recherches sur les lunettes achromatiques, très-propres à perfectionner cet objet important. Outre l'estime que je fais de ses talents, je lui dois encore de la reconnaissance pour quelques excellentes remarques qu'il a faites sur un de mes écrits qui a rapport au même objet. » (Lettre à Frédéric II, du 10 août 1770, t. XXIV, p. 497.)

([4]) Ce secours était de 6000 livres. *Voir* la Lettre suivante de d'Alembert.

la difficulté. Je trouve, par exemple, que $y = ax + Ax^2$ satisfait à l'équation de condition

$$y = \Xi(a + x) - \Xi x,$$

mais pourtant doit être rejetée, parce que, si $a = o$, y ne serait pas $= o$. Mais on pourrait faire le même raisonnement si un corps se mouvait avec une résistance constante, et cependant il ne se mouvrait pas. En général, l'équation

$$\frac{d\,dy}{dx^2} = \varphi\left(\frac{dy}{dx}\right)$$

que j'ai trouvée est celle de la résistance comme une fonction de la vitesse ; reste à savoir si l'on peut supposer légitimement une cause ou force retardatrice ou accélératrice qui dépende de la vitesse, et qui, étant *inhérente au corps,* reçoive de la vitesse sa direction. C'est ici où la métaphysique commence, et j'en suis fâché pour la démonstration.

J'ai quelque idée de vous avoir dit, dans une de mes Lettres ([1]), à l'occasion de la solution d'un problème de Simpson, dont vous trouviez le résultat juste, que Simpson avait fait en cette occasion deux fautes dont les résultats s'étaient corrigés. La première, et la seule à laquelle j'aie fait attention, page 283 du Tome V de mes *Opuscules,* est d'avoir fait $f = \dfrac{dz^2}{2\,r}$ au lieu de $f = \dfrac{dz^2}{r}$; la seconde, à laquelle je n'avais pas pris garde, et la seule des deux que le chevalier d'Arcy a relevée, est d'avoir fait $d\,dx = \dfrac{dz\,dz\,\cos z}{r}$, au lieu qu'il est facile de prouver d'une manière directe, synthétique même et très-simple, que ce qu'on appelle ici $d\,dx$ est réellement $\dfrac{2\,dx\,dz\,\cos z}{r}$. Ces deux erreurs se compensant, comme il est aisé de le voir, redonnent le résultat de Simpson. Mais sa démonstration ou solution n'en est pas meilleure ; elle n'en est même, en quelque sorte, que plus défectueuse, et d'ailleurs sa solution du problème des équinoxes pèche par mille autres endroits, comme je crois l'avoir prouvé.

_____

([1]) *Voir* plus haut la Lettre 24, p. 56.

Je crois que l'extrait que je vous ai envoyé de la pièce d'Euler sur la Lune ne vous aura pas découragé de travailler à ce sujet et que nous aurons quelque chose de vous pour l'année prochaine. Avez-vous vu la théorie de la Lune de Mayer(¹), qu'on vient d'imprimer à Londres? Elle m'a donné occasion, ainsi que la pièce d'Euler, de m'occuper un peu et à bâtons rompus des moyens de simplifier et de perfectionner cette théorie, et j'ai remis à l'Académie un Mémoire qui contient quelques vues à ce sujet, mais que mon peu de force de tête m'empêchera de pousser bien loin. Je vous dirai, à mon retour, si je suis condamné à rester toute ma vie imbécile.

Vous m'avez dit, ce me semble, il y a quelque temps, que vous cherchiez un libraire pour imprimer un Volume de Mémoires de vous sous le titre d'*Opuscules*. Où en êtes-vous à ce sujet? J'aurais grande envie que ce Volume parût et encore plus d'envie de le voir. Mais, encore une fois, je ne puis penser à tout cela qu'à mon retour. Cependant ne négligez pas de m'envoyer, pendant mon absence, par les occasions favorables, ce qui pourra m'intéresser. Arrangez-vous avec M. Formey pour l'envoi de vos Mémoires, car voilà deux Volumes que vous m'envoyez chacun de votre côté et que j'ai reçus doubles. Je compte que le Volume de 1768 paraîtra bientôt; il ne me manque plus aucun des autres, et j'ai la suite complète jusqu'à 1767 inclusivement. Adieu, mon cher et illustre ami; conservez votre santé pour le bien de la Géométrie, et j'ajoute par amitié pour moi. Je vous embrasse de tout mon cœur.

P.-S. — En finissant cette Lettre, je reçois la première feuille de l'Histoire de notre Académie de 1768, qui doit commencer le Volume où sont les Mémoires que je vous envoie, et, comme cette première feuille contient le discours que j'ai lu à l'Académie en présence du roi de Danemark, j'ai imaginé que vous ne seriez pas fâché de l'avoir. Je souhaite que vous n'en soyez pas mécontent, et j'ose presque l'espé-

---

(¹) Il s'agit sans aucun doute de l'Ouvrage de Tobie Mayer (mort en 1762) que Maskelyne a publié sous le titre de *Tabulæ motuum Solis et Lunæ, novæ et correctæ, auctore Tobia Mayer; quibus accedit Methodus longitudinum promota, eodem auctore*. Londres, 1770; in-4°.

rer. J'ai tâché, en disant au jeune prince des choses flatteuses, de faire parler les sciences avec dignité. Vous trouverez aussi dans cette même feuille quelques autres faits qui pourront vous intéresser. La Lettre de l'infant de Parme (¹) ne plaira pas aux ennemis de la philosophie, et la construction d'un mausolée à Descartes dans une église de Suède (²) doit, ce me semble, nous rendre un peu honteux de le laisser, dans l'église de Sainte-Geneviève de Paris, sans monument et presque sans épitaphe (³). Au reste, je vous préviens encore que tout ce que je vous envoie ne sera public qu'à la fin de cette année au plus tôt; ainsi, je vous recommande d'empêcher que mon discours ne paraisse dans quelque journal avant ce temps-là, non plus que la Lettre du prince de Parme et celle du prince de Suède. L'Académie pourrait m'en savoir mauvais gré. Pour éviter cet inconvénient, je désire que cette feuille de notre Histoire ne sorte point de vos mains avant le mois de janvier prochain. Vous pourrez seulement la faire lire à MM. Bitaubé, Beguelin, etc., si vous le jugez à propos, et à ceux qui vous paraîtront le désirer. Adieu, mon cher et illustre ami; je serai de retour au mois de janvier si je ne vais qu'en Languedoc et en Provence, et au mois de mai

---

(¹) Le 3 décembre 1768, Christian VII, roi de Danemark, assista à une séance de l'Académie des Sciences où il fut reçu avec grand honneur. D'Alembert lut devant lui un discours rempli de pensées philosophiques, qui était adressé à l'assemblée. « Une copie de ce discours, dit l'*Histoire de l'Académie,* étant tombée entre les mains de S. A. R. l'infant Ferdinand, duc de Parme, ce prince en fit une traduction qu'il envoya à M. d'Alembert, écrite tout entière de sa main, et, ce dernier lui en ayant témoigné sa vive et respectueuse reconnaissance, l'infant lui fit l'honneur de répondre par une Lettre, aussi de sa main. La modestie de M. d'Alembert nous en a caché une partie, mais nous ne pouvons nous dispenser d'en citer quelques endroits aussi honorables pour les sciences que pour le prince, etc. » *Mémoires de l'Académie des Sciences,* Histoire, année 1768, pages 3-9.

(²) « Le 1ᵉʳ juin 1768, dit l'*Histoire de l'Académie,* l'Académie apprit par M. Baër, son correspondant, que l'église de Saint-Olof de Stockholm, dans laquelle le célèbre Descartes avait été enterré, étant dans le cas d'être rebâtie, S. A. R. Mᵍʳ le prince royal de Suède (Gustave) avait ordonné qu'on construisît à ses frais, dans la nouvelle église, un monument magnifique au philosophe français. » L'Académie chargea son secrétaire, G. de Fouchy, d'écrire au prince pour le remercier (20 juin 1768), et celui-ci lui répondit (26 juillet 1768) dans les termes les plus flatteurs pour l'Académie. Voir *Mémoires de l'Académie des Sciences* de 1768, Histoire, pages 1-3.

(³) Il y avait sur un des piliers de la nef, à droite en entrant dans l'église, un buste de Descartes et deux épitaphes, l'une en latin, l'autre en vers français. (*Voir* HURTAUT, *Dictionnaire de Paris,* t. I, p. 50.)

ou de juin si je vais jusqu'en Italie. Je vous donnerai de mes nouvelles
à mon retour et, si je puis, pendant mon voyage. N'oubliez pas de m'envoyer ce qui pourra m'intéresser, entre autres le Volume de 1768, où il
y aura sûrement de belles et bonnes choses de votre façon. Le marquis
de Condorcet, qui ainsi que moi graisse ses bottes pour partir, vous fait
mille compliments.

85.

D'ALEMBERT A LAGRANGE.

A Paris, ce 12 septembre 1770.

Mon cher et illustre ami, j'ai reçu, il y a peu de jours, votre Lettre
du 26 août, et je vous remercie de m'avoir donné de vos nouvelles avant
mon départ et de l'intérêt que vous prenez à ma santé. Elle est un peu
meilleure depuis trois semaines, je dors mieux, ma tête même est un
peu moins faible, et j'espère que le voyage achèvera de la rétablir. Je
vous ai écrit, le 6 de ce mois, une assez longue Lettre que vous recevrez
peut-être et vraisemblablement plus tard que celle-ci, parce qu'elle est
jointe à un assez gros paquet que j'ai prié M. Métra de vous faire parvenir sans frais et par quelque occasion. Il contient quelques Mémoires
de moi et celui de M. Fontaine sur les tautochrones, dont je vous recommande de faire justice comme il le mérite.

Vous avez bien raison sur la théorie d'Euler, et pour moi je ne reviens pas encore de mon étonnement. Savez-vous que celle de Mayer est
imprimée à Londres avec ses Tables nouvelles ? Je n'ai eu le temps que
d'y jeter les yeux ; je vous invite à la voir. Il me semble, à vue de pays,
que sa théorie pourrait être plus simple et la méthode analytique plus
courte ; mais je l'ai trop peu examinée pour en porter un jugement sûr,
ne voulant m'occuper de Géométrie qu'à mon retour, supposé que ma
tête m'en laisse la force. Je vous invite fort à nous envoyer pour le concours de l'année prochaine vos recherches sur cet objet ; je ne doute pas

qu'elles ne soient fort intéressantes, et je les verrai avec grand plaisir et profit.

Votre grand Roi a la bonté de me donner 6000 livres pour les frais de mon voyage ([1]); sans cette ressource, je ne l'aurais pu faire. C'est une nouvelle obligation que je contracte envers lui, et je ne laisserai ignorer en Italie ma reconnaissance à personne, comme je l'ai déjà publiée en France.

Je serai charmé de cultiver à Paris la connaissance de M. le marquis Caraccioli; j'espère que j'aurai le plaisir de le voir souvent, à mon retour, dans la société de Mlle de l'Espinasse ([2]), qui rassemble des gens de mérite de toutes nations et de tous états, et que M. le marquis Caraccioli a déjà vue à son passage à Paris.

J'ai reçu le Volume de 1763 par M. Formey; il m'avait, de plus, envoyé celui de 1767, que j'avais déjà, et que j'ai rendu à M. de la Lande, qui en fera l'usage que lui indiquera M. Formey. Vous pourrez m'envoyer, en mon absence, ce qui vous paraîtra digne d'attention de ma part; il reste chez moi, à Paris, une personne qui recevra tous les paquets et qui me les conservera pour en jouir à mon retour. Vous aurez sûrement de mes nouvelles pendant mon voyage, ou directement, ou au moins par M. de Catt, que je prierai de vous en donner quand je ne le pourrai pas par moi-même. Quand ma route sera fixée, je prendrai les mesures qui dépendront de moi pour avoir aussi des vôtres; mais je vous prie du moins de m'en donner à Paris à la fin d'avril, car il serait possible que je fusse de retour alors, et peut-être plus tôt, ne comptant m'arrêter dans chaque ville que le temps nécessaire pour voir ce qui est le plus digne de curiosité. J'attendrai, pour l'*Algèbre* allemande de M. Euler, la traduction que vous m'annoncez, surtout si vous y joignez

---

([1]) *Voir*, à ce sujet, la Lettre de d'Alembert au Roi, en date du 28 juillet 1770, et la réponse de Frédéric, du 18 août 1770. (*OEuvres de Frédéric II*, t. XXIV, p. 493 et 499.)

([2]) Claire-Françoise Lespinasse, née à Lyon en 1731, morte à Paris le 23 mai 1776. Elle passait pour être fille naturelle de la comtesse d'Albon et du cardinal de Tencin. Elle est connue par la brillante société qu'elle réunissait autour d'elle et par le profond attachement qu'elle inspira à d'Alembert, et qui ne fut guère pour lui qu'une source de chagrins. La meilleure édition de ses *Lettres* a été donnée par M. Eugène Asse (1876, in-18).

des notes; quant au troisième Volume du *Calcul intégral* et à la *Dioptrique*, je me recommande à vous pour ces deux objets. Mais, en vérité, je voudrais bien que vous agissiez avec moi avec franchise et que vous me dissiez de votre côté ce que vous pouvez désirer en Livres de Mathématique ou autres; je prendrai des mesures pour que vous receviez en mon absence l'*Hydraulique* (¹) de l'abbé Bossut, si, comme je le crois, elle paraît avant mon retour.

- Le marquis de Condorcet vous fait mille compliments. Il me fait l'amitié de m'accompagner dans mon voyage; c'est une grande ressource pour moi. Il me charge de vous remercier d'avance de ce que vous voulez bien lui envoyer, ainsi qu'à moi. Vous pouvez m'adresser le tout à Paris. Nous trouverons tout cela à notre retour, et nous en ferons bien notre profit. Votre théorème sur l'équation $a - x + \varphi(x) = o$ me paraît beau et profond; mais je résiste à la tentation d'en chercher la démonstration, ne voulant m'occuper, d'ici à sept ou huit mois, que d'objets qui reposent et dissipent ma tête. Adieu, mon cher ami; je ne fermerai point cette Lettre jusqu'à ce que je puisse vous mander le jour précis de mon départ. J'imagine, quoique vous ne m'en parliez pas, que vous avez reçu le *Traité de navigation* de M. Bézout (²), que je vous ai envoyé il y a déjà longtemps, ainsi que trois exemplaires de mon *Traité des fluides*, nouvelle édition, un pour vous, un pour M. Lambert et un pour l'Académie.

P.-S. — Ce 14 septembre. Je compte partir après-demain. Je vais d'abord à Genève et de là à Lyon, et, suivant l'état où je me trouverai, je passerai les Alpes ou j'irai en Provence. J'écrirai à M. de Catt dans ma route, et vous saurez par lui des nouvelles de ma marche. Adieu, mon cher et illustre ami; portez-vous mieux que moi et portez-vous bien longtemps.

(¹) *Traité théorique et expérimental d'Hydrodynamique,* 1771; 2 vol. in-8°.

(²) Ce Traité, qui parut en 1769, in-8°, et a été réimprimé en 1794, 1814 et 1819, fait suite au *Cours de Mathématiques* du même auteur. — Étienne Bézout, membre de l'Académie des Sciences (1758), né à Nemours le 31 mars 1730, mort le 22 septembre 1783.

86.

LAGRANGE A D'ALEMBERT.

A Berlin, ce 20 décembre 1770.

Mon cher et illustre ami, j'ai reçu la Lettre que vous me fîtes l'honneur de m'écrire la veille de votre départ. Ma réponse l'aurait suivie de plus près si j'avais su comment vous la faire parvenir. On m'avait mandé de Turin que l'on vous attendait à tout moment, et j'étais déjà sur le point de vous écrire en Italie lorsque j'appris que vous aviez renoncé au voyage de ce pays-là et que vous vous borniez à courir par les provinces de France. J'ignore par quelle raison vous avez changé d'avis. Peut-être que nos montagnes couvertes de neige et bordées de précipices vous ont rebuté; mais vous auriez trouvé par delà un pays charmant, où l'on vous attendait à bras ouverts et où l'on n'aurait rien négligé pour vous recevoir d'une manière conforme à votre mérite; je ne désespère pas que la chose ne puisse avoir lieu une autre fois. Je vous conseillerais seulement de choisir le printemps plutôt que l'hiver pour un tel voyage, au risque même de ne pas voir quelques-uns de nos opéras, ce qui au fond n'est pas d'une grande importance.

Je vous remercie de tout mon cœur des pièces que vous avez bien voulu m'envoyer et qui font partie de vos Mémoires de 1768. J'ai lu avec la plus grande satisfaction vos recherches sur la libration de la Lune; il me semble que vous les avez poussées aussi loin qu'il est possible et que vous avez presque entièrement épuisé ce sujet; du moins je ne vois pas, pour le présent, qu'il soit aisé d'ajouter encore quelque chose à votre travail, et j'abandonne le dessein que j'avais depuis longtemps de revenir sur cette matière pour perfectionner la pièce que j'ai composée en 1763. Je suis charmé que vous m'ayez prévenu, d'autant plus que le sujet a infiniment gagné à passer par vos mains. Quant au Mémoire de M. Fontaine, je vous avoue que, malgré mon indifférence ou plutôt mon mépris pour les critiques, j'en ai été un peu indigné. Je ne sais pourquoi il en veut à moi depuis quelque temps, et surtout pourquoi il me traite d'une manière si grossière, après m'avoir donné autrefois tant de marques d'estime et d'amitié. Le souvenir de ses anciennes bontés pour moi a fait que je n'ai pas été fort sensible à la manière peu obligeante dont il a parlé de mon travail sur les *maxima et minima*; aussi, dans un Mémoire que j'ai envoyé à Turin sur ce sujet, pour être imprimé dans le quatrième Volume des *Mélanges,* je me suis contenté de dire un mot de M. Fontaine et d'inviter les connaisseurs à juger de ses prétentions par la comparaison de son Ouvrage avec le mien; mais, voyant qu'il revient à la charge et qu'il veut me provoquer à toute force, je crois devoir repousser son insolence, et je n'attends, pour faire imprimer un Mémoire que j'ai composé dans cet objet, que d'être assuré que le Volume de 1768 ait paru à Paris.

Nos *Mémoires* de 1768 ont paru, et ceux de 1769 sont sous presse et paraîtront dans deux mois. Je me suis déjà adressé à tout le monde pour avoir une occasion de vous faire parvenir le Volume de 1768, avec un exemplaire séparé de mes Mémoires pour le marquis de Condorcet; mais jusqu'à présent mes peines ont été inutiles. Au pis aller, vous recevrez les deux Volumes à la fois dans le courant de l'année prochaine. Il n'a rien paru de M. Euler que ce que vous avez déjà, à l'exception de son *Algèbre* allemande que M. Bruysset, de Lyon, va imprimer en français, avec quelques additions de ma façon touchant les questions de Diophante, qui forment la partie la plus considérable et la plus précieuse de cette *Algèbre*. Lorsque son *Optique* paraîtra, je vous en enverrai un exemplaire le plus tôt qu'il me sera possible. A propos, je dois vous dire que je n'ai pas encore reçu les exemplaires de votre *Traité des fluides* que vous m'avez annoncés depuis longtemps; je n'ai même aucune nouvelle.

Je n'ai point encore pu voir la théorie de la Lune de Mayer, mais je crois que je l'aurai bientôt. Adieu, mon cher et illustre ami; il ne me reste de papier que pour vous embrasser. Si le marquis de Condorcet est à Paris, voudriez-vous avoir la bonté de l'embrasser pour moi?

Est-il vrai que vous vous êtes réconcilié avec Lalande et brouillé avec Voltaire ? Le marquis Caraccioli est-il à Paris ? *Cura ut valeas et nos ames.*

87.

D'ALEMBERT A LAGRANGE.

A Paris, ce 1ᵉʳ février 1771.

Mon cher et illustre ami, je n'ai point été en Italie parce que j'ai vu par expérience, après avoir fait quelque chemin, que j'étais l'animal du monde le moins propre aux voyages et le plus fait par la nature pour ne pas changer de place. J'ignore si cette disposition changera, mais il faudra qu'elle change beaucoup pour me déterminer au voyage d'Italie. J'aimerais encore mieux faire celui de Berlin, ne fût-ce que pour avoir le plaisir de vous embrasser et de causer avec vous. Ma santé est meilleure ; cependant je ne puis encore me livrer au travail comme je le voudrais, et je ne ferai pas grand'chose au moins d'ici à longtemps.

Je suis charmé que vous n'ayez pas été mécontent de mes recherches sur la libration de la Lune. Vous trouverez dans le Volume de 1769, qui s'imprime, des recherches sur le Calcul intégral dont le texte est déjà dans les *Mémoires* de 1767. Je vous les enverrai dès qu'elles seront prêtes. Nos *Mémoires* de 1768 paraissent depuis un mois ; ainsi vous pouvez tout à votre aise faire à M. Fontaine la réponse qu'il mérite. Je vous recommande, outre ce qui vous intéresse personnellement sur les tautochrones et les questions *de maximis et minimis*, de le relever sur les équations, ne fût-ce que pour confirmer mes objections, dont il paraît avoir fait peu de cas, quelque justes qu'elles vous aient paru.

Je serai charmé de recevoir les Volumes de 1768 et 1769 dès que vous pourrez me les envoyer. Le marquis de Condorcet, qui a voyagé avec moi, est à Paris jusqu'au mois de mai et me charge de vous faire mille compliments et remercîments de sa part. Ne m'envoyez pas l'*Optique* d'Euler, parce qu'il a mandé à Lalande qu'il lui en adresserait un exemplaire pour moi. A propos de Lalande, il est vrai que nous sommes raccommodés, parce qu'il en a témoigné un grand désir et qu'au fond je suis bon diable ; mais ma prétendue brouillerie avec Voltaire est une fable ; nous sommes au contraire mieux ensemble que jamais, et j'ai passé chez lui, à Ferney, quinze jours fort agréables au mois d'octobre dernier ([1]).

Je suis étonné que vous n'ayez point reçu mon *Traité des fluides*. Le paquet doit avoir été adressé ou à M. Formey ou à M. de Bordeaux, libraire à Berlin. Faites quelque perquisition à ce sujet, et, si ce paquet ne se retrouve pas, je vous en enverrai un autre. Je compte aussi vous envoyer incessamment une *Hydrodynamique* de l'abbé Bossut ([2]), qui vient de paraître, et où il y a des expériences bien faites et quelques recherches utiles. Le marquis Caraccioli n'est point encore à Paris et je ne sais quand il y viendra.

Avez-vous enfin lu la théorie de la Lune de Mayer ([3]) ? Il me semble que comme théorie c'est assez peu de chose. Ne nous enverrez-vous pas une pièce sur ce sujet pour le prochain concours? Faites-vous imprimer, comme vous me l'avez fait espérer, le recueil de vos Mémoires qui n'ont pu entrer dans les Volumes de l'Académie ? Adieu, mon cher et illustre ami ; je vous embrasse de tout mon cœur. Je vous enverrais peut-être quelques pages pour vos *Mémoires*, si je ne faisais scrupule de vous ôter de la place.

> *A Monsieur de la Grange,*
> *directeur de la Classe mathématique de l'Académie royale*
> *des Sciences et Belles-Lettres, à Berlin.*

([1]) Il était arrivé à Ferney avant le 26 septembre avec Condorcet, et tous deux en étaient repartis avant le 10 octobre. *Voir*, sur ce séjour, différentes Lettres de Voltaire, du 26 septembre au 12 octobre 1770, dans sa *Correspondance générale*, édition Beuchot, t. LXVI.

([2]) *Traité théorique et expérimental d'Hydrodynamique*, 1771.

([3]) *Voir* plus haut, p. 185, note 1.

88.

D'ALEMBERT A LAGRANGE.

A Paris, ce 14 février 1771.

Je vous envoie, mon cher et illustre ami, cet Ouvrage de l'abbé Bossut que je vous ai déjà annoncé. Vous y trouverez des recherches utiles et des expériences faites avec soin. C'est moi qui vous l'envoie et non pas l'auteur, qui, entre nous, est un peu blessé de ce que vous ne lui avez pas écrit un mot de remerciment sur quelque autre Ouvrage qu'il vous a envoyé, il y a plusieurs années. Je vous embrasse de tout mon cœur et j'espère avoir bientôt de vos nouvelles.

89.

LAGRANGE A D'ALEMBERT.

A Berlin, ce 4 avril 1771.

Mon cher et illustre ami, depuis ma dernière Lettre, j'ai reçu votre paquet contenant trois exemplaires de la nouvelle édition du *Traité des fluides*. J'en ai présenté un de votre part à l'Académie, qui m'a chargé de vous en faire ses remerciments. M. Lambert, à qui j'en ai aussi remis un de votre part, m'a donné la Lettre ci-jointe, dans laquelle je ne doute pas qu'il ne vous en témoigne sa vive reconnaissance. La mienne est au-dessus de tout ce que je pourrais vous dire ; elle a atteint son *maximum* depuis longtemps, en sorte qu'elle n'est plus susceptible d'augmentation. Quoique j'eusse déjà autrefois bien étudié votre excellent *Traité des fluides*, je l'ai relu avec une nouvelle satisfaction et avec beaucoup de fruit. Mon amour-propre n'a pas été médiocrement flatté de la mention honorable que vous avez bien voulu faire de moi en plusieurs endroits de cet Ouvrage (¹). Je me connais assez pour ne pouvoir pas douter que la bonne opinion que vous avez de moi ne soit un pur effet de votre amitié; mais par cela même elle m'est encore beaucoup plus précieuse, et j'en suis d'autant plus sensible à toutes les marques que vous m'en donnez. Je n'ai pas pu trouver jusqu'à présent d'occasion pour vous faire parvenir notre Volume de 1768, avec un exemplaire à part de mes Mémoires pour M. de Condorcet; mais je suis sûr d'en avoir bientôt une, et j'en profiterai pour vous envoyer en même temps le Volume de 1769, qui est sur le point de paraître. J'y joindrai aussi un Ouvrage de M. Lambert qui a paru l'année passée (²), et qui n'est qu'une collection de différentes Tables numériques qui peuvent être très-utiles dans plusieurs occasions; c'est moi qui lui en ai donné l'idée et qui l'ai excité à l'exécuter.

J'ai reçu depuis peu de Pétersbourg, par une voie particulière, le troisième Volume du *Calcul intégral* d'Euler, qui roule entièrement sur le calcul des fonctions; il y a aussi une très-longue addition sur le nouveau calcul des variations, qui n'est autre chose que celui que j'ai donné en peu de mots dans ma nouvelle méthode pour la solution des problèmes *de maximis et minimis*, sur laquelle M. Fontaine a, comme vous savez, un peu déchargé sa bile. Comme vous êtes empressé de voir cet Ouvrage, je vous l'enverrai par la même occasion que les Volumes de l'Académie, et, au cas que les libraires n'en aient point encore reçu d'exemplaires de Pétersbourg, je vous enverrai celui que M. Euler m'a envoyé, et qui est peut-être encore l'unique qui soit à Berlin. J'avais réellement dessein de faire imprimer à part plusieurs Mémoires que j'avais lus à l'Académie et qui n'avaient pas pu entrer dans ses Volumes; mais, comme l'envie d'être auteur ne me possède nullement et qu'il me semble que le public est déjà presque rassasié d'Ouvrages de Géométrie, que très-peu de personnes, même parmi les

(¹) *Voir* p. 50, 203, 212.
(²) *Observations trigonométriques.* Lu à l'Académie de Berlin en 1768 et imprimé (p. 327-356) dans le Volume portant la date de cette année, qui ne parut qu'en 1770.

géomètres, se donnent la peine de lire, j'ai cru qu'il valait mieux supprimer, en tout ou en partie seulement, ceux de mes Mémoires qui ne
contenaient rien de fort intéressant pour le progrès des Mathématiques.
D'ailleurs, j'en ai envoyé quatre ou cinq à Turin pour le quatrième Volume des *Mélanges*, qui tarde, à la vérité, un peu trop à paraître; ce qui
me reste encore, je tâcherai de le faire entrer, du moins en substance,
dans les Volumes suivants. A propos, vous trouverez dans le Volume
de 1769 un Mémoire de moi sur les ressorts ([1]), où j'ai tâché de donner une démonstration rigoureuse du principe sur lequel sont fondées
les solutions ordinaires de l'*Élastique* et sur lequel vous avez jeté
quelques doutes dans le premier Mémoire de vos *Opuscules*. Je soumets cette démonstration et tout le Mémoire à votre jugement, et je
vous prie de me faire l'honneur de me réfuter si vous trouvez que je
me suis trompé; il n'y a que la manière de réfuter de M. Fontaine
qui ne me plaît pas, parce qu'elle est plus impertinente que géométrique.

J'ai lu la théorie de la Lune de Mayer et j'en ai la même idée que
vous. Je craindrais fort que cette théorie ne fît beaucoup de tort aux
Tables et qu'il n'en fût de celles-ci comme du fameux remède de
Mlle Stephens ([2]), qui avait, comme vous savez, opéré des merveilles
avant qu'on sût en quoi il consistait, et qui, dès que le parlement d'Angleterre l'eut acheté et publié, perdit presque entièrement sa réputation.
Je dis que je craindrais qu'il n'en fût de même des Tables de Mayer si
les astronomes, pour qui elles sont destinées, étaient bien en état de juger de la théorie qui leur sert de fondement. Ce qu'il y a de singulier,
c'est que l'auteur, après avoir trouvé un certain nombre d'équations,
en rejette les unes et change la valeur des autres sans raison, et re-
marquez qu'il y a fait des changements continuels, car les équations des
Tables ne sont pas tout à fait les mêmes que les équations corrigées
de la théorie.

Je compte vous envoyer quelque chose pour le prix. J'ai considéré

([1]) *Sur la force des ressorts pliés* (p. 167-203). Voir *OEuvres*, t. III, p. 77.
([2]) C'était un remède contre la pierre. Le Parlement l'acheta 5000 l. st. en 1739.

le problème des trois corps d'une manière générale et nouvelle, non que je croie qu'elle vaille mieux que celle que l'on a employée jusqu'à présent, mais seulement pour faire *alio modo*; j'en fais l'application à la Lune, mais je doute fort que j'aie le temps nécessaire pour achever les calculs arithmétiques; en tout cas, je vous enverrai toujours ce que j'aurai. Je suis charmé que votre réconciliation avec M. de Lalande soit véritable; il me semble qu'en tout genre la paix vaut mieux que la guerre. M. Dutens est ici; il me charge de le rappeler à votre souvenir en vous faisant mille compliments de sa part. Le marquis Caraccioli sera à Paris dans le courant d'avril; j'espère que je pourrai un jour ou l'autre profiter de ses offres pour aller vous embrasser et passer quelque temps avec vous. Adieu, mon cher et illustre ami; portez-vous bien et aimez-moi comme je vous aime.

90.

D'ALEMBERT A LAGRANGE.

A Paris, ce 21 avril 1771.

Je suis charmé, mon cher ami, que vous ayez enfin reçu le *Traité des fluides*. Je réponds, par ce même courrier, à la Lettre de M. Lambert que vous m'avez envoyée. Ne me faites point de remercîments de la justice que je vous ai rendue; mon tendre attachement et ma profonde estime pour vous m'en faisaient un devoir, si cependant on peut appeler devoir ce dont on s'acquitte avec tant de plaisir. Au reste, je suis occupé depuis quelque temps de nouvelles recherches sur le mouvement des fluides; je crois qu'elles pourront être assez intéressantes, si ma santé me permet de les achever, car je suis toujours dans un état qui ne me permet de me livrer au travail que très-faiblement, et, pour peu que je commette sur cet article le plus léger excès, les maux de tête et l'insomnie en sont la triste récompense. J'attends avec grande impatience les *Mémoires* de 1768 et 1769 que vous m'annoncez, ainsi que l'Ouvrage de M. Lambert. Je recevrai aussi avec grand plaisir le troisième Volume du *Calcul intégral* d'Euler. M. de Lalande m'a dit qu'il m'envoyait sa *Dioptrique;* ainsi ne m'envoyez pas ce dernier Ouvrage de votre côté; je crois vous en avoir déjà prévenu. Je suis très-fâché que vous renonciez au parti que vous aviez pris de faire imprimer à part plusieurs de vos Mémoires; quoi que votre modestie puisse en dire et en penser, les Mathématiques perdent beaucoup de ce que vous ne donnerez pas au public. Vous me faites grand plaisir en m'annonçant votre théorie des courbes élastiques (¹), imprimée dans le Volume de 1769. Je n'ai jamais été content de ce qu'on a fait à ce sujet et je serai charmé de voir enfin une solution rigoureuse de ce problème et une théorie exacte et satisfaisante de l'action des ressorts pliés. Vous vous moquez de moi quand vous m'invitez à vous *réfuter* si vous vous êtes trompé : ce mot n'est que pour M. Fontaine, qui s'en sert volontiers et qui promet à cet égard plus qu'il ne tient; quant à moi, je vous proposerais tout au plus mes doutes, si j'en avais, comme je l'ai fait sur d'autres matières, à mes risques et périls, et avec toute la déférence que j'ai d'ailleurs pour vos talents et pour vos lumières. J'ai vu dans un journal que M. Beguelin a fait, dans le Volume de 1769, de nouvelles remarques sur les lunettes achromatiques (²), à l'occasion de l'écrit que je vous avais envoyé à ce sujet. Cet écrit est-il imprimé dans vos Mémoires ou le sera-t-il dans un autre Volume? Je le désirerais par cette seule raison que je n'en ai point gardé de copie et qu'à peine me souviens-je en gros de ce qu'il contient.

Je me doutais bien que vous penseriez comme moi sur la théorie de la Lune de Mayer, et je suis bien sûr que ces Tables n'auraient pas été aussi exactes qu'on le dit s'il ne les avait dressées que d'après ce se-

---

(¹) Comme on l'a vu plus haut, p. 196, note 1, le titre du Mémoire de Lagrange est celui-ci : *Sur la force des ressorts pliés.*

(²) Le Mémoire de Beguelin est intitulé *Remarques détachées sur la perfection réelle des lunettes dioptriques.*

cours; mais il est évident qu'il les a faites en tâtonnant les observations et en se corrigeant d'après elles.

Vous ferez à merveille de nous envoyer une pièce pour le prix; vous m'avez bien l'air d'avance de *rafler* le prix double que nous devons donner ou, au pis aller, si vous avez besoin de temps pour perfectionner votre travail, d'emporter le *prix triple* en 1774. Si M. Dutens est encore à Berlin, faites-lui, je vous prie, mille compliments de ma part. Je reverrai avec grand plaisir le marquis Caraccioli, et avec bien plus de plaisir encore s'il me procure bientôt celui de vous embrasser. Adieu, mon cher ami; ayez bien soin de votre santé et conservez-vous pour la Géométrie et surtout pour moi, qui vous aime comme je vous estime : c'est tout dire. J'attends les Volumes de l'Académie par la première occasion. Mes compliments à MM. Bitaubé, Thiébault, et mes respects à l'Académie.

A Monsieur de la Grange,
directeur de la Classe mathématique de l'Académie royale
des Sciences, à Berlin.

91.

LAGRANGE A D'ALEMBERT.

A Berlin, ce 1ᵉʳ juin 1771.

Mon cher et illustre ami, j'ai reçu à la fois votre Lettre du 21 avril et votre paquet du 14 février contenant l'*Hydrodynamique* de M. Bossut; je vous remercie de tout mon cœur de l'une et de l'autre; je vous suis surtout fort obligé de m'avoir fait connaître cet excellent Ouvrage, que j'ai lu avec autant de satisfaction que de fruit et qui a beaucoup augmenté en moi l'estime que j'ai depuis longtemps pour le mérite de l'auteur. Si vous avez occasion de le voir, voudriez-vous avoir la bonté de lui faire des compliments de ma part et des excuses de la petite impolitesse que j'ai commise à son égard en omettant de le remercier du présent qu'il m'a fait, il y a environ quatre ans, de sa pièce sur le mouvement des planètes (¹). Comme je ne faisais alors que d'arriver dans ce pays et que j'étais accablé de mille petits devoirs qui ne me laissaient guère de temps de reste, il se peut que j'aie manqué à l'honnêteté que je lui devais, mais je vous prie de l'assurer du cas que j'ai toujours fait de ses talents et de ses Ouvrages. Je lui destine un exemplaire de la traduction française de l'*Algèbre allemande* (²) d'Euler, qui s'imprime actuellement à Lyon et où la moitié du second Volume, qui roule entièrement sur l'analyse de Diophante, est de ma façon; je le lui ferai parvenir dès que l'Ouvrage paraîtra, mais je le dispense d'avance de tout remercîment. Vous jugez bien que je ne manquerai pas de vous en envoyer aussi un exemplaire, ainsi qu'à notre ami le marquis de Condorcet, à qui je vous prie de vouloir bien faire mille compliments de ma part. Je compte que vous aurez reçu une petite balle que je vous ai envoyée il y a quelque temps, et qui contient les deux derniers Volumes de notre Académie, savoir les années 1768 et 1769, le troisième Volume du *Calcul intégral* d'Euler, qui paraît depuis peu, et dont il n'y avait encore à Berlin que ce seul exemplaire, qui est venu de Pétersbourg dans les équipages du prince Henri (³), et deux brochures pour le marquis de Condorcet, lesquelles renferment les Mémoires que j'ai donnés dans les mêmes Volumes pour 1768 et 1769. Si vos occupations et surtout votre santé vous permettent de jeter les yeux sur ces Mémoires, j'espère que vous voudrez bien me faire la grâce de m'en dire votre avis; je suis surtout fort curieux de savoir ce que vous pensez de la nouvelle méthode que j'ai donnée dans le Volume de 1768 pour réduire en série les racines des équations littérales, et dont j'ai fait ensuite l'ap-

---

(¹) C'est sans doute l'Ouvrage intitulé *Recherches sur les altérations que la résistance de l'éther peut produire dans le mouvement moyen des planètes.* Paris, 1766; in-4°.

(²) Les *Éléments d'Algèbre, par M. Léonard Euler, traduits de l'allemand avec des notes et des additions*, parurent seulement en 1774 (Lyon et Paris, 2 vol. in-8°). Les additions de Lagrange occupent les pages 369-658 du second Volume. — Voir *Œuvres*, t. VII, p. 5-180.

(³) Le prince Henri de Prusse.

plication au problème de Kepler dans le Volume de 1769 ([1]). Vous trouverez, au reste, dans ce même Volume, tous les écrits que vous m'avez envoyés sur les verres optiques, et vous pouvez compter sur la même exactitude de ma part à faire imprimer tout ce dont vous voudrez bien honorer
notre Académie. Je suis presque sûr de pouvoir envoyer quelque chose
pour le prix de la Lune. Je crois qu'on peut adresser directement les
paquets à M. de Fouchy et qu'il n'est pas nécessaire qu'ils lui soient
remis francs de port; si cela était, vous m'obligeriez très-fort de m'en
avertir à temps. Il est vrai que je pourrais envoyer le paquet à M. Métra, en lui faisant rembourser par les Michelet les frais de port; mais je
ne voudrais pas m'y embarquer sans nécessité, car quelqu'un qui a eu
autrefois occasion de lui adresser un paquet, pour qu'il le fît parvenir
franc de port à sa destination, m'a dit qu'il en avait fait monter les
frais à une somme exorbitante. Voulez-vous avoir un petit échantillon de
la manière dont ces messieurs arrangent les choses? Vous lui avez remis votre paquet à la moitié de février, comme je le vois par votre billet;
je ne l'ai reçu qu'à la fin de mars, et l'on m'a fait payer 2 écus et 16 gros
pour le port, qui font plus de 10 livres, argent de France. Je vous prie
cependant de ne lui en rien dire, car il n'en serait ni plus ni moins;
seulement il se fâcherait peut-être contre moi et me le garderait; au
reste, je serais bien aise de savoir si mes Lettres vous sont remises
franches de port ou non: c'est un article sur lequel j'ai quelque intérêt
d'être éclairci. Quant aux envois que vous pourrez avoir occasion de
me faire par la suite, je crois qu'il vaudra toujours mieux se servir de
la voie de quelque libraire, comme Briasson ou autres; je crois, par
exemple, que Panckoucke est en grande liaison avec notre libraire
Bourdeau, à qui il fait souvent des envois considérables. Adieu, mon
cher et illustre ami; portez-vous bien et aimez-moi comme je vous
aime; je vous embrasse de tout mon cœur.

P.-S. — La petite balle dont je vous ai parlé a été adressée à M. de

---

([1]) Le Mémoire est intitulé *Sur le problème de Kepler*, année 1769, p. 167-203. — Voir
OEuvres, t. III, p. 113-141.

la Lande, à qui vous pouvez en demander compte au cas qu'elle ne vous
ait pas encore été remise; elle contient, outre les Ouvrages dont je
vous ai déjà parlé, un exemplaire des Tables de M. Lambert ([1]).
Qu'est-ce que c'est qu'un Traité du Calcul intégral, de M. Fontaine, qui
paraît à Paris?

92.

D'ALEMBERT A LAGRANGE.

A Paris, le 14 juin 1771.

Mon cher et illustre ami, j'ai lu à l'abbé Bossut l'article de votre
Lettre qui le regarde; il m'en a paru très-touché; il m'a chargé de
vous faire mille compliments et remercîments de sa part, de vous assurer de toute son admiration pour vos talents et pour vos Ouvrages, et
de vous dire combien il est flatté du suffrage que vous accordez à son
Hydrodynamique. A propos de cette petite explication, je ne sais à quel
propos M. de Castillon se plaint de vous; il me mande que vous n'êtes
pas *facile à vivre;* je lui réponds que je ne m'en suis jamais aperçu, et
qu'au contraire je n'ai jamais vu en vous que beaucoup de douceur et
d'honnêteté. Comme je le crois malheureux, je crains que, par une
suite presque nécessaire, il ne soit mécontent de tout le monde.

M. de Lalande n'a point encore reçu la balle de livres que vous m'annoncez, et que j'attends avec impatience. Mon premier soin sera de
prendre du moins une idée de ce que vous avez mis dans les nouveaux
Volumes, car ma tête ne me permet toujours qu'une très-faible application. Je m'occupe cependant d'un moment à l'autre de la théorie des
fluides et de quelques autres recherches légères. A propos de cela, je
vous serais très-obligé de lire à votre loisir le Mémoire du chevalier de
Borda, qui est dans notre Volume de 1766, sur le mouvement des fluides

---

([1]) *Zulage zu den logarithmischen und trigonometrischen Tabellen.* Berlin, 1770, in-8°.

dans des vases (¹); il me paraît plein de mauvais raisonnements, dont j'ai déjà réfuté quelques-uns et dont j'espère réfuter le reste quand je donnerai mes nouvelles recherches sur ce sujet.

Je ne sais ce que c'est que le nouveau Traité du Calcul intégral de Fontaine; soyez sûr que ce Traité n'existe pas; il n'y en a d'autres que celui que vous connaissez. Je vous prie de faire d'avance mes remerciments à M. Lambert des Tables qu'il veut bien m'envoyer.

M. de Fouchy m'a dit qu'il n'était point nécessaire d'affranchir le port pour les pièces du prix; cependant, si le paquet était un peu gros, et même dans tous les cas, vous pourriez le faire mettre dans le paquet que le Résident de France à Berlin envoie ici au Ministre des Affaires étrangères, avec une double enveloppe, dont l'intérieure serait à M. de Fouchy et l'extérieure au Ministre des Affaires étrangères. Vous écririez en même temps par la poste à M. de Fouchy une Lettre d'avis, non signée, par laquelle vous lui marqueriez que ce paquet est adressé à notre Ministre, afin que M. de Fouchy puisse le réclamer et le retirer. J'ai grande envie de voir ce que vous avez fait sur la théorie de la Lune. Je vous enverrai incessamment les Mémoires que j'ai imprimés dans notre Volume de 1769, qui ne paraîtra qu'à la fin de l'année. M. de Condorcet n'est point à Paris actuellement, mais il arrivera bientôt et je m'acquitterai de votre commission.

Je suis vraiment très-fâché du prix énorme qu'on vous fait payer pour ces paquets; il y a longtemps que je me suis aperçu que M. Michelet est un tant soit peu juif; milord Maréchal me le disait à Berlin, il y a huit ans. A l'égard de vos Lettres, je n'en paye point le port, mais c'est parce que j'ai prié M. Métra de mettre sur le compte de la correspondance du Roi toutes les Lettres et paquets qui me viennent de Berlin par la poste, car, dans les commencements, il voulait me les faire payer. Au reste, pour qu'il n'y ait point là-dessus de quiproquo, il est bon que vous sachiez que, quoiqu'on affranchisse les paquets et Lettres de Berlin jusqu'à Wesel, elles payent encore depuis Wesel jusqu'ici.

(¹) *Mémoire sur l'écoulement des fluides par les orifices des vases* (p. 579-607).

Quoi qu'il en soit, je m'adresserai désormais à Briasson ou à quelque autre libraire, par exemple à Panckoucke, que je connais beaucoup, car, en vérité, cette juiverie n'est pas supportable. Adieu, mon cher et illustre ami, je vous embrasse de tout mon cœur; conservez-vous pour la Géométrie et surtout pour moi.

P.-S. — M. de Lalande me mande à l'instant que la balle est arrivée, qu'elle est à la chambre syndicale ([1]) et que nous l'aurons demain samedi; ainsi je ne pourrai vous en parler que dans ma première Lettre.

A Monsieur de la Grange,
directeur de la Classe mathématique de l'Académie royale des Sciences
et Belles-Lettres, à Berlin.

93.

D'ALEMBERT A LAGRANGE.

Ce 10 août 1771.

Je profite, mon cher ami, du départ de M. d'Arget ([2]) pour vous envoyer ce paquet. J'ai reçu les deux Volumes de 1768 et 1769. Je vous en remercie, ainsi que du Volume d'Euler, dont je crois vous avoir déjà accusé la réception. J'ai en ce moment un si grand mal de tête que je ne puis vous en dire davantage. Je vous embrasse de tout mon cœur.

D'ALEMBERT.

([1]) A la chambre syndicale de la Librairie.
([2]) Le chevalier d'Arget, après avoir été secrétaire du marquis de Valori, envoyé de France à Berlin, fut secrétaire et lecteur de Frédéric II. Il quitta Berlin en 1752, devint, à Paris, l'intendant de l'École militaire, puis ministre des évêques de Liége et de Spire près la cour de Versailles. On trouve des Lettres de lui ou à lui adressées dans la correspondance de Voltaire et dans celle de Frédéric II.

94.

LAGRANGE A D'ALEMBERT.

A Berlin, ce 12 août 1771.

Mon cher et illustre ami, je suis bien sensible à tout ce que l'abbé Bossut vous a dit d'obligeant pour moi. Je l'ai toujours beaucoup estimé comme homme de mérite et comme votre ami, et je ne puis que vous être infiniment obligé de m'avoir procuré l'occasion de réparer en quelque sorte les torts que je pouvais avoir vis-à-vis de lui. Quant à l'autre personne dont vous me parlez (¹), je ne crois guère lui avoir donné sujet de se plaindre de moi. Il est vrai que j'ai toujours soigneusement évité d'avoir la moindre liaison avec elle; mais la raison en est: 1° qu'en général j'ai toujours aimé à vivre le plus isolé qu'il est possible, méthode dont je me trouve très-bien, surtout depuis que je suis dans ce pays; 2° que la personne dont il s'agit a toujours montré de l'éloignement pour moi, même dès mon arrivée et avant de me connaître, ayant publiquement affecté d'éviter ma rencontre; 3° que l'idée que l'on m'a d'abord donnée de son caractère ne m'a guère fait souhaiter son amitié; 4° que j'ai vu moi-même que la plupart de ceux qui se sont frottés à cette personne s'en sont tôt ou tard assez mal trouvés, et que je suis bien aise de profiter de l'expérience d'autrui autant que je peux. Au reste, je ne crois guère mériter le reproche qu'elle me fait de n'être pas *facile à vivre* et j'admire réellement cette personne de me faire un pareil reproche. Il se peut bien qu'elle soit malheureuse; il est même presque impossible qu'elle ne le soit pas avec un naturel et un caractère tel que le sien; à cela près, son sort est assez heureux, car elle a 1200 écus de pension, et son fils, qui est encore jeune et qui est

(¹) Castillon.

d'ailleurs son unique enfant, en a déjà 400. Il y a certainement bien
des gens de mérite qui seraient très-contents d'un pareil sort et qui le
regarderaient comme un grand bonheur; mais j'ai toujours remarqué
que les prétentions dans tous les genres sont exactement en raison
inverse du mérite; c'est un de mes axiomes de morale.

Si vous avez jeté les yeux sur mes Mémoires de 1768 et 1769, j'espère que vous voudrez bien m'en dire votre avis : vous savez combien
votre jugement m'est précieux et combien je suis flatté de votre approbation, lorsque je peux la mériter. Il n'est pas impossible qu'il ne vous
tombe aussi quelque autre chose de ma façon entre les mains : oserais-
je vous prier de me dire naïvement ce que vous en pensez? Je vous
demande d'avance toute votre indulgence.

Je compte que le marquis Caraccioli est actuellement à Paris, mais
je n'en suis pas sûr; voudriez-vous avoir la bonté de vous en informer?
Comme je lui dois une réponse et des remerciments pour des Livres
qu'il m'a envoyés d'Angleterre, je voudrais bien savoir où je dois lui
adresser ma Lettre. Lorsque vous aurez quelque chose à m'envoyer, il
vaudra encore mieux que vous le remettiez à M. de Lalande, qui a souvent occasion de faire des envois à M. Bernoulli, ou bien vous pouvez
le faire remettre au libraire Durand, qui est le commissionnaire du
libraire Pitra, de Berlin; celui-ci est tant soit peu plus honnête que les
autres. Ayez surtout soin qu'on n'adresse pas les paquets à M. Bourdeau, car ce serait tomber de fièvre en chaud mal.

Vous aurez vu par nos Volumes que nous sommes actuellement au
courant. Ainsi on ne publiera plus, dorénavant, qu'un seul Volume par
an, qui paraitra régulièrement à Pâques. On vient même de prendre
de nouveaux arrangements pour améliorer l'édition, et l'on a résolu de
mettre à la tête de chaque Volume une espèce d'histoire où l'on fera
simplement mention des principaux événements de l'année. Je ferai
imprimer dans celui de Pâques prochain mes nouvelles recherches sur
les tautochrones, avec quelques autres broutilles.

J'ai vu, dans quelque gazette, qu'on a mis en vente, à Paris, un
nouveau Volume des pièces pour les prix; je serais curieux de savoir

si les miennes s'y trouvent ([1]). Adieu, mon cher et illustre ami ; je vous embrasse de tout mon cœur.

A Monsieur d'Alembert,
de l'Académie française, de celles des Sciences de Paris, Berlin, etc., etc.,
rue Saint-Dominique, vis-à-vis Belle-Chasse, à Paris.

95.

D'ALEMBERT A LAGRANGE.

A Paris, ce 17 août 1771.

Mon cher et illustre ami, vous recevrez bientôt, ou peut-être aurez-vous déjà reçu, par M. d'Arget, un paquet que je vous envoie. Il contient deux Mémoires de moi, qui doivent paraître dans notre Volume de 1769, et un Mémoire de M. de Condorcet, destiné pour le même Volume. Mon premier Mémoire ([2]) renferme les démonstrations des théorèmes sur le Calcul intégral que j'ai donnés dans le Volume de 1767, avec d'autres recherches analogues ; le second ([3]), qui est peu de chose, renferme une démonstration du parallélogramme des forces, qui a du rapport à celle des *Mémoires de Turin* (t. II), et quelques autres recherches métaphysiques et géométriques sur les principes de la Mécanique.

J'ai reçu les deux Volumes de 1768 et 1769 ; ma tête, qui est toujours faible, ne m'a pas permis de lire avec toute l'application nécessaire les beaux Mémoires que vous y avez insérés. Mais j'en ai pourtant assez lu pour être enchanté de la profondeur et de l'utilité de vos recherches ; j'ai été surtout très-satisfait de votre Mémoire sur la manière

---

([1]) Elles ne parurent que dans le Volume suivant (t. IX), publié en décembre 1776.
([2]) *Recherches sur le Calcul intégral*, année 1769, p. 73.
([3]) *Mémoires pour les principes de la Mécanique* (ibid., p. 278).

de réduire en série les racines des équations littérales et de votre beau théorème sur l'équation $a - x + \varphi(x) = 0$. Quant à vos recherches sur les ressorts, je vous avouerai avec la même franchise que votre théorie sur ce sujet ne m'a pas convaincu et qu'il me semble qu'elle est susceptible d'objections que je crois solides; plus j'y pense et plus il me parait difficile de trouver une bonne théorie de la résistance des ressorts, par la raison même que vous ne paraissez pas approuver, et que j'ai dite dans mes *Opuscules,* que les corps à ressort sont une espèce de levier imparfait, qui n'est ni parfaitement raide ni parfaitement flexible. Comme j'ai été occupé depuis plusieurs mois de recherches toutes différentes, en particulier sur les fluides et sur la figure de la Terre, je n'ai point encore assez digéré les objections que j'aurais à vous proposer sur la théorie des ressorts; si un nouvel examen les confirme, je pourrai vous en faire part, en cas que vous le jugiez à propos. Je suis bien fâché d'avoir une tête qui m'oblige à tant de ménagements, car à peine puis-je donner au travail quelques moments chaque jour, et il pourrait bien se faire encore que tout ce travail ne fût que du radotage. En tout cas, vous seriez, en conscience, obligé de m'en avertir; je fais vœu d'avance de vous croire et de pratiquer, d'après vos avis, le précepte si sage : *Solve senescentem,* etc. (¹).

Je vous remercie du Volume d'Euler; vous avez oublié de me répondre sur ce que je crois vous avoir déjà demandé, si vous voudriez la traduction française de l'Ouvrage du P. Boscovich sur la figure de la Terre. Dans le cas où vous n'auriez point l'original, cet Ouvrage pourrait peut-être vous faire quelque plaisir à parcourir. J'en parle d'autant plus impartialement que le jésuite y a inséré, sous le manteau de son traducteur, une Note assez longue et assez malhonnête contre moi (²). Vous trouverez

---

(¹)   Solve senescentem mature sanus equum, ne
Peccet ad extremum ridendus, et ilia ducat.

(HORACE, *Épitres,* liv. I, ép. I, vers 8-9.)

(²) Cette Note se trouve aux pages 449-453 du *Voyage astronomique et géographique dans l'Etat de l'Eglise, entrepris par l'ordre et sous les auspices du pape Benoît XIV, pour*

dans le Volume de 1770, qu'on va mettre sous presse, une pièce où je l'ai relevé de sentinelle (¹). Adieu, mon cher et illustre ami; portez-vous bien; aimez-moi toujours, et conservez-vous pour moi et pour la Géométrie.

P.-S. — Je compte que vous enverrez ou peut-être que vous avez déjà envoyé une pièce à notre Académie pour la théorie de la Lune; nous en avons quelques autres, mais je ne crois pas qu'elles doivent vous faire peur. On dit pourtant qu'il y en a une d'Euler; s'il n'a pas suivi une autre route que dans celle de l'année dernière, je doute qu'il ait réussi. J'attends sa *Dioptrique*, que M. de Lalande doit recevoir pour moi de sa part. Adieu, mon cher et illustre ami.

A Monsieur de la Grange, directeur de la Classe mathématique de l'Académie royale des Sciences et Belles-Lettres de Prusse, à Berlin.

96.

D'ALEMBERT A LAGRANGE.

A Paris, ce 6 septembre 1771.

Mon cher et illustre ami, j'ai attendu, pour répondre à votre dernière Lettre du 12 août, que le marquis Caraccioli fût arrivé; il y a si longtemps qu'on l'annonce sans qu'il arrive, que j'ai craint de vous induire en erreur en me contentant de vous apprendre qu'il allait arriver. Enfin il est ici depuis trois à quatre jours, logé à l'hôtel de

---

mesurer deux degrés du méridien, par les PP. Maire et Boscovich, de la Compagnie de Jésus, traduit du latin, augmenté de notes, etc. (Paris, 1770, in-4°). — Suivant la *Bibliographie astronomique* de Lalande, cette traduction est du jésuite Hugon, et le P. Boscovich y a fait des additions.

(¹) Je n'ai trouvé aucun Mémoire de d'Alembert ni dans le Volume de 1770 ni dans les trois Volumes suivants.

Suède, rue de l'Université. Je ne l'ai point encore vu, mais je lui ai écrit un billet pour lui faire vos compliments, lui apprendre les raisons de votre silence, et lui annoncer que je vous mandais son arrivée et que vous lui écririez bientôt.

Je n'ai rien à vous dire d'après tout ce que vous me mandez de l'homme en question qui se plaint que vous êtes si *difficile à vivre;* je crois qu'il sera là-dessus tout seul de son avis. Je suppose qu'il en pourrait bien être de cet homme comme de ceux qui voient les autres de couleur jaune, parce qu'ils le sont eux-mêmes.

Nous venons de perdre un autre homme, qui, avec beaucoup plus de talents et un caractère d'une autre espèce, n'était pas plus facile à vivre : M. Fontaine est mort le 21 du mois dernier, dans un état fort misérable, accablé de dettes et même ruiné, le tout par sa faute, et pour avoir eu la vanité de vouloir être seigneur de paroisse, et d'avoir acheté pour cela une terre qu'on lui a vendue un prix fou et qu'il n'a pas pu payer. Il avait en outre la v....., ou du moins, si je suis bien informé, des *reliquats* de c.........., ou c......-......, qui lui ont procuré une rétention d'urine, dont il est mort. C'était un homme de génie, mais d'ailleurs un fort vilain homme; la société gagne à sa mort encore plus que la Géométrie n'y perd.

Vous aurez dû recevoir par M. d'Arget un paquet qu'il s'est chargé de vous remettre, et qui contient mes Mémoires imprimés en 1769. Je serai ravi de voir vos recherches nouvelles sur les tautochrones; j'avais encore quelques vues sur cette matière, mais simplement ébauchées; j'attendrai, pour les suivre ou pour les laisser là, que j'aie vu ce que vous avez fait de nouveau. Je suis encore plus curieux de voir d'autres choses de vous. C'est demain qu'on nous distribuera les pièces des prix; je désirerais fort que vous eussiez concouru, et je l'espère un peu, d'après ce qu'on m'a dit qu'il y avait une pièce arrivée de Berlin. Je suis sûr qu'il y en a aussi une de Pétersbourg, mais je doute qu'elle ajoute beaucoup à celle de l'année passée, du moins autant que j'en ai pu juger en jetant les yeux sur cette pièce, le jour que j'allai chez notre secrétaire pour la commission que vous m'aviez donnée. Je ne doute point que, si vous avez concouru, vous n'ayez beaucoup ajouté à ce que nous savions déjà sur ce sujet, qui ne sera pas sitôt épuisé, à ce que j'imagine.

Vous pouvez être tranquille sur les envois que je vous ferai dans la suite ; je m'adresserai ou à Lalande ou à Durand, comme vous me l'indiquez, et je ne vous laisserai plus à dévorer à la race juive des Bordeaux et des Michelet. Adieu, mon cher et illustre ami ; je vous adresse directement cette Lettre par la poste, parce que je n'ai point en ce moment d'autre occasion et que vous me paraissez désireux d'apprendre l'arrivée du marquis Caraccioli. Je vous embrasse de tout mon cœur.

A Monsieur de la Grange,
de l'Académie royale des Sciences et des Belles-Lettres de Prusse, à Berlin.

97.

LAGRANGE A D'ALEMBERT.

A Berlin, ce 30 septembre 1771.

Mon cher et illustre ami, j'ai reçu vos deux Lettres du 17 août et du 6 septembre, ainsi que le paquet que vous avez eu la bonté de m'envoyer par M. d'Arget, et dont je vous remercie de tout mon cœur. Vous jugez bien que j'ai été très-empressé de lire ou plutôt d'étudier vos savantes et profondes recherches sur le Calcul intégral. Je ne puis vous dire combien j'ai été enchanté de la beauté et de la généralité de la plupart de vos méthodes ; elles pourraient fournir la matière de plusieurs Volumes, mais je crois que l'espèce de lecteurs à qui ces sortes d'Ouvrages sont destinées aiment encore mieux qu'on leur donne les choses d'une manière courte et précise, et qui laisse beaucoup à penser, que de les délayer et de les noyer dans un long verbiage et dans un fatras de calcul. Comme votre théorème XLIX a quelque rapport à la méthode que j'ai donnée dans le troisième Volume de Turin, je l'ai particulièrement examiné, et il me semble qu'il ne saurait être exempt de l'inconvénient de donner des arcs de cercle où il ne doit point y en avoir, comme dans l'exemple de l'article 107. Il serait trop long de vous dire les raisons qui me portent à en juger; vous n'aurez pas de peine à voir si j'ai raison ou tort, et je soumets d'avance mon jugement au vôtre. Si vous avez reçu une pièce dont la devise est *Juvat integros accedere fontes,* je vous dirai à l'oreille qu'elle vient de moi; mais je vous avouerai en même temps que je ne l'ai envoyée que pour faire nombre et pour ne pas manquer à la parole que je vous avais donnée, car, d'ailleurs, je sens qu'elle ne peut avoir que très-peu de mérite relativement à la question du prix, et, comme par cette raison j'imagine qu'elle sera mise au rebut, je vous prie de ne pas dire qu'elle est de ma façon. M. Euler m'a mandé qu'il avait achevé sa théorie de la Lune et qu'il avait heureusement surmonté toutes les difficultés qu'il y avait rencontrées; ainsi la pièce qu'il vous a envoyée doit laisser bien peu à désirer. Je suis fort curieux de savoir ce qui en est. A propos, avez-vous lu sa *Dioptrique?* Il me semble qu'il y a de fort jolies formules, mais je doute fort qu'elles soient d'un grand usage, malgré l'immense détail de calcul où il est entré pour en montrer l'application. Il doit encore y avoir un troisième Volume (car je suppose que vous avez reçu les deux premiers comme moi), dont j'ignore le sujet; je le recevrai bientôt, avec le quatorzième Volume des *Commentaires,* qui doit renfermer une nouvelle théorie des comètes. Je ne vous réitère pas les offres que je vous ai déjà faites de vous envoyer les Ouvrages nouveaux de M. Euler et des autres géomètres du Nord, qui sont, à la vérité, en bien petit nombre. Vous savez que vous ne pouvez pas me faire de plus grand plaisir que de me donner des occasions de vous servir; vous ne devez pas craindre non plus de m'incommoder par ces bagatelles, et d'ailleurs les obligations que je vous ai sont infiniment au-dessus de tous les petits services que je pourrais jamais vous rendre.

J'ai été fort touché de la mort de M. Fontaine, et surtout des circonstances qui l'ont accompagnée; quoiqu'il se fût déchaîné contre moi sans rime ni raison, le souvenir de ses anciennes bontés pour moi m'empêchait cependant de lui en vouloir du mal. Aussi ai-je tâché de mettre dans mes réponses toute la modération que son procédé peu équitable pouvait me permettre. Mon Mémoire sur les tautochrones paraîtra à Pâques; je suis fâché qu'il vienne après la mort de celui qui en est l'objet et qui y est particulièrement intéressé; il en est de même du Mémoire sur les *maxima* et *minima* que j'ai envoyé à Turin il y a plus d'un an. Dieu sait quand ce Volume de Turin paraîtra; si vous aviez occasion d'écrire là-bas à quelqu'un, vous devriez faire quelques plaintes sur le retardement de la publication de ce Volume, et je crois que tous les étrangers qui y ont concouru vous en auraient obligation.

Je vous remercie de m'avoir annoncé l'arrivée du marquis Caraccioli; je lui écris par ce même ordinaire. Je compte que vous aurez quelquefois occasion de le voir; c'est un homme qui, par son propre mérite et par les sentiments d'estime qu'il a pour vous, ne me paraît pas indigne que vous cultiviez sa connaissance.

J'ai écrit vos compliments à M. Dutens pour le tranquilliser. Je ne sais si vous savez qu'étant dernièrement à Rome il y a publié (apparemment pour faire un peu sa cour au pape et aux cardinaux, dont il a en effet reçu des gracieusetés, qu'on ne lui aurait pas faites sans cela) une brochure anonyme intitulée *le Tocsin* ([1]), dans laquelle il maltraite un peu Voltaire ([2]) et les autres apôtres de l'incrédulité. Comme il y a un passage qu'on a voulu vous appliquer, quoique l'auteur m'ait juré qu'il ne vous avait point eu en vue, il a craint de vous avoir indisposé contre lui et m'a chargé de tâcher de savoir sous main si vos sentiments pour lui étaient toujours les mêmes. Au reste, je vous prie que cela soit dit entre nous, parce qu'il en pourrait résulter des tracasseries

---

([1]) *Le Tocsin*, Rome, 1769, in-8°. Il fut fait à Turin, à Paris et à Londres des éditions de cet écrit, que l'auteur a réimprimé dans ses *OEuvres mêlées* (Genève, 1784, in-8°), où, sous le titre d'*Appel au bon sens*, il occupe les pages 175 à 212.

([2]) *Voir* la page 186.

pour lesquelles j'ai une extrême aversion. Vous jugez bien que je n'ai pas manqué de laver un peu la tête à mon homme et de lui faire sentir qu'il est impossible de pouvoir à la fois honnêtement *servire Deo et Mammonæ.*

Je vous remercie de l'offre obligeante que vous me faites de m'envoyer l'Ouvrage du P. Boscovich. Comme M. Bernoulli en a fait l'acquisition pour la bibliothèque de l'Observatoire, je le lui ai emprunté et je l'ai tout parcouru ces jours derniers. Je crois que vous n'aurez pas eu de peine à répondre à l'auteur de la note de la page 450. Son paralogisme consiste, suivant moi, dans l'argumentation *a minori ad majus* qu'il emploie page 453, car il n'a pas observé que l'expression générale de l'ellipticité $\frac{6f\alpha + 5(f+1)\varphi}{2(5f+2)}$ (en faisant $\alpha = 1$), page 451, ne peut à la vérité devenir négative, lorsque $\alpha = 0$, tant que le dénominateur est positif, condition nécessaire pour le rétablissement de l'équilibre, mais qu'elle peut très-bien le devenir quand α n'est pas nul, car, prenant f négatif et égal à $- g$, il suffira que $g < \frac{2}{3}$ et $> \frac{5\varphi}{5+6\alpha} > \frac{1}{1+\frac{6\alpha}{5\varphi}}$,

de sorte qu'il n'y aura qu'à prendre α en sorte que $\frac{5}{2} > 1 + \frac{6\alpha}{5\varphi}$ ou bien $\alpha < \frac{5\varphi}{4}$; d'où l'on voit que α peut être aussi positif. Adieu, mon cher et illustre ami; je vous embrasse de tout mon cœur.

98.

D'ALEMBERT A LAGRANGE.

A Paris, ce 8 novembre 1771.

Mon cher et illustre ami, je suis très-flatté du suffrage que vous voulez bien accorder à mes recherches sur le Calcul intégral; je les aurais peut-être poussées plus loin si l'état de faiblesse où est toujours ma tête me l'avait permis. C'est ce même état de faiblesse qui fait que je n'ai pu encore examiner à fond l'objection que vous me faites sur le théorème XLIX et l'article 107. Il est vrai que ma méthode a du rapport avec celle que vous avez donnée dans les *Mémoires de Turin* pour le même objet; j'ai même dit, dans le quatrième Volume de mes *Opuscules*, page 373, que c'était votre Mémoire qui m'en avait fait naître l'idée. J'y reviendrai plus à loisir et à petites reprises fréquentes, car je ne puis travailler que de la sorte; je comparerai ma méthode avec la vôtre, et je vous dirai ce qui en résultera.

Je n'ai pas eu de peine à reconnaître l'auteur de la pièce *Juvat integros accedere fontes;* elle me paraît très-belle, au moins quant à la partie qui y est traitée. Je voudrais que l'auteur eût poussé plus loin l'application à la théorie de la Lune, et il ne tiendra pas à moi qu'il ne suive ce travail. Ce que nous avons eu de Pétersbourg pour ce nouveau concours n'ajoute pas grand'chose, ce me semble, à ce que nous avions déjà eu; il y a seulement plus de travail quant au calcul. Il est vrai que ce travail peut mériter récompense, mais les grandes difficultés de la question ne me paraissent pas entamées. Au reste, quelque envie que j'aie de vous garder le secret, je dois vous prévenir que plusieurs des commissaires vous ont reconnu ainsi que moi; mais soyez sûr qu'il n'y a à cela nul inconvénient et que le jugement de l'Académie, quel qu'il puisse être, ne vous mettra jamais dans le cas de désavouer cet Ouvrage, qui me paraît vraiment digne de vous et qui n'a besoin que d'être achevé.

J'ai reçu les deux Volumes de la *Dioptrique* d'Euler, mais je n'y ai pas encore jeté les yeux, quoique depuis quelque temps je me sois un peu occupé de recherches sur la théorie des observations, que je crois avoir généralisée et simplifiée. Quand j'aurai un peu plus de loisir, je verrai les formules de M. Euler. Puisque vous ne voulez point de la traduction du P. Boscovich, je voudrais bien au moins avoir quelque autre chose à vous envoyer. S'il paraît ici quelque Ouvrage qui puisse vous convenir, j'espère que vous n'en ferez pas de façons avec moi, et ce n'est qu'à cette condition que je puis recevoir ce que vous m'enverrez du Nord.

J'ai grande envie de voir votre réponse à Fontaine sur les *tautochrones* et sur les *maxima,* et je ne doute pas d'avance qu'elle ne soit excellente, car assurément vous avez beau jeu. Il est vrai que ce quatrième Volume des *Mémoires de Turin* tarde bien à paraître. Je prierai le marquis de Condorcet d'en écrire au comte de Saluces et de lui dire que cette lenteur effroyable dégoûte tous ceux qui pourraient envoyer des Mémoires pour ce Recueil.

Je connais le *Tocsin* dont vous me parlez. Un de mes amis me l'a apporté d'Italie, et j'avais peine à croire, quoiqu'il me l'eût assuré, que M. Dutens en fût l'auteur. Quoi qu'il en dise, je crois que c'est de moi qu'il a voulu parler aux pages 12 et 17; mais je n'en suis point offensé, et vous avez très-bien fait de le tranquilliser à ce sujet en lui faisant mes compliments. Je puis, au reste, vous dire de cet Ouvrage, comme dans le festin de Despréaux, ˊ.

.... à mon gré la pièce est assez plate,

et je m'en rapporte bien à vous sur les remontrances que vous lui avez faites. Ce qu'il a le plus à craindre, c'est que l'Ouvrage et l'auteur ne viennent à la connaissance de Voltaire, qui pourrait s'en venger d'une manière très-mortifiante pour M. Dutens, et à qui je me garderai bien, comme vous croyez, de donner aucun renseignement à ce sujet. Vous n'avez pas eu de peine, comme je le vois, à démêler le paralogisme du traducteur de Boscovich, ou plutôt de Boscovich lui-même, car vous croyez bien que c'est lui qui a envoyé cette Note. Ce jésuite est un drôle bien avantageux et bien insolent; mais je saurai bien rabattre son insolence et lui donner des nasardes sur le nez de son traducteur.

J'emploierai le reste de cette Lettre à vous dire en peu de mots mes difficultés sur votre solution du problème de l'élastique; vous jugerez si elles sont fondées. D'abord je ne vois pas, mais ceci est une bagatelle, pourquoi vous faites, page 169, $R \cos\varphi = F$; il me semble que ce devrait être $R\cos\frac{1}{2}\varphi = F$, car il me semble que F doit être comme le sinus de $BCc = \cos\frac{1}{2}\varphi$; j'entends ici par F l'action du ressort Cc pour faire tourner les points C, c autour de B et rapprocher ainsi les lignes BC, Bc. En second lieu, après avoir fait $R\cos\varphi = F$, vous faites F égal à P; or, dans la première de ces équations, F n'est qu'une simple force, et dans la seconde F est un moment, ou bien $F \times I = F \times BC$. Je ne vous ferais point cette seconde objection sans ce que vous dites à la page 171, que l'*action du ressort* est en raison inverse de l'angle de courbure. Qu'entendez-vous là par l'*action du ressort?* Est-ce la valeur simple de F? est-ce le moment de F? Si c'est la valeur simple, je conviens que cette force est d'autant plus grande que la courbure est plus grande, mais de la faire proportionnelle à $\frac{1}{R}$ plutôt qu'à une fonction de $\frac{1}{R}$ qui croisse à mesure que R décroit, je n'en vois pas la nécessité. D'ailleurs, quoique l'expérience prouve en effet que l'action d'un ressort est d'autant plus grande qu'il est plus courbé, il serait peut-être difficile d'en rendre une raison mathématique satisfaisante. Je vois bien qu'on peut dire que, en supposant le ressort un polygone d'une infinité de côtés, l'effort qu'ils feront pour se rapprocher et se remettre en ligne droite sera proportionnel à l'angle que ces côtés feront entre eux; mais je vois en même temps qu'en diminuant les côtés l'angle diminuera, quoique la force du ressort reste réellement la même. Ainsi cette force n'est point proportionnelle à l'angle en question ou à $\frac{dS}{R}$, par la raison qu'elle varierait selon qu'elle prendrait dS plus grand ou plus petit. Si par l'*action du ressort* on entend son moment, d'abord je ne vois pas non plus comment ce ressort est plutôt proportionnel à $\frac{1}{R}$ qu'à une fonction de $\frac{1}{R}$; ensuite je ne puis me faire une idée nette de ce *moment*, car où est son bras de levier? Si c'est le côté BC que vous appelez I, ce côté BC ou dS est ici infiniment petit, et pourrait même, à la rigueur, être supposé $= o$ dans la courbe considérée rigoureusement; mais je veux bien le supposer infiniment petit : alors, nommant F la force simple du ressort, on aurait donc son moment

$$F\,dS = \frac{B}{R};$$

d'où

$$F = \frac{B}{R\,dS},$$

c'est-à-dire infini et, de plus, variable, car, dans votre solution, B est fini et $= 2K^2$, et dS peut être pris à volonté. Or j'ai peine à concevoir que F soit infini et variable en raison de $\frac{1}{dS}$. En troisième lieu, il me semble que vous ne parvenez à votre équation finale

$$F = aP, \quad F' = a'P, \quad \dots,$$

ou plutôt

$$F \times \iota = aP, \quad F' \times \iota = a'P, \quad \dots,$$

que par la substitution des ressorts FN, NM, ML, ..., qui sont *en ligne droite* avec le poids P. Or cette substitution de ressorts placés tous *en ligne droite* et *obliquement* par rapport à la direction des côtés de la courbe prolongés me paraît arbitraire, et il me semble qu'on pourrait en faire une autre, qui serait même plus naturelle et qui ne donnerait plus l'équilibre. Par exemple, représentons la force par laquelle le côté BC tend à se rapprocher de ABK par une force CV perpendiculaire à BC; cette supposition est, ce me semble, très-permise et même très-naturelle; représentons de même la force de AB ou BK pour se rapprocher de BC, par une force Ki perpendiculaire à BK, en prenant BK = BC, cette force Ki étant égale à la force CV, comme elle le doit être; enfin imaginons que la force du côté AB pour se rapprocher de AO (que je suppose horizontal, pour plus de simplicité) soit représentée par une force suivant KS perpendiculaire à BK, et dont le moment soit égal au moment du ressort AB, c'est-à-dire F × AB ou P × AO, car F × AB = P × AO, selon vous, et il me semble que, dans cette supposition, il est aisé de faire voir que les forces suivant CV, Ki et KS ne seront pas en équilibre avec le poids P; car la force qui résulte de l'action du poids P suivant CP et de la force suivant CV doit être dirigée suivant CB, et l'on peut, si je ne me trompe, faire voir aisément que le moment de cette force par rapport au point A (que je suppose fixe) n'est pas égal au moment des forces suivant KS et Ki par rapport à A.

Ces difficultés n'ont peut-être pas le sens commun; vous m'en direz votre avis à loisir. Je ne sais pas non plus s'il faut supposer que les côtés contigus BC, CD tendent *mutuellement* à se rapprocher l'un de l'autre; je sais bien que cela serait ainsi si le ressort était libre, c'est-à-dire s'il n'était pas attaché fixement en A, mais il me semble d'abord qu'à cause de l'obstacle immobile A le côté BC tend seulement à se rapprocher de AB, et non pas AB de BC, et il me semble qu'on pourrait conclure de là que de même le côté CD tend à se rapprocher de BC, et non pas BC de CD; et ainsi du reste. Je ne vois pas non plus, mais ceci est encore une bagatelle, pourquoi vous faites le premier côté AB horizontal; il me semble qu'il devrait être incliné, et je crois même que cela résulte de vos formules de la page 174, ou plutôt des formules où vous ne supposez point Q = o. Pendant que je suis en train de bavarder, et peut-être de déraisonner, je vous dirai aussi un mot sur ces formules. Je ne vois pas pourquoi vous supposez, page 174, que $z = o$ lorsque S et x, y sont égaux à o. Si cela était, il s'ensuivrait de l'équation $dS = \int \frac{dr}{\sin z}$ que $z = o$ donne S égal à tout ce qu'on voudra et qu'ainsi le ressort serait en ligne droite. D'ailleurs, en faisant Q = o,

je ne vois pas pourquoi il faut nécessairement que le premier côté de
la courbe en A soit dans la direction AP de la force P. Je vois seulement, en admettant d'ailleurs la théorie ordinaire des courbes élastiques, que la courbure en A doit être nulle. Il me semble, d'ailleurs,

que quand un ressort AC fixe en C est tendu par un poids P, ce qui est le
cas de Q = o, la direction du côté de la courbe en A n'est pas nécessairement verticale; au moins l'expérience paraît-elle le prouver dans plusieurs cas. De plus, si le premier côté de la courbe devait être dans la
direction AP de la force P, il me semble que, par la même raison,
quand Q n'est pas égal à o, le premier côté de la courbe devrait être
dans la direction de la force résultante de Q et de P; or il me semble
qu'il résulte le contraire de vos autres formules et de vos figures
mêmes, car dans la *fig.* 3, par exemple, la force R suivant AR, qui résulte
des forces P et Q, n'est pas dirigée suivant la tangente de la courbe en A.
Il faut, mon cher et illustre ami, que je compte autant que je fais sur
votre amitié et sur votre patience pour vous ennuyer ainsi de mes
idées, qui pourraient bien n'être que des rêveries; vous en jugerez,
encore une fois, et vous m'en direz votre avis franchement et tout à
votre aise.

Le marquis Caraccioli est à Fontainebleau avec la Cour et n'en reviendra que vers le 20; nous avons déjà parlé beaucoup de vous, et vous
avez en lui un admirateur et un ami tel que vous le méritez. Je lui ai
fait faire connaissance avec Mlle de Lespinasse, qui demeure dans la
même maison que moi, chez laquelle je passe mes soirées, et qui rassemble chez elle beaucoup de gens de mérite en tout genre. Le mar-

quis Caraccioli lui plaît beaucoup, et elle prend, ainsi que moi, grand plaisir à sa conversation. J'espère que nous nous verrons beaucoup cet hiver. Ne seriez-vous pas tenté de venir aussi le voir à Paris? J'aurais grand plaisir à vous y embrasser. Adieu, mon cher ami ; je vous demande encore une fois pardon de tout mon verbiage, dont je suis honteux. Portez-vous bien, et conservez-vous pour la Géométrie et pour la Philosophie, à laquelle vous faites tant d'honneur à tous égards. Je vous embrasse aussi tendrement que je vous aime.

P.-S. — Je vous serai obligé de me dire, toujours à votre loisir, ce que vous pensez du Mémoire du chevalier de Borda imprimé dans notre Volume de 1766, page 579. Il me semble que sa théorie est, à beaucoup d'égards, bien précaire, et que ses raisonnements ne sont pas fort concluants. Je crois avoir trouvé une théorie du mouvement des fluides dans des vases qui expliquera les expériences d'une manière plus satisfaisante; mais il me faudra du temps et un peu plus de tête pour mettre tout cela en ordre. Adieu, mon cher ami ; le papier m'avertit qu'il est temps de vous laisser respirer.

99.

LAGRANGE A D'ALEMBERT.

A Berlin, ce 16 décembre 1771.

Vous recevrez, mon cher et illustre ami, ou peut-être aurez-vous déjà reçu par M. Salomon ([1]), musicien du prince Henri ([2]), lequel vient de partir pour Paris, un Livre que je vous envoie: c'est le premier Vo-

([1]) Jean-Pierre Salomon, violoniste et compositeur, né à Bonn en 1745, mort en Angleterre.

([2]) Le prince Henri de Prusse.

lume des *Nouveaux Commentaires* de Gœttingue (¹), qui paraît depuis peu. Comme cet Ouvrage contient quelques Mémoires de Géométrie, j'ai cru qu'il pourrait vous faire quelque plaisir; du moins servira-t-il à vous faire juger de l'état de cette science en Allemagne, et je doute fort qu'il vous en donne une assez bonne idée. Il y a, d'ailleurs, une autre raison particulière qui m'a engagé à vous envoyer ce Volume : c'est qu'il renferme un Mémoire qui vous intéresse particulièrement et qui est une espèce de défense de l'*Hydraulique* de Jean Bernoulli contre vos objections insérées dans le *Traité des fluides*. L'auteur de ce Mémoire est un M. Kästner, qui a une grande réputation en Allemagne comme géomètre et comme littérateur; vous jugerez combien cette double réputation est fondée par la simple lecture du Mémoire dont je vous parle; vous verrez que l'auteur y prétend aussi briller du côté de l'esprit et de la plaisanterie, et vous vous tiendrez les côtes de rire. Je vous promets de vous envoyer les autres Volumes de cette Académie à mesure qu'ils paraîtront; ils serviront au moins à faire nombre dans votre bibliothèque.

Si mon travail sur le problème des trois corps a pu trouver grâce devant vos yeux, c'est beaucoup plus que je n'ai jamais souhaité; votre suffrage est un motif suffisant pour m'engager à le continuer, et je vais m'y mettre après aussitôt que j'aurai achevé quelques autres recherches dont je suis maintenant occupé. On imprime actuellement ici le Volume de l'année 1770, lequel paraîtra à Pâques prochain. On a changé le format et le caractère pour rendre l'édition plus belle. Il y aura même, au commencement de chaque Volume, une petite histoire de ce qui s'est passé de plus remarquable à l'Académie pendant l'année à laquelle il appartient. Vous trouverez dans celui qui est sous presse mon Mémoire sur les tautochrones, avec quelques autres Mémoires sur des matières différentes. L'obligation où je suis de lire huit à dix Mémoires par an

---

(¹) *Novi Commentarii Societatis regiæ Scientiarum Gottingensis*, t. I, 1771, in-4°. C'est aux pages 45-89 que se trouve le Mémoire de A.-G. Kæstner, intitulé *Pro Jo. Bernoullii Hydraulica contra Dom. d'Alembert objectiones.* — Abraham Gotthelf Kæstner, mathématicien et littérateur, né à Leipzig le 27 septembre 1719, mort le 20 juin 1800.

me force à me jeter sur toutes sortes de sujets, et il ne me reste le plus souvent qu'à glaner après ceux qui m'ont précédé.

Vous avez tout à fait raison sur l'équation $R \cos \varphi = F$, que j'ai mise, par je ne sais quelle étourderie, à la place de la véritable $R \cos \frac{1}{2}\varphi$ [1]. Quant aux autres difficultés que vous me faites sur ma démonstration de la théorie des ressorts, elles me paraissent mériter beaucoup d'attention, et je me propose bien de les examiner à tête reposée. Au reste, vous avez aussi raison de dire que, dans mes formules de la page 174, $z = o$ doit donner S égal à tout ce qu'on voudra, et qu'ainsi le ressort doit être en ligne droite : c'est aussi ce que je trouve dans la même page, et d'où je conclus que, puisque $Q = o$ donne une courbure nulle, Q très-petit donnera une courbure très-petite. Les suppositions que je fais, dans le § 11, de φ ou $Z = o$ lorsque S, x, y sont égaux à o, et des deux forces P et Q, l'une toujours dirigée suivant la tangente et l'autre suivant la perpendiculaire, me paraissent permises, ainsi que la réduction de ces deux forces à deux autres R et T dans des directions différentes (§ IV); mais je ruminerai encore tout cela et je vous en dirai les résultats.

Je vous envie l'avantage que vous avez de pouvoir profiter de la bonne compagnie du marquis Caraccioli, à qui je vous prie de vouloir bien faire mes très-humbles recommandations et mes souhaits à l'occasion du nouvel an. Si je me détermine jamais à faire un petit voyage, vous pouvez compter que j'irai droit à Paris, ne fût-ce que pour avoir encore une fois, avant de mourir, la consolation de vous revoir et de vous embrasser. Ce voyage dépend de différentes circonstances, et surtout de la permission du Roi, que je ne voudrais pas demander sitôt, pour ne pas me donner un air de légèreté que je sais qu'il n'aime pas.

Je vous promets de lire attentivement les Mémoires de M. Borda sur les fluides et de vous en dire mon avis, à condition seulement que, si cet avis lui est en quelque façon peu favorable, vous ne me compro-

---

[1] Cette inadvertance de Lagrange a été maintenue; il faut écrire $R \cos \frac{1}{2}\varphi = F$, et non pas $R \cos \varphi = F$, ainsi que nous l'avons fait indûment (Vol. III, p. 79 et 80).

(Note de l'Éditeur.)

mettiez pas vis-à-vis de lui, car je vous avoue que je n'aime pas les querelles et que je regarde mon repos comme *rem prorsus substantialem*. Adieu, mon cher ami ; portez-vous bien et aimez-moi autant que je vous aime. Je vous embrasse de tout mon cœur un million de fois.

100.

D'ALEMBERT A LAGRANGE.

A Paris, le 6 février 1772.

M. de Fouchy m'a dit, mon cher et illustre ami, que la pièce qui a pour devise *Juvat integros accedere fontes* venait de Berlin. Si vous en connaissez l'auteur et qu'il n'ait pas joint son nom à sa pièce, vous devriez l'engager à prendre cette précaution, car *on ne sait pas ce qui peut arriver*, et, en tout état de cause, je promets à l'auteur qu'il ne sera jamais compromis. Il ferait donc bien d'envoyer son nom cacheté dans un billet et sur le billet la devise de la pièce. Il pourrait l'adresser à M. de Fouchy, ou, ce qui serait encore mieux, vous pourriez l'envoyer à votre ami le marquis Caraccioli, rue Saint-Dominique, à l'hôtel de Broglie, et le charger de le remettre à M. de Fouchy ou à moi. Encore une fois, l'auteur peut bien être assuré qu'il n'en sera point fait un mauvais usage.

Vous savez peut-être que Morgagni ([1]), de Padoue, est mort. C'était un de nos huit associés étrangers. Nous en avons deux fort peu dignes de l'être, un prince Jablonowski et un prince de Löwenstein ([2]), et parmi les cinq autres il n'y a que deux mathématiciens, Bernoulli et Euler, et trois physiciens, Van Swieten, Haller et Linnæus. Vous voyez qu'il nous faut un géomètre ; il ne tiendra pas à moi bien certainement que

---

([1]) Jean-Baptiste Morgagni, célèbre anatomiste, professeur à l'Université de Padoue, né à Forli (Romagne) le 25 février 1682, mort le 5 décembre 1771.

([2]) Élus le premier en 1761, le second en 1766.

cette place ne soit donnée à celui qui le mérite. Je ne suis pas bien
sûr d'en avoir le crédit, mais j'y ferai bien certainement de mon
mieux, et, en ce cas, je vous laisse à deviner sur qui le choix tombera.

M. Salomon ne m'a remis que depuis deux jours le Volume de Göttingen, dont je vous suis très-obligé. Ce Volume me paraît bien faible
de Géométrie, comme à vous. La pièce de Kæstner contre moi est, ce
me semble, bien mince pour le fond et surtout bien ridicule pour la
forme. Je ne sais si elle vaut la peine que j'y réponde. En tout cas, ce
serait en peu de mots et tout à mon aise.

L'abbé Bossut m'a chargé de vous envoyer, en vous faisant mille
compliments de sa part, un *Traité élémentaire de Mécanique statique* (¹)
qu'il vient de publier. Comme ce ne sont que des éléments, j'attendrai quelque occasion pour vous le faire parvenir sans frais. Écrivez-
moi un mot d'honnêteté pour lui.

J'ai reçu, de la part de l'Académie de Pétersbourg, les trois Volumes
du *Calcul intégral* d'Euler. Si vous ne les avez pas à vous, dites-le moi
tout franchement; je vous les enverrai, ou par M. Salomon quand il
retournera à Berlin, ou plus tôt si j'en trouve l'occasion, car j'en ai
deux exemplaires.

J'ai grande envie de voir le Volume de 1770 et surtout ce que vous
y aurez mis. On imprime actuellement le nôtre, quoique celui de 1769
ne paraisse pas encore. Je n'aurai rien dans ce Volume, mais je compte
donner dans le courant de cette année un Volume d'*Opuscules* et peut-
être un second l'année prochaine. Il n'y aura pas grand'chose qui mérite votre attention, mais ce seront du moins des matériaux que
d'autres pourront mettre en œuvre mieux que moi. Je sens que ma
tête n'est presque plus capable de recherches mathématiques, et je
pourrais bien finir ma carrière en ce genre par ces deux Volumes.

Je vous serai très-obligé d'examiner sérieusement mes réflexions
sur la théorie des ressorts. L'objection que je vous ai faite sur
l'équation $R\cos\varphi = F$ n'est, comme je vous l'ai dit, qu'une bagatelle.

(¹) Paris, 1772, in-8°.

Les autres objections me semblent mériter plus d'attention. Je sais bien que la supposition de $\varphi = 0$, lorsque S, x, y sont $= 0$, donne le ressort dans la situation verticale, en supposant aussi $Q = 0$; mais cette conséquence vous paraît-elle naturelle et conforme surtout à l'expérience? Croyez-vous qu'un ressort fixé d'abord horizontalement et ensuite tendu par un poids placé à son extrémité doive devenir vertical? D'ailleurs, si, quand il n'y a qu'une seule force P, le dernier côté du ressort doit être dirigé suivant cette force, comme vous paraissez le supposer, ne s'ensuit-il pas que, quand il y a plusieurs forces P, Q, ..., la direction de la résultante R doit être tangente du dernier côté? ce qui, ce me semble, ne s'accorde pas avec vos autres résultats. Je sais bien que, quand il y a une force résultante R, on peut la décomposer en deux, dont l'une P soit dirigée suivant le côté de la courbe; mais cela suppose que la direction des puissances P et Q est arbitraire, et c'est ce qui n'a pas lieu quand $Q = 0$ et que la puissance P est verticale. Voyez, mon cher ami, ce que vous pensez sur ce sujet ainsi que sur mes autres objections.

Je n'ai pas encore suffisamment examiné celle que vous m'avez faite sur l'article **107** du dernier Mémoire que je vous ai envoyé. Il me semble pourtant, à vue de pays, que, si on substitue à la place des termes $A\,\ddot{u}t\cos^2\varrho z$, qui doivent venir dans le calcul, la quantité $\dfrac{A\,\ddot{u}t}{2} + \dfrac{A\,\ddot{u}t\cos 2\varrho z}{2}$ qui leur est équivalente, on doit retomber dans une formule qui reviendra à celle que vous avez donnée. Au reste, j'y repenserai plus à loisir et je vous dirai ce qui en résultera.

Vous me ferez très-grand plaisir d'examiner les objections du chevalier de Borda, et vous pouvez en toute sûreté me dire ce que vous en pensez. Soyez très-sûr que vous ne serez compromis en aucune manière. Il me semble: 1° que le raisonnement qu'il fait à la page 584 (*Mémoires* de 1766) est bien vague et bien précaire; 2° que son lemme de la page 591 ne peut s'appliquer aux fluides, qui dans leur équilibre, et par conséquent dans leur choc, ne doivent pas suivre les mêmes lois que les corps solides. 3° Je n'entends rien non plus au raisonnement qui précède ce lemme dans la même page. 4° Je n'entends pas davantage son raisonnement de la page 599. Il est bien vrai qu'il n'y a point de vitesse *infinie;* mais aussi n'y a-t-il point de diamètre *infiniment petit ;* et il s'ensuivrait de ce raisonnement que la vitesse, même dans un canal infiniment étroit, n'est pas en raison inverse de la largeur, ce qu'il suppose pourtant lui-même dans son problème I (p. 581). 5° Il me semble aussi qu'il n'a pas raison, page 605, quand il dit que la différence de force vive du fluide devra être égale à la différence de descente actuelle du poids P. Je crois que la pesanteur du poids P doit être égale, non à la différence de force vive du fluide, mais à la pression qui en résulte contre le corps plongé, et cette pression peut n'être pas = o, quoique la différence de force vive soit = o. Il est bien vrai qu'il y a des cas, comme celui dont j'ai parlé dans mon Tome V d'*Opuscules,* où la résistance paraît devoir être nulle; mais ce n'est que lorsque la partie antérieure et la postérieure sont semblables, parce qu'alors non-seulement la différence de force vive, mais aussi la pression qui en résulte est égale à zéro, comme je l'ai prouvé. J'avoue que c'est là un grand paradoxe, mais je n'y saurais que faire. La plus forte objection est celle que vous m'avez faite, il y a quelque temps, sur la séparation des tranches du fluide; mais, après l'avoir examinée, il me semble que cette objection n'a pas lieu quand le fluide est *indéfini,* comme on le suppose, au-dessus et au-dessous du corps flottant. Et, en effet, il est d'expérience que, quand une rivière, par exemple, se rétrécit en un endroit pour s'élargir ensuite, il n'y a pas de séparation, ce que la théorie peut, à ce que je crois, expliquer aisément par ce principe que, si un canal, que je suppose partout d'une largeur très-petite, va d'abord en s'élargissant pendant un assez petit espace, et qu'ensuite il reste de la même largeur, étant prolongé *indéfiniment* et rempli de fluide, et que dans la *seule partie* qui va en s'élargissant on applique à chaque tranche des forces Π, constantes ou variables, il n'en résultera aucun mouvement dans le fluide : à peu près par la même raison que, si un corps fini vient frapper une masse infinie, le tout restera en repos après le choc. 6° Je crois aussi qu'on peut démontrer aisément qu'en supposant, avec le chevalier de Borda, les petits canaux de la figure seconde, le fluide ne descendrait pas également dans ces petits canaux, et qu'ainsi, contre l'expérience et contre la supposition même de l'auteur, la surface supérieure ne demeurerait pas horizontale. 7° Ces canaux ont d'ailleurs un autre inconvénient : c'est de rendre *stagnante* une partie considérable du fluide, autre supposition dont on peut aisément démontrer l'impossibilité.

Adieu, mon cher et illustre ami ; il ne me reste de place que pour vous embrasser. Je remets cette Lettre au marquis Caraccioli ; c'est un homme bien aimable et qui sent bien tout ce que vous valez. Quelque désir que j'aie de vous voir, vous faites bien de ne rien forcer ; mais tâchez de venir le plus tôt qu'il vous sera possible.

P.-S. — Faites-moi le plaisir de dire à M. Bitaubé que je n'ai reçu que depuis deux jours sa Lettre du 2 décembre, que je ferai ce qu'il me demande et que je lui écrirai bientôt.

91.

LAGRANGE A D'ALEMBERT.

A Berlin, ce 24 février 1772.

Mon cher et illustre ami, M. le marquis Caraccioli, à qui j'écris par ce même ordinaire, vous remettra cette Lettre avec un billet cacheté qui appartient à une des pièces qui ont concouru pour le prix de votre Académie et que l'auteur a oublié d'y joindre. Je vous prie de vouloir bien le faire parvenir à M. de Fouchy. Quelque peu ambitieux que je sois, je vous avouerai que rien ne me flatterait davantage que l'honneur d'être agrégé à votre illustre Compagnie ; mais, quoi qu'il en arrive, il me suffira toujours que vous et un petit nombre de vos confrères m'en ayez jugé digne, et ma reconnaissance en sera constamment la même.

Je vous prie de vouloir bien faire, par anticipation, mes remerciments à M. l'abbé Bossut du présent qu'il me destine. Je m'acquitterai
moi-même de ce devoir envers lui dès que j'aurai reçu et lu son Ouvrage, dont j'ai d'avance une très-grande idée. Comme j'ai déjà un
exemplaire du *Calcul intégral* de M. Euler, je vous remercie de tout
mon cœur de l'offre généreuse que vous me faites de me céder celui que
l'Académie de Pétersbourg vient de vous envoyer. Avez-vous reçu aussi
les recherches sur le passage de Vénus qui font partie du XIVe Volume
des *Commentaires* (1), mais qui se vendent aussi séparément, et les *Recherches* sur la comète de 1769 par M. Lexell, sous la direction de M. Euler (2)? Je vous enverrai tout cela par la première occasion que je pourrai trouver, si vous ne l'avez pas déjà. Il me semble que ces *Recherches*
ne répondent pas, à beaucoup près, au moins quant à la partie analytique, à la manière un peu emphatique dont M. Euler les avait annoncées.

Notre Volume de 1770 paraîtra à Pâques; la partie mathématique en
est déjà imprimée. Si je trouve une occasion pour vous faire parvenir
un exemplaire de mes Mémoires avant que l'impression du Volume soit
achevée, je la saisirai volontiers; sinon, je profiterai de la première qui
se présentera pour vous envoyer sans frais le Volume dès qu'il aura vu
le jour, et j'y joindrai à l'ordinaire un exemplaire de mes Mémoires
pour notre ami le marquis de Condorcet, dans le souvenir duquel je
vous prie de vouloir bien me rappeler. Je souhaite que vous vous hâtiez
de publier les nouveaux volumes d'*Opuscules* que vous m'annoncez, et
j'espère que vous serez longtemps encore en état de faire souvent de
pareils présents aux géomètres. Ne vous semble-t-il pas que la haute
Géométrie va un peu en décadence? Elle n'a d'autre soutien que vous
et M. Euler, car pour moi je ne puis vous suivre que de loin.

(1) De l'Académie de Pétersbourg. Il s'y trouve plusieurs Mémoires (en latin) sur ce
sujet, par J.-L. Pictet, Ét. Rumovski, G.-Maurice Lowits, L. Krafft, Christ, Euler et J. Isle-
nieff.

(2) *Recherches et calculs sur la vraie orbite elliptique de la comète de 1769 et de son
temps périodique, exécutés sous la direction de M. L. Euler, par M. L. Lexell.* Pétersbourg,
1770; in-4°.

Votre objection suppose, ce me semble, que les puissances P et
qui agissent sur l'une des extrémités du ressort sont, dans ma solu
tion, l'une verticale et l'autre horizontale, tandis que l'autre extrémit
est fixée horizontalement, et dans cette hypothèse elle me paraît san
réplique; mais ce n'est pas là mon idée. J'imagine un ressort fixé
une extrémité et tendu à l'autre par des forces quelconques, et je rédui
toutes ces forces à deux, dont l'une P agisse suivant la direction de l
tangente et l'autre Q suivant la perpendiculaire à cette tangente, quell
que puisse être d'ailleurs la direction de cette tangente. Cette suppos
tion est analogue à celle que l'on fait communément dans la recherch
des trajectoires ou dans celle des chaînettes, où l'on réduit toute
les forces en tangentielles et normales. Mais le peu de place qui m
reste dans cette Lettre m'oblige à réserver pour une autre ce que j'au
rais encore à vous dire sur ce sujet, ainsi que mes observations sur l
Mémoire de M. le chevalier de Borda, que je viens de lire et que je trouv
bien peu digne de lui. Ses objections contre votre théorie ne sont qu
des *sofisticherie*, pour ne rien dire de plus. La réponse que vous lu
faites dans l'article 113 de la nouvelle édition de votre *Traité des fluide*
me paraît très-juste, et il vous sera aisé de réfuter de même tout l
reste de son Mémoire. Avez-vous remarqué le paralogisme qu'il fait à
l'article 7 pour trouver la contraction de la veine? Ne trouvez-vous pas
bien pitoyables les raisonnements par lesquels il prétend prouver qu'i
y a toujours une perte de forces vives, etc.? Adieu, mon cher et illustre ami; je vous embrasse de tout mon cœur; on ne saurait être plus
vivement touché que je le suis des marques d'amitié et d'estime que
vous me donnez de plus en plus.

A Monsieur d'Alembert, de l'Académie française,
des Académies royales des Sciences de France, de Prusse, etc., etc.,
à Paris.

92.

D'ALEMBERT A LAGRANGE.

A Paris, ce 25 mars 1772.

Je ne crains point, mon cher et illustre ami, de vous constituer en frais de port de lettre pour vous apprendre une nouvelle qui sûrement ne vous fera pas plus de plaisir qu'à moi : c'est que vous avez partagé avec M. Euler le prix double de 5000 livres proposé pour cette année. Ce jugement a été porté dans notre assemblée d'hier, de l'avis unanime des cinq commissaires du prix, qui étaient MM. de Condorcet, l'abbé Bossut, Cassini, Lemonnier et moi. Nous avons cru devoir cette justice à la belle analyse du problème des trois corps que votre pièce renferme, quoique vous n'ayez pas donné des formules des mouvements de la Lune, comme M. Euler, qui, à la vérité, n'a sur vous que ce seul avantage, et qui vous est bien inférieur par la profondeur des recherches. Le programme que l'Académie publiera à la fin d'avril, après notre assemblée publique du 29 de ce dernier mois, vous rendra justice à l'un et à l'autre, et vous ne perdrez rien au parallèle. Il y a apparence (car cela n'est pas encore absolument décidé) que nous proposerons pour sujet de l'année 1774 les deux seuls articles des équations incertaines et de l'équation séculaire, sans demander encore des Tables de la Lune; ainsi vous aurez tout le temps d'approfondir ces deux points. Vous aurez le programme dès qu'il sera imprimé, c'est-à-dire dans les premiers jours de mai, ou peut-être plus tôt.

MM. Bossut et de Condorcet me chargent de vous faire mille compliments et se félicitent, ainsi que moi, d'avoir contribué à votre triomphe. L'abbé Bossut a été très sensible à ce que vous me dites pour lui; il vous en remercie de tout son cœur. Vous aurez son Ouvrage dès que je pourrai vous l'envoyer sans frais. J'ai reçu, de la part de l'Académie de Pétersbourg, le XIVe Volume de ses Mémoires, ainsi que les

Recherches sur le passage de Vénus et sur la comète de 1769 ; mais je n'y ai pas encore jeté les yeux. Je conserve pour mes propres recherches le peu de tête que j'ai et qui va toujours s'affaiblissant. J'attends avec impatience votre Volume de 1770. M. de Condorcet vous remercie d'avance de l'exemplaire de vos Mémoires que vous lui promettez ; il se propose de vous écrire incessamment et de vous envoyer aussi par quelque occasion non coûteuse ses Mémoires pour 1770. Quant aux nouveaux *Opuscules* que je me propose de donner, il n'y aura rien qui mérite grande attention de votre part. Ce seront quelques recherches d'Astronomie physique et quelques vues sur différents objets auxquels ma pauvre tête ne me permet pas de me livrer entièrement.

Ne vous plaignez pas de la *décadence* de la Géométrie tant que vous la soutiendrez comme vous faites. Il est vrai qu'excepté vous je ne lui vois pas de grands soutiens. Nous avons pourtant ici quelques jeunes gens qui annoncent du talent, mais il faut voir ce que cela deviendra. Quant à M. Euler et moi, et surtout moi, je regarde notre carrière comme à peu près finie. Je voudrais que notre ami Condorcet, qui a sûrement du génie et de la sagacité, eût une autre manière de faire ; je le lui ai dit plusieurs fois, mais apparemment la nature de son esprit est de travailler dans ce genre : il faut le laisser faire.

Vous avez bien raison de dire que la puissance R qui agit à l'extrémité du ressort peut toujours être décomposée en deux, P, Q, l'une tangentielle, l'autre perpendiculaire à la tangente, quelle que puisse être d'ailleurs la direction de cette tangente. Mais on ne peut, ce me semble, supposer, du moins en général, que la direction de la puissance R soit elle-même tangente de la courbe à son extrémité, et vous faites, ce me semble, cette supposition, au moins tacitement, en supposant (page 174) que, lorsqu'un ressort est tendu par un poids, la direction de ce poids, qui est verticale, *touche* la courbe à son extrémité ; c'est au moins ce qui résulte, si je ne me trompe, de la supposition que vous faites de $\varphi = 0$ (p. 174, à la fin) lorsque $Q = 0$, c'est-à-dire lorsqu'il n'y a qu'un poids agissant verticalement. Si cette supposition était légitime, il faudrait, par la même raison, que la direction de la puissance R devrait être tangente dans tous les cas à l'extrémité de la courbe, car d'être verticale ou non ne fait rien, ce me semble, pour que cette direction soit tangente à la courbe. Je m'explique peut-être mal, mais vous suppléerez aisément à ce que je devrais dire pour me faire entendre. Quoi qu'il en soit, je serai fort aise de savoir votre avis sur cette objection, ainsi que sur les autres objets que je vous ai proposé d'examiner dans ma dernière Lettre. Mais je ne suis nullement pressé, et vous avez mieux à faire que de donner des moments précieux à mes rêveries. Ainsi je ne vous demande que les moments perdus.

Je suis plus content que surpris du jugement que vous avez porté du Mémoire du chevalier de Borda sur les fluides. Il me paraît, comme à vous, plein de mauvais raisonnements, bien vagues et bien peu géométriques. J'ai fait bien des recherches nouvelles sur le mouvement des fluides, que j'achèverai tout à mon aise et peut-être jamais; mais je donnerai dans mon premier Volume d'*Opuscules* une méthode nouvelle pour traiter cette matière, dont je crois que vous ne serez pas mécontent, et qui me paraît propre à satisfaire à tous les cas et à toutes les expériences, sans recourir à la mauvaise théorie du chevalier de Borda.

L'élection pour la place d'associé étranger ne se fera qu'après Pâques. Je n'en suis point fâché, comptant bien profiter de la circonstance pour vous ménager plus d'un suffrage, et je ne désespère pas de réussir. Quant à la somme qui doit vous revenir, et qui est de 2500 livres (sauf peut-être quelque diminution d'environ 200 livres, par les opérations récentes de nos finances), le marquis Caraccioli et moi prendrons des mesures pour vous la faire parvenir sans frais, s'il nous est possible. Mais ce ne pourra être qu'à la fin du mois prochain, après notre assemblée publique. Adieu, mon cher et illustre ami; il ne me reste de place que pour vous embrasser de tout mon cœur.

A Monsieur de la Grange,
directeur de la Classe mathématique de l'Académie royale
des Sciences et Belles-Lettres de Prusse, à Berlin.

(En note : *Répondu le 20 avril.*)

103.

LAGRANGE A D'ALEMBERT.

A Berlin, ce 19 avril 1772.

Permettez, mon cher et illustre ami, qu'avant de répondre à votre Lettre du 25 de mars je vous fasse mes compliments sur la place de secrétaire de l'Académie française qu'on vient, dit-on, de vous donner; je ne doute pas que, sachant jusqu'où je porte mon attachement et ma vénération pour vous, vous ne soyez bien convaincu de la sincérité de mes félicitations et de tout l'intérêt que je prends à ce qui vous regarde. Pour venir maintenant au sujet de votre Lettre, je vous avouerai que la nouvelle que vous m'y donnez du succès de ma pièce sur le problème des trois corps m'a fait un très-sensible plaisir, et ce qui augmente encore ma satisfaction, c'est la manière obligeante et pleine d'amitié dont vous m'annoncez ce succès, qui a véritablement surpassé mon attente; aussi je suis fort porté à croire que votre cœur a beaucoup influé sur le jugement que vous avez porté de mon travail; mais je n'en suis pas moins flatté, et ma reconnaissance n'en est que plus grande.

Je vous prie de vouloir bien remercier de ma part MM. Cassini, Lemonnier, de Condorcet et Bossut de ce qu'ils ont jugé ma pièce digne de leurs suffrages et de leur dire combien je suis sensible à l'honneur qu'ils m'ont fait de m'associer au triomphe de M. Euler. Sans vanité, je regarde cette circonstance beaucoup plus avantageuse pour moi que si j'avais remporté le prix tout seul, surtout étant le successeur de M. Euler, qui a laissé dans ce pays beaucoup d'admirateurs et peut-être même plus qu'il n'en avait lorsqu'il était ici. Quant à l'argent du prix, je vous suis très-obligé de ce que vous voulez bien vous employer pour me le faire parvenir sans frais; mais ne faudrait-il pas que je vous en envoyasse un reçu d'avance, puisque je n'ai point de récépissé du secrétaire? Au reste, comme je ne suis nullement pressé de toucher cet argent, je puis attendre qu'il se présente quelque commodité pour cela; je pourrais même, si cela n'incommodait pas la caisse de l'Académie, l'y laisser pour quelque temps, car que sait-on ce qui peut arriver?

J'attends avec beaucoup d'impatience le programme pour le prix de 1774, et, quel qu'en puisse être le sujet, je me promets d'avance d'y travailler, ne fût-ce que pour pouvoir renouveler mes hommages à l'Académie.

Je vois, par ce que vous me mandez touchant l'élection pour la place d'associé étranger, que quelques-uns de vos confrères sont déjà favorablement disposés pour moi; si vous jugiez à propos de leur dire là-dessus un mot d'honnêteté de ma part, je vous en serais infiniment obligé. Le marquis Caraccioli me marque que vous vous employez avec beaucoup de chaleur pour faire réussir cette affaire; je ne doute pas que votre recommandation n'ait tout son effet; du moins je suis très-convaincu que, si l'Académie m'honore d'une distinction si flatteuse, ce sera uniquement à vous et à votre amitié que je la devrai, et c'est ce qui me la rendrait encore plus précieuse.

Je vous parlerai une autre fois de la théorie des ressorts et de quelques autres matières dont je me suis occupé depuis peu; comme je veux enfermer cette Lettre dans celle que j'écris au marquis Caraccioli pour le remercier de ses félicitations, je n'ose pas lui donner une plus grande étendue. Notre Volume de 1770 n'a pas encore paru, mais il ne tardera pas. Je compte que je pourrai vous l'envoyer, avec l'exemplaire de mes Mémoires que je destine au marquis de Condorcet, dans un envoi que M. Bernoulli compte de faire bientôt à M. de la Lande. S'il paraît, en attendant, à la présente foire de Leipsick, quelque chose qui me paraisse mériter votre attention, je profiterai de la même commodité pour vous l'envoyer.

Je viens de voir, dans la *Gazette de Hollande,* qu'on a mis en vente à Paris, à l'hôtel de Thou (¹), rue des Poitevins, les quatre premiers

---

(¹) L'hôtel du président de Thou appartenait alors au libraire Panckoucke, dans la famille duquel il est encore aujourd'hui.

Volumes in-4° d'une nouvelle édition ed l'*Histoire* et des *Mémoires de l'Académie des Sciences* depuis 1666 jusqu'en 1769, en trente-trois Volumes in-4°, au lieu de quatre-vingt-dix-huit Volumes. Je souhaiterais fort de savoir ce qui en est et combien coûte chaque Volume à part ou bien la collection entière, car j'aurais quelque envie de me la procurer. Adieu, mon cher et illustre ami et patron; je vous embrasse de tout mon cœur. *Fac valeas, meque mutuo diligas.*

> *A Monsieur d'Alembert, de l'Académie française,*
> *de l'Académie royale des Sciences, etc., à Paris.*

104.

D'ALEMBERT A LAGRANGE.

A Paris, ce 23 avril 1772.

Mon cher et illustre ami, je profite de l'occasion d'un valet de chambre que M. Mettra envoie à M. le prince Ferdinand ([1]) pour vous adresser ce paquet, qui vous sera remis sans aucuns frais. Vous y trouverez l'Ouvrage de l'abbé Bossut, sur lequel je vous prie de m'écrire à loisir un mot d'honnêteté pour lui, auquel il sera fort sensible; vous y trouverez de plus le Mémoire de M. de Condorcet pour 1770, qui paraîtra quand il plaira à Dieu, car 1769 ne paraît pas même encore, grâce à la négligence et à l'ineptie de notre secrétaire ([2]), pour qui l'épithète de *viédaze* me paraît faite comme celle d'*aux pieds légers* pour Achille. Je joins à tout cela un exemplaire du programme du prix, qui ne sera public ici que mercredi prochain, jour auquel vous serez proclamé dans notre assemblée publique. Si je puis vous être utile pour l'envoi des 2250 livres que vous avez si légitimement gagnées, donnez-moi vos

---

([1]) Ferdinand, prince de Prusse, troisième et dernier frère de Frédéric II.
([2]) Grandjean de Fouchy.

ordres et soyez sûr qu'ils seront exécutés à votre plus grande satisfaction. Notre ami le marquis Caraccioli, que j'aime tous les jours de plus en plus, pourra me seconder pour cet objet, s'il est nécessaire.

Depuis que je vous ai écrit, j'ai acquis une dignité, celle de secrétaire perpétuel de l'Académie française, vacante par la mort de mon ami M. Duclos. Cette place n'est pas fort avantageuse, mais en récompense elle donne peu de besogne à faire, ce qui me convient fort dans l'état où je suis. Il n'en est pas de même de la place de secrétaire de notre Académie des Sciences, qui vraisemblablement ne tardera pas à vaquer, et que je travaille à faire retomber à notre ami Condorcet, qui la remplira supérieurement. Si je puis réussir à cet objet, ainsi qu'à vous faire élire associé étranger, comme je n'en désespère pas, je dirai avec grand plaisir *nunc dimittis*, car je doute fort que je végète encore longtemps dans ce meilleur des mondes possibles. Des maux de tête continuels, ou plutôt une pesanteur ou un embarras dans la tête, qui ne cesse point depuis longtemps, et qui semble augmenter depuis deux mois, m'annoncent, si je ne me trompe, une apoplexie qui me prendra un de ces jours au collet. A la bonne heure, pourvu que je parte sans souffrir. En attendant ce coup de cloche, je fais imprimer le sixième Volume de mes *Opuscules,* où vous pourrez trouver d'avance des symptômes d'une tête fort affaiblie. J'aurais voulu y faire entrer beaucoup de recherches sur les fluides, qui sont fort avancées; mais je les réserve pour un autre Volume, qui peut-être ne viendra jamais. Quant à vous, mon cher ami, ayez bien soin de votre santé, et que mon exemple vous apprenne à la ménager. J'ai observé, dans l'étude, plus de régime qu'on n'en observe communément quand on est possédé, comme je l'étais, de cette passion; cependant me voilà presque hors d'état de rien faire, et je n'ai que cinquante-quatre ans; vous en avez au moins vingt de moins; vous n'êtes guère plus fortement constitué que moi; vous travaillez beaucoup davantage et beaucoup mieux; prenez garde à un sort pareil au mien, car, si la Géométrie vous perd, je ne vois pas qui vous aurez pour successeur. Je ne vous parle pas de la perte que je ferais en vous, car je me flatte bien de passer le premier, et de bien longtemps le premier. Ne croyez pas, au reste, que toutes ces idées me rendent plus triste. L'ambassadeur de Naples (¹), que je vois presque tous les soirs, ne s'en aperçoit sûrement pas, et je n'ai pas besoin de me contrefaire ni de me contraindre pour le tromper sur cela. Adieu, adieu; conservez-vous et aimez-moi comme je vous aime. Je vous embrasse de tout mon cœur.

Vous verrez, par notre programme, que vous n'aurez pas de grands efforts à faire pour remporter encore notre prix de 1774. Je vous en fais mon compliment d'avance.

(En note : *Répondu le 2 juin.*)

105.

D'ALEMBERT A LAGRANGE.

A Paris, le 21 mai 1772.

Mon cher et illustre ami, vous avez dû apprendre, il y a peu de jours, par un mot que j'ai écrit à M. de Catt, que vous seriez incessamment associé étranger de notre Académie. L'élection s'est faite hier, et vous avez eu seize voix contre une, qui n'a été donnée que par méchanceté pure à un homme fort peu connu (²), et pour vous empêcher, sans doute, d'avoir l'unanimité. Me voilà donc doublement votre confrère, et j'espère que nous n'en serons *pas moins* bons amis, car je n'éprouve que trop, dans les deux Académies dont j'ai l'honneur d'être à Paris, que les mots de *confrère* et d'*ami* ne sont pas synonymes. L'Académie française surtout me donne à ce sujet, et en ce moment même, de tristes preuves des sentiments trop ordinaires à la confraternité. Vous ne sauriez croire quelles manœuvres indignes et basses on a fait jouer pour

---

(¹) Le marquis Caraccioli.
(²) *Voir* la fin de la Lettre, où les personnages sont nommés.

m'empêcher d'en être le secrétaire, manœuvres auxquelles je n'ai opposé que le silence, et je puis ajouter, en parlant à mon ami, la voix publique et le vœu des deux tiers au moins de mes confrères. Nous éprouvons encore en ce moment, dans cette même Académie, des tracasseries et des intrigues odieuses à l'occasion des deux choix très-bons que nous venons de faire (¹), et que nos f..... prêtres, le maréchal de Richelieu à la tête, ont fait rejeter par le Roi, en employant la calomnie pour le tromper. Mais tout cela ne vous fait rien, comme de raison ; revenons à l'Académie des Sciences. Quand je vous dis que vous y êtes encore mon confrère, la chose n'est pas absolument finie : il faut que votre élection soit confirmée par le Roi ; mais il n'y a aucune raison de douter qu'elle ne le soit, et sitôt que la chose sera finie, ce qui sera dans huit ou dix jours, M. de Fouchy vous écrira, au nom de l'Académie, à laquelle vous ne manquerez pas d'écrire alors une Lettre de remercîment adressée au secrétaire. Vous pourrez aussi, en même temps, m'écrire un mot d'honnêteté, comme vous avez déjà fait, pour MM. Cassini, Lemonnier, Lalande même, qui ont concouru avec grand plaisir à votre élection (car le marquis de Condorcet et l'abbé Bossut n'ont point encore de voix, ce qui est absurde et ridicule, mais conforme à nos dignes usages). Je leur ai déjà dit, ainsi qu'à MM. Cassini et Lemonnier, que vous étiez très-reconnaissant de leur suffrage pour le prix. A propos de ce prix, il y a un homme qui jette les hauts cris et qui déclame contre l'injustice qu'il prétend qu'on lui a faite : c'est l'auteur (²) de la pièce *Victi penetralia cœli*, dont il est parlé dans le programme, que vous aurez peut-être déjà vu. Il est pourtant vrai qu'il n'a été que trop bien traité. Mais qui se noie, comme dit le proverbe, s'accroche où il peut. J'ai écrit au Roi il y a quelques jours ; je lui ai parlé

(¹) Le 7 mai, l'Académie française avait élu l'abbé Delille, alors régent au Collége de la Marche, et Suard. Mais, à la séance du 9, une Lettre du duc de La Vrillière annonça à la Compagnie que le Roi non-seulement ne ratifiait pas, mais blâmait les choix qu'elle avait faits. Malgré l'irritation qu'elle éprouva de cette décision, obtenue par une cabale de la cour, l'Académie dut se soumettre et se résigner à porter ses voix sur d'autres candidats. Le 23 mai, elle élut de Bréquigny, déjà associé de l'Académie des Inscriptions, et le grammairien Beauzée.

(²) Le P. Frisi, comme d'Alembert l'écrit plus tard dans la Lettre du 22 août.

assez au long de vous, et de vos succès, et du choix que nous allions faire de vous, et dont j'étais sûr (¹). Nous avions pourtant des confrères qui voulaient Franklin, mais ils se sont rendus à mes raisons.

J'ai déjà pris des mesures pour vous faire parvenir l'argent du prix par MM. Thelusson et Necker. Vous recevrez dans peu la lettre de change nécessaire pour cela. Je crois, toutes réflexions faites, et pour raisons qu'il serait trop long de vous dire, qu'il vaut mieux que vous soyez possesseur de cet argent que de le laisser dans la caisse de l'Académie. Suivant mes arrangements, la lettre de change pourra vous être envoyée par le courrier de lundi prochain, 25 de ce mois.

J'ai bien envie de lire votre Volume de 1770, et surtout ce que vous y aurez mis. Pour moi, tous nos tracas littéraires et la faiblesse de ma tête, qui est toujours la même, ne me permettent tout au plus que de corriger les épreuves du sixième Volume de mes *Opuscules,* qui ne paraîtra pas sitôt, et qui ne sera pas merveilleux ; mais je l'imprime pour m'en débarrasser, comme une p..... épouse son amant pour s'en défaire.

L'impression des *Mémoires de l'Académie* en trente-trois Volumes n'est encore qu'en projet et coûtera tout au plus 400 livres. Si vous voulez en faire l'acquisition, je prendrai pour vous une souscription quand la chose sera en train, car, encore une fois, ce n'est jusqu'à présent qu'un projet du libraire Panckoucke. On dit que votre roi de Sardaigne est malade, et même condamné à n'en pas revenir. Je ne sais

(¹) Voici ce que d'Alembert écrivait à Frédéric le 16 mai : « Permettez-moi de commencer cette Lettre par le compliment que je crois devoir à Votre Majesté sur les succès d'un savant que ses bontés ont fait connaître à l'Europe, succès dont la gloire rejaillit sur votre Académie, dans laquelle vous avez bien voulu lui donner une place distinguée. M. de la Grange vient de remporter, pour la quatrième ou cinquième fois, le prix de notre Académie des Sciences, avec les plus grands éloges et les mieux mérités, et je crois pouvoir annoncer d'avance à Votre Majesté qu'il sera élu dans peu de jours associé étranger de notre Académie. Ces places sont très honorables, parce qu'elles sont en petit nombre, fort recherchées, occupées par les savants les plus célèbres de l'Europe, qui ne les ont obtenues que dans leur vieillesse, au lieu que M. de la Grange n'a pas, je crois, trente-cinq ans. Je me félicite tous les jours de plus en plus, Sire, d'avoir procuré à votre Académie un philosophe aussi estimable par ses rares talents, par ses connaissances profondes et par son caractère de sagesse et de désintéressement. » (*OEuvres de Frédéric II*, t. XXIV, p. 564.)

si cette mort produira quelque changement dans votre situation. Si elle en devient meilleure, j'en serai fort aise. Adieu, mon cher et illustre ami, je vous félicite de tout mon cœur de vos succès si bien mérités, et je vous embrasse avec toute la tendresse de l'amitié.

N.-B. — C'est un médecin nommé Hérissant (¹), très-plat sujet et très-méchant b....., qui a donné sa voix à un anatomiste peu connu, nommé Camper (²), pour avoir le plaisir d'être seul contre tous. Vous avez perdu là un grand suffrage.

A Monsieur de la Grange, directeur de la Classe mathématique de l'Académie royale des Sciences et des Belles-Lettres de Prusse, à Berlin.

(En note : *Répondu le 2 juin.*)

106.

LAGRANGE A D'ALEMBERT.

A Berlin, ce 2 juin 1772.

Je ne veux ni ne dois, mon cher et illustre ami, attendre la confirmation ou la cassation de mon élection pour vous témoigner combien je suis sensible à l'honneur que je viens de recevoir de votre illustre Académie, et surtout combien je suis reconnaissant des soins que je sais que vous vous êtes donnés pour moi à cette occasion. Je vous supplie de remercier de ma part et d'assurer de ma plus vive reconnaissance ceux de vos confrères qui ont bien voulu m'honorer de leurs suffrages, et surtout MM. Cassini, Lemonnier et Lalande, que j'estime particulière-

(¹) François-David Hérissant, né à Rouen en 1714, associé (1752), puis pensionnaire (1769) de l'Académie des Sciences, mort le 21 août 1773.

(²) Pierre Camper, dont d'Alembert parle ici avec un peu trop de dédain, devint, en 1785, associé étranger de l'Académie des Sciences. Né à Leyde le 11 mai 1722, il mourut à la Haye le 7 avril 1789.

ment, et aux bontés desquels j'étais déjà très-redevable. Vous vous
moquez, mon cher ami, de craindre que notre nouvelle confraternité
ne fasse tort à notre amitié. Vous savez que l'admiration que vos Ouvrages ont excitée en moi a fait naître mon attachement pour vous longtemps avant que j'eusse le bonheur de vous connaître personnellement,
et je me flatte que vous ne doutez pas que les marques d'amitié et d'affection que vous m'avez toujours données depuis ne l'aient de plus en
plus augmentée. C'est, en vérité, une des plus grandes douceurs de ma
vie de penser que je les dois à la personne du monde pour qui j'ai
d'ailleurs toute la tendresse, toute l'estime et toute la vénération possibles.

Est-ce qu'il n'y a que les pensionnaires qui aient droit de suffrage
dans les élections de votre Académie? Car sans cela je ne saurais com-
prendre comment il n'y a eu que dix-sept votants. Je me consolerai aisément de n'avoir pas eu la voix de M. Hérissant, surtout s'il ne me l'a
refusée que par un motif aussi honnête et aussi louable que celui que
vous me marquez.

Je suis beaucoup plus affligé que surpris de ce que vous me dites
des procédés de vos confrères à l'Académie française; je sais, par expérience, de quoi les corps littéraires sont capables, mais, après tout, je
crois que l'envie et la jalousie sont la preuve la plus authentique du mérite, et malheur à celui qui serait hors d'état d'exciter ces sentiments.
On a prétendu m'assurer que la place de secrétaire de l'Académie française ne rapportait rien; je ne puis le croire, quoique je voie, par ce que
vous me dites, qu'elle n'est pas aussi avantageuse que je le souhaiterais.

Je serais bien curieux de connaître l'auteur de la pièce qui a eu l'accessit, et qui se croit lésé dans le jugement que l'Académie a porté de
son travail. Je vous garderai le secret, si vous l'exigez; ces sortes de
notices (¹) ne me sont point indifférentes, parce qu'elles servent à me
faire connaître de plus en plus le monde. Je ne sais si notre confrère
Euler ne sera pas aussi un peu fâché de ce qu'on l'a fait partager avec
moi; il me semble, à en juger par différents traits, que, depuis qu'il

(¹) *Notice*, renseignement; dans le sens de l'italien *notizia*.

est à Pétersbourg, il a beaucoup plus d'ambition qu'il n'avait auparavant. Vous avez vu surtout avec quelle emphase il a annoncé des choses
dont il n'aurait peut-être fait aucun cas autrefois, témoin sa théorie du
passage de Vénus et de la comète. A propos de comètes, nous allons
proposer, pour le sujet du prix de 1774, le problème de déterminer les
orbites des comètes par les observations. Je vous enverrai le programme
dès qu'il paraîtra. Nous venons d'adjuger le prix des lunettes à une
pièce assez médiocre, que je vous enverrai aussi; mais c'était la seule
que nous eussions reçue dans l'espace de quatre années, et l'on voulait
à tout prix se débarrasser de cette question.

J'ai reçu votre programme pour le prix de 1774, avec les Mémoires
de M. le marquis de Condorcet et l'Ouvrage de M. l'abbé Bossut; j'écrirai bientôt au premier pour l'en remercier, et je vous prie de vouloir
bien m'acquitter de ce devoir auprès du second; je lis actuellement son
Ouvrage et je vous en dirai quelque chose dans ma première Lettre. Je
vais profiter de l'envoi que M. Bernoulli se propose de faire à M. de la
Lande pour vous faire parvenir le Volume de 1770 de notre Académie
et le deuxième Volume des *Nouveaux Commentaires de Goettingue*, dont
je ne puis vous rien dire d'avance, ne l'ayant pas encore reçu; j'y joindrai peut-être aussi quelques autres bagatelles. Il ne m'est rien revenu
de ce que vous avez écrit au Roi sur mon sujet, mais je crois que cela
ne laisse pas de me faire beaucoup de bien en entretenant Sa Majesté
dans des dispositions favorables à mon égard, quoique d'ailleurs tous
mes vœux se bornent à rester dans la situation où je suis. Je vous remercie du fond de mon cœur de cette nouvelle marque d'intérêt que
vous venez de me donner. J'aurais encore à répondre à quelques autres
articles de vos deux dernières Lettres, mais vous voyez qu'il ne me
reste de papier que pour vous embrasser et vous prier de me conserver
votre amitié, dont je sens de plus en plus le prix.

A Monsieur d'Alembert, Secrétaire de l'Académie française,
Membre des Académies royales des Sciences de Paris, de Berlin, etc.,
rue Saint-Dominique, vis-à-vis Belle-Chasse, à Paris.

107.

LAGRANGE A D'ALEMBERT.

A Berlin, ce 5 juin (1772).

Mon cher et illustre ami, je vous envoie nos *Mémoires* de 1770, et j'y joins un exemplaire de ceux qui m'appartiennent pour M. le marquis de Condorcet, auquel je vous prie de vouloir bien le remettre de ma part. Je comptais pouvoir vous envoyer en même temps le second Volume des *Commentaires de Goettingue*, qui a paru depuis peu ; mais il ne m'a pas encore été possible de l'avoir, nos libraires ne l'ayant pas encore reçu de la foire de Leipsick. Ainsi j'en remets l'envoi à une autre occasion, et je le remplace, en attendant, avec un exemplaire des *Dissertations physiques et mathématiques* (¹) de Kæstner, qui ont paru l'année passée et qui ne vous sont peut-être pas connues. Je joins de plus à tout cela un exemplaire d'un Ouvrage singulier, qui a été publié ici cet hiver par souscription, et dont vous jugerez. Si vous entendiez l'allemand, je pourrais vous envoyer quelques autres Ouvrages plus ou moins dignes de votre attention ; mais, après tout, vous n'avez pas beaucoup à regretter de ne pas savoir cette langue.

J'ai répondu, il y a deux ou trois jours, à votre Lettre du 21 mai, et je compte que j'aurai bientôt une nouvelle occasion de vous écrire ; c'est pourquoi je me contente ici de vous renouveler les assurances de ma reconnaissance et de mon dévouement en vous embrassant de tout mon cœur.

(¹) *Dissertationes mathematicæ et physicæ.* Altenbourg, 1771 ; in-4°

108.

D'ALEMBERT A LAGRANGE.

A Paris, ce 22 août (1772).

Mon cher et illustre ami, je profite de l'occasion de M. Borelli (¹) pour vous écrire. Il vient à Berlin pour y être professeur à la place de feu M. Toussaint (²) dans l'Académie des Gentilshommes. C'est moi qui l'ai donné au Roi (³); j'espère qu'on en sera content. Je vous demande pour lui vos conseils et votre amitié.

J'ai reçu le Volume de 1770 et les œuvres *très-mesquines* du grand Kæstner. J'ai d'abord été à vos Mémoires, comme vous le croyez bien, et surtout à votre Mémoire sur les tautochrones; mais, au bout de quelques minutes, j'ai senti que ma tête n'était pas capable de le suivre. Je l'ai donc laissé, à mon très-grand regret, pour le reprendre dans un moment plus favorable, s'il plaît à la nature de me l'envoyer. A peine ai-je de tête ce qu'il en faut pour corriger tant bien que mal les épreuves du sixième Volume de mes *Opuscules,* que je compte vous envoyer à la fin de l'année, et qui ne contiendra pas grand'chose qui mérite votre attention. Pour éviter tout à la fois et de me fatiguer par l'application et de me pendre d'ennui, je m'amuse à écrire l'histoire de l'Académie française; j'en ai déjà fait la Préface, que je compte lire

(¹) Jean-Alexis Borrelly, littérateur, né à Salernes (Var) en 1738, mort vers 1810 à Berlin, où il était devenu membre de l'Académie dès le mois d'octobre 1772.

(²) François-Vincent Toussaint, écrivain, né à Paris vers 1715, mort le 22 juin 1772 à Berlin, où il était membre de l'Académie depuis 1764.

(³) Le 30 juin 1772, Frédéric II écrivait à d'Alembert : « A propos, nous venons de perdre Toussaint; il me faut un bon rhétoricien à sa place. J'ai pensé à ce Delille, traducteur de Virgile.... En cas qu'il refuse, je vous prie de me proposer quelque autre sujet de mérite et qui pût figurer pour les Belles-Lettres dans notre Académie. » Le 14 août, d'Alembert répond : « Je n'ai rien négligé pour répondre à la confiance dont Votre Majesté a bien voulu m'honorer en me chargeant de choisir un professeur de rhétorique et de logique pour son Académie des Gentilshommes. Après les informations et les perquisitions les plus exactes, je crois y avoir réussi, et j'ai l'honneur d'envoyer ce professeur à Votre Majesté. Je crois pouvoir lui répondre de sa capacité, de son caractère et de sa conduite. »

à notre assemblée publique du 25 de ce mois. Il faut bien tuer le temps comme on peut, quand on ne peut pas l'employer comme on veut.

Je compte que vous aurez écrit à M. de Fouchy, comme je vous l'ai recommandé, pour remercier l'Académie; comme je n'y vais qu'une fois par semaine, j'imagine que votre Lettre aura été lue en mon absence. Vous devez avoir reçu il y a longtemps la Lettre de notre secrétaire qui vous apprend votre élection. Le Roi m'en a paru très-content. Voici ce qu'il m'écrit en date du 30 juin dernier : « Vous distribuez des billets de grand homme à ceux qui se distinguent parmi les nations étrangères. Je suis bien aise que notre La Grange soit de ce nombre; je suis trop ignorant en Géométrie pour juger de son mérite scientifique, mais je suis assez éclairé pour rendre justice à son caractère plein de douceur et à sa modestie (¹). » Vous voyez, mon cher et illustre ami, qu'on vous rend la justice que vous méritez.

Non, vraiment, il n'y a que les pensionnaires qui aient droit de suffrage dans nos élections. C'est une absurdité à laquelle j'ai tâché en vain de remédier. Imaginez-vous que le marquis de Condorcet et l'abbé Bossut n'ont point voté dans votre élection, tandis que des chimistes et des anatomistes donnaient leur suffrage. Cela est à faire rire. Mais il y a ici bien d'autres sottises plus graves, qui font rire et pleurer tout à la fois.

La place de secrétaire de l'Académie française ne rapporte que 1200 livres, assez mal payées, et un fort vilain logement, que je ne me soucie pas d'occuper, parce qu'il est si triste et si sombre, que j'y mourrais de consomption.

L'auteur qui se croit si lésé dans le jugement du prix est le P. Frisi, avec qui je suis presque brouillé pour ce sujet, et qui a écrit à l'Académie une Lettre passablement impertinente. On ne l'a que trop bien traité, car il y avait des fautes considérables dans sa pièce; on n'a pas même jugé qu'elle méritât l'*accessit*, mais seulement qu'on en fît mention avec éloge, parce qu'en effet il y a beaucoup de travail et quelques

---

¹ *Voir* la Lettre entière de Frédéric II dans ses *OEuvres*, t. XXIV, p. 568.

points assez bien discutés. Il faut le laisser se plaindre et corriger, s'il le peut, ses paralogismes.

Voilà deux Volumes que le jeune Cassini ([1]), fils de notre astronome et astronome lui-même, me charge de vous envoyer de sa part. C'est un jeune homme plein d'ardeur et d'honnêteté. Écrivez-moi un mot obligeant pour lui; il en sera flatté au delà de toute expression.

L'Ouvrage de Kæstner que vous m'avez envoyé me paraît assez peu de chose. Cet homme me paraît bien médiocre comme géomètre, bien ginguet ([2]) comme philosophe et bien ridicule comme bel esprit. Croyez-vous que je doive répondre à ses objections sur mon *Hydrodynamique*? Il me semble qu'elles n'en valent pas trop la peine. Je ferai pourtant ce que vous me conseillerez à ce sujet, car il y a des demi-savants à qui la réputation de cet homme peut en imposer.

Vous croyez bien que, n'ayant pas pu lire vos Mémoires, je n'ai pas cru devoir user ma tête à lire l'Ouvrage que vous m'avez envoyé sur une nouvelle manière d'écrire. Je l'ai prêté à un de mes amis, qui s'occupe de matières semblables et qui m'a promis de me dire ce que c'était.

C'est par plaisanterie que je vous ai dit que j'espérais que notre confraternité, devenue triple, ne refroidirait point notre amitié. Je me connais trop bien et je vous connais trop bien aussi pour n'être pas assuré qu'au contraire nos sentiments mutuels n'en seront que plus affermis.

P.-S. — Je me suis informé si notre secrétaire vous avait écrit pour vous notifier votre élection, car il est tout capable d'y manquer; j'ai su qu'il s'était acquitté de ce devoir et que vous lui aviez répondu pour remercier l'Académie. Ainsi tout va bien. Nous avons fait, il y a quelques jours, Franklin ([3]) associé étranger à la place de Morgagni,

---

([1]) Jacques-Dominique Cassini, astronome, membre de l'Académie des Sciences, puis de l'Institut, né à Paris le 30 juin 1747, mort le 18 octobre 1845. Il était fils de César-François Cassini de Thury. La famille des Cassini était originaire du comté de Nice.

([2]) *Ginguet*, mince, de peu de valeur.

([3]) Benjamin Franklin, né à Boston le 17 janvier 1706, mort à Philadelphie le 17 avril 1790.

qui est mort. Les secondes voix ont été pour M. Margraff, et il n'aurait
pas tenu à moi qu'il n'eût eu les premières; mais j'espère que nous ferons bientôt cette bonne acquisition, au moins si on prend un arrangement que j'ai proposé, et qui serait très-convenable. Faites-lui, je
vous prie, mes compliments, et assurez-le du désir que j'aurais d'être
doublement son confrère. Je me souviens toujours avec reconnaissance
de la manière obligeante dont il a bien voulu me recevoir dans la visite
que j'eus l'honneur de lui rendre à Berlin..

Quand vous en aurez le temps, et tout à votre aise, voyez s'il y a le
sens commun aux différents articles d'une certaine grande Lettre que
je vous ai écrite il y a quelques mois. Je me souviens à peine en gros
de ce qu'elle contenait. Dites-moi ce que vous en pensez. Adieu, mon
cher ami, je vous embrasse.

P.-S. — Il m'est venu, mon cher ami, une pensée bonne ou mauvaise : c'est d'ajouter au paquet que je vous envoie de la part du jeune
Cassini les feuilles déjà tirées de mon sixième Volume d'*Opuscules*. Je
vous enverrai le reste à la fin de l'année, quand l'Ouvrage sera fini,
avec les Planches bien gravées, car celles que je joins ici ne sont que
des croquis. Je souhaite plus que je n'espère que vous trouviez dans ces
rogatons quelque chose d'intéressant. J'ai corrigé quelques fautes d'impression que j'ai remarquées au hasard; il pourrait bien y en avoir
beaucoup davantage, sans compter les fautes de l'auteur. Je vous préviens qu'à la page 187, ligne deuxième, j'ai mis par mégarde *doubler*
au lieu de *quadrupler*, ce qui a occasionné dans les articles suivants
quelques méprises de calcul peu importantes, qui seront corrigées dans
l'*errata*.

Vous verrez à la page 83 que, pour achever de confondre le P. Boscovich, car je ne doute nullement qu'il ne soit l'auteur des assertions
que je réfute (¹), j'ai cru pouvoir faire usage, mais sans vous nommer
ni vous désigner, d'une Lettre que vous m'avez écrite à ce sujet, et où

(¹) *Voir* plus haut, p. 214 et 216.

il n'y a d'ailleurs rien d'offensant pour personne. Ainsi vous ne serez compromis en aucune manière. Mais ce jésuite est si insolent et a si bonne opinion de lui, que je n'ai pas été fâché de multiplier les coups de massue que je lui donne.

Je vous avais mandé, il y a quelque temps, que le caissier ou secrétaire de M. de Buffon, notre trésorier, m'avait demandé 48 livres de droit sur votre prix, que je lui avais données, en lui disant que cela me paraissait exorbitant. Il a sans doute eu des remords, car il m'a rendu 24 livres, que j'ai remises à M. de la Lande; il a dû charger M. Bernoulli de vous les remettre de sa part. Je suis fâché que vous n'ayez pas eu *franc* l'argent de votre prix; mais, malgré les frais, j'ai mieux aimé, et pour cause, qu'il fût entre vos mains que dans la caisse de l'Académie.

Je ne sais si vous pourrez démêler les lignes dans les figures croquées que je vous envoie, mais je n'en ai pas d'autres en ce moment. Adieu *iterum,* mon cher et illustre ami; aimez-moi toujours.

(En note : *Répondu le* 13 *octobre* 1772.)

109.

LAGRANGE A D'ALEMBERT.

A Berlin, ce 15 octobre 1772.

Mon cher et illustre ami, M. Borelli m'a remis de votre part une Lettre et un paquet contenant deux Ouvrages de M. Cassini, avec une partie des feuilles qui doivent composer le sixième Volume de vos *Opuscules.* Je commence par vous prier de vouloir bien faire à M. Cassini mes très-humbles remercîments de la bonté qu'il a eue de m'envoyer ses Ouvrages; je les ai lus avec le plus grand plaisir, et je suis surtout extrêmement content de son *Histoire de la parallaxe du Soleil,* qui me paraît aussi bien écrite que bien pensée. Il serait fort à souhai-

ter que les astronomes s'attachassent à donner de même l'histoire des
autres points principaux du système du monde; il en résulterait une
Astronomie beaucoup plus satisfaisante et plus instructive que celles où
l'on suit la méthode ordinaire. Je suis bien charmé de voir que M. Cassini
soutienne déjà si dignement le beau nom qu'il porte; je prends d'autant
plus de part à ses succès, que je le regarde en quelque façon comme mon
compatriote, sa famille étant originaire des États du roi de Sardaigne,
et je vous prie de lui faire, à ce titre, mes plus tendres compliments.

Il y a longtemps, mon cher ami, que je n'ai rien lu qui m'ait fait
autant plaisir que vos nouveaux Mémoires sur la figure de la Terre ([1]);
je ne vous dis pas cela par compliment, mais de tout mon cœur; j'en
attends la suite avec la plus grande impatience; la dernière des feuilles
que j'ai reçues est la feuille Gg, qui va jusqu'à la page 240; en attendant,
je m'amuse à jeter sur le papier d'anciennes idées sur cette matière,
que la lecture de vos recherches a réveillées en moi, et je compte de
lire au premier jour, à l'Académie, un Mémoire sur ce sujet. Si, en re-
cevant le reste de vos feuilles, je trouve que vous m'avez prévenu dans
les points principaux, je jetterai mon Mémoire au feu; sinon, je le soumettrai à votre jugement pour savoir s'il mérite d'être publié ou non. Je
voudrais bien pouvoir vous consulter sur un grand nombre de Mémoires
que j'ai dans mon portefeuille et dont j'ai lu, à la vérité, les titres à
l'Académie (car c'est à peu près ce que j'en puis lire dans des assemblées telles que les nôtres), mais qui ne sauraient entrer dans nos Volumes, faute de place. Je pourrais, à la vérité, les publier à part, mais,
comme ils sont en français, je crains de trouver nos libraires peu disposés à s'en charger; au reste, *videbimus et cogitabimus*. Ne pourriez-
vous pas faire en sorte que mes pièces pour le prix fussent imprimées ?
Il me semble que l'on pourrait déjà faire un Volume des pièces couronnées depuis 1763. Les *Mémoires de Turin* ne paraissent point, et Dieu
sait quand ils paraîtront; enfin, il y a déjà près d'un an et demi que
j'ai envoyé à Lyon, à M. Bruyset, un manuscrit, pour être imprimé à la

_____

([1]) Dans le sixième Volume des *Opuscules*.

suite de la traduction française de l'Algèbre de M. Euler, et jusqu'à présent je n'en ai aucune nouvelle : ne pourriez-vous pas savoir ce qui en est ? Je ne sais si notre Kæstner mérite que vous lui fassiez l'honneur de lui répondre ; je vous le donne pour un grand fat à certains égards ; à d'autres il ne manque pas de mérite : il passe surtout pour un des meilleurs écrivains allemands d'aujourd'hui. J'ai remis à M. de Sandray (¹), ci-devant chargé des affaires de France à notre cour, le deuxième Volume des *Commentaires de Goettingue* pour vous ; je vous prie, au cas que vous ne l'ayez pas encore reçu, de le lui faire demander de ma part ; vous n'aurez pas de peine à savoir où il est maintenant. Je suis bien fâché que vous n'ayez pas encore eu le loisir de lire mes Mémoires dans notre dernier Volume ; je vous prie du moins de parcourir celui qui roule sur les équations et de m'en dire votre avis ; on en imprime actuellement la suite dans le Volume de 1771.

M. Bernoulli m'a remis, de la part de M. de la Lande, la valeur de 24 livres, dont je vous suis très-obligé. Je ne sais si j'ai commis une impolitesse envers le banquier qui m'a envoyé la lettre de change pour l'argent du prix en ne lui faisant point de réponse ; mais j'ai pensé qu'elle ne servirait qu'à le mettre inutilement en frais de port de lettre, puisqu'il en serait également instruit par son correspondant ; en tout cas, vous pouvez, si vous le jugez à propos, lui faire des excuses de ma part.

Je vous avais prié, il y a longtemps, de me donner des éclaircissements touchant la nouvelle édition des *Mémoires* de votre Académie ; sur cela, vous m'offrites de prendre une souscription pour moi dès que la chose serait en train ; or j'ai vu depuis dans les journaux qu'il est question de retrancher de cette édition toute la partie mathématique ; ainsi vous jugez bien que je ne dois plus être tenté de faire cette acquisition.

A propos de vos *Mémoires*, est-ce que les membres étrangers en reçoivent aussi un exemplaire de l'Académie, comme les ordinaires ? Je

(¹) Charles-Émile de Gaulard de Sandray. Il avait été envoyé à Berlin en 1770.

vous prie de me dire ce qui en est, comme aussi si la bienséance exige que j'envoie à l'Académie quelque chose de ma façon. Je ne suis point embarrassé à m'acquitter de ce devoir, si c'en est un, mais, d'un autre côté, j'aimerais mieux attendre que j'eusse à lui présenter quelque chose qui pût mériter son attention. Le choix qu'elle vient de faire de Franklin est très-digne d'elle, et je me félicite d'être devenu par là le confrère d'un aussi grand homme. M. Margraff m'a paru très-flatté de ce que je lui ai dit de votre part et m'a chargé de vous en témoigner sa vive reconnaissance. Voudriez-vous avoir la bonté de me rappeler dans le souvenir de notre marquis Caraccioli, dont je n'ai point de nouvelles depuis longtemps.

Ce que le Roi vous a mandé à mon sujet m'a fait un plaisir infini ; je ne souhaite rien de lui, sinon qu'il ne soit pas mécontent de moi, et assurément je fais de mon mieux pour ne point lui en donner l'occasion. Adieu, mon cher et illustre ami, je vous embrasse de tout mon cœur.

P.-S. — J'ai relu les Lettres où vous me parlez de mon Mémoire sur les ressorts ([1]). Je crois avoir déjà répondu aux difficultés que vous me proposez en passant condamnation sur quelques-unes ; mais j'examinerai de nouveau toute cette matière si vous le souhaitez.

Je m'étais bien douté que celui qui réclamait contre le jugement de l'Académie était le P. Frizi. Ne trouvez-vous pas qu'il a, en Géométrie, une espèce de suffisance qui cadre mal avec cette Science ? Mais il faut lui pardonner cela en qualité de moine. Adieu *iterum.*

P.-S. — Je vous prie de me dire si, en qualité de secrétaire de l'Académie française, vous avez le port de lettre franc, auquel cas je vous enverrai les miennes par la voie ordinaire de la poste.

A Monsieur d'Alembert, Secrétaire de l'Académie française,
Membre de l'Académie royale des Sciences, etc., rue Saint-Dominique,
vis-à-vis Belle-Chasse, à Paris.   (*Franco.*)

([1]) *Voir* plus haut, Lettres du 8 novembre 1771 et du 6 février 1772, p. 214 et suiv. et 224.

110.

D'ALEMBERT A LAGRANGE.

A Paris, ce 20 novembre 1772.

Mon cher et illustre ami, j'ai communiqué à M. Cassini, le fils, qui ne fait que d'arriver de la campagne, l'endroit très-obligeant de votre dernière Lettre qui le concerne, et il m'a chargé de vous en faire ses très-humbles remercîments. Votre approbation l'encourage autant qu'elle le flatte; c'est un jeune homme plein d'ardeur et de bonne volonté.

Est-il bien vrai que vous ne soyez pas tout à fait mécontent des rogatons imprimés que je vous ai envoyés? Je le souhaite plus que je ne l'espère, tant je me sens au-dessous du peu que j'ai été jadis. Ma tête devient de jour en jour plus incapable des recherches mathématiques; des insomnies presque continuelles m'interdisent toute espèce d'application, et vous devez juger qu'il me reste bien peu de capacité à cet égard, puisque je n'ai point encore pu lire vos derniers Mémoires, auxquels je donnerai les premiers moments tant soit peu lucides que j'aurai. J'espère que la fin de mes rogatons sera imprimée dans deux mois au plus tard, et je ne tarderai pas alors à vous l'envoyer. En attendant, je vous invite fort à poursuivre ce que vous avez fait sur la figure de la Terre, ne doutant pas que vous n'alliez sur cela beaucoup plus loin que moi. Je voudrais bien aussi que tous les Mémoires dont vous me parlez fussent imprimés, et le fussent bientôt. Si vous le vouliez, j'en pourrais parler à Briasson, qui peut-être s'en chargerait; mais je ne ferai rien, comme de raison, sans savoir si cela vous convient. Je tâcherai aussi de hâter l'impression des pièces couronnées depuis 1763, et il ne tiendra pas à moi qu'elles ne paraissent, comme vous le désirez. J'ai écrit à Bruyset; je n'en ai point encore eu de réponse; peut-être vous la fera-t-il à vous-même; j'espère qu'en conséquence de ma Lettre il hâtera l'impression de vos remarques sur l'*Algèbre* d'Euler.

J'ai reçu le nouveau Volume de Göttingen et je vous en remercie. Il me semble qu'il ne contient pas grand'chose. M. de la Lande s'est chargé de vous faire parvenir, par l'occasion de ses envois à M. Bernoulli, le Volume de l'Académie de 1769, qui vous revient de droit comme associé étranger; il vous enverra de même tout ce que l'Académie publiera, et auquel vous avez un droit égal. Vous ferez très-bien aussi de nous envoyer quelques Mémoires, et nous les imprimerons avec très-grand plaisir. Le marquis Caraccioli vous fait mille compliments; nous parlons souvent ensemble de vous. Il m'a dit que votre santé n'était pas trop bonne; comme vous ne m'en parlez pas, j'espère qu'il est mal instruit. Conservez-vous pour la Géométrie, qui a beaucoup plus besoin de vous que de moi; je ne suis plus pour elle qu'un serviteur inutile. Je ne connais point vos réponses à mes observations sur votre Mémoire concernant les ressorts; mais je ne me souviens plus même de ces observations, qui pourraient bien n'avoir pas le sens commun. Si vous pouvez me dire un mot de ces réponses, je tâcherai d'en faire mon profit, au cas que je ne devienne pas tout à fait imbécile. Adieu, mon cher ami, je vous embrasse de tout mon cœur.

A Monsieur de la Grange, directeur de la Classe mathématique de l'Académie des Sciences, etc., à Berlin.

(En note : *Répondu le* 1ᵉʳ *mars* 1773.)

111.

D'ALEMBERT A LAGRANGE.

A Paris, ce 1ᵉʳ janvier 1773.

J'ai, mon cher et illustre ami, une affaire qui m'intéresse à traiter avec vous. Je vous prie de m'aider, de me diriger, et surtout de me parler avec la vérité que je vous connais.

Il y a ici un jeune homme nommé M. de la Place (¹), professeur de
Mathématique à l'École militaire, où je l'ai placé. Ce jeune homme
a beaucoup d'ardeur pour la Géométrie, et je lui crois assez de talent
pour s'y distinguer. Il désirerait s'y livrer entièrement, et, comme sa
place de professeur lui prend beaucoup de temps, il en voudrait une
autre qui le laissât entièrement libre. Notre Académie ne pourrait le
satisfaire à ce sujet, parce que les pensions viennent très-tard, quelquefois au bout de vingt-cinq ans, et que d'ailleurs il n'en est pas encore, s'étant vu préférer très-injustement, malgré mon suffrage et celui
de presque tous nos géomètres, un sujet très-inférieur à lui et qui, étant
professeur au Collége royal (²), se trouvait appuyé d'un grand nombre
d'académiciens. Il a pensé qu'il trouverait peut-être à Berlin ce qu'il
ne pouvait avoir à Paris, que le Roi et l'Académie voudraient peut-être
bien le recevoir à votre recommandation et à la mienne ; je dis à votre
recommandation, car il m'a montré une Lettre de vous par laquelle il me
paraît que vous êtes content de quelque chose qu'il vous a envoyé. Je
crois qu'on rendrait service aux sciences en mettant ce jeune homme à
portée de s'y livrer sans réserve. La question est de savoir : 1° s'il peut
actuellement être placé à l'Académie de Berlin ; 2° s'il pourrait y jouir,
dès son entrée, d'un revenu suffisant pour vivre, comme de 3000 ou
4000 livres, argent de France ; 3° si vous êtes dans une position à vous
intéresser pour lui sans vous faire de tracasseries ; 4° si, dans la supposition où vous ne voudriez pas vous en mêler, je pourrais écrire au
Roi et lui proposer M. de la Place comme un sujet que je connais, que
j'estime, et dont vous pourrez vous-même lui rendre témoignage. Je
vous serai très-obligé, mon cher ami, de vouloir bien me répondre à ce
sujet le plus tôt qu'il vous sera possible. Vous voudrez bien me dire
aussi, dans le cas où je pourrais proposer M. de la Place au Roi, s'il n'y

---

(¹) Pierre-Simon de Laplace, né le 23 mars 1749 à Beaumont-en-Auge (Calvados),
membre de l'Académie des Sciences (1773), puis de l'Institut, mort le 5 mars 1827. Ses principaux Ouvrages ont été réimprimés (1843 et suiv.) aux frais de l'État.

(²) Le 14 mars 1772, le mathématicien J.-A.-J. Cousin (né en 1739, mort en 1800) fut élu
adjoint-géomètre. Son concurrent Laplace n'eut que « les secondes voix », suivant l'expression
consacrée (Registres manuscrits de l'Académie).

aurait pas d'indiscrétion à demander pour lui 4000 livres de France, faisant environ 1000 écus d'Allemagne. Réponse, je vous prie, et directement par la poste, car ce jeune homme, pour lequel je m'intéresse fort, désirerait de savoir ce qu'il peut espérer et tenter.

Mon Livre sera achevé d'imprimer dans quinze jours au plus tard. Je vous enverrai les feuilles qui vous manquent dès que j'en aurai l'occasion. J'y joindrai un exemplaire pour M. Lambert, à qui je vous prie de faire mille compliments de ma part, et pour l'Académie, que j'assure de mon profond respect. Vous ne trouverez pas des choses fort intéressantes dans ces feuilles. Il y a pourtant une méthode nouvelle pour calculer le mouvement des fluides, dont je pourrai tirer parti si le *fatum* me permet encore quelques travaux mathématiques, car je vais y renoncer au moins pendant toute l'année prochaine, et, pour ne pas me pendre d'ennui, je travaillerai à l'histoire de l'Académie française, qui me fatiguera moins et me fera une espèce d'amusement. Adieu, mon cher et illustre ami; recevez tous les vœux que je fais pour vous au commencement de la nouvelle année, et les assurances des sentiments tendres que je vous ai voués. Je vous embrasse de tout mon cœur.

A Monsieur de la Grange, directeur de la Classe mathématique
de l'Académie royale des Sciences et Belles-Lettres de Prusse, à Berlin.

(En note : *Répondu le 19 janvier 1773.*)

112.

LAGRANGE A D'ALEMBERT.

A Berlin, ce 19 janvier (1773).

Mon cher et illustre ami, pour répondre à la confiance que vous me témoignez dans votre dernière Lettre du 1er janvier, je vais vous dire avec toute la sincérité possible ce que je pense sur l'affaire dont il s'agit. Je suis d'abord très-convaincu que l'Académie ferait une excellente acquisition dans la personne dont vous me parlez; cette acquisition serait même d'autant plus importante pour elle, que la Classe de Mathématiques est très-mince, n'étant composée que de MM. de Castillon, Bernoulli et moi; ainsi vous jugez bien que je serais très-charmé et flatté de pouvoir contribuer en quelque manière à rendre ce service à l'Académie et à ma Classe en particulier. Mais 1° je suis bien éloigné de croire que j'aie auprès du Roi le crédit nécessaire pour faire réussir une pareille affaire, et je craindrais même qu'il ne trouvât mauvais que je prisse la liberté de lui en écrire; 2° je doute fort que l'Académie voulût faire, à ma réquisition, quelque démarche pour cela auprès de Sa Majesté, car je ne pourrais guère compter sur les voix des membres de ma Classe, et encore moins sur celles des autres; d'ailleurs je ne regarde pas sa recommandation comme fort efficace, puisque, une seule fois qu'elle s'est hasardée à proposer au Roi quelques sujets pour la Classe de Philosophie, elle n'a reçu aucune réponse. Tout bien considéré, je crois que le mieux ce sera que vous proposiez vous-même directement et immédiatement à Sa Majesté la personne en question. Si elle est acceptée, l'affaire est faite, et l'Académie recevra ordre de la mettre au nombre de ses membres et de lui assigner la pension sur sa caisse : c'est de quoi j'ai déjà vu plusieurs exemples. Je vous conseillerais même de ne faire aucune mention de moi dans la Lettre que vous écrirez au Roi dans cet objet, et cela pour éviter tout air de cabale, qui ne pourrait que nuire au succès de l'affaire. Voilà, mon cher ami, mon avis sur la meilleure manière de traiter cette affaire. Quant à la pension, je crois comme vous qu'elle ne doit pas être au-dessous de 1000 écus, argent de ce pays, et je compte qu'avec cela votre ami pourra vivre ici aussi bien qu'avec 2000 livres à Paris. Il est vrai que la plupart de mes confrères ont des pensions moindres, mais aussi se plaignent-ils, et je ne voudrais pas qu'il vînt ici augmenter le nombre des mécontents. Comme je n'ai aucune part au maniement des affaires économiques de l'Académie, par la raison que vous pouvez voir à la page 7 de notre der-

nier Volume (¹), je ne puis pas vous dire au juste combien sa caisse
pourrait encore fournir par an, mais je crois bien qu'elle pourra encore
supporter une pension de 1000 écus, et même au delà. Je crois avoir
répondu à tous les articles de votre Lettre, mais, comme je m'intéresse
véritablement pour la personne que vous désirez de servir, tant à cause
de son propre mérite que parce qu'elle est de vos amis, je crois devoir
encore ajouter deux mots, pour que vous puissiez prévenir cette personne sur quelques points essentiels : 1° il est très-rare que les académiciens reçoivent des augmentations de pension, quelque bien ou mal
qu'ils soient, de sorte que, pour que votre ami ne soit jamais dans le
cas de regretter d'être venu ici, il faut qu'il puisse se promettre d'a-
vance d'être toujours également content de ce qu'il obtiendra à son arrivée; 2° il faut que l'attrait des sciences et l'envie de s'y livrer entièrement soient assez forts en lui pour pouvoir lui tenir lieu des agréments
et des avantages qui sont attachés au séjour et à la société de Paris.
Toute personne qui peut se suffire à elle-même et qui ne veut se mêler
que de ce qui la regarde immédiatement peut être assurée de trouver
ici toute la tranquillité nécessaire au bonheur d'un philosophe.

Il faut donc que votre ami se tâte bien là-dessus avant de s'engager
à rien; surtout je ne voudrais pas que le dépit de s'être vu préférer à
l'Académie (²) un concurrent inférieur en mérite à lui entrât pour la
moindre chose dans la résolution qu'il doit prendre; car, au bout de
quelque temps il commencerait à se repentir du parti qu'il aurait pris,
surtout en voyant que ceux qui sont actuellement après lui auraient
déjà fait leur chemin, tandis que lui en serait toujours au même point.
Car, quoique dans votre Académie les pensions viennent assez tard,

(¹) « La dernière élection de six sujets, faite le 2 avril 1761, étant demeurée sans confirmation du Roi pendant trois ans, l'Académie reçut une Lettre du marquis d'Argens, en date
du 6 janvier 1764, qui portait que l'intention de Sa Majesté était qu'on ne reçût à l'Académie
aucun membre, jusqu'à ce qu'elle eût nommé un président, et qu'elle se réservait pour le
présent le droit de nommer elle seule, jusqu'à ce temps, tous les membres que l'Académie
recevrait. » [*Nouveaux Mémoires de l'Académie royale de Berlin*, année 1770 (parus en
1772), p. 7-8.]
(²) *Voir* plus haut, p. 255.

cependant il paraît que le titre d'académicien est une recommandation suffisante pour obtenir des places et des pensions étrangères; on en voit un grand nombre d'exemples parmi vos confrères. Il y a encore une autre considération importante à faire sur cette matière : c'est qu'il est bien difficile que quelqu'un s'expatrie sans conserver une espèce d'envie ou de velléité de retourner tôt ou tard dans son pays, et il me semble que les Français, et surtout les Parisiens, sont encore plus dans ce cas que ceux des autres nations. Il s'agit donc d'examiner si votre ami, en quittant la place qu'il a à Paris, pourrait conserver quelque espérance d'en obtenir encore quelqu'une lorsqu'il voudrait y retourner.

Je vous prie de vouloir bien lui faire mes compliments et de lui dire combien je serais charmé de l'avoir pour mon confrère. Comme la Lettre qu'il vient de m'écrire n'exige point une prompte réponse, j'attendrai à la faire que la chose dont il s'agit soit décidée; en attendant, je vous prie toujours de l'assurer de mes très-humbles services en tout ce qui pourra dépendre de moi.

J'attends avec beaucoup d'empressement la suite de votre Ouvrage; des recherches d'un autre genre m'ont empêché de continuer celles que j'avais commencées sur l'attraction des corps solides; je les reprendrai dès que j'aurai lu les vôtres. Je vous écrirai au premier jour, en réponse à la Lettre du 18 novembre, et je récapitulerai les objections que vous m'avez faites sur la théorie des ressorts, avec mes réponses, autant que je pourrai m'en souvenir; mais il faut que j'attende que je sois délivré de quelque autre chose qui m'occupe depuis quelque temps. J'enverrai sûrement quelque chose pour le Concours; ma pièce roulera principalement sur l'équation séculaire de la Lune, sur laquelle je crois avoir trouvé des résultats dignes de quelque attention de la part des géomètres et des astronomes. J'enverrai peut-être aussi avant la fin de l'année un Mémoire à votre Académie, mais je vous en dirai auparavant le sujet, afin de savoir s'il mérite de lui être présenté. Je compte écrire bientôt à M. le marquis Caraccioli, à qui je vous prie de vouloir bien, en attendant, présenter les assurances de mon vif et respectueux attachement. Il ne me reste de papier que pour vous embrasser de tout mon cœur.

A Monsieur d'Alembert, secrétaire de l'Académie française,
membre de l'Académie des Sciences, etc., etc.,
rue Saint-Dominique, vis-à-vis de Belle-Chasse, à Paris.

113.

D'ALEMBERT A LAGRANGE.

Ce 4 février (1773).

Voilà, mon cher et illustre ami, le reste de mon sixième Volume. Je souhaite que vous trouviez dans ces broutilles quelque chose qui mérite votre attention. J'ai reçu votre Lettre sur l'affaire dont je vous ai parlé, et j'y répondrai dans quelque temps. J'envoie en même temps à M. Lambert un exemplaire de ce sixième Volume, que je vous prie de lui faire agréer, et un à l'Académie, que j'assure de mon très-humble respect. M. de la Lande s'est chargé de faire parvenir ces Volumes à M. Bernoulli.

(En note : *Répondu le* 19 *juin* 1773.)

114.

D'ALEMBERT A LAGRANGE.

A Paris, ce 9 avril 1773.

Mon cher et illustre ami, j'ai communiqué à M. de la Place les réflexions très-justes et très-sages que vous faites sur les vues qu'il a par rapport à l'Académie de Berlin, et nous profiterons de vos avis si les circonstances mettent M. de la Place dans le cas de suivre ces vues. Son admission récente à l'Académie des Sciences et quelques changements qui pourront peut-être arriver dans sa position à l'École militaire nous le feront peut-être conserver, et je le souhaite pour notre Académie, où la Géométrie commence à s'affaiblir beaucoup. Nous venons de donner à M. de Condorcet la survivance de la place de secrétaire (¹). Il la méritait bien par les excellents *Éloges* qu'il vient de publier des académiciens morts avant 1699, où commencent les *Éloges* de Fontenelle. Vous aurez peut-être déjà reçu ces *Éloges,* que M. de Condorcet m'a dit vous avoir envoyés, et je crois que vous en serez content. Ils ont eu ici un succès unanime.

Vous aurez peut-être aussi reçu la suite et la fin du sixième Volume de mes *Opuscules;* vous n'y trouverez pas grand'chose qui mérite votre attention. J'y ai donné une manière nouvelle d'envisager le mouvement des fluides dans des vases, qui peut servir, si je ne me trompe, à expliquer les mouvements les plus irréguliers, sans avoir recours à la théorie fausse et précaire du chevalier de Borda sur ces questions. Je me propose même de développer cette théorie, sur laquelle j'ai déjà bien des matériaux; mais je ne me mettrai pas sitôt à ce travail, ayant résolu, pour reposer ma tête, de m'abstenir au moins pendant une année de tout travail mathématique; j'y supplée par quelques occupations littéraires, et principalement par l'histoire de l'Académie française, dont je fais la continuation et que j'ai fort avancée cet hiver. Ce travail, sans m'intéresser à beaucoup près autant que la Géométrie, met au moins dans ma vie un remplissage qui me la fait supporter.

(¹) Voici comment les choses se passèrent :

Le 27 février 1773, Grandjean de Fouchy donna connaissance à l'Académie des Sciences de la demande qu'il avait adressée au duc de la Vrillière pour qu'on lui donnât Condorcet comme adjoint au secrétariat, et de la réponse qu'il avait reçue. Cette réponse motiva quelques représentations de l'Académie, qui, le 6 mars, vota l'adjonction de Condorcet. Le 10, M. Trudaine, président, lut à la Compagnie la Lettre suivante du duc de la Vrillière :

« J'ai l'honneur, Monsieur, de vous informer que, d'après la délibération de l'Académie, le Roi a accordé à M. de Condorcet l'adjonction et la survivance à la place de secrétaire, l'intention de Sa Majesté étant qu'il succède à cette place dans le cas où elle viendrait à vaquer. » (Registres manuscrits de l'Académie des Sciences.)

Je voudrais savoir, mon cher ami, si la mort du roi de Sardaigne ([1]) et l'avènement de son successeur au trône apporteront quelque changement à votre état; le nouveau roi entendra-t-il assez les intérêts de sa gloire pour vous rappeler dans votre patrie? S'il vous fait des propositions, je vous conseille fort de ne les accepter que dans le cas où elles seraient convenables et avantageuses, car je vois que vous êtes heureux à Berlin, que vous y jouissez d'une fortune suffisant à vos désirs, que vous y vivez dans le repos et avec l'estime du Roi et celle du public, que vous n'y êtes point exposé à l'œil vigilant de la superstition et de l'intolérance, et je crois que vos principes de conduite sont assez semblables aux miens, savoir que quand on est à peu près bien il faut rester comme on est, la condition humaine ne permettant pas qu'on soit bien tout à fait. Si vous apprenez quelque chose ou si vous formez quelque résolution à ce sujet, ma tendre amitié espère que vous lui en ferez part.

Nous venons de donner le prix des montres marines, pour la seconde fois, à M. Le Roy ([2]); il y avait pourtant une autre montre d'un horloger nommé Berthoud ([3]), qui valait peut-être encore mieux que celle de Le Roy; mais Berthoud, je ne sais par quelle raison, n'a pas voulu se mettre au concours. Nous proposerons pour prix quelques questions sur les aiguilles aimantées. Je vous enverrai le programme dans quinze jours, dès qu'il sera public. Je compte sur la promesse que vous me faites d'envoyer quelque chose pour le concours de la Lune; je suis d'avance très-curieux de voir ce que vous aurez fait sur l'équation sé-

([1]) Charles-Emmanuel III, mort le 20 février 1773, avait eu pour successeur son fils Victor-Amédée III.

([2]) Le sujet du prix était de *déterminer la meilleure manière de mesurer le temps à la mer*. Pierre Le Roy, horloger du Roi (né à Paris en 1717, mort à Vitry-sur-Seine en 1785), avait déjà remporté, en 1769, le prix proposé sur le même sujet. Voir *Mémoires de l'Académie des Sciences*, année 1773, Histoire, page 76, et l'*Avertissement* (p. 3) du Tome IX du *Recueil des prix* de la même Académie.

([3]) Ferdinand Berthoud, qui devint plus tard membre de l'Institut, était né en 1725 dans le canton de Neuchâtel et mourut à Groslay (Seine-et-Oise) le 20 juin 1807. Il y avait une grande rivalité entre lui et Le Roy. *Voir*, entre autres, l'Ouvrage de Le Roy intitulé *Précis des recherches faites en France, depuis l'année 1730, pour la détermination des longitudes en mer par la mesure artificielle du temps* (Amsterdam et Paris, 1773, in-4°).

culaire. Quant aux Mémoires que vous destinez à notre Académie, soyez sûr d'avance qu'ils seront très-bien reçus. Adieu, mon cher et illustre-ami, je vous embrasse de tout mon cœur. Le marquis Caraccioli, avec qui je parle souvent de vous, vous fait mille compliments.

A Monsieur de la Grange,
directeur de la Classe mathématique de l'Académie royale
des Sciences de Prusse, à Berlin.

(En note : *Répondu le* 1ᵉʳ *mai* 1773.)

.115.

LAGRANGE A D'ALEMBERT.

A Berlin, ce 2 mai 1773 (¹).

Je vous remercie de tout mon cœur, mon cher et illustre ami, de ce que vous n'avez pas pris en mauvaise part les réflexions que je me suis permises sur l'affaire sur laquelle vous avez daigné me consulter. Ma franchise naturelle et l'intérêt que je prends à la personne que cette affaire regarde, tant par son propre mérite que parce que vous l'honorez de votre amitié, ne m'ont pas permis de vous rien dissimuler, et je vous prie d'être bien persuadé que je vous ai parlé absolument *sine ira et studio*. Cependant je vous avoue que je ne serais pas bien aise qu'une partie de ce que je vous ai dit revînt ici, et je ne crois pas qu'il soit nécessaire de vous en détailler les raisons, d'autant que vous pouvez les imaginer aisément. Je reconnais toute votre amitié et votre affection pour moi dans ce que vous me dites relativement à ma patrie. On ne m'a jusqu'à présent fait aucune proposition, et j'ignore si on pense à m'en faire quelqu'une ; je vous dirai même que je ne le souhaite pas,

---

(¹) Lagrange a, par erreur, daté cette Lettre du 2 *mars*.

parce que je me trouverais un peu embarrassé, n'ayant, d'un côté, aucun sujet de me plaindre de ma situation ici et n'étant pas de mon naturel porté au changement, et ayant, de l'autre, à craindre d'indisposer contre moi par un refus un prince qui a toujours daigné m'honorer d'une bienveillance particulière. Quoi qu'il en soit, je vous promets, s'il est jamais question de cela, de ne vous rien laisser ignorer et même de me conduire entièrement suivant vos conseils; aussi bien mes principes et mes désirs sont assez conformes aux vôtres.

J'ai reçu les *Éloges* de M. le marquis de Condorcet ([1]), et je les ai lus avec la plus vive satisfaction; je lui écrirai bientôt pour l'en remercier et pour joindre mes applaudissements à ceux qu'il a déjà reçus de ses compatriotes; en attendant, je vous prie de lui demander si la Lettre que je lui ai écrite ([2]) en apprenant par les gazettes sa nomination à la place de secrétaire lui est parvenue, car, faute de savoir son adresse actuelle, je me suis servi de celle qu'il m'avait marquée l'année passée : *rue Saint-Roch, au bureau de la Gazette*. J'ai appris aussi, d'abord par la même voie et ensuite par une Lettre de M. de la Place, son admission à l'Académie ([3]), et cette nouvelle m'a causé un plaisir très-sensible; je lui répondrai aussi au premier jour.

J'attends avec la plus grande impatience la suite de votre sixième Volume d'*Opuscules*. Notre Volume pour 1771 va paraître, et je crois que je pourrai vous l'envoyer d'abord par le canal de M. Bernoulli, qui m'a dit avoir un envoi à faire à M. de la Lande. J'y joindrai un exemplaire de mes Mémoires pour M. de Condorcet, et peut-être un Ouvrage pour M. le marquis Caraccioli, s'il aura paru dans ce temps-là. Au reste, je dois vous prévenir que vous ne trouverez guère rien qui mérite votre attention dans la partie de ce Volume qui m'appartient. Elle roule

---

([1]) *Éloges des académiciens de l'Académie royale des Sciences morts depuis* 1666 *jusqu'en* 1699. Paris, 1773; in-12.

([2]) *Voir*, dans le Volume suivant (t. XIII, 2ᵉ Partie), la Lettre de Lagrange à Condorcet, en date du 5 avril 1773.

([3]) Laplace avait été nommé, le 24 avril 1773, membre de l'Académie des Sciences comme mécanicien adjoint.

presque entièrement sur la théorie des équations, et je suis fort aise de m'être débarrassé de cette matière, dans laquelle je m'étais embourbé mal à propos. Je comptais aussi de vous envoyer par la même voie le Mémoire que j'avais destiné à votre Académie et dont j'ai marqué le sujet au marquis Caraccioli; mais, comme ce Mémoire est devenu beaucoup plus long que je ne croyais d'abord, parce que j'ai cru devoir exposer ma nouvelle méthode avec tout le détail nécessaire pour en rendre la pratique facile et commode à ceux qui voudront en faire usage, il me semble qu'il y aurait de l'indiscrétion à prétendre qu'il fût imprimé dans vos Volumes, que l'abondance des matières rend déjà assez gros. Si vous croyez mon scrupule fondé, je réserverai ce Mémoire pour le Recueil que je vais faire imprimer, et qui paraîtra au plus tard dans un an, si le libraire qui veut s'en charger ne manque pas de parole, et je tâcherai de préparer quelque autre chose pour payer mon tribut à l'Académie; sinon je vous enverrai cette pièce telle qu'elle est par la première occasion que je pourrai trouver.

On m'apporte dans ce moment, de la part de M. Bernoulli, un gros paquet de livres où se trouve, entre autres, la suite de votre sixième Volume. Ainsi je me réserve à vous en parler dans ma première Lettre. Adieu, mon cher et illustre ami ; je vous embrasse de tout mon cœur.

A Monsieur d'Alembert, Secrétaire de l'Académie française, etc., à Paris.

116.

D'ALEMBERT A LAGRANGE.

A Paris, ce 13 juin 1773.

Mon cher et illustre ami, je vous prie instamment de me faire un plaisir qui ne vous coûtera pas beaucoup de peine. Je viens de lire, dans la *Gazette des Deux-Ponts*, qu'on imprime à Berlin une traduction française du voyage de MM. Banks et Solander (¹). Je n'ai point entrepris de traduire cet Ouvrage, à Dieu ne plaise que je me dévoue à cet ennui; mais il m'importe de savoir, pour des raisons dont le détail vous ennuierait, où en est cette entreprise de Berlin. Je vous serais donc très-obligé de vous informer : 1° quels sont les traducteurs de cet Ouvrage; 2° s'il est bien avancé, s'il est actuellement sous presse et quand on compte qu'il pourra paraître; 3° de quel format il sera, in-octavo ou in-quarto, car je ne pense pas qu'on le mette in-douze; 4° s'il sera bien exécuté, si les planches seront bien gravées et combien il y en aura; 5° quel sera le prix de l'Ouvrage. Vous me ferez, de plus, un très-grand plaisir de vouloir bien prendre ces informations le plus promptement que vous pourrez et m'en instruire sans délai en m'écrivant directement par la poste. Je vous prie aussi, en prenant ces informations, de ne pas dire qu'on vous ait prié de le faire, pour ne point alarmer mal à propos ceux qui pourraient croire que je veux aller sur leurs brisées. Mille pardons, mon cher et illustre ami, de l'embarras que je vous cause; heureusement cet embarras ne vous coûtera que cinq ou six questions et autant de lignes de réponse.

Je suis fort curieux de savoir si l'on vous fera des propositions et ce qu'elles pourront être, et je persiste dans l'avis que je vous ai donné à ce sujet. J'ai déjà dit à un M. Bartoli (²), qui était ici il y a un mois, que si on voulait vous avoir il était juste de vous faire un sort convenable et digne de vous.

Vous avez dû recevoir, par notre ami Le Catt, le programme pour 1775, qui peut-être ne vous intéressera guère. Le marquis de Condorcet a reçu votre Lettre, et il est très-flatté du suffrage que vous donnez à ses *Éloges*, qui, en effet, me paraissent excellents. Je recevrai

(¹) Joseph Banks, naturaliste, né à Londres le 4 janvier 1743, mort le 19 juin 1820. — Daniel-Charles Solander, naturaliste, né dans le Nordland (Suède), mort le 16 mai 1782 à Londres. — Tous deux avaient été compagnons du capitaine Cook, mais ils n'ont publié aucune relation de leur voyage.

(²) C'est probablement Joseph Bartoli, professeur de Belles-Lettres à Turin, correspondant de l'Académie des Inscriptions, né à Padoue en février 1717, mort en 1788.

avec grand plaisir le Volume de 1771, et, quoi que vous en disiez, je ne suis pas en doute que tout ce qui y sera de vous ne soit intéressant. Je suis charmé que vous ayez trouvé un imprimeur pour le Recueil de vos Mémoires; je les attends avec impatience, et je m'en rapporte bien à vous, d'ailleurs, pour ce que vous voudrez envoyer à notre Académie. Quant à moi, j'ai fait trêve avec la Géométrie, au moins pour quelque temps, et je m'en trouve assez bien pour le physique, mais non pour le moral, car il s'en faut bien que l'histoire de l'Académie que je fais m'intéresse autant. Elle est cependant fort avancée : j'ai fait cet hiver près de deux Volumes. Je ne sais pas quand ils paraîtront, mais j'espère qu'ils ne vous ennuieront pas. Vous ne trouverez pas grand'chose qui mérite votre attention dans le reste de mon sixième Volume, que vous avez reçu. Je crois seulement qu'on peut tirer un assez bon parti du nouveau principe d'Hydrodynamique que j'ai donné, et qui, si je ne me trompe, est la vraie clef du mouvement des fluides ; mais je n'ai plus assez de tête pour le suivre. Adieu, mon cher et illustre ami; je vous embrasse de tout mon cœur et je vous demande une réponse prompte sur mes importunes questions. *Vale et me ama.*

A Monsieur de la Grange, directeur de la Classe mathématique de l'Académie des Sciences, etc., à Berlin.

(En note : *Répondu le 29 juin 1773.*)

117.

LAGRANGE A D'ALEMBERT.

A Berlin, ce 29 juin 1773.

Voici, mon cher et illustre ami, ce que j'ai pu apprendre touchant la traduction du voyage de MM. Banks et Solander qui doit paraître dans cette ville. Les libraires Stande et Spener ont entrepris de publier une traduction allemande de cet Ouvrage, laquelle sera prête, à ce qu'on m'a assuré, à Pâques de l'année prochaine. Il y aura trois Volumes in-quarto, avec cinquante-deux Planches, et je crois qu'il y a déjà au moins un Volume d'imprimé. Comme les frais de cette entreprise sont fort considérables, l'article des Planches seul allant au delà de 2000 écus de ce pays, les libraires ont pensé qu'ils feraient bien de donner en même temps une édition française du même Ouvrage, pour laquelle ils pourront se servir des mêmes Planches, à quelques petits changements près. Elle aura aussi trois Volumes in-quarto qui paraîtront ensemble à Pâques de l'année prochaine; du moins il y en aura sûrement un ou deux de prêts, et le reste paraîtra bientôt après; cependant, de la manière dont on m'a parlé, j'ai lieu de croire que l'Ouvrage n'est pas encore sous presse. Quant au traducteur, on m'a dit que c'est un Français, demeurant en France, et qui est déjà connu par quelques autres bonnes traductions d'Ouvrages anglais; je n'ai pas osé insister pour en savoir le nom, de crainte qu'on ne me soupçonnât d'avoir commission de prendre des informations sur ce sujet; mais, s'il vous importe de le connaître, je tâcherai de le découvrir. A l'égard du prix, on m'a dit qu'il n'irait pas au delà de 15 écus, et l'on m'a assuré qu'on ne comptait pas sur un grand gain, à moins que la grandeur du débit ne compensât en quelque sorte la modicité du prix. Au reste, je ne dois pas vous laisser ignorer que ces libraires m'ont paru un peu inquiets par l'appréhension qu'ils ont que quelque libraire de France ne s'empare de cet Ouvrage, ce qui leur ferait un grand tort, quoique, malgré cela, ils me paraissent bien décidés de ne point se désister de leur entreprise ; c'était, comme vous voyez bien, une raison pour moi d'user de beaucoup de précautions en les questionnant sur cet article; quant à l'exécution des Planches, ils m'ont assuré qu'elles ne seraient en rien inférieures à celles de l'édition anglaise, ce que je n'ai pas de peine à croire, parce qu'il y a ici de très-habiles graveurs.

J'ai reçu avec la plus vive reconnaissance et lu avec un très-grand plaisir le reste de votre sixième Volume. J'y ai fait par-ci par-là diffé-

rentes remarques, comme c'est ma coutume quand je lis des Ouvrages
qui m'intéressent beaucoup ; mais, outre que la place me manque pour
vous les communiquer à présent, je suis encore empêché de le faire par
les embarras du déménagement, ayant tous mes Livres et mes papiers
en confusion. M. Bernoulli a présenté de votre part à l'Académie ce
sixième Volume, et elle l'a chargé de vous en remercier. Je crois que
M. Lambert se sera aussi acquitté de ce devoir pour l'exemplaire qu'il
en a reçu. Je vous supplie de faire mes très-humbles remercîments à
votre Académie des Ouvrages qu'elle m'a envoyés, et qui ne font qu'augmenter ma reconnaissance envers elle.

Le libraire Bruyset me mande que la traduction de l'*Algèbre* d'Euler
a paru et que son fils s'est chargé de vous en apporter un exemplaire,
ainsi qu'au marquis de Condorcet ; il me dit aussi qu'il ne manquera
pas d'envoyer bientôt à M. l'abbé Bossut et au marquis Caraccioli ; je
vous prie de l'en faire ressouvenir. Adieu, mon cher et illustre ami ; je
vous embrasse de tout mon cœur. Il n'y a encore rien de nouveau de
Turin.

A Monsieur d'Alembert,
Secrétaire perpétuel de l'Académie française, etc., etc.,
rue Saint-Dominique, vis-à-vis Belle-Chasse, à Paris.

118.

LAGRANGE A D'ALEMBERT.

A Berlin, ce 31 août 1773.

Je compte, mon cher et illustre ami, que vous aurez reçu ma réponse
aux questions que vous m'avez faites concernant la traduction française
du voyage de Banks et Solander. Le libraire qui avait dessein de la publier ici m'a dit depuis peu qu'il avait résolu de s'en désister, pour ne pas
se trouver en concurrence avec ceux de Paris qui en ont annoncé une
de leur côté ; ainsi je crois que vous n'avez plus rien à désirer sur cet

article. Je ne vous demande pas votre avis sur mes additions à l'*Algèbre* d'Euler, parce que je doute fort que vous preniez jamais la peine de les lire; mais, comme il n'est pas impossible qu'il y ait à Paris des personnes qui aient du goût pour ces sortes de recherches, vous en entendrez peut-être dire du bien ou du mal, et, en ce cas, je vous prie de me mander ce qui en est. Avez-vous reçu le quatrième Volume de Turin, que j'apprends qui vient de paraître? Il doit y avoir quelques Mémoires de ma façon (¹), sur lesquels je souhaiterais fort de savoir votre sentiment, entre autres un sur l'intégration des équations différentielles séparées dont chaque membre n'est pas intégrable en particulier, lequel contient une nouvelle méthode d'intégration qui me paraît digne d'attention. Vous jugerez de tout cela en dernier ressort. Puisque j'en suis sur l'article de Turin, je dois vous dire qu'il n'y a jusqu'à présent rien de nouveau pour moi; du moins on ne m'a encore fait aucune proposition ni directe ni indirecte; si vous en savez quelque chose, je vous prie de m'en instruire, afin que je puisse mieux prendre mes mesures. J'ai un nouveau Volume de Gœttingue à vous envoyer, mais j'attends une occasion pour vous le faire parvenir sans frais, d'autant qu'il ne contient rien qui puisse le moins du monde vous intéresser; puisque vous avez les premiers, il faut que vous ayez la suite. J'ai reçu la nouvelle théorie de la Lune (²) de M. Euler; si vous ne l'avez pas, je tâcherai de vous en procurer un exemplaire. Je ne sais si c'est la pièce même qui a remporté le prix ou cette pièce refondue; quoi qu'il en soit, il est sûr qu'il y a un travail immense et que l'Ouvrage est conduit avec un ordre admirable; mais, pour ce qui est de la prétendue découverte, je vous avoue que j'ai eu de la peine à la démêler dans la foule des calculs : elle se réduit, ce me semble, à calculer, au lieu du rayon vecteur r et de l'angle α, différence entre le mouvement vrai et le mouvement moyen, les coordonnées $x = r\cos\alpha$ et $y = r\sin\alpha$. Mais, outre que cela est moins simple

---

(¹) Il y en a cinq. *Voir* dans la présente édition : t. I, p. 671; t. II, p. 5, 37, 67, 94.

(²) *Theoria motuum Lunæ nova methodo pertractata, incredibili studio atque indeffesso labore trium academicorum, Johannis Alberti Euler, Wolffgangi Ludovici Krafft, Johannis Andreæ Lexell, opus dirigente Leonhardo Eulero.* Pétersbourg, 1772; in-4°.

et moins naturel, le calcul en est en quelque façon plus long et plus compliqué.

Je m'étais flatté de pouvoir envoyer quelque chose pour le concours, mais différentes circonstances m'en ont empêché. Les chaleurs qu'il a fait ici pendant cet été m'ont extrêmement affecté et m'ont mis un mois durant dans l'impossibilité de travailler, de sorte que je n'ai pu mettre la dernière main aux recherches que j'avais commencées ; d'autres petits incidents ont aussi contribué à me faire abandonner mon travail, à quoi j'ai eu d'autant moins de répugnance que je n'en étais guère content.

Les remarques que je vous ai annoncées sur quelques endroits de vos derniers *Opuscules* concernent principalement la méthode que vous proposez à la page 27 pour trouver le mouvement de l'apogée ; cette méthode est très-ingénieuse, mais je crois pouvoir démontrer qu'en la suivant sans restriction on risquerait de tomber dans l'erreur ; j'ai fait beaucoup de calculs et d'essais sur ce sujet, mais cela se trouve dans des paperasses qui ont besoin d'être débrouillées. Je vous en entretiendrai quelque jour si vous le souhaitez ; d'ailleurs je me propose aussi de relire et d'étudier à fond quelques autres endroits du même Ouvrage, où j'ai trouvé des idées neuves et intéressantes ; cela me fournira la matière d'une Lettre entière, que je destinerai uniquement à la Géométrie.

Dieu sait quand mes Mémoires pourront paraître ; le libraire ne me paraît guère empressé à en commencer l'impression ; si c'étaient des romans ou des satires, cela ne souffrirait aucune difficulté.

Adieu, mon cher et illustre ami ; je vous embrasse de tout mon cœur et je vous prie d'embrasser pour moi notre marquis de Condorcet, à qui je me propose d'écrire au premier jour ; mais j'ignore son adresse.

A Monsieur d'Alembert, secrétaire de l'Académie française,
membre de l'Académie des Sciences de Paris, etc., à Paris.

119.

D'ALEMBERT A LAGRANGE.

A Paris, ce 27 septembre 1773.

Mon cher et illustre ami, je dois réponse à deux de vos Lettres, et cette réponse vous sera remise par M. le comte de Crillon ([1]), jeune homme digne de ses aïeux par ses vertus et son mérite, l'ami de M. de Condorcet et le mien, qui vous dira de nos nouvelles et qui nous apportera des vôtres. Il désire de voir tous les hommes rares de son temps, et, à ce titre, il se flatte d'être bien reçu de vous. Il n'abusera point de vos moments, mais il ne peut se résoudre à quitter Berlin sans avoir eu l'avantage de vous connaître. Je vous demande donc pour lui votre amitié, et je vous assure qu'il en est digne.

J'ai reçu, il y a déjà quelque temps, l'*Algèbre* de M. Euler; vous croyez bien que ce que vous y avez ajouté est ce qui m'intéresse davantage, mais la résolution décidée que j'ai prise de me priver quelque temps de toute occupation mathématique ne m'a pas permis encore de vous lire; quelques-uns de nos confrères qui ont lu vos remarques m'en ont parlé avec éloges, et, pour tout dire, comme d'un Ouvrage digne de vous.

Je vous remercie des avis que vous me donnez sur l'édition qu'on préparait à Berlin des voyages de MM. Banks et Solander; ces avis mettront à leur aise nos libraires et les traducteurs, qui sont deux hommes estimables ([2]) auxquels je m'intéresse. Je n'ai point encore reçu le quatrième Volume des Mémoires de Turin; dès que je pourrai m'occuper de Géométrie, je ne manquerai pas de lire ce que vous y avez mis, et surtout le Mémoire dont vous me parlez. Vous ferez très-bien, au reste, de ne sacrifier Berlin à Turin qu'à bonnes enseignes, et je serai fort

([1]) François-Félix-Dorothée, comte puis duc de Crillon, né en 1748, mort le 27 août 1820.
([2]) Les traducteurs étaient Suard et Demeunier.

aise d'apprendre de vous si on vous fait sur cela des propositions. Vous pourrez m'envoyer par M. de Crillon le Volume de Goettingen dont vous me parlez. Quant à la *Théorie de la Lune* d'Euler, son fils m'écrit que l'Académie de Pétersbourg me l'enverra. Je vois que vous avez porté de cette théorie exactement le même jugement que moi, et je suis ravi de m'être accordé sur ce point avec vous. Je suis très-fâché que nous n'ayons rien de vous pour le concours. J'espère au moins que nous serons plus heureux dans deux ans, car je crois pouvoir vous dire en confidence que le prix sera remis, à moins qu'on ne juge mieux d'en proposer un autre. Je vous suis très-obligé de la peine que vous voulez bien prendre de parcourir mes dernières rapsodies; vous me ferez grand plaisir de me communiquer, à votre commodité, vos différentes remarques; j'en profiterai avec tout l'empressement que j'ai pour ce qui vient de vous. Vous m'affligez beaucoup en m'apprenant que votre Ouvrage n'est pas commencé d'imprimer; il me semble pourtant que votre nom doit être un bon garant du débit pour l'imprimeur qui s'en est chargé.

M. de Condorcet est actuellement chez lui à Ribemont, en Picardie, par Saint-Quentin; mais j'imagine que vous pourriez lui écrire à Paris, rue de Louis-le-Grand, vis-à-vis la rue Neuve-Saint-Augustin, et qu'on lui enverra vos Lettres. Peut-être serait-il plus court de lui écrire directement où il est; vous en aurez le temps, car il ne reviendra que vers le 10 de novembre. Adieu, mon cher et illustre ami, je vous embrasse tendrement.

A Monsieur de la Grange, de l'Académie royale des Sciences de Prusse et de celle de France, etc., à Berlin.

(En note : *Répondu le 20 décembre* 1773.)

120.

D'ALEMBERT A LAGRANGE.

A Paris, ce 6 décembre 1773.

Mon cher et illustre ami, je viens de lire une Lettre que vous avez écrite à M. de Condorcet (¹) et dans laquelle vous vous plaignez de mon long silence, en paraissant craindre que je ne sois *indisposé* contre vous. Et d'où pourrais-je l'être, mon cher ami, moi qui n'ai jamais eu qu'à me louer de vos procédés à mon égard, et dont l'estime et l'attachement pour vous augmentent tous les jours? Mais une fatalité dont je n'ai pas été le maître a été cause de ce long silence. Je vous avais écrit au mois de septembre dernier par M. le comte de Crillon, qui comptait être à Berlin dans les premiers jours d'octobre. Il a jugé à propos de changer l'ordre de son voyage dans les cours du Nord et finira peut-être par Berlin, par où il devait commencer, et Dieu sait quand vous aurez ma Lettre. Je comptais depuis vous écrire par M. de Catt, à qui je dois aussi une réponse; mais une Lettre que j'attends de M. Bitaubé m'a empêché jusqu'à ce moment d'écrire à M. de Catt. Enfin je prends mon parti de vous écrire directement par la poste et de vous renouveler l'assurance de tous les sentiments que vous m'avez si justement inspirés.

M. de Condorcet vous répondra bientôt et dès qu'il pourra vous envoyer ses nouveaux Mémoires imprimés. Ne doutez point que nous recevions et n'imprimions avec empressement les Mémoires que vous nous destinez. Quant à la pièce pour le prix dont vous parlez à M. de Condorcet, vous pouvez dire à l'auteur qu'il ne dépendra pas de moi qu'elle ne soit admise, d'autant (soit dit entre nous) que nous n'en avons point d'autre. Je serais même fort d'avis, si la pièce le mérite,

_____

(¹) Probablement la Lettre du 1ᵉʳ décembre 1772, que l'on trouvera dans le Volume suivant (t. XIII, 2ᵉ Partie).

comme je le présume, de lui donner le prix, afin de nous débarrasser enfin de cette théorie de la Lune, qui pourrait bien commencer à ennuyer les savants si nous la tenions plus longtemps sur le tapis. Au pis aller, le prix serait double en 1776, et l'auteur, vraisemblablement, n'y perdrait rien.

J'admire et je respecte, mon cher ami, la modestie avec laquelle vous parlez de vos excellentes productions, tandis que nous avons ici le jésuite Boscovich (1), qui, à force de parler aux femmes de la cour des belles choses qu'il a faites, et que nous ignorons tous deux, s'est fait déjà donner 8000 livres de pension, en attendant mieux, pour avoir, dit-il, un carrosse dont il ne saurait se passer. Il prétend, de plus, forcer la porte de l'Académie et s'y faire recevoir incessamment, quoiqu'il n'y ait pas même de place vacante; c'est ce qu'il faudra voir. Vous et lui êtes une preuve bien sensible de ce que vous me disiez il y a quelque temps, que *les prétentions sont en raison inverse du mérite.*

J'ai vu ici M. le marquis de Rossignano, votre compatriote, qui vous a vu à Turin, qui me paraît homme d'esprit, et avec lequel j'ai beaucoup parlé de vous. Il pense, ainsi que moi, que vous ferez très-bien de ne quitter Berlin qu'à bonnes enseignes. La patrie est où l'on se trouve heureux et libre.

Dites, je vous prie, à M. Bitaubé que j'attends au premier jour la réponse à la Lettre que je lui ai écrite vers le milieu du mois dernier, et qu'à l'instant j'écrirai les Lettres qu'il désire. Dites-lui aussi que j'ai enfin reçu hier au soir, 5 décembre, son poëme de *Guillaume* (2), que je vais le lire avec attention et que je lui en parlerai en détail quand je l'aurai lu.

Vous m'avez annoncé, dans votre dernière Lettre, quelques remarques sur mon sixième Volume. Vous me ferez grand plaisir de me les communiquer, à votre grande commodité. Vous savez tout le prix que j'attache à vos observations. Je voudrais savoir ce que vous

---

(1) Roger-Joseph Boscovich, mathématicien, jésuite, né à Raguse le 18 mai 1711, mort à Milan le 12 février 1787.

(2) *Guillaume de Nassau*, poème en dix chants, Amsterdam, 1773, in-8°.

pensez de ma nouvelle méthode pour le mouvement des fluides. Il me semble qu'elle pourrait servir de base à une Hydrodynamique toute nouvelle et qu'elle expliquerait mieux les phénomènes que la mauvaise théorie du chevalier de Borda. Mais je ne sais si je pourrai en tirer grand parti, malgré tout le désir que j'en ai. Je ne sais pas encore quand je reprendrai le travail géométrique. Je me trouve beaucoup mieux pour ma santé, mais beaucoup plus mal pour mon plaisir, de l'avoir suspendu. En attendant, j'écris l'histoire de l'Académie française et de nos académiciens, sur laquelle j'aimerais fort à être à portée de vous consulter, car vous êtes bon à consulter là-dessus comme sur un problème.

M. de la Lande est depuis plus de huit jours à Versailles, où il intrigue avec son ami Boscovich; c'est ce qui fait que je n'ai pu lui parler au sujet de l'envoi pour l'ambassadeur de Naples. Il me semble que le dernier paquet qu'il m'a remis de votre part est celui qui contenait le Volume de 1771, et il n'y avait rien pour cet ambassadeur. Je sais qu'il (l'ambassadeur) a reçu votre *Algèbre* du libraire. Peut-être y a-t-il en route quelque autre envoi que nous n'avons point encore reçu. J'éclaircirai cela avec M. de la Lande. Adieu, mon cher et illustre ami; aimez-moi toujours. Je vous embrasse tendrement. Le marquis de Condorcet a fait un éloge excellent de feu M. Fontaine (¹).

A Monsieur de la Grange,
directeur de la Classe mathématique de l'Académie royale
des Sciences et Belles-Lettres de Prusse, à Berlin.

(En note : *Répondu le 20 décembre* 1773.)

(¹) Il est imprimé dans les *Mémoires de l'Académie des Sciences,* année 1771, *Histoire,* p. 105-117.

121.

LAGRANGE A D'ALEMBERT.

A Berlin, ce 20 décembre 1773.

Quoique ma conscience ne me reprochât nullement d'avoir manqué envers vous, mon cher et illustre ami, aux sacrés devoirs de la reconnaissance et de l'amitié, et que d'ailleurs la bonté et la noblesse de votre caractère pussent m'être de sûrs garants de la continuation des sentiments dont vous m'honorez depuis si longtemps, votre long silence m'avait néanmoins jeté dans quelques inquiétudes, et je vous ai des obligations infinies de la complaisance que vous avez eue de m'écrire tout exprès pour m'en tirer. J'ai reçu votre Lettre du 6 peu de jours après celle du 27 septembre, qui m'a été remise par M. le comte de Crillon; j'ai d'abord vu, tant par cette dernière que par ce que M. le comte lui-même m'a dit, que mes craintes sur votre sujet étaient mal fondées, et je me suis reproché de les avoir laissé paraître dans ma Lettre à M. le marquis de Condorcet. M. de Crillon n'a fait qu'une apparition à Berlin; il était fort pressé de partir pour Pétersbourg, où il compte de passer l'hiver, dans le dessein de revenir ici au printemps pour voir les manœuvres des troupes. Je me réserve donc à lui remettre alors les livres et tout ce que je pourrai avoir pour vous et pour l'Académie. Malgré la brièveté de son séjour à Berlin, j'ai eu le bonheur de profiter deux ou trois fois de sa conversation, qui m'a donné la plus grande idée de son mérite et de ses talents; j'espère être plus heureux encore à son retour de Russie, et je serai d'autant plus charmé de l'entretenir alors, qu'il pourra me donner des idées nettes d'un pays dont on parle si diversement.

J'approuve très-fort la résolution que vous avez prise de renoncer pour quelque temps à la Géométrie et de laisser un peu reposer votre tête; vous pourrez y revenir ensuite avec de nouvelles forces et regagner en un instant tout le temps perdu. Comme les remarques que je vous ai annoncées sont peu de chose et ne regardent presque que la manière de déterminer le mouvement de l'apogée, je remettrai à une autre fois à vous les communiquer, et j'attendrai même pour cela que vous soyez revenu entièrement au giron de la Géométrie.

Ce que vous me dites du P. Boscovich ne me surprend pas; je connais depuis longtemps *la briga fratesca* (¹); il n'est sûrement pas indigne d'être de votre Académie, dont tous les membres ne sont pas des d'Alembert, mais il le deviendrait s'il prétendait y entrer d'une manière irrégulière.

A propos d'Académies, j'ai reçu, il y a peu de temps, une Lettre de M. Giraud de Keroudou (²), *nouveau professeur au Collége royal* (³), par laquelle, en me faisant part de sa nomination à cette place, qu'il regarde comme l'effet de votre recommandation et de celle de M. de Condorcet, il me demande comment il devrait s'y prendre pour se procurer l'entrée dans notre Académie. Je lui ai répondu que je croyais que le meilleur et même l'unique moyen pour cela était d'écrire directement au Roi, comme bien d'autres l'ont déjà fait avec succès; mais j'ai oublié de lui dire qu'il ne doit pas faire sentir dans sa Lettre que c'est moi qui

---

(¹) L'intrigue des moines.

(²) L'abbé Girault de Keroudou avait été professeur de Philosophie au Collége de Navarre. Il a publié divers écrits mathématiques.

La Bibliothèque de l'Institut possède en copie une Lettre de Condorcet à Turgot au sujet de cet abbé. En voici un extrait :

« Je vous prie de vouloir bien me rendre le service de défendre un de mes amis contre un mauvais tour que Fouchy lui a joué par malice ou par bêtise. C'est M. l'abbé Girault de Keroudou, professeur au Collége royal et à celui de Navarre. C'est un homme de mérite qui a été, il y a quinze ans, mon professeur, et qui depuis ce temps est resté mon ami. Il a des connaissances mathématiques très-étendues et il désirait être de l'Académie. En conséquence, il a présenté un Mémoire à l'Académie pour lui prouver qu'il était du bien des Sciences d'avoir une place toujours remplie par un professeur de l'Université, et, par ce moyen, de répandre les découvertes des académiciens et d'introduire dans les Colléges une bonne doctrine. On a rejeté ce projet; je ne sais si l'on a eu raison. M. de Fouchy, qui devait alors garder le Mémoire dans ses registres ou le rendre à l'auteur, l'a communiqué à des membres de l'Université, qui en ont dénoncé au tribunal un extrait infidèle. Cela fait un très-ridicule procès à l'abbé Girault..... Le prétexte du procès est qu'il est dit dans le Mémoire que l'enseignement de la Philosophie a besoin de réforme dans l'Université. »

Cette Lettre n'est point datée, mais elle a été écrite pendant le ministère de Turgot, c'est-à-dire du 20 juillet 1774 au 12 mai 1776.

(³) Il y était professeur de Mécanique.

lui ai suggéré cet expédient; cela aurait l'air de cabale et ferait un très-mauvais effet dans l'esprit de notre maître. S'il n'a pas encore écrit, je vous prie de lui dire un mot de ce que je prends la liberté de vous confier.

J'ai fait votre commission à M. Bitaubé, qui m'a chargé de ses compliments et de ses remerciments pour vous. La pièce qu'on vous a annoncée pour le prix sera prête à partir vers les derniers jours de ce mois; elle ne traite que de l'équation séculaire de la Lune, et l'auteur n'y attache nul prix, non pas tant par modestie que parce qu'il en est peu content lui-même; il paraît que le sujet est un peu ingrat, et je crois que, si on pouvait le changer, on mettrait les géomètres de l'Europe un peu plus à leur aise.

Adieu, mon cher et illustre ami; je vous embrasse de tout mon cœur et je vous prie de recevoir tous les vœux que je fais pour vous à l'occasion du renouvellement de l'année.

P.-S. — Au nom de Dieu, ne donnez pas mon Mémoire, que vous aurez peut-être déjà reçu, à l'Académie, sans l'avoir un peu parcouru et sans avoir jugé s'il peut mériter cet honneur. Mon amitié en rend la vôtre responsable.

A Monsieur d'Alembert, Secrétaire de l'Académie française,
des Académies des Sciences de Paris, Berlin, Pétersbourg, etc., etc., à Paris.

122.

D'ALEMBERT A LAGRANGE.

A Paris, ce 14 février 1774.

Nous avons reçu, mon cher et illustre ami, une excellente pièce de Berlin pour le prix de 1774; ou je me trompe fort, ou l'auteur doit être tranquille sur le succès. Je crois qu'il faut pour le présent nous en tenir là sur la théorie de la Lune, sauf à y revenir dans quelque temps. Notre constance nous aura du moins valu vos excellentes recherches sur cet objet.

Votre Mémoire destiné à nos Volumes est excellent, à ce que m'assure le marquis de Condorcet, qui n'en a point encore fait le Rapport à l'Académie. Cependant, puisque vous le désirez, je le verrai avant qu'il soit donné à l'impression; mais il faudrait que je fusse bien difficile pour lui refuser mon suffrage.

M. de Condorcet, qui connaît fort l'abbé Giraud de Keroudou, a dû lui dire de s'adresser au Roi (¹) pour obtenir l'entrée de l'Académie, et lui a recommandé de ne point vous citer à cette occasion.

Le P. ou l'abbé Boscovich me paraît avoir renoncé au projet qu'il avait de forcer les portes de l'Académie (²). Il pourra y venir comme un autre quand il y aura des places vacantes. Je dis comme un autre, car quoiqu'il ne soit pas sans mérite, je connais quelques personnes encore plus dignes que lui de la place d'associé libre, la seule à laquelle il puisse décemment prétendre.

M. de Crillon compte repasser par Berlin en revenant de ses courses du Nord; c'est un jeune homme vraiment digne de votre estime et même de votre amitié. J'espère que vous en tirerez les éclaircissements que vous désirez sur la Russie, où j'espère que vous n'irez jamais.

On dit que votre roi de Sardaigne s'est fait mettre sur la joue une image de saint Antoine de Padoue pour le guérir d'une fluxion et, qui pis est, qu'il a été guéri. Je doute fort qu'un tel prince vous rappelle, et je ne sais si c'est un malheur pour vous. Tenez-vous à Berlin tant que vous n'aurez pas la certitude d'être mieux chez vous.

Je suis toujours occupé de littérature, mais à regret et comme d'un pis aller. J'aimerais bien mieux la Géométrie, et je ne sais pas encore quand je pourrai m'y remettre. Adieu, mon cher et illustre ami; voilà une Lettre un peu courte, mais les seules choses intéressantes dont je pourrais vous entretenir sont actuellement trop loin de ma pensée pour

(¹) A Frédéric II.
(²) De l'Académie des Sciences de Paris.

entreprendre de vous en occuper. Je vous embrasse de tout mon cœur et vous aimerai comme je vous estime jusqu'à la fin de ma vie.

A Monsieur de la Grange, directeur de la Classe mathématique de l'Académie royale des Sciences, à Berlin.

(En note : *Répondu le 20 mai* 1774.)

123.

D'ALEMBERT A LAGRANGE.

A Paris, ce 25 avril 1774.

Mon cher et illustre ami, vous avez appris par M. de Condorcet votre nouveau triomphe, qui était assurément bien mérité. Il vient d'en avoir un lui-même d'une autre espèce, par un excellent éloge de La Condamine, qui a eu le plus grand succès à notre assemblée publique (¹), et qui est plein de philosophie et d'un excellent goût. Je n'ai point encore reçu pour vous l'argent du prix; je compte le toucher incessamment, et je ne négligerai rien pour vous le faire parvenir avec le moins de frais et de diminution possible. Nous allons perdre, au moins pour quelque temps, le marquis Caraccioli, qui s'en va à Naples, et qui pourrait bien n'en pas revenir, quoiqu'il assure positivement le contraire. Je le regrette beaucoup, car, outre que sa personne me plaît infiniment à tous égards, j'ai le plaisir de parler souvent avec lui de vos succès.

Nous avons fait à l'Académie le Rapport de votre Mémoire sur les Tables des planètes (²), M. de Condorcet et moi, et nous avons conclu

---

(¹) Il est inséré dans le Tome de l'année 1774 des *Mémoires de l'Académie des Sciences, Histoire*, p. 85.

(²) Ce Rapport fut lu dans l'assemblée du samedi 26 mars 1774. Il occupe les feuillets 127 et 128 du registre manuscrit de l'Académie pour cette année 1774.

à ce qu'il fût imprimé plus tôt que plus tard, tant il nous paraît excellent et utile. Il le sera dans le Volume de 1772, celui de 1771 étant fini et déjà trop gros. Toute l'histoire de ce Volume de 1771 sera de M. de Condorcet, et j'espère que vous en serez content. Pour moi, je suis encore à mes rapsodies littéraires, sans oser me remettre à la Géométrie. J'en ai été bien tenté en lisant vos deux Mémoires sur la Lune et sur les Tables des planètes, et j'ai dit, en me tâtant :

Agnosco veteris vestigia flammæ (¹).

Cette lecture, qui m'a employé du temps, car je lisais peu à la fois pour ménager ma pauvre tête, m'a empêché d'approfondir comme je l'aurais voulu vos nouveaux Mémoires dans le quatrième Volume de Turin. J'ai pourtant été très-satisfait du peu que j'en ai osé lire jusqu'à présent, entre autres du Mémoire sur l'intégration algébrique des équations différentielles semblables et toutes séparées. Mais je vous parlerai de tout cela plus en détail quand mes forces me le permettront. Je vous envoie, en attendant, notre programme (²). C'est M. Lemonnier qui a exigé la petite observation que vous y trouverez sur l'équation séculaire, car il prétend que cette équation n'est pas douteuse; mais je suis fort de votre avis sur son incertitude. Je souhaite que les perturbations des comètes vous paraissent un sujet digne de vous occuper. Le second exemplaire du programme est pour l'Académie, à qui je vous prie de le présenter, en l'assurant de mon dévouement et de mon respect. Adieu, mon cher et illustre ami ; je vous embrasse tendrement et vous souhaite toute la santé dont vous avez besoin pour le bien de la Géométrie, qui n'a plus d'espérance qu'en vous. Mes compliments à M. Lambert. Je recommande de nouveau à votre amitié M. le comte de Crillon, qui va arriver incessamment, et qui m'apportera de vos nouvelles.

(En note : Répondu le 20 mai 1774.)

(¹) *Énéide,* liv. IV, vers 23.
(²) *Voir* la Lettre 125 de Lagrange et la note 1 de la page 284.

124.

D'ALEMBERT A LAGRANGE.

A Paris, ce 20 mai 1774.

Je viens de recevoir, mon cher et illustre ami, les 2000 livres de votre prix, car vous savez qu'il devait n'être que de 2000 livres, et je me hâte de vous envoyer ce billet, au moyen duquel vous les recevrez *sans aucuns frais*, déduction faite pourtant de 24 livres que le secrétaire de M. de Buffon prétend lui être dues sur les prix, et que je lui ai données comme l'année dernière. Vous avez dû recevoir, il y a un mois, une Lettre de moi, à laquelle je n'ai pour le présent rien à ajouter, que de vous souhaiter toute la santé dont vous avez besoin pour le progrès et l'honneur de la Géométrie.

L'événement de la mort du Roi (¹) nous tient tous ici dans l'attente des suites qu'il aura, et que nous ignorons encore. Je vous embrasse de tout mon cœur.

A Monsieur de la Grange,
directeur de la Classe mathématique de l'Académie des Sciences de Prusse,
à Berlin.

(En note : *Répondu le 5 juin 1774.*)

125.

LAGRANGE A D'ALEMBERT.

A Berlin, ce 21 mai 1774.

Mon cher et illustre ami, M. le comte de Crillon, qui vous remettra cette Lettre, vous remettra aussi de ma part : 1° le Volume de nos *Mé-*

(¹) Louis XV était mort le 10 mai.

moires pour 1772; 2° le troisième et le quatrième Volume des *Mémoires de Gœttingue;* 3° un exemplaire séparé de mes Mémoires de 1772 pour M. le marquis de Condorcet, à qui je vous prie de vouloir bien le faire agréer avec mes plus tendres compliments. Je lui ai écrit depuis peu directement pour le remercier de la part qu'il a eue au succès de ma dernière pièce, et je l'ai prié de vous témoigner, ainsi qu'aux autres commissaires, ma vive reconnaissance de l'indulgence que vous avez bien voulu avoir pour un Ouvrage qui la méritait si peu. Je vous en réitère ici mes plus sincères remerciments. A l'égard de l'argent du prix, j'ai prié M. de Condorcet de se concerter avec vous sur la manière de me le faire parvenir; je me repose là-dessus entièrement sur votre amitié. La déclaration que M. Le Monnier a fait insérer dans le programme de l'Académie était nécessaire pour ne pas effaroucher les astronomes, qui me paraissent fort attachés à l'équation séculaire. En élevant des doutes sur son existence, je n'ai eu d'autre but que de les engager à nous en donner des preuves convaincantes et incontestables. Le sujet que vous venez de proposer pour 1776 (¹) est d'autant plus difficile à traiter qu'il s'agit d'ajouter à ce que les premiers géomètres ont déjà fait. Je vous dirai une autre fois si j'ai quelque espérance de pouvoir concourir. Je vous prie de dire à M. de Condorcet que notre Académie a remis le prix de la théorie des comètes, et l'a même renvoyé à l'année 1778 pour qu'il puisse être double. Je suis bien aise qu'on ait pris ce parti plutôt que de faire tort à une pièce qui me paraissait mériter d'être couronnée, mais à laquelle mes confrères étaient portés à en préférer une autre. Je suis enchanté que mon Mémoire sur les Tables des planètes ne vous ait pas déplu. Comme la matière n'est guère sublime, je craignais que vous ne la trouvassiez peu digne de votre attention.

Je suis fort empressé de lire l'*Histoire* du Volume de 1771, ainsi que

---

(¹) « L'Académie propose, pour le sujet des prix de 1776, *la théorie des perturbations que les comètes peuvent éprouver par l'action des planètes.* Comme elle désire surtout que les savants s'appliquent à perfectionner les solutions analytiques déjà connues de ce problème ou qu'ils en cherchent de nouvelles, elle n'exige pas, du moins en ce moment, l'application de la théorie de ces perturbations à celle d'aucune comète en particulier. » (*Mémoires de l'Académie,* année 1774; *Histoire,* p. 71.)

l'éloge de M. de la Condamine, dont vous me donnez une si grande idée. M. de Condorcet n'a-t-il pas fait aussi l'éloge de Fontaine (¹)? Il devrait se trouver dans le Volume de 1771, et cela augmente mon impatience de le recevoir.

Si le marquis Caraccioli est encore à Paris, voudriez-vous avoir la bonté de lui renouveler mes hommages ? Je serais fâché qu'il restât à Naples, où je doute fort qu'il pût trouver les agréments et la liberté dont il jouit chez vous. Je n'ai rien de particulier à vous dire sur ce qui me regarde. M. de Crillon, qui m'honore quelquefois de sa compagnie, vous dira de mes nouvelles; je suis fâché qu'il parte sitôt et que ses autres occupations m'empêchent de le voir aussi souvent que je le souhaiterais. Il a beaucoup vu et me paraît avoir bien vu. Il pourra vous donner une idée assez nette du Nord et de la philosophie qui y règne. Adieu, mon cher et illustre ami ; ayez bien soin de votre santé, et conservez-moi votre amitié et votre affection, que je regarde comme les plus grands avantages que la Géométrie m'ait procurés. Je vous embrasse de tout mon cœur.

A Monsieur d'Alembert, secrétaire de l'Académie française,
de l'Académie royale des Sciences de Paris, etc., etc., à Paris.

126.

LAGRANGE A D'ALEMBERT.

A Berlin, ce 6 juin 1774.

J'ai remis, mon cher et illustre ami, il n'y a pas longtemps, à M. le comte de Crillon, une Lettre pour vous, mais qui ne vous parviendra peut-être que dans quelques mois, lorsque ce seigneur sera de retour à

(¹) Il se trouve aux pages 105-116 de l'*Histoire* du Volume de 1771.

Paris. Vous recevrez aussi de lui un paquet contenant le Volume de nos *Mémoires* et les deux derniers Volumes de ceux de Gœttingue, qui ne renferment presque rien qui vaille dans notre genre. Depuis ce temps, j'ai reçu votre Lettre du 20 mai avec la Lettre de crédit de M. Necker à M. Splitgerber, qui m'a sur-le-champ compté la somme en question. Ce n'est donc que pour répondre à cette Lettre que je vous écris aujourd'hui, et surtout pour vous remercier de la peine que vous avez bien voulu prendre de me faire parvenir l'argent du prix et de la manière aussi sûre qu'avantageuse dont vous m'avez fait parvenir cet argent. Je n'ai depuis si longtemps que des grâces à vous rendre pour des bienfaits de toute espèce, que je crains presque de vous importuner par les expressions de ma reconnaissance; elle égale l'estime et l'amitié dont je suis pénétré pour vous, et ces trois sentiments, qui partagent et remplissent entièrement mon cœur, dureront autant que ma vie.

Je vous prie de dire à M. le marquis de Condorcet que notre prix sur la théorie des comètes a été remis et que, pour le rendre double, on l'a même renvoyé à l'année 1778; dès que le nouveau programme sera imprimé, je lui en enverrai un exemplaire et je lui communiquerai aussi quelques observations que j'ai faites sur la pièce française qui avait concouru, et dont j'ignore l'auteur. Cette pièce n'aurait rien laissé à désirer et aurait sûrement satisfait mes confrères si l'auteur avait donné des applications de ses différentes méthodes, le principal but de l'Académie étant de procurer aux astronomes des secours nouveaux pour le calcul des orbites des comètes d'après les observations.

J'ai été occupé jusqu'à présent de la solution de ce problème : *Étant donnés différents plans qui passent par un même point fixe, et dont chacun se meuve à la fois sur chacun des autres en conservant la même inclinaison, mais en faisant rétrograder la ligne des nœuds d'un mouvement uniforme donné, trouver la position des plans au bout d'un temps quelconque.* Ce qui m'en a fait naître l'idée, c'est la querelle qu'il y a entre MM. de la Lande et Bailly sur la découverte de la cause des variations des inclinaisons des satellites de Jupiter (¹). Il m'a paru qu'il était nécessaire de considérer la question sous un point de vue plus exact qu'on ne l'avait encore fait, et j'ai trouvé qu'elle présentait des difficultés qui la rendaient digne de l'attention des géomètres, indépendamment de l'usage qu'elle peut avoir dans l'Astronomie. Lorsqu'il n'y a que deux plans mobiles, je puis donner la solution complète du problème; mais, si j'en suppose un plus grand nombre, je tombe dans des formules absolument intraitables. Cependant j'ai trouvé une méthode particulière pour traiter le cas de tant de plans mobiles que l'on veut, mais dans l'hypothèse seulement que les inclinaisons mutuelles soient toutes très-petites, ainsi que les mouvements des nœuds, ce qui est le cas des orbites planétaires. Si vous trouvez cette matière assez intéressante, je pourrai en composer un Mémoire pour votre Académie, supposé qu'il n'y ait point d'indiscrétion de ma part à l'entretenir trop souvent de mes faibles productions. Adieu, mon cher et illustre ami; je vous embrasse de tout mon cœur et je me recommande à votre amitié.

A Monsieur d'Alembert, secrétaire de l'Académie française,
membre de celle des Sciences, etc., etc.,
rue Saint-Dominique, vis-à-vis Belle-Chasse, à Paris.

127.

D'ALEMBERT A LAGRANGE.

A Paris, ce 1ᵉʳ juillet 1774.

Mon cher et illustre ami, je n'attends M. de Crillon qu'à la fin de ce mois, et je recevrai avec grand plaisir tout ce qu'il m'apportera de votre part, et surtout votre Lettre dont il est chargé. J'espère surtout

(¹) *Voir* dans le Volume de l'Académie de 1771, p. 580-667, le travail de Bailly intitulé *Mémoire sur les inégalités de la lumière des satellites de Jupiter.*

qu'il m'apportera de bonnes nouvelles de votre santé. Vous savez le tendre intérêt que j'y prends. La mienne est passable en ce moment-ci, mais j'ai résolu de faire encore trêve pour un an aux travaux mathématiques. Je m'amuse, en attendant, à des broutilles philosophiques et littéraires.

Nous venons d'avoir en France un grand événement, celui de la mort du Roi; nous verrons quelles en seront les suites pour l'État, pour la Philosophie et pour les Lettres.

On imprime actuellement votre excellente pièce sur l'équation séculaire (¹), et on va imprimer dans le Volume de 1772 votre autre excellente pièce *sur la manière de former des Tables des planètes par les seules observations* (²). Je vous invite fort à nous donner quelque chose sur le prix de 1774; quand vous voudrez y penser, vous trouverez sûrement à ajouter beaucoup à ce qui a déjà été fait sur ce sujet, et vous voyez que nous ne demandons point de calculs fatigants : nouvelle raison pour vous occuper de cette importante matière. Vous verrez dans le Volume de 1771, qui va paraître, l'Éloge de Fontaine, et je suis sûr que vous en serez bien content, ainsi que de l'*Histoire,* qui est tout entière de M. de Condorcet. Je voudrais bien que celle de 1772 en fût aussi. Elle en serait meilleure et paraîtrait plus tôt.

Le marquis de Caraccioli est parti pour Naples, où il doit être bientôt, et peut-être actuellement. On a eu de ses nouvelles de Gênes, où il est arrivé en bonne santé. Je suis bien aise que vous ayez reçu l'argent du prix sans frais. Dorénavant (car j'espère bien que ce ne sera pas le dernier) je me servirai de cette voie pour vous le faire parvenir.

Je ne crois pas que M. de Condorcet concoure de nouveau pour les comètes. Les calculs arithmétiques le rebutent, et je lui ressemble bien à cet égard.

Je n'ai pas de peine à croire que MM. de la Lande et Bailly n'ont rien fait qui vaille ni l'un ni l'autre sur l'objet qui vous occupe actuellement, et sur lequel je serai ravi de voir le fruit de vos recherches. Envoyez-les-

---

(¹) *Voir* le Volume de 1774, p. 97, et *OEuvres,* t. VI, p. 535.
(²) *Voir* le Volume de 1772, p. 513-618, et *OEuvres,* t. VI, p. 507.

nous le plus tôt que vous pourrez, et ne craignez point l'*indiscrétion* : nous n'avons rien de mieux à faire que d'employer tout ce qui nous viendra de votre part. Adieu, mon cher et illustre ami ; je vous embrasse de tout mon cœur. Conservez-vous pour la Géométrie et surtout pour moi. Mille compliments, je vous prie, à MM. Bitaubé, Thiébault, Formey, et à tous ceux qui veulent bien se souvenir de moi.

A Monsieur de la Grange,
des Académies des Sciences de Berlin et de Paris, à Berlin.

(En note : *Répondu le 1er octobre 1774.*)

128.

D'ALEMBERT A LAGRANGE.

A Paris, ce 12 septembre 1774.

Je n'ai pas, mon cher et illustre ami, de nouvelles fort intéressantes à vous mander ; mais j'ai besoin d'en savoir de votre santé, et c'est pour cela que je vous écris. M. de Crillon, qui vous a vu, est très-reconnaissant de la bonne réception que vous lui avez faite ; il m'a remis les deux Volumes de Göttingen, qui ne renferment, ce me semble, rien de bien intéressant, au moins dans notre partie, et le Volume de Berlin de 1772, où vous vous êtes distingué à votre ordinaire par d'excellentes recherches. Votre démonstration sur les racines imaginaires me paraît ne rien laisser à désirer, et je vous suis très-obligé de la justice que vous avez rendue à la mienne, qui, en effet, a le petit défaut (plus apparent peut-être que réel) de n'être pas directe, mais qui est assez simple et facile. Ne vous occupez-vous pas des perturbations des comètes ? Ne nous enverrez-vous pas dans un an quelques recherches sur ce sujet si intéressant ? Si vous avez lu notre programme, vous verrez que nous n'exigeons rien qui puisse vous prendre trop de temps et vous fatiguer. Enfin nous avons recours à vous, car vous êtes actuellement notre espérance et notre ressource pour avoir de bons Ouvrages.

Nous venons de recevoir les pièces sur les aiguilles aimantées (^{1}), dont le prix sera donné à Pâques prochain. Il me semble qu'il y en aura de bonnes; j'en ai une entre les mains qui me paraît d'un physicien géomètre, et faite avec beaucoup de soin et de détail. C'est un Ouvrage presque complet. Je ne connais pas encore les autres.

Nous venons de donner le Volume de 1771. Il y a plusieurs bons Mémoires de Mathématiques et de Physique. L'histoire est tout entière du marquis de Condorcet; vous y verrez l'éloge de Fontaine, qui est un chef-d'œuvre; les autres éloges ne sont pas de lui, et vous vous en apercevrez aisément. Je ne vous dirai pas que cette histoire est un peu différente de celle de notre pauvre Fouchy, mais je vous dirai qu'elle est fort supérieure, selon moi, à celle même de Fontenelle (^{2}), parce qu'elle joint beaucoup plus de savoir et de précision à autant de Philosophie pour le moins. Quant à moi, je suis toujours sevré de Géométrie, ce qui me fâche beaucoup; cependant j'espère essayer dans quelques mois de reprendre mes anciens travaux. J'ai lu, aux dernières assemblées de l'Académie française, l'éloge de Massillon, celui de Despréaux et celui de Fénelon, qui ont été très-bien reçus; mais j'aimerais bien mieux la solution d'un beau problème de Géométrie, dont vous seriez content, que tous les applaudissements du public dans un genre où, malgré les compliments, on n'est jamais sûr d'avoir bien fait.

Il me semble que les sciences ont beaucoup à espérer des ministres que le nouveau Roi vient de choisir, et qui sont tous des hommes honnêtes, instruits et éclairés (^{3}). Dieu veuille que nos espérances se réalisent! Adieu, mon cher ami; je vous embrasse tendrement.

A Monsieur de la Grange, directeur de la Classe mathématique
de l'Académie des Sciences de Prusse et de celle de Paris, à Berlin.

[En note : *Répondu le* 6 (lisez : *le* 9) *janvier* 1775.]

(^{1}) *Voir* plus loin la Lettre de d'Alembert du 14 avril 1775.

(^{2}) On sait la réputation dont jouissent les *Éloges* des académiciens par Fontenelle.

(^{3}) Louis XVI avait nommé successivement les ministres suivants : comte de Maurepas, ministre d'État (20 mai); comte de Vergennes, ministre des affaires étrangères (8 juin); comte de Muy, ministre de la guerre (22 juin); Turgot, ministre de la marine (22 juin), puis contrôleur général (24 août); Hue de Miroménil, garde des sceaux (24 août).

129.

LAGRANGE A D'ALEMBERT.

A Berlin, ce 1er octobre 1774.

Si j'avais, mon cher et illustre ami, une voie pour vous faire parvenir mes Lettres sans frais, je me ferais un devoir et un vrai plaisir de vous donner plus souvent de mes nouvelles; mais, en vérité, je fais conscience de vous causer à la fois de l'importunité et de la dépense par mes Lettres; j'ai donc différé à vous répondre jusqu'à ce que le Mémoire dont je vous ai parlé fût prêt, et je profite maintenant de l'occasion que l'envoi de ce Mémoire me fournit pour vous écrire et vous renouveler les assurances de mon inviolable attachement. J'ai aussi en cela un autre motif: c'est de vous prier de vouloir bien examiner mon Mémoire avant qu'il soit présenté à l'Académie, d'y faire tels changements que vous jugerez à propos, ou même de le supprimer si vous le trouvez peu intéressant et peu propre à mériter l'attention de votre illustre corps. Je vous supplie d'être bien convaincu que ce n'est pas là un pur compliment de ma part, dans le dessein de vous engager à louer mon Ouvrage d'autant mieux que je parais avoir moins de prétentions; je me flatte que vous devez assez connaître ma manière de penser pour me croire incapable d'une telle finesse. Je suis sensible comme je le dois à vos éloges, et je les regarde même comme la plus grande et presque l'unique récompense de mes travaux; mais je suis toujours si peu content de ce que je fais, et j'en fais même si peu de cas, qu'il n'est pas étonnant que j'aie une grande défiance du mérite de mes Ouvrages.

Je viens d'en recevoir un d'un homme dont la manière de penser me paraît être l'antipode de la mienne : c'est la *Cosmographie physique et mathématique* du P. Frisi ([1]). Je vous avoue que j'ai été très-scandalisé de voir qu'il ait adopté, pour déterminer le mouvement de l'apogée

([1]) *Cosmographiæ physicæ et mathematicæ Pars prior;* Milan, 1774, in-4°.

de la Lune, la méthode fautive dont vous avez parlé dans votre sixième Volume d'*Opuscules*, et qu'il ait cru par là avoir heureusement surmonté les difficultés qui ont arrêté les plus grands géomètres. Dans sa théorie des planètes, il se félicite de n'avoir trouvé, par sa méthode, qu'une seule valeur pour le mouvement de l'aphélie, et il paraît regarder ce prétendu avantage de sa méthode comme une preuve de sa supériorité sur toutes les autres. Comme je n'ai pas envie d'entrer en dispute avec un homme tel que lui, surtout sur des matières dans lesquelles il paraît encore bien étranger, je lui ai répondu quelques compliments assez vagues sur son Ouvrage; aussi bien il me paraît si convaincu de son propre mérite, que je ne doute pas qu'il ne se croie également au-dessus des éloges et de la critique. Je n'ai pas encore eu le temps de penser au problème des comètes; mais je me propose de m'en occuper bientôt, et je vais commencer par relire tout ce que vous avez déjà fait sur cette matière.

Je ne sais si vous aurez trouvé quelque chose de votre goût dans le Volume que M. le comte de Crillon doit vous avoir remis; la démonstration que j'y donne de votre théorème sur la forme des racines imaginaires ne sert qu'à prouver combien, dans certains cas, les méthodes indirectes sont préférables aux méthodes directes; je crois n'avoir rien laissé à désirer dans cette démonstration, mais aussi est-elle d'une longueur rebutante, tandis que la vôtre a l'avantage de la simplicité et de l'élégance.

Mme de Maupertuis m'a chargé de vous prier de vouloir bien faire demander à Mme de la Condamine si elle a reçu sa dernière Lettre ou non.

Quoique la pièce qui a concouru pour notre prix annonçât un analyste fort profond, j'ignorais totalement qu'elle fût de notre ami ([1]); si je l'avais su, j'aurais fait des efforts pour lui faire donner le prix, mais je doute fort que j'en fusse venu à bout.

Si vous voyez M. le comte de Crillon, je vous prie de vouloir bien

([1]) Condorcet.

l'assurer de mes respects. Je suis enchanté d'avoir fait la connaissance d'un homme de son mérite, et je serais très-flatté de pouvoir la cultiver. Si vous ou quelqu'un de vos amis écrivez à M. le marquis Caraccioli, oserais-je vous prier de vouloir bien lui dire un mot de moi? Je serais bien curieux de savoir s'il y a quelque fondement à ce que j'ai lu depuis quelque temps dans les gazettes, que sa cour n'avait pas approuvé son voyage. Adieu, mon cher et illustre ami ; je vous embrasse de tout mon cœur et je vous demande la continuation de votre amitié, comme du bien dont je suis le plus jaloux.

<hr />

130.

D'ALEMBERT A LAGRANGE.

A Paris, ce 15 décembre 1774.

Mon cher et illustre ami, je vous ai déjà dit et je vous répète que vous ne devez point craindre de m'écrire directement et par la poste. Les frais de port sont très-peu de chose, et, fussent-ils plus considérables, je les ferais avec le plus grand plaisir pour avoir plus souvent des nouvelles de votre santé et de vos travaux.

Nous avons fait hier, M. de Condorcet et moi, le Rapport de votre Mémoire à l'Académie, et nous en avons dit ce que nous pensons, c'est-à-dire que ce Mémoire est excellent, comme tout ce que vous faites. Je suis enchanté du contraste de votre modestie avec la bonne opinion que d'autres géomètres ont d'eux-mêmes, quoiqu'assurément ils n'y aient pas le même droit. Vous prouvez bien ce que vous me disiez il y a quelque temps, que les prétentions sont en raison inverse du mérite. L'homme dont vous me parlez (¹) est bien dans ce cas ; toutes ses assertions sur le mouvement de l'apogée de la Lune sont aussi étranges

(¹) Le P. Frisi.

que la confiance avec laquelle il en parle ; mais il est si loin de résoudre la difficulté, qu'il ne s'en doute même pas. Il faut dire avec le jésuite Lemoine ([1]) : « *C'est ainsi que Dieu, qui est juste, donne aux grenouilles de la satisfaction de leur chant.* »

Ma tête commence à être un peu meilleure ; je dors, non pas tout à fait bien, mais moins mal, et je ne désespère pas, si cela continue, de pouvoir reprendre un peu mes travaux mathématiques, la seule occupation qui m'intéresse véritablement, car les Belles-Lettres et la Philosophie même ne sont pour moi qu'un pis-aller. Je voudrais bien pourtant être à portée de vous consulter en ce genre comme en Géométrie, car vous êtes *doctus sermonis utriusque linguæ*, et je serais bien charmé de pouvoir vous faire lire les soixante-douze Éloges d'académiciens français que j'ai composés depuis dix-huit mois pour tuer le temps, ne pouvant pas mieux faire.

Votre travail sur les comètes, car j'y compte beaucoup, vaudra bien mieux que ces rapsodies, et j'attends avec impatience tout ce que vous saurez bien ajouter au peu que Clairaut et moi avons fait là-dessus.

M. le comte de Crillon a été très-sensible à votre souvenir et à tout ce que vous me dites d'obligeant sur son compte ; il vous fait mille compliments ; il vient de faire un mariage très-avantageux à tous égards et tel qu'il le méritait ([2]). On m'assure que le marquis Caraccioli est parti de Naples ; mais on croit qu'il s'arrêtera à Rome pendant le temps du conclave ([3]). Ce qu'on a écrit dans les gazettes sur le prétendu mécontentement de sa cour est une sottise du genre de celles que ces faquins-là sont sujets à imprimer.

J'ai été enchanté de ce que j'ai trouvé de vous dans le Volume de vos *Mémoires* que M. de Crillon m'a remis, et je ne vois rien à désirer dans votre Mémoire sur les racines imaginaires. Adieu, mon cher et illustre ami ; recevez les vœux que je fais pour vous au commencement de

([1]) Pierre Lemoyne, jésuite, poète, né à Chaumont (Haute-Marne) en 1602, mort à Paris le 22 avril 1672.

([2]) Il venait d'épouser Marie-Charlotte Carbon.

([3]) Clément XIV était mort le 22 septembre 1774.

l'année où nous allons entrer. Mes compliments à MM. Bitaubé, Thiébault, etc., et à tous ceux qui veulent bien se souvenir de moi.

A Monsieur de la Grange,
directeur de la Classe mathématique de l'Académie royale des Sciences
et Belles-Lettres, etc., à Berlin.

[En note : *Répondu le* 6 (lisez : *le* 9) *janvier* 1775.]

131.

LAGRANGE A D'ALEMBERT.

A Berlin, ce 9 janvier (1775).

Je vous obéis, mon cher et illustre ami, en vous écrivant directement
par la poste; mais je suis fâché de n'avoir rien d'intéressant à vous dire
ni qui vaille la peine d'être lu. Ma santé a été un peu altérée ces jours
passés par un gros rhume qui m'a obligé de garder le lit pendant
quelque temps. Actuellement je me porte mieux, et je crois, tout
compté, que cette espèce de maladie pourra m'avoir fait du bien, à
cause du régime sévère que j'ai cru devoir observer. Je suis impatient
de pouvoir lire vos *Éloges,* non pas pour les juger, car je reconnais
sincèrement ma totale incapacité à cet égard, mais pour me récréer et
m'instruire en même temps.

Je vous remercie de tout mon cœur de ce que vous avez bien voulu
faire à l'Académie le Rapport de mon Mémoire, et de tout le bien que
votre amitié pour moi vous a engagé à en dire. Je suis fort content de
mon travail s'il a pu mériter votre suffrage. Je crois n'avoir guère
d'ambition en aucun genre, mais le peu que j'en ai consiste presque
uniquement dans le désir de mériter votre estime et de répondre à la
bonne opinion que vous daignez avoir de moi.

Je ne me suis pas encore occupé sérieusement du problème des comètes, mais, à vue de pays, il me semble qu'il doit être bien difficile d'ajouter quelque chose à ce que vous avez déjà fait sur cette matière; d'ailleurs le sujet me paraît assez ingrat par lui-même; s'il se présente à mon esprit quelque chose qui me paraisse pouvoir mériter votre attention, je travaillerai pour le prix; sinon, je me tiendrai en repos, persuadé qu'il vaut encore mieux ne rien faire que de faire des inutilités.

Je suis charmé de ce que vous me dites de notre marquis Caraccioli; dès que je le saurai arrivé à Paris, je le féliciterai sur son heureux retour; en attendant, je vous prierai de l'embrasser de ma part dès que vous le verrez et de lui renouveler l'assurance de mes sentiments les plus tendres et les plus respectueux. Nous aurons bientôt ici un envoyé de Sardaigne; c'est le marquis de Rosignan (¹), que vous avez vu à Paris, et qui a beaucoup plus de mérite que les gens de son rang n'ont coutume d'avoir. Je saurai de lui ce qui en est de la Société de Turin, dont je n'ai entendu parler depuis un siècle. Vous aurez appris que nous avons perdu M. Mekel (²); nous sommes presque sur le point de faire une autre grande perte, celle de M. Margraff (³), qui garde le lit depuis quelques mois, à cause d'une attaque de paralysie qu'il a eue et qui l'a rendu perclus d'une partie de ses membres; il peut vivre encore longtemps, mais on peut le regarder comme déjà perdu pour l'Académie et les sciences.

Je suis charmé que votre jugement sur l'Ouvrage du P. Frisi s'accorde avec le mien; je crois que ce serait peine perdue de vouloir l'éclairer; il ne manquera pas de trouver des admirateurs et des journalistes qui l'exalteront jusqu'aux nues : il faut les laisser faire et s'en divertir.

Adieu, mon cher et illustre ami; je vous remercie de vos vœux et je

---

(¹) Il y avait eu en 1731 un marquis de Rosignan (ou Rosignaz) ambassadeur à Paris; c'est probablement de son fils que veut parler Lagrange.

(²) Jean-Frédéric Meckel, anatomiste, né à Wetzlar le 31 juillet 1714, mort le 18 septembre 1774 à Berlin, où il faisait partie de l'Académie depuis le 8 mai 1749.

(¹) André-Sigismond Marggraf, chimiste, né le 9 mars 1709 à Berlin, où il est mort le 7 août 1780 et où il était membre de l'Académie depuis le 19 février 1738; il fut, en 1776, nommé associé étranger de l'Académie des Sciences de Paris.

vous prie de recevoir tous les miens. Vous savez combien je vous suis attaché et quel cas je fais de votre amitié ; je vous embrasse très-tendre-ment.

A Monsieur d'Alembert, secrétaire de l'Académie française,
membre des Académies royales des Sciences de Paris, Berlin, etc., etc.,
rue Saint-Dominique, vis-à-vis Belle-Chasse, à Paris.

132.

D'ALEMBERT A LAGRANGE.

A Paris, ce 14 avril 1775.

Il y a un siècle, mon cher et illustre ami, que je n'ai reçu de vos nouvelles. Je m'en console parce que j'en sais d'ailleurs, que je vous crois en bonne santé et que la Géométrie profite sans doute de votre silence à mon égard. Je voudrais pourtant bien savoir des nouvelles de vos travaux, et surtout si vous songez à nos comètes pour le prix de cette année. Nous venons de remettre le prix sur les aiguilles (¹) ; il n'en sera pas de même si vous travaillez aux comètes (²), ce que je désire beaucoup, car il reste encore plus d'une difficulté dans cette matière.

On vous aura peut-être dit que je suis directeur des canaux de navigation, avec 6000 livres d'appointements : fausseté. Je me suis seulement chargé, par amitié pour M. Turgot, actuellement contrôleur général et mon ami depuis quinze ans, de lui donner mon avis sur ces canaux, conjointement avec l'abbé Bossut et M. de Condorcet ; mais nous avons refusé les appointements qu'il nous offrait pour cela. Cet engagement m'obligera à revenir un peu à la Géométrie, et surtout aux fluides, sur lesquels j'ai depuis longtemps bien des matériaux qui dorment. Vous

---

(¹) Voici l'énoncé du sujet de ce prix, qui avait été proposé pour l'année 1775 : *Quelle est la meilleure manière de fabriquer les aiguilles aimantées, de les suspendre, de s'assurer qu'elles sont dans le vrai méridien magnétique, enfin de rendre raison de leurs variations diurnes régulières ?*

(²) C'est-à-dire au sujet du prix proposé pour 1776 : *La théorie des perturbations que les comètes peuvent éprouver par l'action des planètes.*

ne m'avez jamais dit ce que vous pensiez de la petite méthode que j'ai donnée dans mon sixième Volume d'*Opuscules* pour déterminer le mouvement des fluides dans des vases; je crois qu'on en peut tirer parti pour perfectionner cette théorie. Ma tête est toujours bien peu capable de s'occuper d'études sérieuses, sans compter que nous essuyons à l'Académie des Sciences, M. de Condorcet et moi, des tracasseries qui nous en dégoûtent et dont le détail ne vous intéresserait guère.

Je m'occupe toujours de mes *Éloges* de l'Académie française, qui formeront un Ouvrage assez considérable pour être ennuyeux. J'en ai déjà lu quelques-uns aux assemblées publiques; ils ont été bien reçus, mais gare l'impression! Aussi ne m'y exposerai-je pas, au moins sitôt. Adieu, mon cher et illustre ami, je vous embrasse de tout mon cœur. Donnez-moi des nouvelles de votre santé et de vos travaux. Il me semble qu'on ne songe guère, à Turin, à vous rappeler. Comme je vous crois heureux où vous êtes, je vous conseille de n'en partir qu'à bonnes enseignes. Je n'ai point de nouvelles du marquis Caraccioli. On dit qu'il est parti de Naples pour aller à Rome recommander la canaille jésuitique au nouveau pape (¹). On ajoute qu'il reviendra en France par Vienne et par Berlin. Je me consolerai de ce long détour, s'il le fait, parce qu'il m'apportera de vos nouvelles. Adieu, adieu.

A Monsieur de la Grange, des Académies royales des Sciences de France et de Prusse, à Berlin.

(En note : *Répondu le* 30 *mai* 1775.)

133.

LAGRANGE A D'ALEMBERT.

A Berlin, ce 29 mai 1775.

On ne saurait être plus sensible que je le suis, mon cher et illustre

(¹) Pie VI, élu le 14 février 1775, en remplacement de Clément XIV.

ami, au vif·intérêt que vous prenez à tout ce qui me regarde. Je vous ai
écrit, si je ne me trompe, au commencement de l'année ; si depuis ce
temps je ne vous ai pas donné de mes nouvelles, c'est qu'il ne m'est
rien arrivé de particulier, et, quant à mes travaux, ils ont été si peu de
chose, que j'aurais eu honte de vous en entretenir. Ce n'est pas que je
n'aie lu de temps à autre quelque Mémoire à l'Académie, mais ce sont pu-
rement des Mémoires de remplissage et qui ne renferment rien d'assez
piquant pour pouvoir mériter votre attention. Je suis maintenant après
à donner une théorie complète·des variations des éléments des planètes en vertu de leur action mutuelle. Ce que M. de la Place a fait sur
cette matière (¹) m'a beaucoup plu, et je me flatte qu'il ne me saura
pas mauvais gré de ne pas tenir l'espèce de promesse que j'avais faite
de la lui abandonner entièrement ; je n'ai pas pu résister à l'envie de
m'en occuper de nouveau, mais je ne suis pas moins charmé qu'il y travaille aussi de son côté ; je suis même fort empressé de lire ses recherches ultérieures sur ce sujet, mais je le prie de ne m'en rien communiquer en manuscrit et de ne me les envoyer qu'imprimées ; je vous
prie de vouloir bien le lui dire, en lui faisant en même temps mille compliments de ma part. J'avais lu effectivement dans les gazettes la nouvelle dont vous me parlez, et j'y avais pris la plus grande part ; j'en
attendais seulement la confirmation par des Lettres particulières pour
vous en féliciter, ainsi que notre ami le marquis de Condorcet. Je viens
maintenant d'apprendre que ce dernier a été fait directeur de la Monnaie. Dites-moi ce qu'il en est et si je dois lui en faire compliment. En
attendant, je vous prie de me rappeler dans son souvenir et de me recommander à son amitié. Je crois lui avoir aussi écrit au commencement
de l'année, et j'attends toujours de ses nouvelles. Je l'avais prié de
vouloir bien se charger de m'envoyer les Ouvrages que votre Académie
fait paraître ; je viens maintenant de recevoir une balle qui contient ce
qu'elle a publié depuis le temps de ma réception, mais c'est de la part

---

(¹) Lagrange veut probablement parler de deux Mémoires insérés dans le Recueil de l'année
1772 (p. 343 et 651) et ayant pour sujet *Les solutions particulières des équations diffé-*
rentielles et les inégalités séculaires des planètes.

de M. de la Lande; je vous prie d'en dire un mot à l'un et à l'autre; je me réserve de faire remercier ce dernier par M. Bernoulli, lorsqu'il sera de retour. Vous m'obligeriez infiniment, mon cher ami, de me procurer la liste imprimée de-tous les arts que l'Académie a déjà publiés ([1]), avec les prix; je crois qu'on peut l'avoir chez les libraires qui les ont imprimés.

Je vous remercie de tout mon cœur de la bonne volonté que vous me témoignez au sujet du prix des comètes, mais je doute fort que je sois dans le cas de pouvoir en profiter; je ne me suis pas assez bien porté cet hiver (qui est le temps où je travaille le plus volontiers) pour que j'aie pu m'appliquer à cette matière avec toute l'attention qu'elle demande; à présent je n'en ai plus le loisir, et le terme est trop court. D'ailleurs, il me semble que vous avez actuellement en France des jeunes gens qui promettent beaucoup et qui pourraient courir cette carrière mieux que moi. Adieu, mon cher et illustre ami; je vous parlerai une autre fois de votre nouvelle méthode pour le mouvement des fluides, que j'ai trouvée très ingénieuse et qui mérite bien d'être poussée plus loin, comme vous le promettez. Il ne me reste de papier que pour vous embrasser et vous demander la continuation de votre précieuse amitié.

P.-S. — J'attends une occasion pour vous faire parvenir le Volume de nos *Mémoires* qui vient de paraître; il y en a quatre de moi, pour lesquels je vous demande d'avance votre indulgence.

A Monsieur d'Alembert, secrétaire de l'Académie française,
membre des Académies des Sciences de France et de Prusse, etc., etc.,
rue Dominique, vis-à-vis Belle-Chasse, à Paris.

([1]) *La Description des arts et métiers, faite ou approuvée par MM. de l'Académie des Sciences*, publiée de 1761 à 1789, en 113 cahiers in-folio.

134.

LAGRANGE A D'ALEMBERT.

A Berlin, ce 6 juillet 1775.

Je profite, mon cher et illustre confrère, d'une occasion que M. Thiébault vient de m'offrir pour vous faire parvenir notre dernier Volume;
j'y joins, comme à l'ordinaire, un exemplaire séparé de mes Mémoires([1])
pour le marquis de Condorcet, et de plus deux feuilles pour M. Cassini;
vous voudrez bien avoir la bonté de les leur faire remettre. Vous devez
avoir reçu depuis peu une de mes Lettres; je n'ai rien de nouveau à
vous dire. Ma santé est assez bonne; j'en suis plus content que de mes
travaux géométriques. Je ne serais pas surpris que vous fussiez peu satisfait de ce que j'ai donné dans ce Volume, car je ne l'en suis guère
moi-même. Les recherches d'Arithmétique sont ce qui m'a coûté le plus
de peine et ce qui vaut peut-être le moins. Je crois que vous n'avez jamais eu envie de flairer un peu ces sortes de matières, et je ne crois pas
que vous ayez tort. Je vous enverrai par la première occasion qui se présentera le premier Volume de Göttingue; je ne l'ai pas encore reçu, mais
je l'ai déjà vu annoncé; je ne pense pas qu'il vaille mieux que les précédents, mais il servira toujours à faire nombre dans votre bibliothèque.
Si je savais quelque autre chose qui pût vous faire plaisir, je m'en ferais
un très grand de vous l'envoyer. Ne souhaiteriez-vous rien de ce pays-
ci? Il ne parait, à la vérité, presque rien à Berlin qui puisse vous intéresser; mais si, dans le reste de l'Allemagne, il se trouvait quelque
chose dont vous fussiez curieux, je pourrais également vous le procurer.

Dites-moi si le marquis Caraccioli est déjà de retour à Paris ou bien
s'il y a encore quelque probabilité qu'il passe par Berlin. Adieu, mon

([1]) *Voir*, p. 302, la Lettre de d'Alembert du 10 juillet 1775.

cher et illustre ami ; je me recommande à votre souvenir, et je vous embrasse de tout mon cœur.

Je vous prie de ne pas oublier de m'envoyer, s'il est possible, la liste imprimée des arts et métiers que l'Académie a publiés jusqu'ici, avec les prix ; je crois qu'on peut l'avoir chez les libraires qui les ont imprimés. *Cura ut valeas et nos ames.*

135.

D'ALEMBERT A LAGRANGE.

A Paris, ce 10 juillet 1775.

Mon cher et illustre ami, j'ai communiqué à M. de la Place l'article de votre Lettre qui le regarde, et je suis charmé de ce que vous vous occupez encore à enrichir par vos travaux la théorie des planètes. M. le marquis de Condorcet m'a dit vous avoir écrit. Il est vrai qu'il est directeur de la Monnaie ; il l'était d'abord sans appointements, mais on a trouvé qu'il n'était pas juste qu'il travaillât toujours et partout gratuitement, comme il a fait jusqu'ici, et on lui a donné les mêmes appointements qu'à son prédécesseur, qui conserve les siens. Il vous a envoyé, m'a-t-il dit, les Ouvrages que l'Académie a fait paraître ; il en avait chargé M. de la Lande : ainsi c'est de la part de l'un et de l'autre que vous avez reçu la balle dont vous me parlez. Je joins ici la liste que vous me demandez des arts imprimés de l'Académie, avec les prix ; mais on en fait actuellement à Neufchâtel (si je ne me trompe) une édition in-quarto qui sera beaucoup moins chère.

Vous m'affligez beaucoup en m'annonçant que vous ne travaillerez point à notre prix sur les comètes, et encore plus que le dérangement de votre santé pendant l'hiver dernier en a été la cause. Ménagez-vous bien, je vous supplie, pour vos amis et pour les sciences, qui ont si grand besoin de vous. Je me suis remis un peu au travail mathématique, mais ma pauvre tête ne s'en trouve pas trop bien, et je crains d'être encore obligé d'y renoncer. Un ami vient de me prêter le Volume de 1773 de vos *Mémoires*, que j'attends à la première occasion que vous aurez de me l'envoyer. J'y ai lu avec grand plaisir et profit vos deux Mémoires sur le mouvement d'un corps de figure quelconque et sur l'attraction d'un sphéroïde elliptique ([1]). Je n'ai pas encore entamé les deux autres, dont le sujet m'intéresse moins, quoiqu'il me paraisse très savamment traité par vous, ainsi que tout ce que vous faites. Adieu, mon cher et illustre ami; je finis ici pour ne pas trop grossir ce paquet, et je vous embrasse de tout mon cœur. Une autre fois je m'entretiendrai plus au long avec vous. Mes très humbles respects à l'Académie, et mes compliments à MM. Thiébault, Bitaubé, Borrelly, Formey, Lambert, etc., et à tous ceux qui veulent bien se souvenir de moi.

(En note : *Répondu le 6 septembre* 1775.)

136.

LAGRANGE A D'ALEMBERT.

A Berlin, ce 6 septembre 1775.

Je vous remercie, mon cher et illustre ami, de la liste que vous m'avez envoyée des arts imprimés de l'Académie. Je compte que vous aurez reçu notre Volume de 1773, que M. Thiébault m'a offert de vous faire parvenir par un de ses amis qui est retourné en France. Si vous avez tant soit peu goûté quelques-uns de mes Mémoires, j'en suis très flatté; vous n'aurez guère rien trouvé de nouveau dans les deux que vous avez d'abord lus; ils roulent sur des sujets déjà usés, et les méthodes que

([1]) *Nouvelle solution du problème du mouvement de rotation d'un corps de figure quelconque qui n'est animé par aucune force accélératrice* (*Mémoires de l'Académie de Berlin*, année 1773, p. 85-120). — *Sur l'attraction des sphéroïdes elliptiques* (*ibid.*, p. 121-148). Voir *OEuvres*, t. III, p. 579 et 619.

j'ai employées n'ont presque d'autre mérite que celui d'une généralité peut-être plus apparente que réelle. J'espère que vous serez plus content du Volume qui va s'imprimer, où je compte faire paraître un Mémoire que j'ai lu depuis peu à l'Académie sur les intégrales particulières des équations différentielles, matière dans laquelle j'ai encore trouvé beaucoup à glaner. Je n'ai pas concouru pour le prix des comètes pour les raisons que je vous ai dites. Je souhaiterais cependant que le prix ne fût pas remis; mais, s'il l'est, je m'engage dès à présent d'y travailler.

J'ai déjà voulu vous parler plusieurs fois d'une affaire qui regarde notre Académie et dans laquelle vous pourriez peut-être la servir; mais comme elle ne presse pas, j'ai toujours différé de vous en écrire, faute de place dans mes Lettres. Voici maintenant de quoi il s'agit. Vous aurez sans doute appris la perte que nous avons faite l'année passée de M. Mekel (¹), qui, par parenthèse, n'était point aimé du Roi, et qui a déjà été remplacé, tant à l'Académie qu'au Théâtre anatomique, par un de ses écoliers, M. Walter (²), qu'on dit être assez habile. Nous sommes depuis quelque temps menacés d'une perte peut-être plus considérable, celle de M. Margraff, qui a eu cet hiver une attaque de paralysie dont il ne s'est point rétabli jusqu'ici, en sorte qu'on ne peut plus guère compter sur lui. S'il venait à mourir bientôt (³), il n'y aurait personne à Berlin ni peut-être dans tous ces quartiers qui pût le remplacer, je ne dis pas d'une manière digne de lui, mais au moins d'une manière qui n'en fût pas tout à fait indigne; cependant je suis assuré qu'il ne manquerait pas de prétendants à cette place, et il ne serait pas impossible que quelqu'un l'obtînt par cabale et par brigue. S'il y avait chez vous quelque jeune chimiste qui donnât beaucoup d'espérances et qui fût déjà connu par quelque Ouvrage ou Mémoire, et que cette personne fût disposée, le cas de la mort de de M. Margraff avenant, à venir à Berlin

---

(¹) *Voir* plus haut, p. 296, note 2.

(²) Johann-Gottlieb Walter, anatomiste, né à Kœnigsberg le 1ᵉʳ juillet 1734, mort le 4 janvier 1818.

(³) Il ne mourut que le 7 août 1782, comme nous l'avons dit plus haut.

pour le remplacer, vous pourriez prendre les devants et en écrire un mot, en passant, au Roi. M. Margraff a environ mille écus, un beau logement et un laboratoire pour lequel il y a un fonds annuel; c'est, comme vous voyez, tout ce que pourrait souhaiter une personne qui aurait un véritable goût pour la Chimie et qui voudrait s'y adonner entièrement. Au reste, lorsque vous aurez occasion de parler de cette affaire, si vous avez envie de vous en mêler, je vous prie de ne me pas nommer. Si vous souhaitez d'autres lumières à cet égard, je vous les donnerai; mais, tant que M. Margraff vit, il ne faut faire aucune démarche pour lui donner un successeur et encore moins un adjoint, car, du caractère dont il est, ce serait lui donner le coup de la mort; mais rien n'empêche de préparer les voies et de faire quelques démarches préliminaires.

Notre Classe de Philosophie a perdu depuis peu son ancien directeur, un M. Heinius ([1]), que vous n'avez point connu, parce que depuis plus de dix ans il gardait toujours la chambre. MM. Beguelin et Formey ont demandé au Roi cette place, à laquelle il y a 200 écus de pension attachés. Sa Majesté ne s'est pas encore décidée; si vous pouviez en quelque façon contribuer à la faire avoir au premier, vous l'obligeriez infiniment, et il me semble que toute l'Académie vous en saurait gré. Adieu, mon cher et illustre ami; depuis longtemps je vous écris toujours des Lettres dénuées de Géométrie; j'en suis un peu honteux, mais d'un autre côté je suis bien aise de vous épargner toute sorte d'application. Quand on a travaillé autant que vous, on a, ce me semble, bien acquis le droit de se reposer et de se contenter de juger les autres. Je vous supplie de me conserver toujours votre précieuse amitié et de croire que personne n'a pour vous plus d'attachement, d'admiration et de reconnaissance que moi. Je vous embrasse de tout mon cœur.

A Monsieur d'Alembert, secrétaire perpétuel de l'Académie française, etc., etc., rue Saint-Dominique, vis-à-vis Belle-Chasse, à Paris.

([1]) *Voir* plus haut la note de la page 154.

137.

D'ALEMBERT A LAGRANGE.

A Paris, ce 15 septembre 1775.

J'ai reçu, mon cher et illustre confrère, le Volume de 1772 ; j'ai remis à MM. de Condorcet et Cassini les deux paquets qui les regardent, et vous devez de votre côté avoir reçu la liste imprimée des arts et métiers que je vous ai adressée il y a déjà quelque temps. J'ai lu avec grand plaisir votre Mémoire sur la rotation d'un corps, et le suivant sur l'attraction des sphéroïdes elliptiques. Je joins même à cette Lettre un petit mot que je vous prie de faire insérer à cette occasion dans vos *Mémoires* de 1773. Quant à vos recherches sur les pyramides et à votre Mémoire d'Arithmétique (¹), je ne puis encore vous en rien dire ; mais j'en ai la meilleure opinion, comme de tout ce que vous faites. J'admire toujours avec quelle modestie vous parlez de vos excellentes productions, lorsque tant d'autres font tant de bruit pour si peu de chose.

Le marquis Caraccioli est à Paris, toujours aussi aimable que de coutume, et vous fait mille compliments. Le sacre du Roi (²) l'a obligé de hâter son retour ici et l'a empêché de passer par Berlin, comme il se le proposait.

Nous n'avons sur les comètes qu'une seule pièce, qui me paraît venir de Pétersbourg, du moins à en juger par la simple vue, car je ne sais encore ce qu'elle contient. Elle me paraît assez courte, et je ne sais si elle remplira l'objet. Je suis fâché et très fâché que votre santé nous ait privés de voir là-dessus quelque chose de vous. Pour moi, j'ai bien de la peine, quoique beaucoup de désir, de me remettre aux travaux mathématiques. Je voudrais bien pourtant donner encore un sep-

(¹) *Solutions analytiques de quelques problèmes sur les pyramides triangulaires.* — *Recherches d'Arithmétique* (Volume de 1773, p. 149-176 et 265-312). — Voir *OEuvres*, t. III, p. 661 et 695.
(²) Le sacre de Louis XVI avait eu lieu le 11 juin 1775.

tième Volume, pour lequel j'ai quelques matériaux, sinon fort intéressants, au moins propres à fournir quelques vues à ceux qui voudront
aller plus loin. Je travaillerai un peu dans les moments qui me paraîtront plus *lucides,* et je ferai en sorte de gagner ainsi pays, en allant au
petit pas, tandis que vous allez à pas de géant. Adieu, mon cher et
illustre ami; conservez votre précieuse santé, et aimez-moi comme je
vous aime. Voici le petit écrit que je vous envoie pour les *Mémoires*
de 1773 (¹).

(En note : *Répondu le* 12 *octobre* 1775.)

138.

D'ALEMBERT A LAGRANGE.

A Paris, ce 3 octobre 1775.

Mon cher et illustre ami, je venais de mettre à la poste la dernière
Lettre que vous avez reçue de moi, lorsque j'ai reçu la vôtre du 6 septembre. Je venais en même temps d'écrire au Roi (²), et il y aurait eu
de l'affectation à lui récrire sur-le-champ pour les deux objets dont
vous me parlez. J'ai donc cru devoir attendre une quinzaine de jours,
pendant lesquels j'ai reçu moi-même une Lettre du Roi, à laquelle je
réponds par ce même courrier-ci, ce qui me donne occasion de lui
parler des deux objets qui vous intéressent (³).

Quant au premier, je crois avoir trouvé ici un très bon sujet, jeune,
instruit, laborieux et déjà connu par de bons Mémoires, pour successeur de M. Margraff; cependant il n'est pas encore absolument décidé;
mais je fais en même temps d'autres informations, et j'espère qu'elles

---

(¹) *Voir,* dans le Volume de 1774 de l'Académie de Berlin, p. 308, l'*Extrait d'une Lettre
de M. d'Alembert à M. de la Grange,* et *OEuvres,* t. III, p. 649.
(²) *Voir* sa Lettre du 15 septembre (*OEuvres de Frédéric II,* t. XXV, p. 25).
(³) *Ibid.,* p. 24 et 27.

ne seront pas sans fruit. Je mande au Roi que, s'il n'avait personne en vue, dans le cas où la place de M. Margraff deviendrait vacante, je ne désespérerais pas de trouver ici des sujets propres à la remplir.

Quant au second article, celui du successeur de M. Heinius, la chose est un peu plus délicate. Je crois avoir remarqué que le Roi ne répond rien aux propositions que je lui fais sur les académiciens *résidents* à Berlin, ce qui semble marquer qu'il les désapprouve et qu'il ne trouve pas bon que je me mêle des affaires intérieures de l'Académie. Je crois même avoir déjà été dans ce cas par rapport à quelque demande que j'ai faite, si je ne me trompe, pour M. Beguelin. Cependant, comme j'ai le plus grand désir de l'obliger, je ferai dans ma Lettre une tentative, mais je ne vous réponds pas du succès; je tâcherai seulement que ma proposition soit faite de manière à ne pas nuire à M. Beguelin, ce qui pourrait bien arriver si le Roi avait là-dessus les préventions que je crains contre mes demandes en général pour les académiciens régnicoles.

Nous avons pour les comètes une pièce qui me paraît venir de Pétersbourg; mais je ne l'ai pas encore lue, et je ne puis vous en rien dire. Je suis très content, quoiqu'en puisse dire votre modestie, de vos deux premiers Mémoires de 1773; je n'ai point encore lu les deux autres, dont les objets m'intéressent moins. Nous avons dans notre Volume de 1772, qui vient enfin de paraître, un Mémoire de M. de la Place sur les intégrales particulières des équations différentielles; je ne sais ce que c'est et je n'en puis rien dire, mais j'ai d'avance meilleure opinion des recherches que vous m'annoncez sur ce sujet.

Comme je recommence à m'occuper un peu, mais bien peu, de Géométrie, je serais bien aise de savoir votre avis sur des objections, peut-être très mauvaises, que je vous ai proposées il y a longtemps au sujet de votre Mémoire sur les courbes élastiques. Peut-être avez-vous perdu cette Lettre, et il n'y aurait pas grand mal.

J'oubliai, dans ma dernière, de vous dire qu'il me semble avoir remarqué une légère méprise de calcul à la page 138 de votre Mémoire sur les sphéroïdes: il me semble qu'au lieu de $1 + t^2$ au dénominateur de la transformée il faut $\dfrac{1+t^2}{\mu}$, ce qui exige, quoique sans conséquence, que le reste de la page soit réformé. Si vous proposez $\dfrac{1-m}{m} = \mu^2$ et non μ, en ce cas les calculs seront justes; mais la valeur de μ contiendra des quantités radicales, et les quantités $Q\cos q^2\,dq, \ldots$ ne seront pas plus simples que les miennes. Adieu, mon cher ami; je vous embrasse tendrement.

A Monsieur de la Grange,
directeur de la Classe mathématique de l'Académie royale
des Sciences et membre de celle de Paris, à Berlin.

(En note : *Répondu le 12 octobre 1775.*)

139.

LAGRANGE A D'ALEMBERT.

A Berlin, ce 14 octobre (1775).

Mon cher et illustre ami, comme je prenais la plume pour répondre à votre Lettre du 15 septembre, j'ai reçu celle du 3 octobre ; je vais donc répondre à toutes les deux à la fois.

Je commence par vous remercier de l'indulgence avec laquelle vous avez bien voulu lire et juger mes deux Mémoires ; je vous prie de croire que ce n'est pas par une affectation de modestie que je vous ai dit que je n'en faisais pas grand cas ; c'est qu'effectivement je n'en étais pas fort content ; mais, à présent que vous paraissez l'être, je l'en suis aussi. J'ai lu à l'Académie votre petit Mémoire et je le ferai insérer dans le Volume qu'on va mettre sous presse. J'ai été curieux de chercher aussi de mon côté si on pourrait démontrer le théorème de Maclaurin ([1])

([1]) Colin Mac-Laurin, géomètre, né en 1698 à Kilmoddam (Écosse), mort à York le 14 juin 1746.

par mes formules, et j'y suis parvenu plus heureusement que je ne l'espérais ; cela a donné lieu à une petite addition que je me propose de lire à l'Académie au premier jour et de publier dans le même Volume. Vous avez raison sur le $\mu^2 = \dfrac{1-m}{m}$; c'est une pure faute d'impression, comme il est aisé de le voir par les substitutions de la page 138 ; je l'avais remarquée pendant l'impression, mais j'ai oublié de la mettre dans l'*errata*.

Je suis charmé que vous ayez bien voulu vous intéresser pour M. Beguelin, quoique cela soit inutile à présent, le Roi ayant déjà donné la place à M. Sulzer, membre de la même Classe (¹) et connu surtout par des Ouvrages allemands fort estimés. Cependant, comme Sulzer est depuis deux ans attaqué de la poitrine, en sorte qu'on a déjà plus d'une fois désespéré de sa vie, il ne serait pas impossible que votre recommandation pût encore servir à M. Beguelin. Je ne vous en fais pas ses remerciments, ne lui en ayant rien dit, et, comme l'affaire est maintenant échouée, je ne crois pas devoir lui en parler. Au reste, je vous en ai de mon côté la plus vive obligation. M. Margraff a fait de nouveau quelques apparitions à l'Académie, mais il est comme perclus d'une partie de ses membres. La démarche que vous avez bien voulu faire auprès de Sa Majesté pour nous procurer un successeur digne de lui ne peut que produire un bon effet ; comme nous n'avons point actuellement d'autre chimiste proprement dit dans l'Académie, il serait à souhaiter que le Roi voulût nous associer d'abord celui que vous avez trouvé ; vous en jugerez par la réponse que Sa Majesté vous fera. Je ne crois pas, au reste, qu'elle ait aucune prévention contre les demandes que vous pouvez lui faire pour les académiciens qui sont ici ; du moins il est sûr que la place de M. Heinius a été donnée avant que votre Lettre lui fût parvenue. Je vous prie toujours de laisser ignorer que c'est moi qui vous ai engagé à chercher un successeur à M. Margraff ; autrement je serais exposé à la haine de ceux qui peuvent avoir des pré-

---

(¹) Johann-Georg Sulzer, philosophe, né à Winterthur (canton de Zurich) le 16 octobre 1720, mort le 25 février 1779 à Berlin, où il était directeur de la Classe de Philosophie spéculative à l'Académie.

tentions à cette place; peut-être M. Margraff lui même, que j'aime et que j'honore infiniment, m'en voudrait-il du mal.

Le Mémoire de M. de la Place sur les intégrales particulières m'a paru très bon et a été l'occasion des recherches que j'ai faites sur la même matière, quoiqu'elles n'aient presque rien de commun avec celles de M. de la Place que le sujet qui en est l'objet. Ces recherches sont assez étendues et contiennent, si je ne me trompe, une théorie nouvelle et complète sur la matière en question; je les ferai imprimer dans le Volume qui paraîtra à (Pâques). Je chercherai votre Lettre sur les courbes élastiques et je vous dirai mon avis sur les objections qu'elle contient; j'ai cependant quelque idée de vous avoir déjà répondu là-dessus, mais c'est une matière que j'ai totalement perdue de vue, et il faudra que je l'étudie de nouveau pour pouvoir en parler; au reste, vous êtes meilleur juge que moi sur cela comme sur tout le reste, et je ne suis nullement prévenu pour mes Ouvrages.

Je vous prie d'assurer le marquis Caraccioli de mes respects; je suis au désespoir qu'il n'ait pas pu passer par Berlin : je m'en faisais d'avance une si grande fête! Je lui écrirai incessamment pour le féliciter sur son heureux retour en France. Adieu, mon cher et illustre ami; je vous embrasse de tout mon cœur, et je me recommande toujours à votre amitié et à votre souvenir.

A Monsieur d'Alembert, secrétaire de l'Académie française, membre de celles des Sciences de Paris, de Berlin, etc., rue Saint-Dominique, vis-à-vis Belle-Chasse, à Paris.

140.

D'ALEMBERT A LAGRANGE.

À Paris, ce 15 décembre 1775.

Mon cher et illustre ami, je vous suis obligé de la lecture que vous avez faite à l'Académie de ma petite rapsodie, et je vous en envoie une autre ci-jointe, que je vous prie d'insérer à la suite, avec sa date, ou à la fin du Volume, s'il est actuellement trop tard pour mettre les deux ensemble (¹).

Le Roi (²) m'a mandé en effet que la place de M. Heinius était donnée avant la réception de ma Lettre, et je profiterai de cette réponse pour lui recommander M. Beguelin pour quelque autre occasion. A l'égard du successeur de M. Margraff, il ne m'a rien répondu à ce sujet, et je lui en reparlerai encore, sans néanmoins marquer sur cela un empressement qu'il aurait tort de suspecter, rien n'étant plus pur que mon zèle pour les intérêts de l'Académie.

Je lirai avec le plus grand plaisir le Mémoire que vous m'annoncez sur les intégrales particulières, quoique, à vous dire le vrai, il ne me reste plus assez de tête pour lire ce que font les autres; mon propre travail me coûte moins, quoiqu'il me coûte encore beaucoup et que je sois obligé d'y observer un grand régime; mais vos Ouvrages méritent à tous égards que je fasse pour eux une exception.

Je ne me ressouviens pas plus que vous de ce que je vous ai mandé sur les courbes élastiques et des objections que j'avais faites contre votre théorie. J'ai dans mes papiers quelques barbouillages là-dessus; je vous prie seulement de mettre à part la Lettre dont le contenu est une espèce d'extrait de ces barbouillages, sur lesquels je reviendrai peut-être dans quelque temps pour voir si j'y retrouverai le sens commun, et, dans cette supposition (très-douteuse au moins), je vous demanderai un mot de réponse aux objections de ma Lettre. Jusqu'à ce moment je serais fâché que vous sacrifiassiez à ces misères des moments que vous pouvez mieux employer.

Je m'occupe, dans le peu de moments où je puis travailler, de ramasser des matériaux pour un septième Volume d'*Opuscules;* mais je ne sais encore quand il sera en état de paraître, ni même s'il le sera jamais. Il contiendra de nouvelles recherches sur le mouvement des fluides et sur quelques autres objets, et je voudrais bien que dans cette

---

(¹) Voir *Mémoires de l'Académie de Berlin,* 1774, p. 310, et *OEuvres,* t. III, p. 650.

(²) *Voir* la Lettre de Frédéric II du 23 octobre 1775, *in fine* (*OEuvres,* t. XXV, p. 31).

production, qui sera vraisemblablement mon dernier et faible effort en Mathématique, vous pussiez trouver encore quelque chose qui vous parût digne d'attention; mais, à vous dire le vrai, j'en doute beaucoup.

La pièce sur les comètes est entre les mains des autres commissaires et ne m'est point encore parvenue. Je compte sur votre parole, si nous remettons le prix; mais, comme j'ignore ce que nous ferons, je vous exhorte à ne point songer à cette matière jusqu'à ce que je vous aie écrit la décision. Ce ne sera que vers la fin de mars.

Le marquis Caraccioli m'a fait part d'une de vos Lettres; il doit vous avoir mandé les vraies raisons qui ont engagé M. le contrôleur général (¹) à donner à M. Euler la somme en question. Cette raison est que, voulant faire imprimer en France l'Ouvrage de M. Euler sur la *construction des vaisseaux* (²), il n'a pas cru qu'il fût honnête de s'emparer ainsi de son travail sans lui offrir un dédommagement convenable. Ce n'est pas la morale des libraires, mais ce doit être celle de tous les hommes justes.

Adieu, mon cher et illustre ami; mes très-humbles respects, je vous prie, à votre illustre Académie, et mes compliments à MM. Lambert, Beguelin, Thiébault, Borelly, Formey, et à tous ceux qui veulent bien se souvenir de moi. J'écris par ce même courrier à M. Bitaubé; ainsi je ne vous prie de rien pour lui. Conservez-moi votre amitié, et conservez votre santé, si précieuse aux sciences. Je vous embrasse tendrement, et pour cette année, et pour celle qui va la suivre.

(En note : *Répondu le 25 mars 1776.*)

(¹) Turgot.
(²) *La Théorie complète de la construction et de la manœuvre des vaisseaux, mise à la portée de ceux qui s'appliquent à la navigation*, réimprimée à Paris en 1776, in-8°, avait d'abord été publiée dans le même format, en 1773, à Saint-Pétersbourg. C'est sur la proposition de Condorcet que Turgot se décida à faire réimprimer cet Ouvrage et à envoyer une gratification à l'auteur (Lettre inédite de Condorcet à Turgot, s. d., dans les mss. de Condorcet à la Bibliothèque de l'Institut).

141.

LAGRANGE A D'ALEMBERT.

A Berlin, ce 25 mars 1776.

Mon cher et illustre ami, j'ai remis de jour en jour à vous écrire dans l'espérance de trouver une occasion pour vous envoyer en même temps un exemplaire des Mémoires que je viens de faire imprimer dans notre Volume. Cette occasion ne s'étant pas présentée jusqu'ici, je ne veux pas différer davantage à vous donner de mes nouvelles et à vous en demander des vôtres. Le bruit court ici que vous viendrez nous voir cette année; quelque envie que j'aie d'y ajouter foi, je n'ose cependant le faire, de crainte de me livrer à une fausse joie, et je vous prie de vouloir bien me dire ce qui en est et ce que vous avez résolu de faire. Je vous promets de vous garder le secret, si vous le jugez nécessaire. M. Beguelin, à qui il est revenu, apparemment par M. de Catt, que vous vous étiez intéressé pour lui à l'occasion du directorat vacant, m'a chargé de vous en faire ses remerciments.

M. Margraff est toujours dans le même état; sur ce qu'il avait prié le Roi de lui donner pour adjoint un jeune homme qui depuis environ six mois travaille dans son laboratoire sous sa direction, et dont il dit beaucoup de bien (ce que j'ignorais absolument lorsque je vous priai de vous intéresser dans cette affaire), Sa Majesté a répondu qu'il y avait en Suède un très grand chimiste (¹) et nous a ordonné de l'attirer ici; mais jusqu'à présent on n'a rien fait, puisqu'on en ignore le nom; c'est peut-être la raison pourquoi on n'a pas répondu à la proposition que vous avez faite, car je suppose que vous aviez proposé un de vos compatriotes, et l'on voit à présent que Sa Majesté avait déjà quelqu'un en vue; de sorte que je crois qu'à la mort de M. Margraff la place sera donnée sur-le-champ, si même elle ne l'est pas plus tôt. Au reste, je

(¹) Scheele. *Voir* plus loin la réponse de d'Alembert.

vous prie de ne pas parler de ce que je viens de vous dire et de ne pas me savoir mauvais gré de ce que je vous ai engagé à vous mêler d'une chose dont le succès n'a pas répondu à votre zèle et à vos soins. Peut-être même l'affaire n'est-elle pas désespérée, et, puisque vous avez déjà rompu la glace, vous pouvez espérer d'en venir à bout en y insistant.

Je vous enverrai, lorsque vous l'exigerez, une copie des différentes objections que vous avez faites contre mon Mémoire sur les ressorts, avec les réponses bonnes ou mauvaises que j'y pourrai faire. Je suis fort impatient d'avoir votre jugement sur ma théorie des intégrales particulières. Il y a un assez long Chapitre qui concerne les équations à différences partielles et qui contient, ce me semble, des idées neuves ou peu s'en faut; je désire que vous l'examiniez avec impartialité et que vous m'en disiez votre avis librement et sans compliment. J'ai pour mes Ouvrages le moins de prévention qu'il est possible, et j'y prends beaucoup moins d'intérêt qu'à ceux d'autrui, parce que ceux-ci m'amusent et m'intéressent, au lieu que je suis ordinairement peu content de ce que je fais, et que, s'il m'arrive de revenir sur quelqu'un de mes Ouvrages, c'est toujours avec une espèce de répugnance et de dégoût.

Je vous supplie d'embrasser pour moi notre ami le marquis de Condorcet; je me réserve à lui écrire lorsque je lui enverrai mes Mémoires; mais je crois que ses autres occupations doivent le détourner beaucoup de la Géométrie.

Je vous embrasse, mon cher et illustre ami, avec toute la tendresse possible.

P.-S. — Vos deux extraits de Lettres sont imprimés (¹); mais j'ai été obligé de renvoyer à un autre Volume ma démonstration du théorème de Mac-Laurin.

*A Monsieur d'Alembert, secrétaire de l'Académie française,
membre de l'Académie royale des Sciences, etc., rue Saint-Dominique,
vis-à-vis Belle-Chasse, à Paris.*

(¹) Dans le Recueil de l'Académie de Berlin.

142.

D'ALEMBERT A LAGRANGE.

A Paris, ce 26 avril 1776.

Je vous envoie, mon cher et illustre ami, le prospectus que nous venons de publier pour le prix de 1778 ([1]). Vous avez pu apprendre récemment par les nouvelles publiques que le prix avait été remis, et franchement, toutes réflexions faites, il nous a paru que la pièce envoyée de Pétersbourg, quel qu'en soit l'auteur (ou Euler le père, ou Euler le fils, ou Lexell, ou XX) n'était pas assez bonne pour l'obtenir. Vous en verrez les raisons en abrégé dans le prospectus, et, dût-on se plaindre encore à Pétersbourg, comme on a déjà fait dans d'autres occasions, et dire que nous réservons les prix pour Berlin et pour vous, nous ne pouvons en conscience avoir aucun scrupule sur cette remise. Je compte donc sur la promesse que vous m'avez faite de travailler à ce sujet; vous verrez par le prospectus que nous ne vous demandons point de ces calculs arithmétiques qui pourraient vous rebuter. Travaillez donc, et ajoutez ce nouveau laurier à tous ceux dont vous êtes déjà si couvert, et à si juste titre.

J'avais plus de désir que d'espérance de pouvoir vous embrasser cette année; cette espérance est aujourd'hui totalement anéantie. Outre que la rigueur de cet hiver a encore diminué ce qui me restait de santé et de force, outre qu'il m'est impossible en ce moment de quitter Paris pour quelques affaires indispensables qui m'y retiennent, je passe mes tristes journées auprès d'une ancienne amie malade, languissante et dans le plus grand danger, qui a besoin de consolation, de société et de secours, et qu'il m'est impossible d'abandonner ([2]). Plaignez-moi

[1] *Voir le Recueil de l'Académie des Sciences*, année 1776, *Histoire*, p. 48.
[2] Mlle Lespinasse mourut à Paris le 23 mai 1776.

et prenez part à ma peine, car elle est grande, et l'espérance d'en sortir est bien faible.

Il est vrai que j'ai recommandé très instamment au Roi M. Beguelin; mais par la réponse (d'ailleurs très favorable) qu'il m'a faite, je crains qu'il ne se soit trompé et qu'il n'ait cru que je lui parlais de M. Weguelin (¹). Je tâcherai de le détromper dans ma réponse. Si je n'oblige pas M. Beguelin, assurez-le bien que ce ne sera pas ma faute, et faites-lui mille compliments de ma part.

C'est moi qui ai parlé à Sa Majesté du chimiste suédois dont votre Lettre fait mention. Ne trouvant point ici, comme vous le désiriez, de personnes qui pussent ou qui voulussent aller succéder à M. Margraff, j'ai appris qu'il y avait en Suède (à Stockholm ou à Upsal) un très habile homme en ce genre, nommé, si je ne me trompe, M. Scheele (²), et j'en ai parlé au Roi, mais sans aller plus loin; le Roi même ne m'a rien répondu à ce sujet. Vous ferez de cette confidence l'usage que vous jugerez convenable; et je ferai moi-même à ce sujet ce que vous désirerez.

Je vous serai très obligé, puisque cela ne vous contraindra pas trop, de m'envoyer la copie de mes anciennes objections sur votre théorie des ressorts, avec vos réponses. Je voudrais reprendre cette matière, que j'ai entièrement perdue de vue; tout ce que je vous ai écrit là-dessus sera pour moi aussi nouveau que le serait l'Ouvrage d'un autre, et je veux savoir s'il y a à tout cela le sens commun, de quoi je doute beaucoup. Je travaille de loin à loin à quelques matériaux pour un septième Volume d'*Opuscules*, qui, jusqu'à présent au moins, n'ont rien de fort intéressant pour vous, mais qui servent au moins à me distraire et à me faire supporter la vie.

(¹) En effet, le 17 mars 1776, Frédéric écrivait à d'Alembert : « Pour M. Weguelin, dont je connais le mérite, je ne négligerai pas, en temps et lieu, d'avoir égard à votre recommandation.» (*OEuvres,* XXV, p. 4o.)

Jacques Weguelin ou Wegelin, historien, érudit, né à Saint-Gall le 19 juin 1721, mort à Berlin le 8 septembre 1791. Il était membre de l'Académie depuis le 13 novembre 1766.

(²) Charles-Guillaume Scheele, né le 29 décembre 1742 à Stralsund, mort le 24 mai 1786 à Kœping.

Je lirai avec grand plaisir, et sûrement avec grand profit, votre théorie des intégrales particulières, que j'attends avec impatience, ainsi que vos autres Mémoires du Volume de 1774.

Notre ami Condorcet vous embrasse et vous fait mille compliments. Adieu, mon cher et illustre ami; présentez, je vous prie, mes très humbles respects à votre illustre Compagnie, et faites mille compliments pour moi à MM. Lambert, Formey, Thiébault, Borelly, et à tous ceux qui veulent bien se souvenir de moi. J'écris à M. Bitaubé par le même courrier; c'est pour cela que je ne vous fais pas mention de lui.

A Monsieur de la Grange, des Académies royales des Sciences de France et de Prusse, à Berlin.

(En note : *Répondu le 17 juin et envoyé en même temps l'extrait des Lettres du 8 novembre 1771 et 25 mars 1772, avec des réponses aux objections y contenues.*)

143.

LAGRANGE A D'ALEMBERT.

A Berlin, ce 10 mai 1776.

Voici, mon cher et illustre ami, le Mémoire sur les intégrales particulières que je vous ai annoncé. Je le soumets entièrement à votre jugement, et, si vos occupations littéraires et votre santé vous permettent de l'examiner, je vous supplie de le faire avec toute la rigueur et l'impartialité possibles. Je serai autant flatté de votre approbation que de votre critique; je n'ai qu'un seul objet dans mes travaux, c'est l'avancement des sciences, et votre jugement m'est nécessaire pour savoir si j'ai bien ou mal rempli cet objet. L'autre Mémoire, qui concerne le mouvement des nœuds, vous intéressera peut-être moins; d'ailleurs il y manque les figures, ne m'ayant pas été possible de les avoir jusqu'à présent; aussi ne vous l'envoie-je qu'afin que vous le remettiez de ma part à notre ami le marquis de Condorcet, à qui j'aurai soin de faire parvenir les figures dès que je les aurai ; il doit déjà avoir reçu le Mémoire sur les intégrales particulières, que je lui ai adressé il y a une quinzaine de jours par une autre voie. Le Volume dont ces Mémoires font partie ne paraîtra peut-être que dans trois mois ; je vous l'enverrai alors avec les Mémoires de Gœttingue qui vous manquent et quelques autres Ouvrages que je compte qu'ils seront aussi prêts pour ce temps-là.

Je viens de voir dans la *Gazette* que le prix des comètes a été remis à 1778 ; je m'engage solennellement à y concourir, mais je ne vous promets pas une bonne pièce. La matière me paraît déjà bien usée, et il est peut-être très difficile d'ajouter quelque chose à ce que l'on a déjà. Quoi qu'il en soit, j'enverrai toujours ce que je pourrai trouver ; j'ai déjà quelques matériaux, mais je n'en suis nullement content. Au reste, je vous prie de me dire si on n'a rien changé au programme de 1774 et si on est toujours résolu de se contenter de la partie analytique.

Je compte que vous aurez reçu la Lettre que je vous ai écrite il y a deux mois (¹). L'affaire de la Chimie est toujours *in statu quo ;* on n'a point fait de démarches ultérieures. M. Margraff ne fait que languir, il ne quitte point sa chambre ; s'il ne se rétablit pas cet été, je doute qu'il passe l'année.

Pouvons-nous espérer de vous voir ici, comme le bruit s'en est répandu, ou bien ne nous a-t-on repus que d'une fausse joie ?

J'ai mis de côté les Lettres qui contiennent vos objections contre mon Mémoire sur les ressorts ; j'attends vos ordres là-dessus ; je tâcherai de faire, lorsque vous le demanderez, les meilleures réponses que je pourrai à ces difficultés, en passant condamnation sur celles qui me paraîtront insolubles.

Je vous prie d'assurer le marquis Caraccioli de mes respectueux sentiments ; c'est par discrétion que je ne lui écris pas souvent, surtout n'ayant rien d'intéressant à lui mander.

Il a paru le cinquième Volume de Turin, dans lequel il doit y avoir

_____

(¹) *Voir* plus haut la Lettre du 25 mars 1776.

deux Mémoires de moi; mais ils roulent sur des matières qui ne vous intéresseront peut-être pas. Il y a si longtemps que je les y ai envoyés, que je n'en ai presque plus d'idée; quoi qu'il en soit, je vous demande votre indulgence si vous les jugez dignes de votre attention. Je n'ai pas encore reçu ce Volume et j'ignore s'il y est question de l'établissement de la Société; il y a un siècle que je n'ai entendu parler de cette affaire; je la crois presque totalement manquée. Adieu, mon cher et illustre ami; je vous embrasse de tout mon cœur et je me recommande à votre amitié; ma santé est bonne, ayez soin de la vôtre.

<hr>

144.

D'ALEMBERT A LAGRANGE.

A Paris, ce 16 août 1776.

Je vous dois depuis longtemps une réponse, mon cher et illustre ami; je ne vous dirai pourtant qu'un mot, car je ne suis pas en état de pouvoir vous parler longtemps. La perte que j'ai faite [1] a anéanti toutes les facultés de mon âme et ne me laisse la force de m'occuper de rien. Je suis bien persuadé de la part que vous y avez prise, et j'y réponds en faisant des vœux pour que vous ne perdiez point ce que vous aimez.

Je vous remercie mille fois de la peine que vous avez prise de transcrire mes objections sur les ressorts et d'y ajouter vos réponses; mais je ne puis que vous remercier encore de ce trait de bonté si digne de vous, et je ne sais que vous dire ni sur les objections ni sur les réponses, dont il m'a été jusqu'ici impossible de m'occuper.

Le Roi m'a fait l'honneur de m'écrire une Lettre si pleine de bonté [2],

[1] Celle de Mlle Lespinasse, morte, comme nous l'avons dit plus haut, le 23 mai.
[2] *Voir* sa Lettre du 9 juillet 1776 (*OEuvres,* t. XXV, p. 45).

que je ferai l'impossible pour aller l'en remercier moi-même l'année prochaine, si j'y suis encore. Je serai bien aise de vous revoir encore avant que de mourir, et de vous répéter tout ce que je sens pour vous.

J'ai vu entre les mains de M. de Condorcet votre Mémoire sur les intégrales particulières ; il m'en a parlé avec le plus grand éloge, mais c'est tout ce que je puis vous en dire, car je crois qu'en ce moment je n'entendrais pas les *Éléments* d'Euclide. Travaillez pour nos comètes, quoique j'ignore si je vivrai assez pour avoir le plaisir de vous couronner encore une fois. Assurez bien M. Beguelin que je ferai pour lui, dans l'occasion, tout ce qui dépendra de moi. Peut-être l'année prochaine serai-je à portée de lui être plus utile.

Adieu, mon cher et illustre ami ; je vous embrasse de tout mon cœur, et vous prie de croire que votre amitié et vos succès adouciront toujours mes peines. Je vous écrirai plus au long quand j'en aurai la force. Quand vous m'écrirez, adressez-moi vos Lettres au Louvre, où je demeure à présent, comme secrétaire de l'Académie française. A propos de secrétaire, j'oubliais de vous dire (car en ce moment j'oublie tout, même ce qui m'intéresse le plus) que notre ami Condorcet vient d'être élu unanimement secrétaire de l'Académie des Sciences à la place de notre imbécile Fouchy, qui s'est enfin retiré. Cet événement serait un grand plaisir pour moi, si j'étais encore susceptible de plaisir. Adieu, mon cher ami. Le marquis Caraccioli vous remercie de votre souvenir et vous fait mille compliments. Mes très-humbles respects, je vous en conjure, à votre illustre Compagnie, et mes compliments à MM. Bitaubé, Formey, Thiébault, Lambert, Borrelly, et à tous ceux qui veulent bien se souvenir de moi. Dites, je vous prie, à M. Borrelly que la retraite de M. de Malesherbes (¹), arrivée peu de jours après la réception de sa Lettre et de son *Plan d'études élémentaires* (²), m'a empêché de lui rendre le service qu'il désirait de moi. Je n'ai point vu M. Féron, qui a apporté chez moi son manuscrit ; je n'ai point entendu parler de lui

---

(¹) Malesherbes, qui était ministre de la maison du Roi depuis le 21 juillet 1775, avait donné sa démission lors du renvoi de Turgot (12 mai 1776).

(²) *Plan de réformation des études élémentaires.* La Haye, 1776 ; in-8°.

depuis ce moment, et j'ai toujours le manuscrit que je remettrai à la personne qu'il m'indiquera. Ma situation ne m'a permis que de le parcourir, et il m'a paru renfermer, en général, des vues estimables et utiles.

A Monsieur de la Grange,
de l'Académie des Sciences de Prusse et de celle de France, à Berlin.

(En note : *Répondu le* 26 *septembre* par M. Thiébault.

145.

LAGRANGE A D'ALEMBERT.

A Berlin, ce 25 septembre 1776.

Je profite, mon cher et illustre ami, du départ de M. Thiébault pour vous écrire et pour vous envoyer sans frais le nouveau Volume de nos *Mémoires,* ainsi que les deux derniers Volumes des *Commentaires* de Gœttingue; ces deux Volumes ne contiennent rien d'intéressant pour vous, mais il faut que vous les ayez, puisque vous avez déjà les premiers. Je compte que vous aurez reçu, à l'heure qu'il est, un paquet que je vous ai adressé par le canal de M. de Lalande; ce paquet contient un exemplaire de mon Mémoire sur les intégrales particulières pour vous et un exemplaire de mon autre Mémoire sur le mouvement des nœuds pour le marquis de Condorcet; comme ce dernier exemplaire est sans figures, parce que lors de l'envoi les planches n'étaient pas encore prêtes, je vous en envoie maintenant les figures à part, et même doubles, pour que vous en remettiez un exemplaire au marquis de Condorcet et l'autre à M. de la Place; vous les trouverez dans le Volume de nos *Mémoires.* Je suis très-flatté du suffrage du marquis de Condorcet, que je regarde comme un des meilleurs juges dans la matière dont il s'agit; je vous prie de lui en témoigner ma sensibilité;

peut-être même lui écrirai-je aussi directement par M. Thiébault, si je le puis avant son départ, qu'on m'a dit être plus proche que je ne croyais. Si je ne le fais pas, je vous supplie de lui faire mon compliment sur sa nouvelle place et de lui dire toute la part que je prends à ses succès très-mérités.

Ce que vous me dites de la situation de votre esprit me cause la plus vive inquiétude, parce que je crains qu'elle n'influe sur votre santé. Je crois que rien ne vous serait peut-être plus utile qu'un voyage, et vous auriez, si j'ose le dire, grand tort de ne pas vous rendre aux invitations pressantes du Roi et aux prières de vos amis; mais, malgré l'espèce d'assurance que vous m'en donnez, je n'ose presque pas l'espérer. Si vous venez, ne pourriez-vous pas engager notre ami le marquis de Condorcet à vous accompagner? Ma joie serait bien complète de pouvoir vous embrasser tous les deux après une si longue absence. Notre Académie aurait doublement à se féliciter de votre venue, et par l'honneur de vous recevoir et par les services que vous pourriez lui rendre, non seulement auprès du Roi, mais aussi de son successeur, qu'on m'a dit ne pas lui céder dans ses sentiments pour vous ; j'ignore ce qu'il pense de moi, parce que je n'ai eu que très-peu d'occasions de lui parler, et que mon genre de vie retiré et mon caractère éloigné des intrigues m'ont empêché de chercher à m'en procurer davantage. Je ne souhaite rien, sinon qu'il ne me juge pas indigne de la place que j'occupe ; ailleurs je ne devrais peut-être avoir aucune inquiétude là-dessus, mais ici il n'en est pas de même. Si vous venez à Berlin, vous serez à portée de connaître ses intentions et de dire quelques mots en ma faveur ; si vous ne venez pas et qu'il survienne un changement, à quoi il semble que nous sommes depuis quelque temps fort exposés tous les hivers, oserais-je vous prier d'avance de me recommander à sa bienveillance en lui écrivant sur son avénement à la couronne ([1])? J'ai voulu profiter, pour vous entretenir sur cette matière, de l'occasion de cette Lettre, qui doit vous être remise en mains propres.

([1]) La Grange prenait ses précautions de loin, car Frédéric II ne mourut que dix ans plus tard, le 17 mai 1787.

Je crois que je me suis trompé dans la réponse que j'ai faite à une de vos objections contre mon Mémoire sur les ressorts. Vous dites, dans la Lettre du 8 novembre 1771, que, *si* $\dot{z} = 0$, *lorsque* S *et xy sont égaux à zéro* (comme je le suppose page 174), *il s'ensuivrait de l'équation*

$$dS = \int \frac{dr}{\sin z} \quad que\, z = 0 \; donne\; S \; égal\; à\; tout\; ce\; qu'on\; voudra,\; et\; qu'ainsi$$

le ressort serait en ligne droite. J'en conviens, et je remarque que cette équation a en effet $z = 0$ pour une de ses intégrales particulières comprises dans l'intégrale générale ; ainsi ma proposition est légitime.

Il y a quelque temps que je vous ai envoyé par la poste une Lettre de M. Beguelin, que je compte que vous aurez reçue. Le Roi a donné dernièrement 400 écus de pension à M. Weguelin, autant à M. Lambert, 200 à M. de Castillon et autant à M. Mérian (²). Comme M. Beguelin n'a pas été compris dans cette distribution, non plus que dans aucune des précédentes, en sorte qu'il est maintenant le seul des anciens membres qui ne soit pas pensionné de l'Académie, je m'imagine que, sachant l'intérêt que vous avez toujours montré pour lui, il aura voulu vous prier de dire un mot en sa faveur : c'est pour cela que je me suis hâté de vous envoyer sa Lettre. Au reste, M. Thiébault pourra vous mettre entièrement au fait de l'état des choses et vous dire bien des choses qu'on n'ose guère confier à des Lettres. Adieu, mon cher et illustre ami ; je fais les vœux les plus ardents pour la continuation de votre santé et pour qu'elle vous permette d'entreprendre le voyage projeté. En attendant que j'aie le bonheur de vous embrasser en personne, je vous embrasse très-tendrement dans mon cœur.

A Monsieur d'Alembert, secrétaire de l'Académie française,
des Académies des Sciences de Paris, de Berlin, de Pétersbourg, etc., etc.,
au Louvre, à Paris.

___

(¹) Jean-Bernard Mérian, littérateur, né à Liechstall, près Bâle, le 28 septembre 1723, mort le 12 février 1807 à Berlin, où il était membre de l'Académie depuis 1750.

146.

D'ALEMBERT A LAGRANGE.

A Paris, ce 14 février 1777.

Mon cher et illustre ami, j'attendais l'arrivée de M. Thiébault à Paris pour répondre à la Lettre que vous m'annonciez et à une Lettre précédente à laquelle je n'avais répondu qu'en partie. Il est ici depuis très-peu de jours, et il m'a remis tous vos paquets, dont je vous fais mes remercîments.

M. de la Lande m'a assuré qu'il n'avait rien reçu de votre part, ni pour moi, ni pour MM. de Condorcet et de la Place, à qui j'ai pourtant remis les figures de votre Mémoire sur les nœuds, qu'ils n'ont point reçu. J'ai lu, quoique imparfaitement, votre beau Mémoire sur les intégrales particulières, et j'en suis enchanté, ainsi que M. de Condorcet. Je me suis remis un peu à la Géométrie, plutôt pour me distraire que pour m'occuper. J'ai ébauché différentes recherches, dont je ne ferai peut-être jamais rien, mais qui m'ont servi du moins à tuer le temps, qui, de son côté, me le rend bien et me tue lentement. J'éprouve combien il est triste et cruel d'être isolé. Ma disposition morale est peu favorable à ma disposition physique, qui pourtant n'est pas aussi mauvaise qu'elle pourrait être, attendu le régime sévère que j'observe. Mais, malgré mes soins, j'ai l'estomac fort affaibli ; il ne l'était déjà que trop avant mon malheur, et, pour peu que je m'écarte du régime que je me suis prescrit, je suis sûr au moins d'une indigestion. Cela me fait peur pour le voyage que je projette ; cependant j'ai tant d'envie de témoigner au Roi tout ce que je lui dois et de vous embrasser, que je suis toujours à cet égard dans la même résolution, et, s'il n'arrive rien de nouveau ou si mon état n'est pas pire, j'espère vous voir dans les premiers jours de juin. Pour notre ami Condorcet, il ne pourra venir avec moi. Il est trop récemment secrétaire de l'Académie, et il a dans ce moment trop de besogne pour pouvoir quitter; j'en suis aussi fâché que vous, car ce serait pour moi un agréable compagnon de voyage.

Soyez tranquille sur ce que vous me demandez par rapport à vous, et comptez que je n'oublierai rien pour vous obliger, ou plutôt pour vous rendre la justice que vous méritez si bien et à tant d'égards.

J'ai reçu, en effet, une Lettre de M. Beguelin, et je crois y avoir répondu, à moins que la situation d'esprit et de corps où j'ai été pendant plusieurs mois n'ait occasionné un oubli que je le prie de me pardonner. Dites-lui, je vous prie, combien je désire de lui être utile et combien je serai attentif à en saisir toutes les occasions.

Je vous invite fort à travailler à nos comètes, et je compte sur la parole que vous m'en donnez. Cette matière a besoin de vous, car il y reste beaucoup à faire.

Je voudrais bien que la première place d'associé étranger qui vaquera chez nous fût pour M. Margraff, et je ne négligerai rien pour lui faire rendre cette justice. Nous parlerons plus au long de votre Académie et de la nôtre quand j'aurai le plaisir de vous embrasser.

J'ai lu avec attention vos réponses à mes objections sur la théorie des ressorts. Elles sont aussi satisfaisantes qu'il est possible, et plusieurs même ne me laissent rien à désirer. Cependant je vous avoue qu'il reste toujours des nuages sur cette théorie. Je m'en suis assez occupé, surtout dans ces derniers temps, et j'ai bien de la peine à me faire sur cela des idées nettes et précises. Au reste, nous en causerons plus au long, et il est inutile de vous fatiguer si longtemps de la même diatribe. Adieu, mon cher et illustre ami, je vous embrasse de tout mon cœur en attendant le plaisir de vous revoir. Mes respects à l'Académie et mes compliments à tous ceux qui veulent bien se souvenir de moi.

A propos, il me semble que le Mémoire d'Euler de 1756, que vous citez au commencement de votre beau Mémoire sur les intégrales particulières, ne contient absolument rien sur ce sujet que je n'eusse dit avant lui, comme vous pouvez en voir la preuve dans le Tome I de mes *Opuscules*, page 244. Il me semble même que ce que j'avais fait à ce sujet est totalement différent et indépendant de ce que Clairaut avait fait en

1734; mais, comme je n'ai pas en ce moment le Mémoire de Clairaut sous les yeux, je pourrais bien me tromper. Au reste, mes recherches là-dessus sont une bagatelle après les vôtres.

A Monsieur de la Grange, directeur de l'Académie royale des Sciences de Prusse et membre de celle de France, à Berlin.

(En note : *Répondu le 15 juillet dans un paquet remis à M. Thiébault, contenant les* Mémoires *de* 1776.)

147.

LAGRANGE A D'ALEMBERT.

Berlin, ce 15 juillet [1777].

Si je suis quelquefois longtemps sans vous écrire, mon cher et illustre ami, vous ne devez pas m'accuser de négligence et encore moins de refroidissement dans les sentiments que je vous dois ; l'unique raison, c'est que, n'ayant rien de particulier ni d'important à vous dire, je me fais scrupule de vous importuner et de vous constituer en frais de poste inutilement. D'ailleurs il y a plus de trois mois que ce paquet aurait dû partir, mais voici la première fois que je trouve une commodité pour vous l'envoyer. Je ne vous dirai rien d'avance sur les Mémoires qu'il contient ; c'est à vous à les apprécier, si vous les jugez dignes de quelque attention. Je vous prie de lire d'abord l'*Addition au Mémoire sur les sphéroïdes* (¹) et de me dire jusqu'à quel point ma méthode s'accorde avec la vôtre. Les autres matières que j'ai traitées pourront vous intéresser moins ; aussi je ne vous demande point de les lire, à moins que vous n'ayez rien de mieux à faire ; mais comme elles peuvent intéresser MM. de Condorcet et de la Place, qui se sont beau-

---

¹) *OEuvres,* t. V, p. 645.

coup occupés de matières semblables, je vous prie de les leur communiquer, si vous le jugez à propos, en attendant que je trouve une autre occasion pour leur en faire parvenir à chacun un exemplaire. Je vous prie de dire à M. de la Place que j'ai reçu, il y a deux semaines, son beau Mémoire sur l'intégration des équations aux différences partielles, que j'en suis enchanté et que je lui écrirai incessamment pour lui témoigner toute la satisfaction que la lecture de ce Mémoire m'a donnée.

Avez-vous reçu notre Volume de 1775? Je crois que je l'avais inséré dans une balle de M. Bernoulli, adressée à M. de la Lande, avec deux autres paquets, l'un pour M. de la Place, l'autre pour le marquis de Condorcet. Je souhaiterais savoir ce que tout cela est devenu.

Le Volume pour 1776 est près de paraître, et l'on va mettre sous presse celui de 1777; le Mémoire que M. Messier nous a envoyé([1]), il y a environ un an, sera infailliblement imprimé dans ce dernier Volume; il aurait pu l'être dans celui de 1776 si la gravure de la Carte n'avait formé un obstacle; je vous prie de le lui dire de ma part, en y ajoutant tous mes compliments.

Je viens maintenant à votre Lettre du 14 février, à laquelle je dois encore réponse. Il serait superflu de vous témoigner tous mes regrets de n'avoir pu vous embrasser comme je m'en étais flatté; je crois que vous êtes assez convaincu de tous les sentiments par lesquels je vous suis attaché pour ne pas douter que je n'aie été très-sensible à ce contretemps; il ne me reste maintenant d'autre espérance de vous revoir que chez vous, et je ne l'ai pas encore perdue. Je vous remercie de tout mon cœur de ce que vous me promettez de faire pour moi dans l'occasion; c'est une marque de votre amitié qui m'est très-sensible, quoiqu'elle ne me soit pas nouvelle. L'élection de M. Margraff([2]) fait honneur à notre Académie, et à ce titre, aussi bien qu'à celui de son ami et de son admirateur, je vous en dois des remercîments, comme à

([1]) Ce Mémoire est le seul de Messier qui soit inséré dans le *Recueil de l'Academie de Berlin* (année 1776, p. 312-336). Il est relatif à des observations de Saturne et est accompagné d'une Carte de la route apparente de cette planète.

([2]) Comme associé étranger de l'Académie des Sciences de Paris.

celui qui y a peut-être plus contribué que personne. Lorsque je lui en donnai la nouvelle, il me parut très-sensible à cette distinction ; il est à peu près dans l'état où l'on a dit que Newton était sur la fin de ses jours : il ne lui reste que la réminiscence de ce qu'il a été. Nous sommes aussi menacés de perdre M. Sulzer et M. Lambert. La perte de ce dernier surtout m'affligerait beaucoup, parce que c'est un homme d'un mérite supérieur et très-estimable par son caractère ; le Roi lui a donné, il y a un an, 400 écus d'augmentation, moyennant quoi il est maintenant assez bien.

Je suis très-flatté de ce que vous paraissez avoir goûté mon Mémoire sur les intégrales particulières. Je n'ai pas rapporté ce que vous aviez dit dans votre Mémoire de 1748 sur les équations de la forme $x = yz + \Delta z$, parce que cela ne me paraissait pas avoir un rapport immédiat à la théorie des intégrales particulières ; du moins, il m'a semblé que vous n'aviez pas touché le point qui dépend de cette théorie, et qui consiste en ce que l'une des intégrales est réellement l'intégrale complète de la proposée, étant la même qu'on trouverait par les procédés ordinaires, en intégrant l'équation sous la forme $\frac{dy}{dx} = p$, tandis que l'autre intégrale n'est point et ne saurait être comprise dans celle-là ; d'ailleurs, j'avais remarqué que vous n'aviez point fait mention de ce passage de votre Mémoire de 1748 dans ce que vous aviez donné postérieurement sur les intégrales particulières et que j'ai cité au commencement de mon Ouvrage ; au reste, si vous trouvez que j'ai manqué à l'équité en ne vous citant pas sur ce sujet, je réparerai cette faute le mieux que je pourrai dans un autre Mémoire que je me propose de donner sur la même matière et pour lequel j'ai déjà quelques matériaux.

Adieu, mon cher et illustre ami ; portez-vous bien et aimez-moi. Si vous voyez le marquis Caraccioli, voudriez-vous bien l'assurer de mon respectueux attachement.

148.

D'ALEMBERT A LAGRANGE.

A Paris, ce 22 septembre 1777.

Mon cher et illustre ami, j'ai reçu, il y a environ quinze jours, votre Lettre du 15 juillet et le paquet que vous y avez joint. J'ai été, comme vous le croyez bien, fort empressé de lire votre addition au Mémoire sur les sphéroïdes, et j'en ai été enchanté. Ma méthode pour trouver le même théorème est moins analytique que la vôtre, mais assez simple ; elle se réduit, comme je vous l'ai marqué (*Mémoires*, 1774, p. 310), à supposer que $\frac{\gamma^2}{\omega^2}$ soit le même dans les deux sphéroïdes et à tirer de là, par un calcul assez simple, que le rapport des attractions dans les deux sphéroïdes, en faisant $\frac{\gamma^2}{\omega^2} = u^2$, dépend de la quantité

$$\frac{du}{u\sqrt{b^2 - c^2 + \delta^2 u^2}} \frac{1}{\sqrt{b^2(c^2 - a^2) - b^2 \delta^2 u^2}},$$

qui est évidemment la même si δ^2, $b^2 - c^2$ et $c^2 - a^2$ sont la même quantité.

Quant à vos deux autres Mémoires, j'y ai jeté les yeux à peine, et j'ai mieux aimé les communiquer suivant votre désir à MM. de Condorcet et de la Place. Votre solution de différents problèmes sur les jeux me fait désirer beaucoup que vous nous en donniez une du problème de Pétersbourg, qui me paraît impossible en admettant les principes connus. Je me suis acquitté de vos commissions auprès de MM. de Condorcet et de la Place ; quant à M. Messier, je ne l'ai point vu à l'Académie, et je le crois absent, mais à notre rentrée je lui dirai ce dont vous me chargez pour lui.

Je n'ai point encore reçu le Volume de 1775, et je n'ai pu m'en informer à M. de la Lande, qui est parti il y a plus d'un mois pour Bourg en Bresse, sa patrie, et qui ne sera de retour qu'au 15 de novembre. Nous saurons alors ce que ce Volume est devenu.

Avant de vous parler de ma santé, je vous demande des nouvelles de la vôtre. On dit que le tonnerre est tombé dans votre maison et tout auprès de vous. N'en avez-vous point été incommodé? Ne vous en est-il point resté d'impression fâcheuse? C'est apparemment le 10 d'août que cet accident est arrivé, car je vois par les nouvelles publiques qu'on a essuyé ce jour-là un violent orage à Berlin et que le tonnerre est tombé en plusieurs endroits de la ville.

Pour en venir à présent à moi, je suis un peu plus content de mon estomac, mais je le suis bien peu de ma tête, qui devient de jour en jour moins propre à un travail suivi et profond. J'ai pourtant fait encore quelques recherches sur l'attraction des sphéroïdes et sur la figure de la Terre, mais elles ne méritent guère que je vous en entretienne. Ce qu'il y a de plus fâcheux pour moi, c'est que la Géométrie est la seule occupation qui m'intéresse véritablement, sans qu'il me soit permis de m'y livrer. Tout ce que je fais de littérature, quoique très-bénignement accueilli (à ce qu'il me semble) dans nos séances publiques de l'Académie française, n'est pour moi que du remplissage et une espèce de pis-aller. On dit, à propos, que le *grand comte de Buffon,* que j'appelle le *Balzac de la Philosophie,* va donner un Volume où les géomètres sont bien maltraités. Il faudra voir.

Je suis très-fâché que vous ne nous ayez rien envoyé sur les comètes. Nous n'avons qu'une pièce, qui est d'Euler, et qui est toujours bien médiocre, malgré un supplément qu'il y a ajouté. Nous serons bien embarrassés, ou pour donner le prix, ou pour le remettre.

Je regarde, comme vous, M. Lambert comme un académicien d'un très-grand mérite, très-utile aux sciences et à votre Académie, et je vous prie de lui dire de ma part tout l'intérêt que je prends à son état.

Ce n'est pas la peine de reparler de mon Mémoire de 1748 sur les équations de la forme $x = yz + \Delta z$. Je ne pensais pas alors, en effet, aux intégrales particulières; mais il me semble que Clairaut, que vous avez cité, n'y pensait pas plus que moi en 1734, et que j'ai donné en 1748 (ce qu'il n'avait point fait en 1734) la méthode de trouver les équations qui s'intègrent à la fois par la différentiation et par l'intégration ordinaire.

A quoi pense votre Classe de Métaphysique de proposer des sujets aussi inintelligibles que celui du dernier programme (¹)? Je suis bien sûr que vous n'avez pas été consulté. Tout le monde se moque de ce programme, et l'Académie n'a pu s'empêcher d'en rire quand M. de Condorcet l'a lu.

Adieu, mon cher et illustre ami; je vous embrasse de tout mon cœur. Le marquis Caraccioli vous fait mille compliments. Nous parlons souvent de vous.

À Monsieur de la Grange, des Académies royales des Sciences de France et de Prusse, à Berlin.

(En note : *Répondu le 29 janvier* 1778.)

149.

LAGRANGE A D'ALEMBERT.

A Berlin, ce 3 octobre 1777.

Mon cher et illustre ami, quoique je n'aie rien de particulier à vous mander, je ne veux pas laisser partir M. Bitaubé sans lui donner une

---

(¹) Il serait difficile en effet, je crois, d'en trouver un pareil. Le voici tel qu'il est rapporté dans les *Mémoires de l'Académie de Berlin*, année 1777, p. 11 et 12 :

« La Classe de Philosophie spéculative, à qui il appartient de proposer une nouvelle question, le fait de la manière suivante :

» Dans toute la nature on observe des effets : il y a donc des forces.

» Mais ces forces, pour agir, doivent être déterminées : cela suppose qu'il y a quelque chose de réel et de durable, susceptible d'être déterminé, et c'est ce réel et ce durable qu'on nomme *force primitive et substantielle*.

» En conséquence, l'Académie demande :

» *Quelle est la notion distincte de cette force primitive et substantielle qui, lorsqu'elle est déterminée, produit l'effet, ou, en d'autres termes, quel est le* fundamentum virium ?

» Or, pour concevoir comment cette force peut être déterminée, il faut ou prouver qu'une

Lettre pour vous, ne fût-ce que pour vous faire souvenir de ma tendre amitié et me recommander à la vôtre. Je juge, par ce que le marquis de Condorcet m'écrit, que vous avez reçu aussi mon dernier paquet. Je ne crois pas qu'il y ait rien dans mes derniers Mémoires qui puisse vous intéresser ni même peut-être mériter votre attention, si ce n'est ma démonstration du théorème de Maclaurin. Il serait à souhaiter que la même méthode pût s'appliquer à la détermination de l'attraction des points qui sont hors des trois axes du sphéroïde; mais, après plusieurs tentatives inutiles pour y parvenir, je me suis convaincu qu'elle est insuffisante pour cet objet. Au reste, il n'y a pas beaucoup de mérite à démontrer des choses dont on est assuré d'ailleurs, et c'est à vous que les géomètres doivent la certitude du théorème en question.

Je suis tout triste de la mort de mon confrère M. Lambert([1]); c'est une perte irréparable pour notre Académie et pour l'Allemagne en général; il possédait éminemment le talent rare d'appliquer le calcul aux expériences et aux observations, et d'en extraire, pour ainsi dire, tout ce qu'il pouvait y avoir de régulier. Sa *Photométrie*, Ouvrage peu connu en France et même en Allemagne, est un vrai modèle dans ce genre de recherches; il était d'ailleurs assez versé dans le calcul, et il n'ignorait aucune des différentes branches de l'Analyse et de la Mécanique. Les

---

substance agit sur l'autre ou démontrer que les forces primitives se déterminent elles-mêmes.

» Dans le premier cas, on demande en outre :

» *Quelle est la notion distincte de la puissance passive primitive ? Comment une substance peut agir sur l'autre ? Et enfin comment celle-ci peut pâtir de la première ?*

» Dans le second cas, il faudra expliquer distinctement :

» *D'où viennent à ces forces les bornes qui limitent leur activité ? Et pourquoi la même orce peut tantôt produire un effet et tantôt ne le peut pas ? Comment, par exemple, quelqu'un peut concevoir distinctement ce dont un autre l'instruit, et qu'il n'a pas pu l'inventer lui-même ? Pourquoi on ne peut pas reproduire dès qu'on le veut les idées qu'on a oubliées, quoiqu'on ait pu les produire autrefois, et que l'axiome subsiste toujours : que du pouvoir et du vouloir réunis l'action doit suivre ? Ou enfin, quelle différence réelle il y a, si la force primitive tire tout de son propre fonds, entre se représenter distinctement une musique savante d'un grand compositeur à laquelle on assiste, la solution d'un problème difficile trouvée par un géomètre du premier ordre, et être soi-même l'auteur de cette musique, de cette solution, ou du moins être capable de composer une musique, de résoudre un problème de la même force, dès qu'on le voudra bien sérieusement ?*

([1]) Il mourut le 25 septembre 1777 (et non 1771 comme il a été dit par erreur p. 135, note 1).

trois Volumes de Mémoires qu'il a donnés en allemand, il y a quelques années, contiennent d'excellentes choses, et il serait à souhaiter que quelqu'un voulût les traduire. Il y a dans toutes ses recherches une grande netteté, et il avait surtout l'art de parvenir aux résultats les plus simples, même dans les questions qui paraissaient les plus compliquées. Il s'est laissé mourir peu à peu de consomption, n'ayant jamais voulu, excepté dans les derniers quinze jours, ni prendre aucun remède ni même consulter aucun médecin. Il avait reçu de la nature un caractère et un tempérament admirables; toujours content de lui-même, il n'a jamais montré la moindre envie ni jalousie. Il avait une façon de penser et d'agir très-naïve, ce qui a souvent indisposé contre lui les personnes qui ne le connaissaient pas particulièrement; mais, quand on était parvenu à le connaître à fond, on ne pouvait s'empêcher de concevoir pour lui toute l'estime et l'amitié qu'il méritait; c'est ce qui m'est arrivé. Si j'envie sa vie, j'envie tout autant sa mort, qui a été des plus douces, et dont il ne s'est pas même douté.

Adieu, mon cher et illustre ami; pardonnez-moi de vous avoir entretenu d'une matière aussi triste. Conservez-vous, au nom de Dieu, et soignez-vous le mieux que vous pouvez. Vous le devez non-seulement à vous-même, mais à tous vos amis et admirateurs, à la tête desquels je prends la liberté de me mettre. Je vous embrasse de tout mon cœur.

A Monsieur d'Alembert, Secrétaire de l'Académie française,
de l'Académie royale des Sciences, etc., au vieux Louvre, à Paris.

150.

LAGRANGE A D'ALEMBERT.

A Berlin, ce 27 janvier 1778.

Permettez, mon cher et illustre ami, que je prenne la liberté de vous adresser l'incluse, que M. Jourdan, beau-frère de M. Bitaubé et tré-

sorier de l'Académie, m'a prié de vous faire parvenir. Il vous supplie
de vouloir bien la remettre à M. Bitaubé, s'il est encore à Paris, et, s'il
en était déjà parti, de lui faire la grâce de la présenter vous-même à
Son Altesse (¹), en l'accompagnant de quelques mots pour appuyer sa
demande auprès de ce prince. Je vous en aurai moi-même en particulier beaucoup de reconnaissance, étant charmé de pouvoir obliger
M. Jourdan, et comme parent de M. Bitaubé et comme attaché à l'Académie. Je profite avec beaucoup de plaisir de cette occasion de vous
donner de mes nouvelles et de répondre à votre dernière Lettre. Vous
aurez sans doute appris par MM. Bitaubé et de Lancizolles les circonstances de l'accident qui est arrivé chez moi et dont vous me demandez
des nouvelles, et comment j'en ai été quitte pour la peur. Quoique je
n'eusse jamais eu peur du tonnerre, je crois que désormais je le
craindrai encore moins, l'ayant vu impunément de si près.

Notre Volume de 1775 n'a pas encore paru, par la faute du libraire;
il doit cependant être tout à fait achevé et prêt à paraître. Celui de
1776 est déjà sous presse et l'on compte qu'il paraîtra à Pâques, l'Académie s'étant maintenant chargée elle-même de l'impression et de la
publication de ses *Mémoires,* pour n'être plus obligée de dépendre du
caprice et des vues intéressées des libraires.

Je suis bien fâché de n'avoir pu rien envoyer pour le concours des
comètes. Ce n'est pas que je n'eusse bien des matériaux prêts, mais le
temps m'a manqué pour les mettre en œuvre, et j'ai mieux aimé manquer de parole que de vous envoyer quelque chose de trop imparfait
et d'indigne de votre attention. Je prendrai une autre fois mieux mes
mesures : l'obligation où j'ai été jusqu'ici de lire à peu près un Mémoire
par mois m'a presque toujours empêché de me livrer à des occupations
étrangères ; je serai désormais un peu plus libre, parce que notre Classe
vient de faire l'acquisition d'un sujet très-laborieux et rempli d'ardeur
pour les Sciences. C'est un M. Schulze (²), de ce pays, qui a été élève de

(¹) Le margrave d'Anspach, neveu de Frédéric II. Il avait été présenté au Roi le 23 novembre 1777.

(²) Johann-Carl Schulze, astronome, professeur de Mathématiques, membre de l'Académie
de Berlin (octobre 1777), né en 1749 à Berlin, où il mourut le 9 juin 1796.

M. Lambert et qui est déjà avantageusement connu par plusieurs pièces de sa façon, insérées dans les cinq Volumes d'*Éphémérides* que l'Académie a publiés jusqu'ici en allemand. Il y a aussi quelque chose de lui dans le *Recueil des Tables astronomiques* que je vous ai envoyé par M. Thiébault. Sa Majesté vient de lui donner une pension de 400 écus, dont il avait grand besoin; comme c'est encore un jeune homme et qu'il n'a d'autre occupation que l'étude, nous avons tout lieu de nous féliciter de son acquisition.

Vous avez bien raison de croire que je n'ai eu aucune part au programme de Métaphysique. Cette science, si c'en est une, n'est nullement de mon gibier. Il me semble que chaque pays a presque sa Métaphysique particulière comme sa langue, et la question proposée est de Métaphysique allemande et leibnitzienne.

Vous aurez sans doute appris que Sa Majesté a fait proposer une autre question : *S'il est utile de tromper le peuple* (¹). On s'attend à recevoir sur cette dernière bien du bavardage.

La principale raison pour laquelle je n'ai pas cité votre Mémoire de 1748 dans mes recherches sur les intégrales particulières, c'est parce que j'ignorais si vous seriez bien aise d'être cité après Clairaut, et je ne pouvais d'ailleurs m'empêcher de rendre à ce dernier la justice que ses compatriotes même avaient oublié de lui rendre sur ce sujet. Je me flatte que vous ne m'en saurez pas mauvais gré.

Adieu, mon cher et illustre ami, il ne me reste de papier que pour vous embrasser et vous prier de ne pas oublier celui qui vous aime et vous respecte plus que personne dans le monde.

(¹) « L'Académie a fait imprimer, dans le mois de novembre 1777, un programme à part, par lequel la Classe de Philosophie spéculative propose la question suivante : *Est-il utile au peuple d'être trompé, soit qu'on l'induise dans de nouvelles erreurs ou qu'on l'entretienne dans celles où il est?* » (*Nouveaux Mémoires de l'Académie de Berlin*, année 1777, p. 14.) C'est à l'instigation de d'Alembert, comme on le verra dans la Lettre suivante, que Frédéric II avait fait proposer cette question.

151.

D'ALEMBERT A LAGRANGE.

A Paris, ce 30 mars 1778.

Mon cher et illustre ami, M. Bitaubé vous aura rendu compte de ce que j'ai fait au sujet de M. Jourdan èt de l'impossibilité où je me suis trouvé de lui être utile. Mettez-moi à portée de vous obliger plus efficacement et soyez sûr de mon zèle, dont vous connaissez la vivacité pour tout ce qui vous intéresse.

Je crois que nous remettrons encore, au moins en partie, le prix des comètes; ainsi je vous invite, je vous exhorte et je vous supplie de vouloir bien nous envoyer pour 1780 quelque chose sur ce sujet.

Vous n'avez pas besoin de m'assurer que vous n'aviez aucune part au programme *absurde et ridicule* de votre Classe de Métaphysique(¹). J'en avais bien assuré le Roi d'avance(²), et il n'a pas eu de peine à le croire, par la très-juste estime qu'il a pour vous. C'est moi qui ai engagé le Roi à faire proposer le sujet : *S'il est utile de tromper le peuple.* Je conviens que vous aurez vraisemblablement bien du bavardage à ce sujet; mais la question, traitée comme elle peut l'être par un philosophe, doit être intéressante.

Vous avez très-bien fait de ne pas parler de mon Mémoire de 1748 dans vos recherches sur les intégrales particulières, d'autant plus que ces intégrales n'étaient pas mon objet dans les recherches que je faisais alors ; mais je crois que M. Euler aurait dû le citer dans son Mémoire de 1756, où il ne fait que répéter en plusieurs pages ce que j'avais, ce

(¹) *Voir* plus haut, p. 332, note 1.
(²) « Le dernier sujet proposé m'a paru bien étrange par son inintelligibilité ; je n'ai vu personne qui ne pensât comme moi là-dessus, et je suis bien sûr que mon ami La Grange n'a pas été consulté ; il aurait certainement épargné à l'Académie le désagrément de voir ses questions tournées en ridicule. » (Lettre de d'Alembert à Frédéric II, du 22 septembre 1777, *OEuvres de Frédéric II,* t. XXV, p. 86).

me semble, dit plus généralement en trois ou quatre lignes. Au reste, tout cela est bien peu de chose auprès de ce que vous avez fait depuis.

M. Bitaubé vous aura remis le bon ou mauvais discours que j'ai fait à l'Académie française(¹). Il a eu plus de succès qu'il n'en méritait, mais j'aimerais bien mieux résoudre des problèmes difficiles, quand même on n'en parlerait pas. Je le dis tous les jours à nos beaux esprits, qui en sont tout étonnés. Hélas! il faut renoncer à cette satisfaction. Je m'amuse cependant encore un peu de Géométrie, mais je ne fais que m'en amuser, et je ne m'occupe de rien qui mérite que je vous en entretienne. Conservez, mon cher et illustre ami, longues années encore, le sceptre de la Géométrie, qui est actuellement si bien entre vos mains. Conservez-moi surtout une amitié dont je sens tout le prix et à laquelle je réponds par toute la tendresse de la mienne. Je vous embrasse tendrement et de tout mon cœur.

A Monsieur de la Grange, des Académies royales des Sciences de France et de Prusse, à Berlin.

(En note : *Répondu le* 10 *juillet* 1778.)

152.

LAGRANGE A D'ALEMBERT.

Berlin, ce 10 juillet 1778.

Mon cher et illustre ami, quoique je n'aie rien de nouveau ni d'intéressant à vous dire, je ne veux pas différer plus longtemps la réponse que je dois à la dernière Lettre dont vous m'avez honoré. Comme ce n'était principalement que pour obliger M. Bitaubé que je vous avais recommandé l'affaire de son beau-frère M. Jourdan, je ne puis que vous

---

(¹) Le 19 janvier 1778, à la réception de l'abbé Millot, successeur de Gresset. (Voir *Recueil des harangues prononcées par messieurs de l'Académie française*, t. VIII, p. 160.)

remercier aussi de mon côté de ce que vous avez fait dans cette occasion.

Notre ami le marquis de Condorcet m'a envoyé depuis peu votre nouveau programme, par lequel je vois que le prix sur les comètes est de nouveau renvoyé à 1780 ([1]). Je me promets bien de concourir cette fois, quoique, à vous dire vrai, je voie bien peu de jour à pouvoir dire sur cette matière quelque chose de nouveau et de supportable. Je tâcherai néanmoins de faire ce que je pourrai.

J'ai relu, ces jours passés, à l'occasion du Mémoire de M. de la Place sur le flux et reflux de la mer, votre Ouvrage *sur la cause des vents*([2]), que j'avais étudié dans ma jeunesse et que j'avais toujours regardé comme le premier de tous vos Ouvrages, par la beauté, la nouveauté et la multiplicité des méthodes qu'il renferme. Cette nouvelle lecture n'a fait qu'augmenter l'idée que j'avais conçue du mérite de cet Ouvrage et me confirmer dans l'opinion que c'est ce qu'il a paru de plus original depuis la naissance des nouveaux calculs jusqu'à présent. Mon attachement pour vous n'a assurément aucune part à ce que je vous en dis; c'est uniquement l'excès de l'admiration qu'il m'a causée qui m'oblige à vous en parler ainsi. Les nouveaux pas que M. de la Place a faits dans la théorie du flux et reflux sont dignes de lui et du rang qu'il tient du premier de vos disciples en France. S'il continue ainsi, votre patrie n'aura pas à craindre le sort de l'Angleterre après la mort de Newton.

([1]) « L'Académie avait proposé, pour l'année 1778, un prix double : *Sur la théorie des perturbations que les comètes peuvent éprouver par l'action des planètes.* Elle a trouvé, dans la pièce qui a pour devise *Non jam prima peto Mnestheus, nec vincere certo,* des recherches ingénieuses et utiles à la solution de la question proposée. En conséquence, elle a cru devoir accorder à l'auteur de cette pièce un prix simple ; mais, comme en même temps elle n'a pas trouvé dans cet Ouvrage une solution du problème aussi complète que l'état actuel de l'Analyse la mettait en droit de l'exiger, elle a proposé de nouveau la même question pour l'année 1780, avec un prix double, en exigeant des auteurs l'application de leur méthode à la comète qui a été observée en 1532 et en 1661, et dont on attend le retour vers les années 1789 et 1790, de manière que l'on puisse appliquer immédiatement à leurs formules le calcul arithmétique. » *Mémoires de l'Académie* de 1778, *Histoire,* p. 47.

L'auteur de la pièce couronnée était Fuss, membre de l'Académie de Pétersbourg et élève d'Euler.

([2]) *Réflexions sur la cause générale des vents,* 1744, 1747, in-4°; rare.

Je vous remercie du beau discours que vous m'avez envoyé; et que j'ai lu avec le plus grand plaisir ; mais je suis trop profane en ce genre pour pouvoir en juger. J'ai écrit depuis peu au marquis de Condorcet pour le féliciter sur ce que sa pièce sur les comètes a partagé notre prix double (¹). Quoiqu'il n'ait pas encore répondu à ma Lettre ni à celle de M. Formey, je compte qu'il les a reçues. Si sa pièce eût contenu quelque application particulière, elle aurait pu avoir le prix en 'entier, mais j'aurais été accusé de partialité si j'avais voulu insister sur cela.

Adieu, mon cher et illustre ami; je vous embrasse de tout mon cœur, et je me recommande à votre amitié. Nous allons avoir une terrible guerre (²). Dieu veuille au moins que l'incendie ne vienne pas jusqu'ici.

A Monsieur d'Alembert, secrétaire perpétuel de l'Académie française, de l'Académie royale des Sciences, etc., au vieux Louvre, à Paris.

153.

D'ALEMBERT A LAGRANGE.

A Paris, ce 14 septembre 1778.

Il y a longtemps, mon cher et illustre ami, que je vous dois une réponse. Comme je n'ai rien de fort intéressant à vous mander et que je vous sais occupé à de meilleures choses, je vous épargne cet ennui. Mais les sentiments que j'ai pour vous n'en souffrent pas, et vous pour-

---

(¹) Il fut partagé entre Condorcet et M. Tempelhoff, capitaine d'artillerie dans l'armée prussienne.

(²) Lagrange ne parle pas, comme on pourrait le croire, de la guerre que la France, alliée des États-Unis d'Amérique, déclara à l'Angleterre le jour même (10 juillet) où il écrivait à d'Alembert. Il s'agit de la guerre fort courte commencée par Joseph II, qui, à la mort de l'électeur Maximilien-Joseph de Bavière, avait voulu s'emparer, sur l'électeur palatin Charles-Théodore, d'une partie du Palatinat. Les hostilités furent terminées le 13 mai 1779 par le traité de Teschen, grâce à l'intervention de Frédéric II, qui soutenait les droits de l'électeur. Loin d'être terrible, comme le craignait Lagrange, cette guerre eut si peu d'importance, que le peuple allemand lui donna le surnom de *guerre des pommes de terre.*

rez en voir la preuve dans le *Mercure* du 5 septembre ([1]), où, en faisant l'extrait du dernier Volume de l'Académie, j'ai parlé de vous comme je le dois, comme j'en pense et comme en doivent penser tous ceux qui vous connaissent.

Je vous conjure de nous envoyer quelque chose pour le prix des comètes. Si vous ne venez à notre secours, nous courons le risque de couronner un Ouvrage médiocre. Celui auquel nous avons accordé en dernier lieu la moitié du prix était assez peu de chose. Je suis très flatté de ce que vous me dites de mes *Recherches sur la cause des vents*. Il y a trente ans que je fis cet Ouvrage et que je fus obligé de le faire en quatre ou cinq mois, du mois d'août 1745, où je reçus le programme, jusqu'au mois de décembre, où il fallut envoyer ma pièce. Ayant depuis ce temps fait de nouveaux pas dans la théorie des fluides et dans le calcul des différences partielles nécessaire à ces sortes de problèmes, j'avais toujours eu envie de reprendre ce travail sur les marées et sur les vents. M. de la Place m'en a dispensé, et je suis fort content de ce qu'il a fait là-dessus, quoique je n'aie pu guère l'étudier à fond ; je crois cependant qu'il lui a échappé quelques remarques assez importantes ; mais cette omission, si elle est réelle, n'ôte rien au prix de son travail.

Je ne sais si vous aurez reçu un petit éloge de Fénelon que j'ai lu à l'Académie, en présence de l'Empereur ([2]), et qu'on m'a demandé pour le nouveau *Mercure*. Je viens d'y mettre encore un *Éloge* de La Motte, que je compte vous envoyer aussi bientôt. Je suis bien fâché de n'être presque plus en état de m'occuper d'autres choses que de ces misères littéraires, dont pourtant nos beaux esprits ont la bonté de faire quelque

([1]) Voici comment d'Alembert y parle de son ami :

« Nous ne faisons qu'annoncer aussi les belles recherches sur le mouvement séculaire des nœuds et des orbites des planètes par le célèbre M. de la Grange, que l'Académie a couronné tant de fois, qu'elle a adopté très jeune encore dans le petit nombre de ses associés étrangers, dont il est un des plus illustres, et qui unit au plus rare génie le caractère le plus estimable. » (*Mercure de France*, 5 septembre 1778, p. 55.) Ces lignes sont extraites d'un article sur le Volume des *Mémoires de l'Académie des Sciences* de 1774.

([2]) Cet éloge de Fénelon, imprimé dans le Tome II (p. 487 et suiv.) des *OEuvres* de d'Alembert (Paris, 1821, in-8°), avait été lu à la séance publique de l'Académie française du 25 août 1774, et le fut encore à une séance particulière du 17 mai 1777, à laquelle Joseph II assista.

cas, mais que je donnerais de bon cœur pour un beau problème de Géométrie. Je crois pourtant que je donnerai un Volume d'*Opuscules mathématiques* l'année prochaine, mais il contiendra bien peu de chose qui puisse vous intéresser. Je veux vider mon portefeuille, même des ordures qu'il contient, afin de n'y plus penser, car tout travail de tête me fatigue trop à présent.

M. de Condorcet m'a dit vous avoir écrit au sujet du prix qu'il a remporté. Il doit aussi avoir répondu à M. Formey, et je ne sais si M. Formey a envoyé la médaille, dont il doit avoir le reçu, que je lui ai fait tenir par M. de Rougemont, banquier du roi de Prusse à Paris.

Adieu, mon cher et illustre ami; aimez-moi toujours. Nous voilà tous engagés dans une guerre de terre et de mer (¹) qui ne finira peut-être pas sitôt. Dieu veuille que mes craintes soient mal fondées! On fait ici bien des vœux pour le succès de vos armes, parce qu'on croit que votre cause est juste. Adieu encore une fois; je vous embrasse aussi tendrement que je vous aime. Mes très humbles respects à l'Académie.

A Monsieur de la Grange, de l'Académie des Sciences de Prusse et associ de celle de Paris, à Berlin.

(En note : *Répondu le 12 décembre 1778.*)

154.

LAGRANGE A D'ALEMBERT.

A Berlin, ce 12 décembre 1778.

Mon cher et illustre ami, comme cette Lettre ne vous parviendra que vers la fin du mois, je la commencerai par vous présenter tous les vœux

(¹) La guerre fut déclarée par la France à l'Angleterre le 10 juillet 1778.

que je fais d'avance pour vous dans le renouvellement de l'année; je vous souhaite les années et la gloire de Newton et de Voltaire ([1]), mais surtout la philosophie du premier. J'ai rougi en lisant ce que vous dites de moi dans le *Mercure* de septembre; je n'ai garde de prendre vos termes au pied de la lettre, mais il m'est permis de les regarder comme l'expression de votre amitié, et je n'en suis que plus pénétré. Je n'ai encore rien reçu de tout ce que vous m'annoncez. M. Bitaubé m'a dit que vous allez publier un ou deux Volumes d'*Éloges*. Je ne puis vous dire combien je suis impatient d'avoir cet Ouvrage. Vous savez assez combien et à combien d'égards tout ce qui vient de vous m'est précieux pour ne pas regarder ce que je vous dis comme un pur compliment. J'attends aussi avec un pareil empressement le septième Volume des *Opuscules*.

Avez-vous reçu notre Volume de 1775? Celui de 1776 est prêt à paraître; je vous le ferai parvenir par la première occasion qui se présentera; il y a comme de raison quelque chose de moi ([2]), mais rien qui puisse mériter votre attention, si ce n'est peut-être une démonstration directe et générale de l'impossibilité de l'altération des moyens mouvements en vertu des attractions réciproques, démonstration sur laquelle je désire fort de savoir votre avis. Dites-moi quels sont les Volumes de Göttingue qui vous manquent; puisque vous avez les premiers, il faut que vous en ayez toute la suite.

Je me promets bien de vous envoyer quelque chose pour le prix des comètes. Dans le programme que j'ai reçu, il est dit que les Ouvrages ne seront reçus que jusqu'au 1er septembre 1778; mais ce ne peut être qu'une faute d'impression. Dites-moi si je puis envoyer ma pièce directement par la poste et à l'adresse du marquis de Condorcet. Je vous enverrai sûrement quelque chose, ne fût-ce que pour ne pas manquer à ma parole. Voudriez-vous bien avoir la bonté de m'envoyer la dernière

---

([1]) Newton mourut dans sa quatre-vingt-cinquième année, et Voltaire (30 mai 1778) dans sa quatre-vingt-quatrième.

([2]) Il y a trois Mémoires : 1° *Sur l'altération des moyens mouvements des planètes* (p. 199); 2° *Solution de quelques problèmes d'Astronomie sphérique par le moyen des séries* (p. 214); 3° *Sur l'usage des fractions continues dans le Calcul intégral* (p. 236). *Voir* ces Mémoires dans le Tome IV des *OEuvres*, p. 255, 275 et 301.

liste des cahiers des *Arts et Métiers?* Comme je cède les miens à la bibliothèque de l'Académie, pour le même prix auquel ils se vendent à Paris,
je suis obligé d'avoir une pièce ostensible où ces prix soient marqués. Il
me semble qu'il a vaqué cette année deux places d'associé étranger à
l'Académie : l'une a été donnée, si je ne me trompe, à Pringle (¹), mais à
qui a-t-on donné l'autre ? M. Margraff, qui paraissait moribond il y a trois
ans, pourrait bien enterrer encore plusieurs de ses confrères. Il est
perclus d'une main et d'un pied; mais, à cela près, il se porte assez bien,
et il nous a fait lire depuis peu un Mémoire.

Comme je sais que vous voyez souvent M. de la Place, oserais-je vous
prier de lui faire mes compliments et lui demander s'il a reçu ma
Lettre du 13 juin? J'attends avec empressement la suite de ses recherches sur le flux et reflux, ainsi que les autres qu'il m'a annoncées.

Je n'ai rien de particulier à vous mander de ce pays. Comme ce que
j'en sais moi-même je ne l'apprends que par les gazettes, vous devez en
être aussi instruit que moi. Il y a apparence que toute l'Europe sera en
feu l'année prochaine. Heureux ceux qui peuvent n'être que spectateurs
de cette tragi-comédie, dont le dénoûment le plus sûr sera d'avoir
sacrifié quelques centaines de mille hommes à l'ambition de quelques
particuliers.

Adieu, mon cher et illustre ami ; je vous embrasse pour cette année
et pour celle qui vient, en vous renouvelant les assurances de tous les
sentiments de respect, d'estime et d'amitié que je vous ai voués pour
la vie.

A Monsieur d'Alembert, secrétaire de l'Académie française,
des Académies des Sciences de Paris, Londres, Berlin, Pétersbourg, etc.,
au vieux Louvre, à Paris.

(¹) John Pringle, médecin, né le 10 avril 1707, à Stichell-House (comté de Roxburgh),
mort à Londres le 18 janvier 1782.

155.

D'ALEMBERT A LAGRANGE.

A Paris, ce 1er janvier 1779.

Mes sentiments pour vous, mon cher et illustre ami, seront les mêmes cette année que les précédentes. Recevez-en, je vous prie, la vive et sincère expression, et celle de tous les vœux que je fais pour votre santé, pour votre gloire, pour votre bonheur et pour le progrès que la Géométrie continuera de faire entre vos mains. Je n'ai fait que vous rendre bien faiblement ce qui vous est dû dans l'article du *Mercure* dont vous me parlez, et je ne laisserai jamais passer, non pour vous qui n'en avez pas besoin, mais pour moi qui aime à vous rendre justice, aucune occasion d'apprendre aux ignorants même ce qu'ils doivent penser de vos talents, de vos Ouvrages et de votre personne.

Vous n'avez point reçu les *Éloges* de Fénelon et de La Motte parce que M. de Catt, à qui je les avais envoyés pour vous les faire tenir et pour vous en épargner le port, ainsi qu'à M. Bitaubé, a eu le malheur d'essuyer en Bohême un incendie où ils ont été consumés avec presque tous ses effets. Mais je viens de faire imprimer ces *Éloges* avec tous les autres que j'ai lus à l'Académie française ; cet Ouvrage sort aujourd'hui de dessous la presse, et je tâcherai de trouver une occasion peu coûteuse pour vous le faire parvenir. Je prendrai sur cela des informations, car je serai fort aise de savoir votre jugement sur ces *Éloges*. Vous êtes, sans y prétendre, aussi bon juge en Littérature qu'en Géométrie.

Je me propose toujours de mettre incessamment sous presse un nouveau Volume d'*Opuscules,* mais je doute que vous y trouviez rien de bien intéressant. Ce sont plutôt des esquisses et des vues que des Ouvrages finis ; mais ce qui m'encourage à les donner, c'est l'espérance que d'autres feront mieux sur les mêmes sujets, à commencer par vous.

Je n'ai point encore reçu le Volume de 1775, mais je connais les

XIII. 44

excellents morceaux de Mathématique que vous y avez insérés, et que M. de Condorcet a reçus de votre part il y a déjà longtemps. J'ai fort envie de lire ce que vous m'annoncez pour le Volume de 1776, sur l'impossibilité de l'altération des moyens mouvements.

Le dernier Volume que j'ai de Göttingen est le Tome VI pour l'année 1775, imprimé en 1776. Je ne puis trop vous inviter à nous envoyer quelque chose sur les comètes. Vous pourrez l'adresser directement par la poste à M. de Condorcet, et il suffira que l'Ouvrage lui soit remis avant le 1ᵉʳ septembre 1779. Comme l'Académie est dans ce moment en vacances pour quinze jours, je ne pourrai vous envoyer que dans le courant de ce mois la dernière liste des cahiers des *Arts et Métiers*.

C'est à M. le médecin Tronchin ([1]) qu'on a donné la place vacante d'associé étranger. Il a même été élu avant M. Pringle, et dans ce moment tout est rempli. M. de la Place m'a dit vous avoir envoyé la suite de ses recherches sur le flux et reflux, que vous devez à présent avoir reçues. Il vous fait mille compliments.

Adieu, mon cher et illustre ami; portez-vous bien, et aimez-moi comme je vous aime. Je vous embrasse *corde et animo*. Puissiez-vous jouir bientôt de la paix, dont l'ambition autrichienne juge à propos de priver l'Allemagne ! *Iterum vale ad multos annos.*

Mes respects à l'Académie, et mes compliments à MM. Bitaubé, Thiébault, Borelly, Formey et Beguelin, et à tous ceux qui veulent bien se souvenir de moi.

A Monsieur de la Grange, des Académies royales des Sciences de France et de Prusse, à Berlin.

(En note : *Répondu le* 20 *mars* 1779.)

([1]) Théodore Tronchin, né le 24 mai 1709 à Genève, mort le 30 novembre 1781.

156.

LAGRANGE A D'ALEMBERT.

A Berlin, ce 20 mars 1779.

Recevez, mon cher et illustre ami, mes remercîments les plus vifs et les plus sincères de l'honneur que vous m'avez fait en m'envoyant un exemplaire de vos beaux *Éloges*, et permettez que je joigne mes applaudissements à ceux que cet Ouvrage vous attire de toutes parts. En le lisant, je n'ai été rempli d'autre sentiment que d'admiration et je n'ai été occupé d'autre idée que de celle de m'instruire. Ne m'en demandez donc pas mon jugement. Il n'appartient pas à un profane d'apprécier le mérite de ces sortes de productions. Je ne puis que le sentir, et je vous assure que j'en suis d'autant plus pénétré que je le trouve plus au-dessus de mes forces. J'ai été également enchanté de tous ces éloges et également frappé des traits de génie dont ils brillent; mais, si vous me demandez quelle impression particulière leur lecture m'a faite, je vous avouerai que celui de Massillon m'a fait souhaiter d'en être le sujet et que les autres m'ont fait plus désirer d'en être l'auteur. J'en attends avec impatience la suite, dont vous ne sauriez priver plus longtemps le public sans une sorte d'injustice, puisqu'il me semble que vous ne pouvez qu'être content de son suffrage et de vos premiers succès dans ce nouveau genre, dans lequel vous vous montrez aussi grand que dans les autres. Je suis maintenant occupé d'un travail bien différent et dont je souhaite que vous puissiez être moins mécontent que moi; je l'ai déjà quitté et repris plusieurs fois, mais il sera infailliblement prêt pour le temps préfix, si je ne meurs pas avant. Sachant combien vous prenez d'intérêt à ce pays, je ne doute pas que vous ne partagiez notre joie de la paix qui est prête à se conclure, d'autant plus que c'est en grande partie à la France que nous en avons obligation, et cette considération augmente infiniment le plaisir que je ressens de mon côté de cet heureux événement.

Si vous voyez M. de la Place, je vous prie de lui faire mille très-humbles compliments de ma part et de lui dire que j'ai reçu et lu son nouveau Mémoire sur le flux et reflux, que j'en suis enchanté et que je lui écrirai au premier jour pour le lui témoigner, mais que je veux le relire auparavant avec plus d'attention et que, pour cela, il faut que j'attende que j'aie la tête débarrassée de quelques bagatelles qui m'occupent maintenant.

Adieu, mon cher et illustre ami ; je vous embrasse de tout mon cœur comme la personne du monde que j'aime, j'estime et j'honore le plus, et dont j'ai toujours regardé l'amitié comme le souverain bien de ma vie.

P.-S. — Vous recevrez les Volumes de 1775 et 1776 par M. de la Lande, à qui M. Bernoulli a envoyé un ballot. Je vous enverrai la suite des *Commentaires* de Göttingue.

A Monsieur d'Alembert, secrétaire perpétuel
de l'Académie française, etc., etc., au vieux Louvre, à Paris.

157.

D'ALEMBERT A LAGRANGE.

A Paris, ce 30 avril 1779.

Je suis très-flatté, mon cher et illustre ami, de tout ce que vous voulez bien me dire d'obligeant sur mes *Éloges.* Vous savez tout le prix que j'attache à votre suffrage : il est presque aussi grand, et c'est beaucoup dire, que celui que je mets à votre amitié. Vous recevrez aussi par M. Bitaubé, et peut-être aurez-vous déjà reçu l'*Éloge de Milord Maréchal* ([1]). Je souhaite que vous en soyez content. J'ai tâché d'y

---

([1]) Cet écrit parut à Berlin en 1779, in-8°. (Voir *OEuvres*, 1821, t. III, p. 685.)

prendre un ton différent de mes autres *Éloges,* parce que le sujet l'exigeait. Je compte l'hiver prochain donner un autre Volume de ce genre. J'aimerais bien mieux que ce fût un Volume de Mathématique; mais mon peu de tête d'une part et de l'autre la maladie de mon imprimeur ne m'ont pas encore permis de mettre sous presse les rogatons qui me restent à donner; je doute même fort qu'ils en vaillent la peine : mais, si c'est une sottise, ce sera du moins la dernière, et il n'y aura pas grand mal.

Vous me faites un grand plaisir de m'assurer que nous pouvons enfin espérer quelque chose de vous pour le prochain concours. Nous en avons grand besoin, car ce que nous avons couronné jusqu'ici en ce genre était bien médiocre.

Je me suis acquitté de votre commission auprès de M. de la Place, qui vous fait mille compliments; je n'ai pu que parcourir son travail sur le flux et reflux, car je ne suis plus guère en état de suivre les recherches des autres; mais il me semble que ses recherches sur ce sujet sont très-belles et très-intéressantes. Vous en pourrez mieux juger que moi.

J'attends avec impatience les Volumes de 1775 et 1776, et je lirai avec empressement, si j'en suis capable, tout ce que vous y avez inséré.

Nous regardons ici la paix d'Allemagne comme assurée, quoiqu'elle ne soit pas encore signée absolument. Cette paix fait un grand honneur à votre auguste Roi, qui est en ce moment au plus haut période de sa gloire. Adieu, mon cher et illustre ami; je vous embrasse aussi tendrement que je vous aime.

A Monsieur de la Grange, des Académies royales des Sciences de Prusse et de France, à Berlin.

(En note : *Répondu le 25 juin 1779.*)

158.·

LAGRANGE A D'ALEMBERT.

A Berlin, ce 25 juin 1779.

Vous recevrez d'ici, mon cher et illustre ami, une pièce sur les co-mètes, qui doit partir par ce même ordinaire. On a cru devoir profiter pour cet envoi des bontés de M. le marquis de Pons (¹), qui a bien voulu se charger de faire parvenir le paquet au marquis de Condorcet par la voie du Bureau des Affaires étrangères. Quelque besoin que cet Ou-vrage ait de votre indulgence, l'auteur n'ose l'y recommander, parce qu'il compte vous avoir pour un de ses juges dans le concours. Au reste, il avoue qu'il n'a su ni pu mieux faire, et il est persuadé que, si vous en êtes mécontent, vous ne pourrez jamais l'être autant que lui. J'ai reçu et lu l'*Éloge de Milord Maréchal*, que M. Bitaubé m'a remis de votre part; je vous en remercie de tout mon cœur. Indépendamment de l'intérêt que je trouve dans tout ce qui vient de vous, la lecture de cet *Éloge* m'a beaucoup attaché par les anecdotes curieuses qu'il ren-ferme touchant ce pays, et dont plusieurs m'étaient inconnues. Les amis du feu marquis d'Argens ne doivent pas être trop contents de ce que vous en avez dit (²); pour moi, je ne l'ai vu qu'une seule fois, et je crois que le titre de votre ami n'était pas une recommandation auprès de lui.

J'attends avec impatience le second Volume d'*Éloges* que vous m'an-noncez, ainsi que le nouveau Volume d'*Opuscules mathématiques*. Vous devez avoir reçu notre Volume de 1776; celui de 1777 est sous presse et paraîtra dans deux ou trois mois; je ne manquerai pas de vous l'envoyer

(¹) Charles-Armand-Augustin, marquis de Pons.

(²) Lagrange fait sans doute allusion au passage suivant : « Il se brouilla avec un homme de lettres qui, vivant comme lui dans la société intime de ce prince (Frédéric II), était le frondeur éternel de toutes ses actions et de toutes ses paroles. « Je ne veux pas, lui dit Milord » Maréchal, être l'ami d'un homme qui mange tous les jours à la table du Roi et y ramasse du » fiel pour le répandre. » (*Éloge de Milord Maréchal, OEuvres*, t. III, p. 703). »

par la première occasion qui se présentera, et j'y joindrai ce qui vous manque des Volumes de Göttingue. La partie mathématique de nos deux derniers Volumes est assez faible, et je ne sais qu'y faire; il faut espérer que cela ira mieux à l'avenir.

Si vous voyez le marquis Caraccioli, oserais-je vous prier de lui renouveler les assurances de tous les sentiments que je lui ai voués pour la vie? Il m'invite toujours à venir passer quelque temps chez lui; je crois, en effet, que ce voyage me ferait beaucoup de bien, car, quoique ma santé soit assez bonne, je m'aperçois néanmoins que mon esprit commence à s'engourdir un peu et qu'il aurait besoin d'être réveillé par quelque distraction; mais jusqu'ici je ne puis encore rien résoudre, et je vous promets que je ne ferai rien que par votre conseil. Je vous embrasse de tout mon cœur et me recommande toujours à votre amitié.

A Monsieur d'Alembert, secrétaire de l'Académie française,
des Académies des Sciences de Paris, Londres, Berlin, etc., etc.,
au vieux Louvre, à Paris.

159.

D'ALEMBERT A LAGRANGE.

A Paris, ce 10 septembre 1779.

Nous avons reçu, mon cher et illustre ami, la pièce dont vous me parlez sur les comètes; je n'ai pu encore que la parcourir, mais, quel qu'en soit l'auteur, je crois pouvoir d'avance vous assurer qu'il n'aura pas perdu sa peine.

Je suis charmé que vous ayez lu avec quelque plaisir l'*Éloge de Milord Maréchal*. La famille et les partisans du plat roi Jacques II n'en ont pas été aussi contents ([1]); j'en suis fâché, mais je m'y attendais, et

([1]) *Voir*, entre autres, ce que d'Alembert en dit aux pages 686 et 687.

il faut au moins être juste quand les rois sont morts. Quant au marquis d'Argens, j'ai suivi les Mémoires très-fidèles que j'avais à son sujet, et je n'ai même pas dit tout ce que ces Mémoires contenaient. Je crois bien qu'il n'était guère mon ami, quoiqu'il en fît le semblant; mais c'est un sacrifice que je fais sans peine.

Je ne sais pas encore quand je donnerai mon second Volume d'*Éloges*, quoiqu'il soit tout fait. En le relisant, j'y trouve beaucoup de choses à changer, à retrancher, à ajouter, et, comme je ne travaille plus que très à mon aise, je ne sais pas quand cette rapsodie sera en état de se montrer un peu décemment.

J'ai enfin pris le parti d'imprimer mon septième Volume d'*Opuscules mathématiques*; mais je n'en dis rien, même ici, parce que je ne veux pas annoncer ce qui me paraît bien peu de chose; j'ai même prié un ami de revoir les épreuves, parce que ce travail me fatigue. J'y mettrai deux mots d'avertissement pour demander aux géomètres leur indulgence. Je compte que cela pourra paraître dans quatre ou cinq mois, car les imprimeurs ne vont pas vite, et je crains, en vérité, qu'ils n'aillent pas encore assez lentement pour mon honneur.

Je recevrai avec grand plaisir votre Volume de 1777 et les Volumes nouveaux de Göttingue, qui vraisemblablement ne seront pas plus forts que les précédents.

Vous ne devez point douter du plaisir que j'aurais à vous voir ici, et le marquis Caraccioli me charge de vous dire que vous trouverez chez lui le vivre et le couvert. Mais comme je sens par moi-même tout l'embarras de se déplacer, je n'ose vous presser à ce sujet; absent ou présent, soyez sûr, mon cher et illustre ami, de la tendresse et de la vivacité de mes sentiments pour vous; ils dureront aussi longtemps que ma vie. Je vous embrasse aussi tendrement que je vous aime.

A Monsieur de la Grange,
des Académies royales des Sciences de France et de Prusse, à Berlin.

(En note : *Répondu le* 11 *décembre* 1779.)

160.

LAGRANGE A D'ALEMBERT.

A Berlin, ce 11 décembre 1779.

J'ai reçu, mon cher et illustre ami, votre Lettre du 10 septembre, ainsi que les compliments que M. Bitaubé m'a faits depuis de votre part. Je suis bien touché des marques flatteuses que vous ne cessez de me donner de votre estime et de votre amitié. Je suis persuadé que vous ne doutez pas de ma reconnaissance et de tous les sentiments par lesquels je vous suis attaché pour la vie; mais ce serait une grande consolation pour moi d'avoir des occasions de vous en convaincre davantage, et je vous demande comme la grâce la plus flatteuse de m'en procurer.

L'auteur de la pièce sur les comètes est très flatté de ce qu'elle a pu trouver grâce devant vous. Il n'a presque point eu d'autre but dans son travail, et ne demande point d'autre récompense.

J'attends avec impatience votre septième Volume d'*Opuscules;* vos Ouvrages sont depuis longtemps mon bréviaire et le seront tant que je m'occuperai de Géométrie. J'espère trouver dans ce dernier le développement de votre nouvelle théorie des fluides; l'idée en est aussi belle que féconde, et bien digne du créateur de cette branche des Mathématiques. Vous recevrez par M. de la Lande, à qui M. Bernoulli a envoyé depuis peu une balle, le Volume de nos *Mémoires* pour 1777, ainsi que les trois derniers Volumes de ceux de Göttingue. J'ai joint à ceux-ci deux exemplaires de mes Mémoires, l'un pour le marquis de Condorcet et l'autre pour M. de la Place; je vous prie de vouloir bien les leur faire remettre. A propos de ces Volumes, je dois vous prévenir que, dans le septième des *Novi Commentarii* ([1]), il manque les planches qui appartiennent au Mémoire sur les alphabets de tous les peuples; ces

([1]) De Göttingue.

planches n'ont été livrées qu'à la dernière foire de Saint-Michel, et je n'ai pu les avoir à temps pour les joindre à mon envoi. Je vous les ferai tenir par la première occasion que je pourrai avoir.

Je vous remercie de tout mon cœur du désir que vous me témoignez de me voir à Paris. Quelque envie que j'aie de faire ce voyage, surtout pour avoir la consolation de vous embrasser après une si longue absence, j'ai néanmoins une espèce de répugnance à m'y résoudre de moi-même, et je voudrais attendre que les circonstances ou des raisons particulières concourussent à me déterminer ; je voudrais surtout réserver ce voyage pour quand ma santé pourra en avoir besoin ; jusqu'ici elle se soutient assez bien, et ce qu'il y a de singulier, c'est que, malgré la rigueur de l'hiver dans ce pays, je me porte presque toujours mieux dans cette saison qu'en été. Je ne vous dis rien pour le marquis Caraccioli, parce que je compte lui écrire par ce même ordinaire ou par le suivant. Je vous l'envie beaucoup. Son esprit et son amabilité me sont toujours présents, et je n'oublierai jamais ce que je lui dois. Adieu, mon cher et illustre ami ; portez-vous bien et recevez tous mes vœux, ainsi que les assurances de ma tendresse et de ma reconnaissance éternelle. Je vous embrasse de tout mon cœur.

161.

D'ALEMBERT A LAGRANGE.

A Paris, ce 6 janvier 1780.

Mille et mille remercîments, mon cher et illustre ami, de votre souvenir, de votre obligeante Lettre et de tous les vœux que vous voulez bien faire pour moi ; j'y réponds, et de tout mon cœur assurément, par tous ceux que je fais pour vous. Puissiez-vous faire encore longtemps l'honneur de la Géométrie par vos travaux et par vos succès ! Puissiez-

vous surtout vous bien porter, bien digérer et bien dormir, car sans
cela point de bonheur! Je fais ces trois choses-là de mon mieux; mais,
à mon âge, on n'est guère content sur cet article, surtout quand on ne
peut plus guère s'occuper du seul objet qui intéresse : je veux parler
de cette Géométrie, qui a été ma maîtresse autrefois, et qui n'est plus
aujourd'hui pour moi qu'une vieille femme tout au plus. Je crains bien
que vous ne vous en aperceviez en lisant les rogatons que j'imprime.
Ce seront du moins les derniers barbouillages mathématiques de votre
serviteur; je fais comme ces petits-maîtres qui épousent leur catin pour
s'en défaire : j'imprime mes dernières sottises pour n'y plus penser.

Si vous connaissez l'auteur de la pièce sur les comètes, envoyée de
Berlin au concours de notre Académie, vous pouvez lui dire d'être tranquille et, dans le cas où il aurait des créanciers, ce que je ne crois pas,
de leur promettre 4000 livres pour les saintes fêtes de Pâques pro-
chaines. Si je me trompe, je prie l'auteur de me regarder comme un
plus mauvais prophète que tous ceux de l'Ancien et du Nouveau Testament.

Je n'ai point encore reçu les Volumes que vous m'annoncez; mais
quelqu'un m'a prêté le Volume de 1777, où vous êtes toujours le même,
autant du moins que ma pauvre tête en peut juger, car elle a bien de
la peine actuellement à suivre les idées des autres : c'est beaucoup si
elle ne se fourvoie pas à la chasse des siennes propres.

J'aurais bien envie d'aller vous embrasser, et je n'ose ni former ce
projet ni en même temps y renoncer; c'est un terrible voyage, faible
et cacochyme comme je le suis. Quant à celui dont vous me parlez, et
qui m'assurerait le plaisir de vous voir, je sacrifie, quelque désir que
j'en aie, mon plaisir à vos arrangements, et je sens par moi-même
combien il en coûte pour se déplacer, quand on aime son cabinet et
ses occupations. J'espère pourtant que tôt ou tard l'un de nous deux
attirera l'autre et que nous nous reverrons, soit chez vous, soit chez moi.

MM. de Condorcet et de la Place vous font mille compliments et vous
remercient d'avance du présent que vous leur destinez. Le marquis
Caraccioli me charge aussi de mille choses tendres pour vous. Adieu,

mon cher ami; conservez-vous et aimez-moi *ad multos annos.* Je vous
embrasse aussi tendrement que je vous aime.

A Monsieur de la Grange, directeur de la Classe mathématique
de l'Académie des Sciences et membre de celle de Paris, à Berlin.

(En note : *Répondu le 20 mai 1780, par M. Bitaubé.*)

162.

LAGRANGE A D'ALEMBERT.

A Berlin, ce 20 mars 1780.

J'ai reçu, mon cher et illustre ami, votre Lettre du 6, et je suis bien
touché des nouvelles marques de zèle et d'affection que vous m'y
donnez; je vous en remercie du fond de mon cœur. Si je ne vous ai pas
répondu plus tôt, c'est que je n'avais rien d'intéressant à vous mander;
je profite maintenant de l'occasion que m'offre le départ de M. Bitaubé
pour vous donner de mes nouvelles et vous faire passer les pièces ci-
jointes. Ce sont :

1° Les planches des alphabets dont je vous ai parlé dans ma dernière
Lettre, et qui appartiennent au septième Volume des *Novi Commentarii*
de Göttingue. Je compte que vous aurez reçu, à l'heure qu'il est, les
trois Volumes que je vous ai envoyés par M. de la Lande; c'est à l'un
de ceux-ci que se rapportent les planches en question.

2° Une brochure allemande de M. Achard, sur l'analyse des pierres
précieuses (¹), que je vous prie de vouloir bien remettre de ma part à
M. le marquis de Condorcet. Les dernières pages renferment la des-

---

(¹) Frédéric-Charles Achard, naturaliste et chimiste, né à Berlin le 28 avril 1753, mort à
Kunern le 20 avril 1821. Il descendait de réfugiés français et fut directeur de la Classe de
Physique à l'Académie de Berlin. — La brochure dont parle Lagrange est intitulée *Bestim-*
mung der Bestandtheile einiger Edelsteine, Berlin, 1779, gr. in-8°.

cription de sa machine pour former des cristaux à l'aide de l'air fixe;
je l'avais prié de m'en donner une traduction; il me l'avait promis,
mais apparemment qu'il a ensuite changé d'avis, puisqu'il ne m'en a
plus parlé lorsque je l'ai vu à l'Académie, et je n'ai pas cru devoir le
lui rappeler. Je compte, au reste, que le marquis de Condorcet aura reçu
ma réponse à sa Lettre du 18 et qu'il n'aura pas de peine à faire traduire le morceau dont il s'agit, s'il croit qu'il en vaille la peine.

3º Un exemplaire des Mémoires que j'ai donnés dans le Volume
de 1778 ([1]), qui est actuellement sous presse et qui paraîtra dans
quelques mois; il n'y manque qu'une ou deux pages que je n'ai pu
encore avoir, mais qui ne sont d'aucune conséquence. Lorsque vous
aurez lu ces Mémoires, supposé que vous vouliez bien leur faire cet
honneur, dont ils me paraissent, à dire vrai, peu dignes, je vous prie de
vouloir bien les remettre de ma part au marquis de Condorcet ou à
M. de la Place; j'en enverrai ensuite un autre exemplaire pour celui
qui n'aura pas eu celui-ci. Je vous prie aussi de dire à M. de la Place
que j'ai reçu avec reconnaissance et lu avec grand plaisir ses Mémoires
de 1777, et que je ne manquerai pas de lui répondre aussitôt que je me
serai débarrassé de quelque chose qui m'occupe plus qu'il ne vaut, et
que j'aurai le loisir pour pouvoir m'entretenir un peu avec lui sur ses
belles découvertes.

Ayez la bonté, si vous voyez le marquis Caraccioli, de lui renouveler de ma part les assurances des sentiments que je lui dois et de
lui demander s'il a reçu ma Lettre du mois de décembre dernier; je
souhaiterais aussi savoir si M. Bezout a reçu ma réponse.

Voilà, mon cher et illustre ami, tout ce que j'avais à vous dire.
M. Bitaubé vous donnera de mes nouvelles et, ce qui est bien plus
important, m'en apportera des vôtres. Vous aviez, ce me semble, une
grande commodité pour le voyage que vous projetez depuis longtemps;

([1]) *Sur le problème de la détermination des orbites des comètes d'après trois observations* (p. 111-161). — *Sur la théorie des lunettes* (p. 162-180). — *Sur une manière particulière d'exprimer le temps dans les sections coniques* (p. 181-202). — Voir *OEuvres*,
t. IV, p. 439, 535 et 559.

je souhaite ardemment que vous vous laissiez tenter par cette occasion,
mais je n'ose presque l'espérer. Consultez bien vos forces et votre santé,
et décidez-vous en conséquence. Quelque envie que j'aie de vous revoir,
j'en ai encore plus de vous savoir bien portant et de vous conserver
longtemps ; d'ailleurs je ne désespère pas d'aller vous embrasser un
jour chez vous, et ce jour ne peut pas être bien éloigné.

Adieu, mon cher ami ; conservez-moi vos bontés ; vous savez le cas
que j'en fais et combien je vous suis attaché. Je vous embrasse mille
fois.

On m'apporte dans ce moment une Lettre du marquis Caraccioli ; je
vous reprends donc la commission que je vous avais donnée à son
sujet, ou plutôt je vous donne celle de lui accuser de ma part la réception de sa Lettre et de lui témoigner ma sensibilité de ses bontés.

———

163.

D'ALEMBERT A LAGRANGE.

A Paris, ce 22 décembre 1780.

Enfin, mon cher et illustre ami, ma rapsodie géométrique, dont je vous
ai menacé depuis si longtemps, paraît depuis quelques jours. Elle en
est d'autant plus honteuse, que cette rapsodie est en deux Volumes (¹),
et contient, je crois, bien des sottises. Ma tête est affaiblie au point que
je n'ai pas eu la force de corriger moi-même les épreuves ; aussi le
reviseur, d'ailleurs plein de bonne volonté, y a-t-il laissé bien des
fautes d'impression, sans compter les miennes. Sérieusement, je crains
beaucoup de me montrer à vous avec ces haillons de ma vieillesse et
de ma décrépitude géométrique ; mais, heureusement pour vous et pour
moi, ce seront les derniers sous lesquels vous me verrez. J'avais dans

---

(¹) Ce sont les deux derniers Volumes des *Opuscules mathématiques*.

mon portefeuille toutes ces vilenies, dont j'ai voulu me défaire, et, au lieu de les brûler comme je l'aurais dû, je les ai fait imprimer, dans l'espérance au moins que les matières que j'y traite fourniraient à d'autres l'occasion de mieux faire. L'embarras, pour moi, est que cette dernière diatribe paraisse même digne d'un si mince honneur.

Ma tête s'affaiblit réellement tous les jours, au point de m'effrayer pour les suites de ce dépérissement moral. Je suis résolu de renoncer, au moins pour longtemps, à toute espèce de travail tant soit peu capable de me fatiguer. Je n'ai plus du tout de mémoire, après l'avoir eue excellente, et il m'est absolument impossible de suivre et de juger les idées des autres; à peine puis-je mettre ensemble les miennes, encore faut-il qu'elles soient bien peu nombreuses et bien peu compliquées. Cette position est triste, sans doute; mais heureusement je prends mon mal en patience, au moins tant que les douleurs physiques ne s'y joindront pas, car alors je ne réponds plus de ma frêle et chétive philosophie.

Cette inertie de mon âme est la cause pour laquelle je vous écris si peu; et que pourrais-je vous dire qui vous intéressât? Je vois pourtant toujours avec le même plaisir vos belles et profondes recherches, j'en félicite la Géométrie, mais mon état me permet à peine de les effleurer. C'est toujours une consolation pour moi que d'en apprendre le succès. Ainsi, mon cher ami, parlez-moi un peu de vos travaux, et recevez l'assurance de tous les sentiments tendres et inviolables que je vous ai voués jusqu'au tombeau, et les vœux que je fais pour votre santé et pour votre bonheur au commencement de l'année où nous allons entrer.

J'ai fait mettre aujourd'hui au carrosse de Strasbourg une caisse à l'adresse de M. Formey, contenant deux exemplaires de mon Ouvrage, un pour vous et l'autre pour l'Académie. Cette caisse est affranchie jusqu'à Strasbourg; il n'est pas possible de l'affranchir plus loin; mais j'imagine que les frais de port de Strasbourg à Berlin seront peu considérables et que votre Académie a des fonds pour ces petites dépenses. C'est pour cela, et pour vous épargner les frais du port, que j'ai adressé cette petite caisse à M. Formey. Je vous prie de lui en donner avis, en lui faisant mille compliments de ma part, et de lui dire que je n'ai pas l'honneur de lui adresser cet avis pour lui épargner les frais inutiles d'un port de lettre. Je vous prie l'un et l'autre de vouloir bien présenter à l'Académie l'exemplaire qui est destiné pour elle, et de faire en même temps agréer à cette illustre Compagnie l'hommage de mon dévouement et de mon respect. Adieu encore une fois, mon cher ami; voilà un long verbiage pour bien peu de chose. Pardonnez-le-moi et aimez-moi comme je vous aime. Je vous embrasse de tout mon cœur.

(En note : *J'ai écrit à M. d'Alembert le 1er janvier 1781, et je lui ai rendu compte de mes recherches sur la libration de la Lune. — Voir* la Lettre suivante.)

164.

LAGRANGE A D'ALEMBERT.

Berlin, ce 1er janvier 1781.

Permettez-moi, mon cher et illustre ami, de vous écrire pour vous présenter, dans ce renouvellement de l'année, l'hommage de tous les vœux que l'amitié la plus tendre et la plus vraie me dicte pour vous, et pour vous demander en même temps la continuation de la vôtre, que je regarde comme le plus grand avantage que la Géométrie m'ait procuré. M. Bitaubé, en m'apportant de vos nouvelles, m'a dit de votre part bien des choses flatteuses, dont le seul désir de les mériter peut me rendre digne. Il m'a annoncé aussi un de vos Ouvrages, que j'attends avec impatience, et dont je vous fais d'avance mes remercîments, en vous assurant de tout l'intérêt avec lequel je le lirai, quel qu'en puisse être le sujet. Tout ce qui vient de vous m'est également précieux, et j'en fais toujours mon profit. Je n'ai rien de nouveau à vous mander sur ce qui me regarde ; ma santé se soutient assez bien, et mes occupations se réduisent à faire de la Géométrie tranquillement et dans le silence. Comme je ne suis pas pressé et que je travaille plus pour mon plaisir que par devoir, je fais comme les grands seigneurs qui bâtissent : je fais, je défais et je refais plusieurs fois, jusqu'à ce que je sois passablement content de mon travail, ce qui néanmoins arrive très-rarement.

J'ai été occupé presque toute l'année de quelques nouvelles recherches sur la libration de la Lune, dont il est résulté deux Mémoires assez longs que je viens de lire à l'Académie (¹). Je suis parvenu à intégrer complétement les deux équations différentielles qui donnent les mouvements de l'axe lunaire, et ces intégrales m'ont donné une explication si naturelle et si directe de la coïncidence constante des nœuds moyens de l'équateur de la Lune avec les nœuds moyens de son orbite, que j'aurais découvert ce phénomène par la théorie s'il ne l'avait pas déjà été par les observations. J'ai examiné aussi d'une manière plus exacte que je ne l'avais fait autrefois l'effet de la non-sphéricité de la Lune sur son mouvement autour de la Terre, et j'ai trouvé deux nouvelles équations, l'une dans le mouvement en longitude et l'autre dans le mouvement en latitude, dont les coefficients sont arbitraires et dont les arguments sont inconnus, mais doivent être très-lents si la Lune diffère. très-peu d'une sphère ; ces deux équations forment donc des espèces d'équations séculaires, et la première répond très-bien à l'équation séculaire connue de la Lune.

Je vous prie de faire tous mes compliments au marquis de Condorcet et à M. de la Place, et de dire au premier que je viens d'apprendre que sa pièce sur les comètes est imprimée ; lorsqu'on la distribuera à l'Académie, je m'en ferai remettre un exemplaire pour lui et je saisirai la première occasion qui se présentera de la lui faire parvenir (²). Je ne lui ai pas envoyé notre dernier programme, parce que M. Formey m'avait dit qu'il comptait le lui envoyer lui-même ; j'ignore s'il l'a fait, mais à l'heure qu'il est il se trouve dans tous les journaux.

(¹) *Théorie de la libration de la Lune et des autres phénomènes qui dépendent de la figure non sphérique de cette planète*, année 1780, p. 203-209. (Voir *Œuvres*, t. V, p. 5.)

(²) Le Mémoire de Condorcet qui, comme on l'a vu plus haut, avait remporté le prix proposé par l'Académie de Berlin pour l'année 1778, est intitulé *Essai sur la théorie des comètes* et fait partie d'un recueil des *Dissertations* qui avaient concouru pour le prix (Utrecht, 1780, in-4°). L'auteur en avait fait faire un tirage à part.

Notre Volume de 1778 a paru il y a deux ou trois mois ; dites-moi si vous avez celui de 1777, afin que vous receviez à la fois tout ce qui vous manque. Je joindrai à l'envoi les deux derniers Volumes de Gœttingue.

Ayez la bonté de me donner des nouvelles du marquis Caraccioli. Est-il parti? est-il déjà installé dans sa vice-royauté (¹)? Dès que je le saurai arrivé en Sicile, je lui écrirai pour le complimenter.

J'ai depuis quelque temps une velléité de faire un voyage en Italie, et vous jugez bien que je passerai par Paris à mon retour; mais je n'ai encore pris aucune résolution. S'il était vrai que vous voulussiez venir à Berlin cet été, comme on le dit, ce serait une raison de ne pas penser à ce voyage pour cette année.

Adieu, mon cher et illustre ami ; vous connaissez assez les sentiments par lesquels je vous suis attaché depuis longtemps pour que je n'aie pas besoin de vous en renouveler les assurances. Je compte toujours de mon côté sur votre sincère amitié, et je vous embrasse de tout mon cœur.

165.

LAGRANGE A D'ALEMBERT.

A Berlin, ce 15 avril 1781.

J'ai bien des excuses à vous faire, mon cher et illustre ami, d'avoir été si longtemps sans vous marquer ma reconnaissance du présent dont vous m'avez honoré. M. Formey a présenté vos deux Volumes à l'Académie dans la séance publique du 27 janvier, et il m'a remis en même temps de votre part l'exemplaire que vous m'aviez destiné. Je m'étais proposé de ne différer à vous en remercier que jusqu'à ce que j'eusse assez étudié cet Ouvrage pour être en état de m'entretenir un peu avec vous sur les

---

(¹) Il avait été nommé vice-roi de Sicile.

objets que vous y traitez; mais le travail auquel sa lecture m'a engagé
peu à peu m'a occupé plus longtemps que je n'aurais cru et a causé
un retardement dont je suis vraiment honteux. Je vous supplie de ne
pas m'en savoir mauvais gré et d'être persuadé que, pour être quelquefois un peu inexact à m'acquitter de mon devoir envers ceux qui
m'honorent de leurs bontés, je n'en suis pas moins vivement pénétré,
ni moins reconnaissant du fond de mon cœur.

J'ai lu vos nouvelles recherches avec le plus grand plaisir; elles sont
très-intéressantes par la variété des matières et par la manière dont
elles sont traitées, et j'y ai trouvé beaucoup à profiter; celles qu'elles
m'ont donné occasion de faire de mon côté, et dont je vous ai entièrement obligation, concernent la théorie du mouvement des fluides et
ont pour but l'éclaircissement de quelques points essentiels de cette
théorie. Je ne suis pas encore tout à fait content de mon travail, mais
je compte le reprendre dès que je me serai débarrassé de quelques
autres objets, et je soumettrai alors à votre jugement ce qui me paraîtra
n'en être pas indigne. En attendant, permettez-moi de vous communiquer un théorème que j'ai trouvé, et qui sert à décider quand la quantité $p\,dx + q\,dy + r\,dz$ (p, q, r étant les vitesses suivant les trois coordonnées x, y, z) doit être intégrable ou non ; je démontre que, si cette
quantité est intégrable dans un instant quelconque, elle le sera nécessairement pour tout le temps du mouvement, et qu'au contraire, s'il y
a un instant où elle ne le soit pas, elle ne pourra jamais l'être, et voici
comment :

En nommant t le temps et faisant abstraction des forces accélératrices,
ou plutôt supposant ces forces P, Q, R telles que Pdx + Qdy + Rdz
soit intégrable, ce qui a toujours lieu dans la nature, l'équilibre des
forces perdues à chaque instant exige que la quantité

$$\left(\frac{dp}{dt} + \frac{p\,dp}{dx} + \frac{q\,dp}{dy} + \frac{r\,dp}{dz}\right)dx + \left(\frac{dq}{dt} + \frac{p\,dq}{dx} + \frac{q\,dq}{dy} + \frac{r\,dq}{dz}\right)dy$$
$$+ \left(\frac{dr}{dt} + \frac{p\,dr}{dx} + \frac{q\,dr}{dy} + \frac{r\,dr}{dz}\right)dz$$

soit une différentielle complète.

Retranchant la différentielle complète

$$\frac{p\,dp + q\,dq + r\,dr}{dx}\,dx + \frac{p\,dp + q\,dq + r\,dr}{dy}\,dy + \frac{p\,dp + q\,dq + r\,dr}{dz}\,dz,$$

on aura la quantité

$$\frac{dp}{dt}\,dx + \frac{dq}{dt}\,dy + \frac{dr}{dt}\,dz + \left(\frac{dp}{dy} - \frac{dq}{dx}\right)(q\,dx - p\,dy)$$

$$+ \left(\frac{dp}{dz} - \frac{dr}{dx}\right)(r\,dx - p\,dz) + \left(\frac{dq}{dz} - \frac{dr}{dy}\right)(r\,dy - q\,dz),$$

qui devra être une différentielle complète.

Soient p', q', r' les valeurs de p, q, r dans un instant quelconque où $t = t'$; il est clair que pour $t = t' + \theta$ (θ étant fort petit) on aura

$$p = p' + p''\theta + p'''\theta^2 + \ldots$$

$$q = q' + q''\theta + q'''\theta^2 + \ldots,$$

$$r = r' + r''\theta + r'''\theta^2 + \ldots,$$

p', p'', ..., q', q'', ..., r', r'', ... étant des fonctions de x, y, z et de la quantité t', qu'on regarde maintenant comme constante. Faisant ces substitutions dans la quantité précédente et prenant $dt = d\theta$, on aura une transformée de cette forme,

$$\alpha = \beta\theta + \gamma\theta^2 + \ldots,$$

en supposant

$$\alpha = p''\,dx + q''\,dy + r''\,dz$$

$$+ \left(\frac{dp'}{dy} - \frac{dq'}{dx}\right)(q'\,dx - p'\,dy) + \left(\frac{dp'}{dz} - \frac{dr'}{dx}\right)(r'\,dx - p'\,dz)$$

$$+ \left(\frac{dq'}{dz} - \frac{dr'}{dy}\right)(r'\,dy - q'\,dz),$$

$$\beta = 2(p'''\,dx + q'''\,dy + r'''\,dz)$$

$$+ \left(\frac{dp'}{dy} - \frac{dq'}{dx}\right)(q''\,dx - p''\,dy) + \left(\frac{dp''}{dy} - \frac{dq''}{dx}\right)(q'\,dx - p'\,dy)$$

$$+ \left(\frac{dp'}{dz} - \frac{dr'}{dx}\right)(r''\,dx - p''\,dz) + \left(\frac{dp''}{dz} - \frac{dr''}{dx}\right)(r'\,dx - p'\,dz)$$

$$+ \left(\frac{dq'}{dz} - \frac{dr'}{dy}\right)(r''\,dy - q''\,dz) + \left(\frac{dq''}{dz} - \frac{dr''}{dy}\right)(r'\,dy - q'\,dz),$$

$$= 3\left(p^{\text{iv}}\, dx + q^{\text{iv}}\, dy + r^{\text{iv}}\, dz \right)$$

$$+ \left(\frac{dp'}{dy} - \frac{dq'}{dx} \right) \left(q'''\, dx - p'''\, dy \right) + \left(\frac{dp''}{dy} - \frac{dq''}{dx} \right) \left(q''\, dx - p''\, dy \right)$$

$$+ \left(\frac{dp'''}{dy} - \frac{dq'''}{dx} \right) \left(q'\, dx - p'\, dy \right) + \left(\frac{dp'}{dz} - \frac{dr'}{dx} \right) \left(r'''\, dx - p'''\, dz \right) + \ldots,$$

et il faudra que les quantités α, β, γ, ... soient chacune une différentielle complète; donc : 1° si $p'\, dx + q'\, dy + r'\, dz$ est complète, on aura

$$\frac{dp'}{dy} - \frac{dq'}{dx} = 0, \quad \frac{dp'}{dz} - \frac{dr}{dx} = 0, \quad \frac{dq'}{dz} - \frac{dr}{dy} = 0;$$

donc

$$\alpha = p''\, dx + q''\, dy + r''\, dz,$$

différentielle complète; donc : 2° on aura

$$\frac{dp''}{dy} - \frac{dq''}{dx} = 0, \quad \frac{dp''}{dz} - \frac{dr''}{dx} = 0, \quad \frac{dq''}{dy} = 0;$$

donc

$$\beta = 2\left(p'''\, dx + q'''\, dy + r'''\, dz \right),$$

différentielle complète; donc : 3°, etc.

Si donc $p\, dx + q\, dy + r\, dz$ est intégrable lorsque $t = t'$, elle le sera depuis $t = t'$ jusqu'à $t = t' + \theta$, et on prouvera de même, en mettant $t' + \theta$ à la place de t', qu'elle sera intégrable jusqu'à $t = t' + 2\theta$, et ainsi de suite. Donc, etc. Mais, si dans un seul instant cette quantité n'est pas intégrable, elle ne le sera jamais, car, si elle l'était dans un autre instant, elle le serait aussi dans le premier.

Lorsque le mouvement commence du repos, alors on a

$$p = 0, \quad q = 0, \quad r = 0$$

lorsque $t = 0$; donc $p\, dx + q\, dy + r\, dz$ est nécessairement toujours intégrable. Mais, lorsqu'on imprime au fluide des vitesses primitives, tout dépend de la nature de ces vitesses. Si elles sont produites par une impulsion sur la surface du fluide, elles seront nécessairement telles, que $p\, dx + q\, dy + r\, dz$ sera intégrable; donc cette quantité le sera toujours.

Le résultat de mes autres recherches consiste à prouver qu'on peut toujours satisfaire (analytiquement parlant) à toutes les conditions du problème; mais je remets à une autre fois à vous en parler.

Je vous avais annoncé que je croyais pouvoir expliquer l'équation séculaire de la Lune; j'avais trouvé, en effet, une petite équation assez propre à cela, mais j'ai reconnu depuis qu'elle ne peut avoir qu'une valeur tout à fait insensible.

Adieu, mon cher et illustre ami; il ne me reste de papier que pour vous embrasser et me recommander à votre amitié.

166.

D'ALEMBERT A LAGRANGE.

A Paris, ce 11 mai 1781.

Quelque plaisir que j'aie, mon cher et illustre ami, à recevoir de vos Lettres, je sens très-bien que vous avez beaucoup mieux à faire, et je me console de tout ce que je perds à votre silence par tout ce que la Géométrie doit y gagner. Vous êtes bien bon de vous être occupé quelques moments de mes dernières rapsodies; elles n'en valaient pas la peine, et je serais bien content si elles vous avaient seulement donné l'idée de vous occuper profondément de tout ce que je n'ai fait qu'effleurer. Ce que vous me mandez sur les fluides m'a paru très-intéressant et me donne grande envie de connaître toute la suite de vos belles recherches sur cet important sujet.

Souvenez-vous toujours que je n'ai point encore le Volume de 1778; il est vrai que je l'attends avec moins d'impatience depuis que vous avez bien voulu me faire part de ce qu'il contient de votre façon. Quoique je sois presque absolument hors d'état de m'appliquer à la Géométrie, je conserve le peu de forces qui me restent pour vous lire encore et pour vous entendre, s'il est possible à ma pauvre tête, que la moindre contention fatigue. Je m'amuse à repasser toutes les sottises mathématiques que j'ai écrites depuis quarante ans, et je jette sur le papier quelques remarques que cette lecture me suggère ; mais ces remarques ne paraîtront tout au plus qu'après ma mort, si même ceux à qui je les laisserai les jugent dignes de paraître, ce qui est au moins fort douteux. Ma situation est d'autant plus fâcheuse, que je ne puis guère m'occuper de la seule chose qui m'intéresse véritablement, c'est-à-dire des Mathématiques. Tout le reste n'est pour moi que remplissage, dont je m'amuse faute de mieux.

Le marquis Caraccioli est parti le 1er de ce mois. Il est pénétré de douleur de quitter ce pays-ci, et il a bien raison, car il y était bien aimé et recherché. Je ne vois personne qui ne le regrette vivement, et je le regrette plus que personne, car il avait pour moi toute l'amitié possible, et je le voyais presque tous les jours, ou chez moi, ou chez lui, ou chez des amis communs. Il m'a écrit en partant une Lettre pleine d'amitié, à laquelle j'avais répondu d'avance en lui faisant les plus tristes et les plus tendres adieux. Ma situation, mon cher ami, est vraiment affligeante. J'ai perdu depuis cinq ans, soit par mort, soit par absence, cinq ou six personnes qui m'étaient chères ; j'ai perdu le goût de tous les plaisirs, excepté celui des études mathématiques, auxquelles je n'ose me livrer ; ma santé ne me laisse que la force qu'il faut pour vivre, en usant d'un grand régime. Il faut se soumettre à ce malheur de la condition humaine. Je me console au moins en pensant que vous m'aimez toujours un peu, et je suis plus que consolé pour la Géométrie en pensant que vous vous portez mieux que moi. Adieu, mon cher ami ; je vous embrasse aussi tendrement que je vous aime.

A Monsieur de la Grange, des Académies royales des Sciences
de France et de Prusse, à Berlin.

En note : *Répondu le 21 septembre 1781, par M. le baron de Bagge.)*

167.

LAGRANGE A D'ALEMBERT.

A Berlin, ce 21 septembre 1781.

J'ai reçu, mon cher et illustre ami, votre dernière Lettre, et je suis infiniment sensible aux nouvelles marques qu'elle contient de la continuation de votre amitié. Je voulais attendre, pour vous récrire, que j'eusse quelque chose d'intéressant à vous mander ou à vous faire passer, mais je ne puis m'empêcher de profiter de l'offre obligeante que M. le baron de Bagge (¹) a bien voulu me faire de se charger d'une de mes Lettres pour vous, ne fût-ce que pour vous donner simplement de mes nouvelles et me recommander à votre souvenir. Les chaleurs de l'été, qui ont été cette année très-fortes ici, m'ont empêché de terminer, comme je me l'étais proposé, différentes choses que j'ai depuis quelque temps sur le métier ; je vais maintenant les reprendre, mais je ne puis encore prévoir ce qu'elles deviendront. D'ailleurs, je commence à sentir que ma force d'inertie augmente peu à peu, et je ne réponds pas que je fasse encore de la Géométrie dans dix ans d'ici. Il me semble aussi que la mine est presque déjà trop profonde, et qu'à moins qu'on ne découvre de nouveaux filons il faudra tôt ou tard l'abandonner.

La Physique et la Chimie offrent maintenant des richesses plus brillantes et d'une exploitation plus facile ; aussi le goût du siècle paraît-il entièrement tourné de ce côté-là, et il n'est pas impossible que les places de Géométrie dans les Académies ne deviennent un jour ce que sont actuellement les chaires d'arabe dans les Universités.

Le Volume de 1779 est imprimé, mais je n'ai pu encore en avoir un

---

(¹) Charles-Ernest, baron de Bagge, chambellan du roi de Prusse. Il se rendit ridicule à Paris et ailleurs par ses manies musicales. Il avait la passion du violon, jouait faux, et se croyait le premier virtuose de son temps. Joseph II lui fit un jour ce compliment ironique, qu'il prit au sérieux : « Baron, je n'ai jamais entendu personne jouer du violon comme vous. » *Voir* entre autres, sur lui, les *Mémoires secrets de la République des Lettres* aux dates de février 1782 et des 3 et 5 juin 1783.

exemplaire pour vous l'envoyer. Je compte que vous aurez reçu les deux précédents, que j'avais mis dans un paquet adressé, il y a quelque temps, à M. de Condorcet. Ce paquet contenait aussi des exemplaires de mes derniers Mémoires pour MM. de Condorcet et de la Place, et voici deux Planches que je vous prie de vouloir bien leur remettre de ma part pour compléter ces exemplaires. Elles n'étaient pas encore prêtes lorsque je fis le paquet. Comme ces Mémoires ne contiennent que des choses ordinaires, et que d'ailleurs vous recevez régulièrement nos Volumes, j'ai cru devoir me dispenser de vous en envoyer aussi un exemplaire à part; mais je vais donner à l'imprimeur mon travail sur la libration de la Lune, et, aussitôt qu'il y en aura un exemplaire de prêt, je tâcherai de vous le faire parvenir. Je profiterai aussi de la première occasion que j'aurai pour vous envoyer les nouveaux Volumes de Gœttingue, que j'ai chez moi depuis quelque temps, ainsi que notre nouveau Volume.

Voudriez-vous bien avoir la bonté de dire à M. de Condorcet que j'ai reçu les deux Lettres qu'il m'a fait l'honneur de m'écrire par MM. Caillard et Poterat? Comme ils n'ont fait l'un et l'autre que passer ici, je n'ai pu que les voir un moment, et j'ai fort regretté de n'avoir pu cultiver leur connaissance autant que leur mérite me l'avait fait désirer. Je remercie M. de Condorcet de tout mon cœur de me l'avoir procurée. Je vous prie aussi de lui dire que depuis longtemps je n'ai reçu aucun de vos Volumes et que le dernier que je possède est celui de 1776. Je crois qu'il a paru aussi le neuvième Volume des *Mémoires présentés* (¹), que je n'ai pas non plus. La partie historique de ces Volumes est une des choses que je lis avec le plus de plaisir et d'intérêt, et c'est ce qui me fait principalement souhaiter de les recevoir. Si vous avez des nouvelles du marquis Caraccioli, je vous prie de m'en donner; je remets à lui écrire à la fin de l'année, et je serais bien aise de savoir si l'on doit adresser les Lettres directement à Palerme ou bien à Naples.

Adieu, mon cher et illustre ami; portez-vous bien et conservez-moi

(¹) C'est-à-dire du Recueil intitulé *Mémoires de Mathématiques et de Physique présentés à l'Académie royale des Sciences par divers savants et lus dans ses assemblées.*

votre précieuse amitié, à laquelle je réponds par toute la tendresse de la mienne. Je vous embrasse de tout mon cœur.

168.

D'ALEMBERT A LAGRANGE.

A Paris, ce 14 décembre 1781.

J'ai reçu, mon cher et illustre ami, votre dernière Lettre par M. le baron de Bagge. Je n'y ai pas répondu plus tôt parce que je n'avais rien d'intéressant à vous mander, et que je respecte vos moments, mieux employés qu'à lire mes fadaises. Cependant, vous trouverez ci-joint un mot que je vous prie de faire insérer dans le prochain Volume de votre Académie, s'il est possible. C'est peu de chose, et c'est à peu près tout ce que je puis faire à présent en Mathématiques ; mais c'est une petite correction pour les *Mémoires de Berlin* de 1746, et pour mon septième Volume d'*Opuscules* (¹).

Je vous félicite d'avoir pu reprendre avec l'automne vos profonds travaux, et j'attends avec grande impatience vos belles recherches sur la libration de la Lune. Quoique je ne sois plus guère capable d'application, je ferai un effort pour lire ce Mémoire intéressant. J'ai reçu les paquets que vous m'avez envoyés, et je les ai remis à leur destination. Je me suis aussi acquitté de vos commissions pour M. de Condorcet. Il m'a dit que vous recevriez incessamment les Volumes de l'Académie qui vous manquent, et que peut-être vous avez maintenant reçus. Vous avez bien raison d'en aimer la partie historique (²). Les *Éloges* surtout sont très-intéressants et sont entendus avec le plus grand plaisir à nos séances publiques.

(¹) Cette petite correction figure dans le Volume de 1780 (p. 376-378), sous le titre *Extrait d'une Lettre de M. d'Alembert à M. de la Grange, du 14 décembre 1781*.

(²) La partie historique des *Mémoires* de l'Académie et les *Éloges* sont faits par Condorcet.

Le marquis Caraccioli est arrivé à Palerme en bonne santé le 15 octobre et a été parfaitement bien reçu. Je n'ai point encore de ses nouvelles directes, mais j'ai tout lieu de croire qu'elles sont bonnes et que sa santé même s'affermira dans ce beau pays. Son adresse est : *Vice-Roi de Sicile, à Palerme*. Il sera sûrement fort aise de recevoir de vos Lettres.

Je ne sais si le nombre des géomètres diminuera bientôt, comme vous le croyez ; mais il suffira, pour l'avancement des sciences, qu'il y en ait un seul qui vous ressemble.

Adieu, mon cher et illustre ami ; je vous renouvelle, pour l'année qui va commencer, l'assurance de tous les sentiments que je vous ai voués depuis si longtemps et dont je me flatte que vous êtes bien persuadé. Ma santé serait en ce moment assez passable si le sommeil était meilleur. Je me consolerai du moins si la vôtre est telle que je le désire et que je l'espère. Je vous embrasse aussi tendrement que je vous aime et aussi sincèrement que je vous honore.

169.

LAGRANGE A D'ALEMBERT.

A Berlin, ce 7 décembre 1781.

Mon cher et illustre ami, cette Lettre vous sera rendue par M. Viotti (¹), mon compatriote et très-habile musicien, qui vient à Paris pour se faire entendre dans le concert spirituel et tâcher de mériter le suffrage d'une nation qui est devenue la dispensatrice des réputations dans tous les genres. Permettez-moi de vous demander vos bontés pour lui au cas que vous soyez à portée de lui être utile pour l'objet de son voyage ; je ne doute pas qu'il n'y réponde par sa reconnaissance et ses succès.

(1) J.-B. Viotti, célèbre violoniste et compositeur, né le 23 mai 1753 à Fontanetto (Piémont), mort le 3 mars 1824 à Brighton. *Voir* la Lettre suivante de d'Alembert.

Je profite de cette occasion pour vous envoyer nos *Mémoires* de 1779, ainsi que le second Volume des *Commentaires* de Gœttingue. Le troisième ne paraît pas encore. On imprime actuellement mes recherches sur la libration ; aussitôt que je pourrai en avoir un exemplaire, j'aurai l'honneur de vous en faire hommage. Je voudrais pouvoir soumettre aussi à votre jugement un Mémoire que j'ai lu, il n'y a pas longtemps, sur le mouvement des fluides ([1]), et qui contient les remarques que je vous ai déjà communiquées, jointes à plusieurs autres. Mon but principal a été de faciliter l'application de la théorie générale au mouvement des fluides dans des vases et des canaux. Pour cela, j'ai supposé qu'une des dimensions du vase fût assez petite, ce qui m'a permis d'exprimer les inconnues par des fonctions en série, et j'ai obtenu, par la considération des premiers termes, les mêmes résultats que donne la méthode ordinaire fondée sur l'hypothèse du parallélisme des tranches. En même temps, mon analyse m'a fait voir que ces résultats sont exacts, aux quantités du second ordre près, en regardant la largeur du vase comme une quantité du premier ordre. J'y donne aussi des recherches sur le mouvement des ondes formées à la surface d'une eau stagnante et peu profonde, et je trouve que, lorsque l'élévation de l'eau au-dessus du niveau est très-petite, elles sont entièrement analogues aux ondes sonores formées par les condensations et dilatations successives de l'air, ce qui paraît confirmé par l'expérience.

M. Bitaubé m'a annoncé quelque chose de votre part ; je l'attends avec tout l'empressement que j'ai toujours pour ce qui vient de vous.

Recevez, mon cher et illustre ami, mes plus sincères protestations d'amitié et d'attachement inviolable, jointes aux vœux que je fais d'avance pour vous à l'occasion du renouvellement de l'année ; conservez-moi tous les sentiments dont vous avez eu la bonté de m'honorer jusqu'ici, et qui me sont précieux au delà de ce que je puis vous exprimer. Je vous embrasse très-tendrement.

([1]) *Mémoire sur la théorie du mouvement des fluides,* inséré dans le Volume de 1781, p. 151-198. (Voir *OEuvres,* t. IV, p. 695).

170.

D'ALEMBERT A LAGRANGE.

A Paris, ce 1ᵉʳ mars 1782.

Mon cher et illustre ami, M. Viotti, que vous m'avez recommandé, est venu chez moi deux fois sans me trouver. Je me suis informé long-temps de sa demeure sans pouvoir l'apprendre, ce qui m'affligeait beau-coup, à cause de l'intérêt que vous prenez à lui. Enfin il est revénu chez moi une troisième fois ; je l'ai vu, j'ai causé très-longtemps avec lui ; je l'ai mis au fait de ce qu'il lui importe de savoir sur le goût mu-sical de ce pays-ci. Je lui ai donné des conseils qui pourront lui être utiles pour réussir comme il le désire. Je ne l'ai point revu depuis, mais il m'a paru très-content de notre conversation et très-disposé à en profiter ; je sais d'ailleurs qu'il est fort accueilli et fort recommandé dans ce pays-ci, et j'espère qu'il s'y plaira.

J'attends avec grande impatience votre Mémoire sur la libration de la Lune et les belles recherches qu'il me paraît contenir. Je ferai tous mes efforts pour les suivre et les entendre ; je dis *tous mes efforts,* car mes facultés intellectuelles, surtout à cet égard, s'affaiblissent de jour en jour ; ma tête se fatigue au bout d'une heure de travail ; encore sont-ce là mes bons jours, et je ne puis plus m'occuper que d'objets mathématiques très-peu appliquants, et par conséquent peu intéres-sants pour d'autres que pour moi, qu'ils désennuient et qu'ils amusent, sans pouvoir être fort utiles à d'autres.

J'attends aussi votre travail sur le mouvement des fluides, et ce que vous m'en avez dit dans votre précédente Lettre, joint à ce que vous me marquez dans celle-ci, me donne grande envie de les lire. Je ne doute pas que vous n'ayez ajouté beaucoup à mes anciennes recherches sur ce sujet. Dans le Tome Iᵉʳ de mes *Opuscules*, j'ai trouvé aussi que l'équation $\varphi(x + y\sqrt{-1}) - \varphi(x - y\sqrt{-1}) = 2A\sqrt{-1}$ donne la vitesse en raison inverse de la tranche y, lorsque cette tranche est très-petite ; mais je vois que vous avez été beaucoup plus loin, et j'en suis ravi pour la Science et pour ma propre instruction.

J'ai reçu le Volume de 1779 par M. Viotti ; je connaissais déjà vos excellents Mémoires pour ce Volume ; c'est à peu près tout ce qui m'y intéresse. Quant au Volume de Göttingue, il me paraît, à l'ordinaire, bien peu de chose, malgré la grande réputation philosophico-mathématique du très-médiocre et très-présomptueux Kæstner.

M. Bitaubé me mande que vous avez reçu mon petit mot pour vos Mémoires, et que vous voudrez bien en faire usage. Je m'amuse, ne pouvant faire mieux, à repasser mes anciennes bavarderies géométriques ; je jette sur le papier les nouvelles idées, bonnes ou mauvaises, qu'elles me fournissent, et, si en les remâchant j'en trouve quelques-unes qui ne soient pas tout à fait indignes de vos Mémoires, je les recommanderai à votre indulgence.

Notre ami le marquis Caraccioli est à Palerme depuis quatre mois. J'ai assez souvent de ses nouvelles, soit directes, soit indirectes. Il me paraît ne se pas déplaire dans ce nouveau séjour, parce qu'il y fait tout le bien que sa place et les circonstances lui permettent de faire ; mais il regrette toujours beaucoup ses amis de Paris, où, en effet, il était très-recherché. Mes regrets sont pour le moins égaux aux siens, et je sens tous les jours combien il manque à ma société.

Adieu, mon cher et illustre ami ; conservez-moi votre chère et précieuse amitié : vous savez tout le cas que j'en fais. Je vous embrasse aussi tendrement que je vous aime.

Je serais assez content de ma santé en ce moment sans ma vessie, qui me donne quelques inquiétudes, auxquelles je tâcherai de mettre ordre. Conservez votre santé pour vous, pour moi et pour les sciences.

(En note : *Répondu le 5 novembre* 1782.)

171.

LAGRANGE A D'ALEMBERT.

A Berlin, ce 2 novembre 1782.

Mon cher et illustre ami, ce n'est ni par oubli ni par négligence que j'ai été longtemps sans avoir l'honneur de vous écrire, mais uniquement par respect pour vos occupations, et surtout parce que je voulais attendre que je pusse vous présenter en même temps mes nouvelles recherches sur la libration. Elles étaient imprimées dès le mois de février, mais je n'ai trouvé que depuis peu des occasions d'en faire passer des exemplaires en France. M. de la Place, à qui j'ai pris la liberté de les adresser, vous en remettra ou vous en aura peut-être déjà remis un de ma part; je vous supplie de le recevoir comme un hommage que je vous dois à tant de titres et de le lire avec toute l'indulgence que votre amitié pour moi pourra vous inspirer. Je sens que cet écrit en a le plus grand besoin, tant pour le fond que pour la forme, et je n'en serai content que lorsque j'apprendrai que vous l'êtes.

Vous devez avoir appris la perte que nous avons faite, il y a deux mois, de M. Margraff. Le Roi a choisi sur-le-champ M. Achard pour le remplacer comme chimiste de l'Académie et comme directeur de la Classe de Physique. Je viens d'acquérir pour confrère un de mes compatriotes et amis, l'abbé Denina (¹), connu par plusieurs bons Ouvrages italiens, et surtout par ses *Révolutions d'Italie* (²). Le Roi l'a fait venir de Turin à la recommandation du marquis de Lucchesini qui l'avait beaucoup vu en Italie, et, quoique l'Académie, dans l'état où elle est, ait peut-être plus besoin de savants que de littérateurs, elle ne peut néanmoins que se féliciter de cette acquisition. Pour moi, qui n'y ai eu aucune part ni directe ni indirecte, j'en profiterai d'autant mieux.

Je ne doute pas que vous n'ayez entendu parler du projet de m'attirer

---

(¹) Giacommaria-Carlo Denina, historien et littérateur, né à Revel (Piémont) en 1731, mort le 5 décembre 1813.

(²) *Delle revoluzioni d'Italia.*

à Naples pour y occuper une place dans la nouvelle Académie. Le marquis Caraccioli m'en avait fait, en effet, la proposition de la part du ministre vers la fin de l'année passée. Je lui répondis qu'étant assez content de ma situation dans ce pays et du pays même, à l'exception du climat, et n'ayant d'ailleurs d'autre désir que celui du repos nécessaire à mes études, je ne pouvais prendre de détermination à ce sujet que je ne susse précisément ce qu'on pourrait exiger de moi; je lui marquai en même temps ce que j'ai ici et à quoi je suis tenu. Il ne m'a pas récrit depuis, soit que ses occupations en Sicile l'en aient empêché, ou que mon indécision l'ait refroidi, ou qu'enfin les circonstances relatives à l'Académie aient changé. Comme je crois que vous entretenez avec lui un commerce direct, oserais-je vous prier de lui dire quelque chose de ma part sur cet objet? Mon unique crainte est que le peu d'empressement ou plutôt la réserve que j'ai montrée à répondre à son invitation ne l'ait peut-être un peu indisposé contre moi, et j'en serais d'autant plus affligé que c'est, après vous, la personne du monde à qui j'ai le plus d'obligation, parce que je lui dois votre connaissance et l'occasion que j'ai eue, en 1764, de gagner votre amitié.

Je travaille peu et lentement, et je n'ai lu cette année que des Mémoires de remplissage que je ne ferai point imprimer; mais je compte donner encore la théorie des variations séculaires des aphélies et des excentricités de toutes les planètes, traitée de la même manière et avec la même étendue que celle des nœuds et des inclinaisons. Je vais maintenant mettre sous presse mon Mémoire sur le mouvement des fluides; je suis empressé de le soumettre à votre jugement, comme à celui du créateur de cette théorie. Comme il n'est pas à beaucoup près aussi long que celui sur la libration, j'espère que je trouverai aussi plus facilement une occasion de vous en faire passer un exemplaire.

Conservez-moi, mon cher et illustre ami, votre précieuse amitié, dont je suis aussi jaloux que de votre estime; je m'efforcerai toujours de mériter l'une et l'autre par tous les moyens qui seront en mon pouvoir. J'ai appris que le marquis de Condorcet est aussi devenu votre confrère à l'Académie française; voudriez-vous bien avoir la complaisance de lui en faire compliment de ma part, en lui renouvelant l'assurance de tous les sentiments que je lui ai voués? Adieu, je vous embrasse de toute mon âme.

A Monsieur d'Alembert, secrétaire de l'Académie française, de l'Académie des Sciences, etc., etc., au Louvre, à Paris.

172.

D'ALEMBERT A LAGRANGE.

Paris, 27 septembre 1783.

Mon cher et illustre ami, je suis si faible, que je n'ai pas la force d'écrire et à peine de dicter quelques mots. Je prends la part la plus tendre à votre malheur, et ce que vous me dites là-dessus m'a pénétré jusqu'au fond de l'âme(¹). J'ai reçu votre beau Mémoire, qu'à peine j'ai pu parcourir, dans le triste état où je suis. Au nom de Dieu, ne renoncez pas au travail, la plus forte pour vous de toutes les distractions. Adieu, peut-être pour la dernière fois; conservez-vous quelque souvenir de l'homme du monde qui vous chérit et vous honore le plus. Mes compliments à M. Bitaubé et mes excuses de ce que je ne lui écris pas.

Tuus D'ALEMBERT (²).

*A Monsieur de la Grange,
des Académies royales des Sciences de France et de Prusse, à Berlin.*

(En note : *N. Il est mort le 29 octobre 1783 ; il était né le 17 novembre 1717.*)

(¹) La Lettre à laquelle répond d'Alembert manque. Il est probable que, dans cette Lettre, Lagrange lui annonçait qu'il venait de perdre sa femme.

(²) Cette Lettre, dont la signature seule est de la main de d'Alembert, est la dernière qu'il écrivit à Lagrange, car, comme le dit la note qui y a été mise par celui-ci, il mourut un mois plus tard, le 29 octobre 1783.

FIN DU TOME TREIZIÈME.

TABLE ET SOMMAIRES DES LETTRES.

XIII.

Pages

XIII.   50

Envoi franco, contre mandat de poste ou valeur sur Paris, dans tous les pays faisant partie de l'Union postale.

EXTRAIT DU CATALOGUE

DE LA

LIBRAIRIE GAUTHIER-VILLARS,

SUCCESSEUR DE MALLET-BACHELIER,

IMPRIMEUR-LIBRAIRE

Du Bureau des Longitudes; — des Observatoires de Paris, Montsouris, Bordeaux, Marseille, Nice et Toulouse; — du Bureau Central Météorologique; — de l'École Polytechnique; — de l'École Centrale des Arts et Manufactures; — du Dépôt des Fortifications; — de la Société Météorologique; — du Comité international des Poids et Mesures; etc.

ABEL (Niels-Henrik). — Œuvres complètes d'Abel. Nouvelle édition, publiée, aux frais de l'État norwégien, par MM. *L. Sylow* et *S. Lie.* 2 beaux volumes in-4 ; 1881. .... 3o fr.

ANDRÉ et ANGOT. — Origine du ligament noir dans les passages de Vénus et de Mercure, et moyen de l'éviter. In-4, avec 2 belles planches; 1881. 3 fr. 5o c.

ANDRÉ et RAYET, Astronomes adjoints de l'Observatoire de Paris, et ANGOT, Professeur de Physique au Lycée Fontanes. — L'Astronomie pratique et les Observatoires en Europe et en Amérique, depuis le milieu du XVIIᵉ siècle jusqu'à nos jours. In-18 jésus, avec belles figures dans le texte et planches en couleur.

   Iʳᵉ Partie : *Angleterre;* 1874 .... 4 fr. 5o c.
   IIᵉ Partie : *Écosse, Irlande et Colonies anglaises ;* 1874 .... 4 fr. 5o c.
   IIIᵉ Partie : *Amérique du Nord;* 1877 ... 4 fr. 5o c.
   IVᵉ Partie : *Amérique du Sud* et Météorologie américaine .... 3 fr.
   Vᵉ Partie : *Italie;* 1878 .... 4 fr. 5o c.

ANNALES SCIENTIFIQUES DE L'ÉCOLE NORMALE SUPÉRIEURE, publiées sous les auspices du Ministre de l'Instruction publique, par un *Comité de Rédaction* composé de MM. *les Maîtres de Conférences* (¹).

   1ʳᵉ Série, 7 volumes in-4, avec figures dans le texte et planches sur cuivre, années 1864 à 1870. 15o fr.

   La 2ᵉ Série, commencée en 1872, paraît, chaque mois, par numéro contenant 4 à 5 feuilles in-4, avec figures dans le texte et planches.

   En outre, les *Annales* font paraître, depuis 1877, suivant les ressources dont dispose le Recueil, des numéros supplémentaires contenant soit des thèses d'un mérite exceptionnel, soit des travaux dont la publication présente un certain caractère d'urgence, et qui ne peuvent trouver place dans les numéros en cours d'impression. Les numéros supplémentaires ont une pagination spéciale et viennent se classer, dans le Volume, à la suite des douze numéros mensuels.

   L'abonnement est annuel et part du 1ᵉʳ janvier.

(¹) On peut se procurer la 1ʳᵉ Série au moyen de payements mensuels de 20 fr.

In-4 carré; Y.

Prix de l'abonnement pour un an (12 *numéros*):
Paris.................................. ..... 3o fr.
Départements et Union postale.......... 35 fr.
Autres pays .... 4o fr.

ANNALES DE L'OBSERVATOIRE DE PARIS, fondées par *Le Verrier*, et publiées par M. l'Amiral *Mouchez*, Directeur. **Partie théorique**, tomes I à XV. In-4, avec planches ; 1855-1880.

   Les Tomes I à X et les Tomes XII, XIII et XV se vendent séparément.   27 fr.
   Le Tome XI (1876) et le Tome XIV (1877) comprennent deux *Parties* qui se vendent séparément.   20 fr.

ANNALES DE L'OBSERVATOIRE DE PARIS, fondées par *U.-J. Le Verrier*, et publiées par M. l'Amiral *Mouchez*, directeur. **Observations.** Tomes I à XXVII, années 1800 à 1872; tomes XXIX à XXXIV, années 1874 à 1879. 33 volumes in-4 (en tableaux); 1858 à 1881. Chaque Volume se vend séparément.   40 fr.

ANNALES DU BUREAU DES LONGITUDES ET DE L'OBSERVATOIRE ASTRONOMIQUE DE MONTSOURIS. Tome I. In-4, avec une planche sur acier donnant la vue de l'Observatoire ; 1877. (*Rare.*) 40 fr.
   Le Tome II est *sous presse.*

ANNALES DE L'OBSERVATOIRE ASTRONOMIQUE, MAGNÉTIQUE ET MÉTÉOROLOGIQUE DE TOULOUSE. Tome I, renfermant les travaux exécutés de 1873 à la fin de 1878, sous la direction de M. *F. Tisserand*, ancien Directeur de l'Observatoire de Toulouse, Membre de l'Institut, etc.; publié par M. *Baillaud*, Directeur de l'Observatoire, Doyen de la Faculté des Sciences de Toulouse. In-4, avec planche; 1881. 3o fr.

ANNALES DU BUREAU CENTRAL MÉTÉOROLOGIQUE DE FRANCE, publiées par M. *Mascart*, Directeur.

   I. — **Études des orages en France et Mémoires divers.**
      Année 1878. Grand in-4, avec 37 pl. ; 1879. 15 fr.
      Année 1879. Grand in-4, avec 20 pl. ; 1880. 15 fr.
      Année 1880. Grand in-4, avec 39 pl. ; 1881. 15 fr.

   II. — **Bulletin des Observations françaises et Revue climatologique.**
      Année 1878. Grand in-4, avec 40 pl.; 1880. 15 fr.

Année 1879. Grand in-4, avec 41 pl.; 1881. 15 fr.
Année 1880. Grand in-4, avec 40 pl.; 1881. 15 fr.
III. — **Pluies en France.** Observations publiées avec la coopération du Ministère des Travaux publics et le concours de l'Association scientifique.
Année 1877. Grand in-4, avec 5 pl.; 1880. 15 fr.
Année 1878. Grand in-4, avec 5 pl.; 1880. 15 fr.
Année 1879. Grand in-4, avec 7 pl.; 1881. 15 fr.
Année 1880. Grand in-4, avec 7 pl.; 1881. 15 fr.
IV. — **Météorologie générale.**
Année 1878. In-pl., avec 6 pl.; 1879. 15 fr.
Année 1879. In-4, avec 38 pl.; 1880. 15 fr.
Année 1880. In-pl., avec 15 pl.; 1881. (Sous pr.)
Voir Bureau central.

NNUAIRE DE L'OBSERVATOIRE MÉTÉOROLOGIQUE DE MONTSOURIS pour 1882; Météorologie, Agriculture, Hygiène (contenant le résumé des travaux de l'Observatoire durant l'année 1881). 11ᵉ année. In-18 de 552 pages, avec des figures représentant les divers organismes microscopiques rencontrés dans l'air, le sol et leurs eaux. Broché : 2 fr. »
Cartonné : 2 fr. 50 c.
La Météorologie est envisagée, à Montsouris, spécialement au double point de vue de l'Agriculture et de l'Hygiène.
Au point de vue de l'Agriculture, l'Annuaire contient une série de Tableaux à l'usage des agriculteurs ; le relevé des observations météorologiques anciennes faites à Paris depuis 1735, et permettant d'apprécier les variations annuelles du climat du nord de la France depuis cette époque ; des Notices comprenant l'examen des divers éléments climatériques qui influent sur la marche des cultures, l'époque des récoltes et leur rendement, et l'indication des instruments simples qu'il importe d'observer pour arriver à la prévision des dates et de la valeur de ces récoltes ; l'application à des cultures spéciales ; les Tableaux résumés des observations météorologiques de 1881, comparés aux résultats économiques de l'année agricole écoulée ; enfin, le résultat des études continuées depuis plusieurs années dans le but de mesurer la somme des éléments de fertilité que l'atmosphère et ses pluies fournissent aux cultures, et le volume d'eau que ces dernières peuvent consommer utilement.
Au point de vue de l'Hygiène, l'Annuaire contient le résumé des résultats des recherches poursuivies à Montsouris, par la Chimie et par le microscope : sur les produits accidentels, gazeux, minéraux ou de nature organique que l'on rencontre habituellement dans l'air, dans le sol et dans les eaux qui découlent de l'un et de l'autre ; sur ceux que les agglomérations urbaines y développent ; et, notamment, sur l'influence que les irrigations à l'eau d'égout exercent sur l'atmosphère, sur le sol et les eaux, comme sur les produits de la terre.

NNUAIRE pour l'an 1880, publié par le Bureau des Longitudes ; contenant les Notices suivantes : *Deux Ascensions au Puy-de-Dôme à dix ans d'intervalle*, par M. Faye. — *Jonction géodésique et astronomique de l'Algérie avec l'Espagne*, par M. le Cᵗ F. Perrier (avec deux vues de la station géodésique de M'Sabiha). — *Discours prononcés à l'inauguration de la Statue d'Arago*, à Perpignan (avec une belle gravure sur bois de la statue d'Arago). In-18, de 748 pages, avec la Carte des courbes d'égale déclinaison magnétique en France. 1 fr. 50 c.

NNUAIRE pour l'an 1881, publié par le Bureau des Longitudes ; contenant les Notices suivantes : *Comparaison de la Lune et de la Terre au point de vue géologique*, avec belles figures ombrées dans le texte; par M. Faye. — *Notice sur les observatoires francais vers la fin du siècle dernier ;* par M. Tisserand. In-18, de 790 pages, avec la Carte des courbes d'égale déclinaison magnétique en France. 1 fr. 50 c.

ANNUAIRE pour l'an 1882, publié par le Bureau des Longitudes ; contenant les Notices suivantes : *Aperçu historique sur le développement de l'Astronomie ;* par M. Faye, Membre de l'Institut. — *Notice sur les planètes intramercurielles ;* par M. F. Tisserand, Membre de l'Institut. — *Note sur la photographie de la comète b de 1881 ;* par M. J. Janssen, Membre de l'Institut. In-18 de 808 pages, avec la Carte des courbes d'égale déclinaison magnétique en France, et une planche photoglyptique de la comète.
Broché : 1 fr. 50 c.
Cartonné : 2 fr. »
Pour recevoir l'Annuaire franco par la poste, dans tous les pays faisant partie de l'Union postale, ajouter 35 c.

ANNUAIRE DU KOΣΜΟΣ-LES-MONDES pour 1881; *Revue du progrès scientifique en* 1879-1880, par M. l'Abbé Moigno, avec la collaboration de M. l'Abbé Valette, rédacteur au journal *Les Mondes*. In-18 jésus, avec figures; 1881. 3 fr. 50 c.

AOUST (l'Abbé), Professeur à la Faculté des Sciences de Marseille. — **Analyse infinitésimale des courbes tracées sur une surface quelconque.** In-8; 1869. 7 fr.

AOUST (l'Abbé). — **Analyse infinitésimale des courbes planes,** contenant la résolution d'un grand nombre de problèmes choisis, à l'usage des candidats à la licence. In-8, avec 80 fig. dans le texte; 1873. 8 fr. 50 c.

AOUST. — **Analyse infinitésimale des courbes dans l'espace.** In-8, avec 40 fig. dans le texte; 1876. 11 fr.

ARAGO (F.). — **Œuvres complètes.** 17 volumes in-8, avec nombreuses figures. 127 fr. 50 c.
On vend séparément :
Astronomie populaire. 4 volumes, avec un portrait d'Arago et 362 figures, dont 80 gravées sur acier et 282 gravées sur bois. 30 fr.
Notices biographiques. 3 volumes, avec une Introduction aux *Œuvres d'Arago*, par A. de Humboldt. 22 fr. 50 c.
Notices scientifiques. 5 volumes, avec 35 figures sur bois. 37 fr. 50 c.
Voyages scientifiques. 1 volume. 7 fr. 50 c.
Mémoires scientifiques. 2 volumes, avec 53 figures sur bois. 15 fr.
Mélanges, 1 volume. 7 fr. 50 c.
Tables analytiques. 1 volume d'environ 900 pages, précédé du Discours prononcé aux funérailles d'Arago et d'une Notice chronologique sur ses Œuvres. 7 fr. 50 c.

ATLAS MÉTÉOROLOGIQUE DE L'OBSERVATOIRE DE PARIS, publié avec le concours de l'*Association scientifique de France*. Tome VIII, année 1876. Un volume in-folio oblong de texte, et un Atlas même format contenant 56 cartes ; 1877. 20 fr.
Pour les *Atlas* des années précédentes, *voir* le Catalogue général.

BABINET, Membre de l'Institut (Académie des Sciences). — **Études et Lectures sur les Sciences d'observation et leurs applications pratiques.** 8 vol. in-12.
Chaque Volume se vend séparément. 2 fr. 50 c.

BABINET, Membre de l'Institut, et **HOUSEL,** Professeur de Mathématiques. — **Calculs pratiques appliqués aux Sciences d'observation.** In-8, avec 75 figures dans le texte; 1857. 6 fr.

BACHET, sieur de MÉZIRIAC. — **Problèmes plaisants et délectables** qui se font par les nombres. 4ᵉ éd., revue, simplifiée et augmentée par *A. Labosne*. Petit in-8, caractères elzévirs, titre en deux couleurs; 1879.
Tirage sur papier vélin............ 6 fr.
Tirage sur papier vergé............ 8 fr.

BELLANGER (C.-A.), Professeur d'Hydrographie. — **Petit Catéchisme de Machine à vapeur,** à l'usage des candidats aux grades de la marine de commerce. 3ᵉ édition. Petit in-8, avec Atlas de 6 planches.　3 fr.

BENOIT (P.-M.-N.). — La Règle à Calcul expliquée, ou Guide du Calculateur à l'aide de la Règle logarithmique à tiroir. Fort volume in-12 avec pl.　5 fr.

BENOIT (P.-M.-N.). — Guide du Meunier et du Constructeur de Moulins. 1ʳᵉ Partie : Construction des moulins. 2ᵉ Partie : Meunerie. 2 vol. in-8 de 916 pages, avec 22 planches contenant 638 figures; 1863.　12 fr.

BERRY (C.), Lieutenant de vaisseau. — Théorie complète des occultations, à l'usage spécial des officiers de Marine et des astronomes. Publication approuvée par le Bureau des Longitudes, et autorisée par M. le Ministre de la Marine. In-4, avec figures; 1880.　6 fr.

BERTHELOT (M.), Membre de l'Institut, COULIER, Pharmacien principal de l'armée, et D'ALMEIDA, Professeur de Physique au Lycée Henri IV. — Vérification de l'aréomètre de Baumé. In-8; 1873.　2 fr.

BERTHELOT (M.). — Leçons sur les Méthodes générales de synthèse en Chimie organique. In-8; 1864. 8 fr.

BERTRAND (J.), Membre de l'Institut. — Traité de Calcul différentiel et de Calcul intégral.
CALCUL DIFFÉRENTIEL. In-4; 1864 . . . . (Rare.)
CALCUL INTÉGRAL (Intégrales définies et indéfinies). In-4 de 720 p., avec 88 fig. dans le texte; 1870. . .　30 fr.
Le troisième et dernier Volume, CALCUL INTÉGRAL (Équations différentielles), est sous presse.

BIEHLER, Directeur des Études à l'École préparatoire du Collège Stanislas. — Sur la théorie des Équations. (Thèse d'Algèbre). In-4; 1879.　5 fr.

BIEHLER. — Sur les équations linéaires. In-8; 1880.　1 fr. 25 c.

BILLET, Professeur de Physique à la Faculté des Sciences de Dijon. — Traité d'Optique physique. 2 forts vol. in-8, avec 14 pl. composées de 337 fig.; 1858-1859. 15 fr.

BOILEAU (P.), Correspondant de l'Institut. — Notions nouvelles d'Hydraulique, concernant principalement les tuyaux de conduite, les canaux et les rivières. 2ᵉ édit. revue et augmentée par l'Auteur. In-4; 1881. 8 fr. 50 c.

BORDAS-DEMOULIN. — Le Cartésianisme, ou la véritable rénovation des Sciences, Ouvrage couronné par l'Institut; suivi de la Théorie de la substance et de celle de l'infini. 2ᵉ édition. In-8; 1874.　8 fr.

BOSET, Professeur de Mathématiques supérieures à l'Athénée royal de Namur. — Traité de Géométrie analytique à deux dimensions, précédé des Éléments de Trigonométrie rectiligne et sphérique. In-8°, avec 322 figures dans le texte; 1878.　12 fr.

BOSET. — Traité élémentaire d'Algèbre. In-8; 1880.　7 fr. 50 c.

BOUCHARLAT (J.-L.). — Théorie des courbes et des surfaces du second ordre, ou Traité complet d'application de l'Algèbre à la Géométrie. 3ᵉ édition, revue, corrigée et augmentée de Notes et des Principes de la Trigonométrie rectiligne. In-8, avec pl.; 1845.　8 fr.

BOUCHARLAT (J.-L.). — Éléments de Calcul différentiel et de Calcul intégral. 8ᵉ édition, revue et annotée par M. Laurent, Répétiteur à l'École Polytechnique. In-8, avec planches; 1881.　8 fr.

BOUCHARLAT (J.-L.). — Éléments de Mécanique. 4ᵉ édition. 1 volume in-8, avec 10 planches; 1861. 8 fr.

BOUR (Edm.), Ingénieur des Mines. — Cours de Mécanique et Machines, professé à l'École Polytechnique :
Cinématique. In-8, avec Atlas de 30 planches in-4 gravées sur cuivre; 1865.　10 fr.

Statique et travail des forces dans les machines à l'état de mouvement uniforme, publié par M. Phillips, Professeur de Mécanique à l'École Polytechnique avec la collaboration de MM. Collignon et Kretz. In-8, avec Atlas de 8 planches contenant 106 fig.; 1868.　6 fr.

Dynamique et Hydraulique, avec 125 figures dans le texte; 1874.　7 fr. 50 c.

BOURDON, ancien Examinateur d'admission à l'École Polytechnique. — Éléments d'Arithmétique. 36ᵉ édit. In-8 ; 1878. (Adopté par l'Université.)　4 fr.

BOURDON. — Application de l'Algèbre à la Géométrie, comprenant la Géométrie analytique à deux et à trois dimensions. 9ᵉ édit., revue et annotée par M. Darboux. In-8, avec pl.; 1880. (Adopté par l'Université.)　9 fr.

BOURDON. Éléments d'Algèbre, avec Notes signées Prouhet. 15ᵉ éd. In-8 ; 1877. (Adopté par l'Univ.) 8 fr.

BOURDON. — Trigonométrie rectiligne et sphérique. 2ᵉ éd., revue et annotée par M. Brisse. In-8, avec fig. dans le texte; 1877. (Adopté par l'Université.)　3 fr.

BOUSSINGAULT, Membre de l'Institut. — Agronomie, Chimie agricole et Physiologie. 2ᵉ édition. 6 volumes in-8, avec planches sur cuivre et figures dans le texte 1860-1861-1864-1868-1874-1878.　32 fr.
Chacun des tomes I à IV se vend séparément.　5 fr.
Les tomes V et VI se vendent séparément.　6 fr.
Le tome VII est sous presse.

BOUSSINGAULT. — Études sur la transformation du fer en acier par la cémentation. In-8; 1875.　4 fr.

BOUTY, Professeur de Physique au Lycée Saint-Louis. — Théorie des Phénomènes électriques (Théorie du potentiel). In-8, avec figures dans le texte et une planche; 1878.　2 fr. 50 c.

BOUTY. — Notes sur les progrès récents de la Physique. In-8, avec 58 belles figures dans le texte; 1882.　1 fr. 50 c.

BREITHOF (N.), Professeur à l'Université de Louvain, Membre des Académies royales de Madrid, de Lisbonne, etc. — Traité de Géométrie descriptive. Applications et Suppléments; publié en trois Parties comprenant 6 volumes.
Chaque Volume se vend séparément :
Iʳᵉ PARTIE : Traité de Géométrie descriptive. 2ᵉ édition, 2 volumes, 1880-1881.
Tome I. — Point, droite, plan. Grand in-8, avec Atlas de 31 planches.　8 fr. 50 c.
Tome II. — Surfaces courbes. Grand in-8, avec Atlas. (Sous presse.)
IIᵉ PARTIE : Applications de Géométrie descriptive. Perspective axonométrique et perspective cavalière. Grand in-4 lithographié, avec 73 figures dans le texte; 1879.　5 fr.
IIIᵉ PARTIE : Suppléments au Traité de Géométrie descriptive. 3 volumes; 1877-1878-1879.
Tome I. — Les projections axonométriques. Grand in-4 lithographié, avec 92 figures dans le texte. 3 fr. 50 c.
Tome II. — Les projections obliques. Grand in-4 lithographié, avec 121 figures dans le texte. 3 fr. 50 c.
Tome III. — Les projections centrales. Grand in-4 lithographié, avec 130 figures dans le texte. 3 fr. 50 c.
Les 3 volumes composant cette IIIᵉ Partie se vendent ensemble.　9 fr.

BREITHOF (N.). — Traité de perspective cavalière. Méthode conventionnelle de dessin présentant les avantages de la perspective linéaire et ceux de la méthode des projections orthogonales, à l'usage des Officiers du génie, des Ingénieurs, Architectes, Conducteurs de travaux, Chefs d'atelier, Appareilleurs, Tailleurs de pierre, etc.; des Académies et Écoles de dessin, Écoles industrielles,

Ecoles des Arts et Métiers, etc. Grand in-8, avec Atlas de 8 planches in-4; 1881.   3 fr. 75 c.

BRESSE, Membre de l'Institut, Professeur de Mécanique à l'École des Ponts et Chaussées. — **Cours de Mécanique appliquée professé à l'École des Ponts et Chaussées.**

Ire PARTIE : *Résistance des matériaux et stabilité des constructions.* In-8, avec figures dans le texte. 3e édition, revue et beaucoup augmentée; 1880.   13 fr.

IIe PARTIE : *Hydraulique.* In-8, avec figures dans le texte et une planche. 3e édition; 1876.   10 fr.

IIIe PARTIE : *Calcul des moments de flexion dans une poutre à plusieurs travées solidaires.* In-8, avec figures dans le texte et Atlas in-folio de 24 planches sur cuivre; 1865.   16 fr.

Chaque Partie se vend séparément.

BREWER (D^r). — La Clef de la Science, ou *Explication vraie des faits et des phénomènes des sciences physiques.* 6e édition, revue, transformée et considérablement augmentée, par M. l'*Abbé Moigno.* In-18 jésus, VIII-704 p.; 1881.   4 fr. 50 c.

BRIOT (Ch.), Professeur à la Faculté des Sciences de Paris. — Théorie des fonctions abéliennes. Un beau volume in-4; 1879.   15 fr.

BRIOT (Ch.). — Essais sur la Théorie mathématique de la Lumière. In-8, avec fig. dans le texte; 1864. 4 fr.

BRIOT (Ch.) et BOUQUET. — Théorie des fonctions elliptiques. 2e édition. In-4, avec figures; 1875. 30 fr.

BRISSE (Ch.), Professeur de Mathématiques spéciales au lycée Fontanes, Professeur de Géométrie descriptive à l'École des Beaux-Arts, Répétiteur de Géométrie descriptive et de Stéréotomie à l'Ecole Polytechnique. — **Cours de Géométrie descriptive.**

Ire PARTIE, à l'usage des élèves des classes de Mathématiques élémentaires. Grand in-8, avec figures dans le texte; 1882.   5 fr.

IIe PARTIE, à l'usage des élèves des classes de Mathématiques spéciales. Grand in-8, avec nombreuses figures dans le texte et planches d'épures.   (*Sous presse.*)

BRISSE (Ch.). — Cours de Géométrie descriptive, à l'usage des candidats à l'*Ecole de Saint-Cyr.* Grand in-8, avec figures dans le texte.   (*Sous presse.*)

BRISSE (Ch.). — Cours de Géométrie descriptive, professé à l'*Ecole des Beaux-Arts.* Grand in-8, avec figures dans le texte; 1882.   5 fr.

BROCH (Dr O.-J.), Professeur de Mathématiques à l'Université royale de Christiania. — Traité élémentaire des fonctions elliptiques. In-8; 1867.   6 fr.

BROWN (Henry-T.). — Cinq cent et sept mouvements mécaniques. Traduit de l'anglais par HENRI STEVART, ingénieur. Petit in-4°, cartonné percaline; 1880.   3 fr.

BULLETIN DES SCIENCES MATHÉMATIQUES ET ASTRONOMIQUES, rédigé par MM. *Darboux, Hoüel* et *Tannery,* avec la collaboration de MM. *André, Battaglini, Beltrami, Bougaïef, Brocard, Laisant, Jamet, Lespiault, Potocki, Radau, Rayet, Weyr,* etc., sous la direction de la Commission des Hautes Etudes. (Président de la Commission : M. *Puiseux*; Membres : MM. *J. Bertrand, Hermite, J.-A. Serret, Bouquet, Briot, Phillippon,* secrétaire.) IIe SÉRIE. Tome V (en deux Parties); 1881.

Ce Bulletin mensuel, fondé en 1870, a formé par an, jusqu'en 1872, un volume de 25 à 26 feuilles grand in-8 (Tomes I, II, III). — A partir de cette époque, un accroissement considérable lui a été donné, sans augmentation de prix, et ce Journal a formé, depuis janvier 1873, jusqu'en décembre 1876, 2 volumes par an (1 volume par semestre, avec Tables), comprenant en tout 42 à 43 feuilles grand in-8. Les Tomes I à XI, 1870 à 1876, composent la Ire SÉRIE.

La IIe SÉRIE, qui a commencé en janvier 1877, forme chaque année un Ouvrage de 48 feuilles environ, qui comprend deux Parties ayant une pagination spéciale et pouvant se relier séparément. La première Partie contient : 1° *Comptes rendus de Livres et Analyses de Mémoires;* 2° *Traductions de Mémoires importants et peu répandus, Réimpression d'Ouvrages rares et Mélanges scientifiques.* La deuxième Partie contient : *Revue des Publications périodiques et académiques.*

Les abonnements sont annuels et partent de janvier.

Prix pour un an (12 *numéros*) :

Paris............................... 18 fr.
Départements et Union postale...... 20 fr.
Autres pays........................ 24 fr.

La 1re Série, Tomes I à XI, 1870 à 1876, *se vend* 90 fr. Chaque année de cette Ire Série se vend séparément. 15 fr.

BUREAU CENTRAL MÉTÉOROLOGIQUE DE FRANCE. — Instructions météorologiques, suivies de *Tables diverses pour la réduction des observations.* 2e édition. In-8, avec belles figures dans le texte; 1881. 2 fr. 50 c.

Voir Annales du Bureau central, p. 3.

BUREAU INTERNATIONAL DES POIDS ET MESURES : Procès-verbaux des Séances :

ANNÉES 1875-1876. In-8; 1876.   2 fr.
ANNÉE 1877. In-8; 1877.   5 fr.
ANNÉE 1878. In-8; 1879.   5 fr.
ANNÉE 1879. In-8; 1880.   5 fr.
ANNÉE 1880. In-8; 1881.   5 fr.

Travaux et Mémoires du Bureau international des Poids et Mesures, publiés par le Directeur du Bureau. Tome I. Grand in-4, avec figures dans le texte et 2 planches; 1881.   30 fr.

CABANIÉ, Charpentier, Professeur du Trait de Charpente, de Mathématiques, etc. — Charpente générale théorique et pratique. 2 volumes in-folio avec planches. 2e édition. (*Port non compris.*)   50 fr.

On vend séparément : le tome Ier, Bois droit. 25 fr.
                  le tome II, Bois croche. 25 fr.

CAHOURS (Auguste), Professeur à l'Ecole Polytechnique. — Traité de Chimie générale élémentaire. Leçons professées à l'École Centrale des Arts et Manufactures et à l'École Polytechnique. (*Autorisé par décision ministérielle.*)

Chimie inorganique. 4e édition. 3 volumes in-18 jésus avec plus de 200 figures et 8 planches; 1878. 15 fr.
Chaque Volume se vend séparément.   6 fr.

Chimie organique. 3e édition, 3 volumes in-18 jésus avec figures; 1874-1875.   15 fr.
Chaque Volume se vend séparément.   6 fr.

CALLON (Ch.). — Cours de construction de machines professé à l'École Centrale des Arts et Manufactures. Album cartonné, contenant 150 planches de dessins avec cotes et légendes (*Matériel agricole, Hydraulique. Ventilateurs dits à force centrifuge*). Nouvelle édition, complètement revue et augmentée par M. VICREUX, Professeur à l'Ecole centrale; 1882.   45 fr.

CAMPOU (de), Professeur au Collège Rollin. — Théorie des quantités négatives. In-8, avec figures; 1879.   1 fr. 50 c.

CARNOT. — Réflexions sur la métaphysique du Calcul infinitésimal. 5e édition. In-8; 1882.   4 fr.

CARNOT (Sadi), ancien Élève de l'École Polytechnique. — Réflexions sur la puissance motrice du feu et sur les machines propres à développer cette puissance. In-4, suivi d'une *Notice biographique sur Sadi Carnot,* par H. CARNOT, Sénateur, et de *Notes inédites de Sadi Carnot sur les Mathématiques, la Physique et autres sujets.* 2e édition, contenant un beau portrait de Sadi Carnot et un fac-simile; 1878.   6 fr.

CARNOY, Professeur à l'Université de Louvain. — Cours

de Géométrie analytique. 2 volumes grand in-8, avec figures dans le texte.

On vend séparément :

Géométrie plane ; 3ᵉ édition, 1880.   10 fr.
Géométrie de l'espace ; 3ᵉ édition, 1881.   (*Sous presse.*)

CATALAN (E.), ancien Élève de l'École Polytechnique. —Manuel des Candidats à l'École Polytechnique.

Tome I : Algèbre, Trigonométrie, Géométrie analytique à deux dimensions. In-18, avec 167 figures ; 1857.   5 fr.

Tome II : Géométrie analytique à trois dimensions. Mécanique. In-18 avec 139 fig. dans le texte ; 1858.   4 fr. Chaque Volume se vend séparément.

CATALAN (E.). — Traité élémentaire des Séries. Grand in-8, avec figures ; 1860.   5 fr.

CATALAN (E.). — Cours d'Analyse de l'Université de Liège. *Algèbre, Calcul différentiel, Iʳᵉ Partie du Calcul intégral.* 2ᵉ édition, revue et augmentée. In-8, avec figures dans le texte ; 1879.   12 fr.

CAUCHY (A.). — Œuvres complètes d'Augustin Cauchy, publiées sous la direction scientifique de l'ACADÉMIE DES SCIENCES et sous les auspices du MINISTRE DE L'INSTRUCTION PUBLIQUE, avec le concours de MM. *Valson* et *Collet,* docteurs ès sciences. 26 volumes in-4.

1ʳᵉ Série. — Tome I, 1882 (*Théorie de la propagation des ondes à la surface d'un fluide pesant, d'une profondeur indéfinie. — Mémoire sur les intégrales définies.*)

Prix du tome I, *acheté séparément.*   25 fr.
Prix *pour les souscripteurs* (*voir ci-après les conditions de la souscription*),   20 fr.

Le tome IV (*Extraits des Comptes rendus de l'Académie des Sciences*) est sous presse et paraîtra dans le cours de 1882.

Extrait de l'Avertissement.

« L'Académie des Sciences a décidé la publication des *OEuvres de Cauchy* et l'a confiée aux Membres de la Section de Géométrie. Cette publication comprendra, dans une première Série, les Mémoires extraits des Recueils de l'Académie, et, dans une seconde Série, les Mémoires publics dans divers Recueils, les Leçons de l'École Polytechnique, l'Analyse algébrique, les anciens et les nouveaux Exercices d'Analyse et de Physique mathématique, enfin les Mémoires séparés.

» Pour répondre à un désir souvent exprimé, l'Académie a voulu publier immédiatement, à la suite du présent Volume, les articles insérés dans les *Comptes rendus* de 1836 à 1857, que leur dispersion rend si difficiles à retrouver, et dont la réunion fera comme une œuvre nouvelle où revivra le génie du grand Géomètre et qui ajoutera encore à l'éclat de son nom. Leur reproduction sera faite en suivant l'ordre chronologique, sans notes ni commentaires, mais après avoir été revue avec le plus grand soin, pour les corrections indispensables, par les Membres de la Section de Géométrie, auxquels ont été adjoints MM. Valson et Collet.

» En entreprenant cette publication des OEuvres de Cauchy, l'Académie n'a pas été guidée seulement par le désir de faire une œuvre utile à la Science ; elle a pensé rendre, à l'un de ses plus illustres Membres, un hommage qui témoignerait mieux que tout monument funèbre de son respect pour sa mémoire.... »

Conditions de la souscription.

La 1ʳᵉ Série comprendra 11 volumes in-4, et la 2ᵉ Série 15 volumes in-4, soit en tout 26 volumes, de plus de 60 feuilles. (*La Table par volumes est envoyée sur demande.*)

Chaque volume acheté séparément coûtera 25 fr., mais le prix est réduit à 20 fr. pour les souscripteurs. Il suffit, pour profiter de la réduction de prix accordée aux souscripteurs, de payer un volume d'avance. Ainsi, en envoyant 40 fr. à l'Éditeur, on recevra franco le tome I qui vient de paraître, et ensuite le prochain volume (tome IV) dès qu'il

sera publié. A la réception de celui-ci, on devra payer 20 fr. *si l'on veut souscrire au volume suivant,* et ainsi de suite.

CAUCHY (le Baron Aug.), Membre de l'Académie des Sciences. — Sa Vie et ses Travaux, par M. *Valson,* Professeur à la Faculté des Sciences de Grenoble, avec une Préface de M. *Hermite,* Membre de l'Académie des Sciences. 2 vol. in-8 ; 1868.   8 fr.

CAZIN, Docteur ès Sciences, ancien Professeur au Lycée Fontanes, et **ANGOT,** Agrégé de l'Université, Docteur ès Sciences. — Traité théorique et pratique des piles électriques. *Mesure des constantes des piles. Unités électriques. Description et usage des différentes espèces de piles.* In-8, avec 105 belles figures dans le texte ; 1881.   7 fr. 50 c.

CHARLON (H.). — Théorie mathématique des Opérations financières. 2ᵉ édition. Grand in-8, avec Tables numériques relatives aux emprunts par obligations. Tables numériques relatives aux calculs d'intérêts composés et d'annuités, et Tables logarithmiques de Fedor Thoman relatives aux calculs d'intérêts composés et d'annuités ; 1878.   12 fr. 50 c.

CHARLON (H.). — Théorie élémentaire des Opérations financières. Grand in-8, avec Tables ; 1880.   6 fr. 50 c.

CHASLES. — Traité des Sections coniques, faisant suite au Traité de Géométrie supérieure. *Première Partie.* In-8, avec 5 planches gravées sur cuivre, et contenant 133 figures ; 1865.   9 fr.

CHASLES. — Aperçu historique sur l'origine et le développement des méthodes en Géométrie, particulièrement de celles qui se rapportent à la Géométrie moderne, suivi d'un *Mémoire de Géométrie sur deux principes généraux de la Science, la Dualité et l'Homographie.* Seconde édition, conforme à la première. Un beau volume in-4 de 850 pages ; 1875.   35 fr.

CHASLES. — Traité de Géométrie supérieure. Deuxième édition. Un beau volume grand in-8, avec 12 planches ; 1880.   24 fr.

CHAVANNES (R.). — Théorie élémentaire des machines magnéto-électriques et dynamo-électriques. *Étude des rendements et de la construction de ces machines.* In-8, avec 2 planches ; 1881.   1 fr. 75 c.

CHEVALLIER et MUNTZ. — Problèmes de Mathématiques, avec leurs solutions développées, à l'usage des Candidats au Baccalauréat ès Sciences et aux Écoles du Gouvernement. In-8, lithographié ; 1872.   4 fr.

CHEVALLIER et MUNTZ. — Problèmes de Physique, avec leurs solutions développées, à l'usage des Candidats au Baccalauréat ès Sciences et aux Écoles du Gouvernement. In-8, lithographié ; 1872.   2 fr. 75 c.

CHEVILLARD, Professeur à l'École des Beaux-Arts. — Leçons nouvelles de Perspective. 2ᵉ édit. In-8, avec Atlas in-4 de 32 planches gravées sur acier ; 1878.   12 fr.

CHEVREUL (E.-E.), Membre de l'Institut. — De la Baguette divinatoire, du Pendule dit *explorateur* et des Tables tournantes. In-8 ; 1854.   3 fr.

CHOQUET, Docteur ès Sciences. — Traité d'Algèbre. (*Autorisé.*) In-8 ; 1856.   7 fr. 50 c.

CHORON (L.), Ingénieur des Ponts et Chaussées.— Étude sur le régime général des chemins de fer. Grand in-8 ; 1881.   3 fr.

CLAUSIUS (R.), Professeur à l'Université de Bonn, Correspondant de l'Institut de France. — De la fonction potentielle et du potentiel ; traduit de l'allemand, sur la 2ᵉ édition, par *F. Folie.* In-8 ; 1870.   4 fr.

CLEBSCH (Alfred). — Leçons sur la Géométrie, recueillies et complétées par *Ferdinand Lindemann,* Professeur à l'Université de Fribourg en Brisgau, et traduites par

Adolphe Benoist, Docteur en droit. 3 vol. grand in-8°, avec figures dans le texte; 1879-1880-1882.

Tome I. — *Traité des sections coniques et Introduction à la théorie des formes algébriques.*   12 fr.

Tome II. — *Courbes algébriques en général et courbes du troisième ordre.*   14 fr.

Tome III.—*Intégrales abéliennes et Connexes.* (*Sous pr.*)

COMBEROUSSE (Charles de), Ingénieur, Professeur de Mécanique et Examinateur d'admission à l'École Centrale des Arts et Manufactures, Professeur de Mathématiques spéciales au collège Chaptal. — Cours de Mathématiques, à l'usage des Candidats à l'École Polytechnique, à l'École Normale supérieure et à l'École centrale des Arts et Manufactures. 5 vol. in-8, avec fig. dans le texte et planches.

Chaque Volume se vend séparément :

Le Tome Ier, *Arithmétique* et *Algèbre élémentaire* (avec 38 figures dans le texte). 2e édition; 1876.   10 fr.

On vend à part :

Arithmétique.   4 fr.
Algèbre élémentaire.   6 fr.

Tome II. — *Géométrie élémentaire, plane et dans l'espace; Trigonométrie rectiligne et sphérique*, avec 499 figures dans le texte. 2e édition; 1882.   12 fr.

On vend à part :

Géométrie élémentaire, plane et dans l'espace.   7 fr.
Trigonométrie rectiligne et sphérique, suivie de
Tables des valeurs des lignes trigonométriques
naturelles.   5 fr.

Tome III.—*Algèbre supérieure.* 2e édition. (*Sous presse.*)

Tome IV. — *Géométrie analytique, plane et dans l'espace, Éléments de Géométrie descriptive.* 2e édit. (*Sous presse.*)

Tome V. — *Éléments de Géométrie supérieure, Notions sur la résolution des problèmes.* 2e édition. (*En préparation.*)

COMBEROUSSE (Ch. de), Ingénieur civil, Professeur de Mécanique à l'École Centrale, Ancien Élève et Membre du Conseil de l'École. — Histoire de l'École Centrale des Arts et Manufactures, depuis sa fondation jusqu'à ce jour. Un beau volume grand in-8, orné de 4 planches à l'eau-forte, tirées sur chine; 1879. 12 fr.
(*Voir* École Centrale. — *Cinquantième anniversaire.*)

COMOY, Inspecteur général des Ponts et Chaussées en retraite, Commandeur de la Légion d'honneur. — Étude pratique sur les marées fluviales, et notamment sur le mascaret; *Application aux travaux de la partie maritime des fleuves.* Vol. grand in-8, avec figures dans le texte et Atlas de 10 planches; 1881.   15 fr.

COMPAGNON (P.-F.), ancien Professeur de l'Université. — Éléments de Géométrie. Cet Ouvrage est surtout destiné aux jeunes gens qui se préparent aux Écoles du Gouvernement. 2e édit. In-8, avec fig.; 1876.
     Broché.   7 fr.
     Cartonné.   7 fr. 75 c.

COMPAGNON (P.-F.). — Abrégé des Éléments de Géométrie. Cet Ouvrage s'adresse particulièrement aux Élèves des différentes classes de Lettres et aux candidats au Baccalauréat ès Lettres et ès Sciences, ou aux Élèves de l'Enseignement secondaire spécial. 2e édition. In-8, avec figures ; 1876. (*Autorisé par le Conseil supérieur de l'Enseignement secondaire spécial.*)
     Broché.   4 fr. 50 c.
     Cartonné.   5 fr. 25 c.

COMPAGNON (P.-F.) —Questions proposées sur les Éléments de Géométrie, divisées en Livres, Chapitres et paragraphes, et contenant quelques indications *Sur la manière de résoudre certaines questions.* In-8, avec figures dans le texte; 1877.   5 fr.

CONNAISSANCE DES TEMPS ou des mouvements célestes à l'usage des Astronomes et des Navigateurs, publiée par le Bureau des Longitudes pour l'an 1883. Grand in-8 de plus de 800 pages, avec cartes.
   Prix : Broché.   4 fr. »
        Cartonné.   4 fr. 75 c.

Pour recevoir l'Ouvrage franco dans les pays de l'Union postale, ajouter 1 fr.

Depuis le Volume pour l'an 1879, la *Connaissance des Temps* ne contient plus d'*Additions*, et son prix a été abaissé à 4 fr. Les Mémoires qui composaient autrefois les *Additions* sont publiés dans les Annales du Bureau des Longitudes et de l'Observatoire astronomique de Montsouris.

CONSOLIN (B.), Professeur du Cours de Voilerie à Brest. — Manuel du Voilier, revu et publié par ordre du Ministre de la Marine. Grand in-8 sur jésus, de 528 pages et 11 planches ; 1859.   12 fr.

CONSOLIN (B.). — Méthode pratique de la Coupe des voiles des navires et embarcations, suivie de Tables graphiques. In-12, avec 3 planches ; 1863.   3 fr.

CONSOLIN (B.). — L'Art de voiler les embarcations, suivi d'un Aide-Mémoire de Voilerie. In-12, avec une grande planche; 1866.   2 fr.

CONTAMIN, Professeur à l'École Centrale. — Cours de Résistance appliquée. Grand in-8°, avec 236 figures dans le texte ; 1878.   16 fr.

CORNU (H.), Membre de l'Institut, Professeur à l'École Polytechnique. — Sur le spectre normal du Soleil, partie ultra violette. In-4, avec 2 pl.; 1881.   5 fr.

CREMONA (L.), Directeur de l'École d'application des Ingénieurs à Rome. — Éléments de Géométrie projective (*Géométrie supérieure*), traduits par *Ed. Dewulf*, Chef de Bataillon du Génie. Un beau volume in-8, avec 216 fig. sur cuivre, en relief, dans le texte; 1875. 6 fr.

CREMONA et BELTRAMI. — Collectanea mathematica, nunc primum edita cura et studio *L. Cremona* et *E. Beltrami*, in memoriam Dominici Chelini. Un beau volume in-8, avec un portrait de Chelini et un fac-simile du testament inédit de Nicoló Tartaglia ; 1881. 25 fr.

CROULLEBOIS, Professeur à la Faculté des Sciences de Besançon. — Théorie des lentilles épaisses. *Interprétation géométrique et Exposition analytique des résultats de Gauss.* In-8; 1882.   3 fr. 50 c.

CULLEY (R.-S.). — Manuel de Télégraphie pratique. Traduit de l'anglais (7e édition), et augmenté de *Notes sur les appareils Breguet, Hughes, Meyer et Baudot, sur le système quadruplex, sur les transmissions pneumatiques et téléphoniques*, par M. Henri Berger, ancien élève de l'École Polytechnique, Directeur-Ingénieur des lignes télégraphiques, et M. Paul Bardonnaut, ancien Élève de l'École Polytechnique, Directeur des postes et télégraphes. Un beau volume grand in-8, avec plus de 200 figures dans le texte et 7 planches; 1882. (*Paraîtra en mars.*)

DARBOUX, Maître de conférences à l'École Normale supérieure. — Mémoire sur l'équilibre astatique et sur l'effet que peuvent produire des forces de grandeurs et de directions constantes appliquées en des points déterminés d'un corps solide quand ce corps change de position dans l'espace. Grand in-8; 1877.   3 fr.

DARBOUX. — Étude géométrique sur les percussions et le choc des corps. Grand in-8 ; 1880. 1 fr. 50 c.

DARCY. — Recherches expérimentales relatives au mouvement des eaux dans les tuyaux. In-4, avec 12 planches ; 1857.   15 fr.

DAVANNE. — Les Progrès de la Photographie. Résumé comprenant les perfectionnements apportés aux divers procédés photographiques pour les épreuves négatives et les épreuves positives, les nouveaux modes de tirage des épreuves positives par les impressions aux poudres colorées et par les impressions aux encres grasses. In-8°; 1877.   6 fr. 50 c.

DECHARME. — Formes vibratoires des bulles de li-
quide glycérique. In-8, avec figures dans le texte ;
1880.   1 fr. 50 c.

DELAISTRE (L.), Professeur de Dessin général. — Cours
complet de Dessin linéaire, gradué et progressif, contenant la Géométrie pratique, élémentaire et descriptive ; l'Arpentage, le Levé des Plans et le Nivellement ;
le Tracé des Cartes géographiques, des Notions sur
l'architecture ; le Dessin industriel ; la Perspective
linéaire et aérienne ; le Tracé des ombres et l'étude du
Lavis.
Atlas cartonné, in-4 oblong, contenant 60 planches et
70 pages de texte. 3ᵉ édit., revue et corrigée ; 1880. 15 fr.
*Ouvrage donné en prix, par la Société d'Encouragement
pour l'Industrie nationale, aux CONTRE-MAITRES
des Établissements industriels, et choisi par le Ministre de
l'Instruction publique pour les Bibliothèques scolaires.*

DELAMBRE, Membre de l'Institut. — Traité complet
d'Astronomie théorique et pratique. 3 vol. in-4, avec
planches ; 1814.   40 fr.

DELAMBRE. — Histoire de l'Astronomie ancienne.
2 vol. in-4, avec planches ; 1817.   25 fr.

DELAMBRE. — Histoire de l'Astronomie du moyen
âge. 1 vol. in-4, avec planches ; 1819.   20 fr.

DELAMBRE. — Histoire de l'Astronomie moderne.
2 vol. in-4, avec planches ; 1821.   30 fr.

DELAMBRE. — Histoire de l'Astronomie au XVIIIᵉ siècle ;
publiée par M. *Mathieu*, Membre de l'Académie des
Sciences. In-4, avec planches ; 1827.   20 fr.

DELISLE (A.), Examinateur pour l'admission à l'École
Navale, et GERONO, Professeur de Mathématiques. —
Géométrie analytique. In-8, avec planches ; 1854. 5 fr.

DELISLE et GERONO. — Éléments de Trigonométrie
rectiligne et sphérique. 7ᵉ édition. In-8, avec planches ; 1876.   3 fr. 50 c.

DENFER, chef des travaux graphiques de l'École Centrale
des Arts et Manufactures. — Album de Serrurerie, conforme au Cours de Constructions civiles professé à l'École
Centrale par E. Muller, et contenant *l'emploi du fer dans
la maçonnerie et dans la charpente en bois, la charpente
en fer, les ferrements des menuiseries en bois, la menui-
serie en fer, les grosses fontes et articles divers de quin-
caillerie.* Gr. in-4, contenant 100 belles planches lith. ;
1872.   13 fr.

DE SELLE, Professeur à l'École Centrale. — Cours de
Minéralogie et de Géologie. 2 forts vol. grand in-8°.
Tome I. — *Phénomènes actuels, Minéralogie*. Grand
in-8, avec Atlas de 147 planches ; 1878.   25 fr.
Tome II. — *Géologie.*   (*Sous presse.*)

D'ÉTROYAT (Ad.). — De la carène du navire et de
l'Échelle de solidité. In-4, avec 5 planches ; 1865. 4 fr.

DIEN et FLAMMARION. — Atlas céleste, comprenant
toutes les Cartes de l'ancien Atlas de Ch. Dien, rectifié,
augmenté et enrichi de 5 Cartes nouvelles relatives aux
principaux objets d'études astronomiques, par C. Flammarion, avec une *Instruction* détaillée pour les diverses
Cartes de l'Atlas. In-folio, cartonné avec luxe, de 31 planches gravées sur cuivre, dont 5 doubles. 3ᵉ édition ; 1877.

Prix { En feuilles, dans une couverture imprimée. . 40 fr.
        { Cartonné avec luxe, toile pleine............ 45 fr.

Les Cartes composant cet Atlas sont les suivantes :

A. Constellations de l'hémisphère céleste boréal (*Carte double*).
B. Constellations de l'hémisphère céleste austral (*Carte double*).
1. Petite Ourse, Dragon, Céphée, Cassiopée, Persée.
2. Andromède, Cassiopée, Persée, Triangle.
3. Girafe, Cocher, Lynx, Télescope.
4. Grande Ourse, Petit Lion.
5. Chevelure de Bérénice, Lévriers, Bouvier, Couronne boréale.
6. Dragon, Carré d'Hercule, Lyre, Cercle mural.
7. Hercule, Ophiuchus, Serpent, Taureau de Poniatowski, Écu de
Sobieski.

8. Cygne, Lézard, Céphée.
9. Aigle et Antinoüs, Dauphin, Petit Cheval, Renard, Oie, Flèche,
    Pégase.
10. Bélier, Taureau (Pléiades), Hyades, Mouche).
11. Gémeaux, Cancer, Petit Chien.
12. Lion, Sextant, Tête de l'Hydre.
13. Vierge.
14. Balance, Serpent, Hydre.
15. Scorpion, Ophiuchus, Serpent, Loup.
16. Sagittaire, Couronne australe.
17. Capricorne, Verseau, Poisson austral.
18. Poissons, Carré de Pégase.
19. Baleine, Atelier du Sculpteur.
20. Éridan, Lièvre, Colombe, Harpe, Sceptre, Laboratoire.
21. Orion, Licorne.
22. Grand Chien, Navire, Boussole.
23. Hydre, Coupe, Corbeau, Sextant, Chat.
24. Constellations voisines du pôle austral (*Carte double*).
25. Mouvements propres séculaires des étoiles (*Carte double*).
26. Carte générale des étoiles multiples, montrant leur distribution
    dans le Ciel (*Carte double*).
27. Étoiles multiples en mouvement relatif certain.
28. Orbites d'étoiles doubles et groupes d'étoiles les plus curieux du Ciel.
29. Les plus belles nébuleuses du Ciel (¹).

On vend séparément un Fascicule contenant :

Les 5 *Cartes nouvelles*, nᵒˢ 25 à 29 de l'Atlas céleste,
par C. Flammarion. Ces Cartes sont renfermées dans
une couverture imprimée, avec l'*Instruction* composée
pour la nouvelle édition de l'Atlas.   15 fr.

DISLERE. — La Guerre d'escadre et la Guerre de côtes.
(*Les nouveaux navires de combat.*) Un beau volume grand
in-8, avec nombreuses figures, gravées sur bois, dans le
texte ; 1876.   7 fr.

DORMOY (Émile). — Théorie mathématique des assurances sur la vie. Deux volumes grand in-8 ; 1878. 20 fr.
Chaque volume se vend séparément.   10 fr.

DORMOY (Émile). — Traité du jeu de la bouillotte, avec
une Préface par *Francisque Sarcey*. Grand in-8 ; 1880.
       1 fr. 75 c.

DOSTOR (G.), Docteur ès Sciences, Professeur à la Faculté
des Sciences de l'Université catholique de Paris. — Éléments de la théorie des déterminants, avec application à l'Algèbre, à la Trigonométrie et à la Géométrie
analytique dans le plan et dans l'espace, à l'usage des
classes de Mathématiques spéciales. In-8 ; 1877. 8 fr.

DOSTOR (G.). — Théorie générale des Polygones
étoilés. In-4 ; 1881.   2 fr.

DUBOIS, Examinateur hydrographe de la Marine. — Les
passages de Vénus sur le disque solaire, considérés au
point de vue de la détermination de la distance du Soleil à la Terre. *Passage de 1874 ; Notions historiques sur
les passages de 1761 et 1769.* In-18 jésus, avec figures ; 1874.
       3 fr. 50

DUBRUNFAUT. — Le Sucre dans ses rapports avec la
Science, l'Agriculture, l'Industrie, le Commerce, l'Économie publique et administrative, ou *Études faites depuis
1866 sur la question des Sucres.* Deux vol. in-8.   10 fr.
On vend séparément :
    Tome I ; 1873 .... 5 fr.
    Tome II ; 1878 .... 5 fr.

DUCOM. — Cours complet d'observations nautiques,
avec les notions nécessaires au Pilotage et au Cabotage,
augmenté de la puissance des effets des ouragans, ty-
phons, tornados des régions tropicales. 3ᵉ édit. ; 1858.
1 vol. in-8.   12 fr.

DUGUET (Ch.), Capitaine d'Artillerie. — Déformation
des corps solides. Limite d'élasticité et résistance
à la rupture. In-8, avec 103 figures dans le texte ;
1881.   6 fr.

_____

(¹) Pour recevoir franco, par poste, dans tous les pays de l'Union
postale, l'Atlas *en feuilles*, soigneusement enroulé et enveloppé,
ajouter 2 fr.
Les dimensions (0ᵐ,50 sur 0ᵐ,35) de l'Atlas *cartonné* ne permettant
pas de l'expédier par la poste, cet Atlas *cartonné*, dont le poids est
de 2 kg,9, sera envoyé aux frais du destinataire, soit par messageries
grande vitesse, soit par tout autre mode indiqué.

UHAMEL, Membre de l'Institut. — Éléments de Calcul infinitésimal. 3ᵉ édit., revue et annotée par M. *J. Bertrand*, Membre de l'Institut. 2 vol. in-8, avec planches ; 1874-1876. 15 fr.

UHAMEL. — Des Méthodes dans les sciences de raisonnement. 5 vol. in-8. 27 fr. 50 c.

Iʳᵉ Partie : *Des Méthodes communes à toutes les sciences de raisonnement.* 2ᵉ édition. In-8 ; 1875. 2 fr. 50 c.

IIᵉ Partie : *Application des Méthodes à la science des nombres et à la science de l'étendue.* 2ᵉ édition. In-8 ; 1877. 7 fr. 50 c.

IIIᵉ Partie : *Application de la science des nombres à la science de l'étendue.* 2ᵉédit. In-8, avec fig.;1882. 7 fr. 50 c.

IVᵉ Partie : *Application des Méthodes générales à la science des forces.* In-8, avec figures ; 1870. 7 fr. 50 c.

Vᵉ Partie : *Essai d'une application des Méthodes à la science de l'homme moral.* 2ᵉédit. In-8 ; 1873. 2 fr. 50 c.

ULOS (Pascal), Professeur de Mécanique à l'École d'Arts et Métiers et à l'École des Sciences d'Angers. — Cours de Mécanique, à l'usage des Écoles d'Arts et Métiers et de l'enseignement spécial des Lycées. 4 vol. in-8, avec belles figures gravées sur bois dans le texte ; 1875-1876-1877-1879. (*Ouvrage honoré d'une souscription des Ministères de l'Instruction publique, de l'Agriculture et des Travaux publics.*)

On vend séparément :

Tome I : *Composition des forces. — Équilibre de corps solides. — Centre de gravité. — Machines simples. — Ponts suspendus. — Travail des forces. — Principe des forces vives. — Moments d'inertie. — Force centrifuge. — Pendule simple et composé. — Centre de percussion. — Régulateur à force centrifuge.—Pendule balistique.* 7 fr. 50.

Tome II : *Résistances nuisibles ou passives.— Frottement. — Application aux machines. — Roideur des cordes. — Application du théorème des forces vives à l'établissement des machines. — Théorie du volant. — Résistance des matériaux.* 7 fr. 50 c.

Tome III : *Hydraulique. — Écoulement des fluides. — Jaugeage des cours d'eau. — Établissement des canaux à régime constant. — Récepteurs hydrauliques. — Travail des pompes. — Bélier hydraulique. — Vis d'Archimède. — Moulins à vent.* 7 fr. 50 c.

Tome IV : *Thermodynamique.— Machines à vapeur.— Principaux types de machines à vapeur. — Chaudières à vapeur. — Machines à air chaud et à gaz. — Calcul des volants. — Appareils dynamométriques.* 9 fr. 50 c.

Tome V. — *Distribution de la vapeur dans les cylindres. — Mouvement des tiroirs. — Distributions simples. — Distributions à deux tiroirs. — Diagrammes rectangulaires. — Diagrammes polaires. — Application aux détentes les plus usuelles.* (*Sous presse.*)

UMAS, Secrétaire perpétuel de l'Académie des Sciences. — Études sur le Phylloxera et sur les Sulfocarbonates. In-8, avec planche ; 1876. 3 fr.

UMAS, Secrétaire perpétuel de l'Académie des Sciences. — Leçons sur la Philosophie chimique professées au Collège de France en 1836, recueillies par M. *Bineau*. 2ᵉ édition. In-8 ; 1878. 7 fr.

U MONCEL (Th.), Ingénieur électricien de l'Administration des Lignes télégraphiques. — Traité théorique et pratique de Télégraphie électrique, à l'usage des employés télégraphistes, des ingénieurs, des constructeurs et des inventeurs. Vol. in-8 de 642 pages, avec 156 figures dans le texte et 3 planche sur cuivre ; imprimé sur carré fin satiné ; 1864. 10 fr.

J MONCEL (Th.).—Exposé des Applications de l'Électricité. *Technologie électrique.* 3ᵉ édition, entièrement refondue ; 5 volumes grand in-8 cartonnés, avec nombreuses figures et planches ; 1872-1878. 72 fr.

On vend séparément :

Tome V : 672 pages, 3 pl. et 169 fig. Cartonné. 16 fr.
Broché... 14 fr.

DUPLAIS (aîné). — Traité de la fabrication des liqueurs et de la distillation des alcools, suivi du *Traité de la fabrication des eaux et boissons gazeuses.* 4ᵉ édition, revue et augmentée par *Duplais jeune.* 2 vol. in-8, avec 15 planches ; 1877. 16 fr.

DUPRÉ (Ath.), Doyen de la Faculté des Sciences de Rennes. — Théorie mécanique de la Chaleur. In-8, avec figures dans le texte ; 1869. 8 fr.

DUPUY DE LOME, Membre de l'Institut. — L'Aérostat à hélice. Note sur l'aérostat construit pour le compte de l'État. In-4, avec 9 grandes planches gravées sur acier ; 1872. 6 fr. 50 c.

DURUTTE (le Comte C.), Compositeur, ancien Élève de l'École Polytechnique. — Esthétique musicale. Résumé élémentaire de la Technie harmonique et Complément de cette Technie, suivi de l'*Exposé de la loi de l'enchaînement dans la mélodie, dans l'harmonie et dans leur concours,* et précédé d'une *Lettre de M.* Cʜ. Gounod, *Membre de l'Institut.* Un beau volume in-8 ; 1876. 10 fr.

EBELMEN.— Chimie, Céramique, Géologie, Métallurgie. Ouvrage revu et corrigé par M. *Salvétat.* 3 forts vol. in-8, avec fig. dans le texte (2ᵉ tirage); 1861. 15 fr.

ÉCOLE CENTRALE. — Cinquantième Anniversaire de la fondation de l'École Centrale des Arts et Manufactures. *Compte rendu de la fête des 20 et 21 juin 1879*; Grand in-8 ; 1879. 3 fr.

ENDRÈS (E.), Inspecteur général honoraire des Ponts et Chaussées. — Manuel du Conducteur des Ponts et Chaussées, d'après le dernier *Programme officiel des examens.* Ouvrage indispensable aux Conducteurs et Employés secondaires des Ponts et Chaussées et des Compagnies de Chemins de fer, aux Gardes-Mines, aux Gardes et Sous-Officiers de l'Artillerie et du Génie, aux Agents voyers et à tous les Candidats à ces emplois. 6ᵉ édition, conforme au Programme du 7 septembre 1880. 3 volumes in-8. 27 fr.

On vend séparément :

Tome Iᵉʳ, *Partie théorique,* avec 386 figures dans le texte ; et Tome II, *Partie pratique,* avec 301 figures dans le texte et 4 planches d'instruments dessinés et gravés d'après les meilleurs modèles. 2 vol. in-8 ; 1880. 18 fr.

Tome III, *Applications.* Ce dernier volume est consacré à l'exposition des doctrines spéciales qui se rattachent à l'*Art de l'ingénieur* en général et au service des Ponts et Chaussées en particulier. In-8, avec 236 figures dans le texte ; 1881. 9 fr.

ERMEL. — *Voir* Fernique.

FAA DE BRUNO (le Chevalier Fr.), Docteur ès Sciences, Professeur de Mathématiques à l'Université de Turin. — Théorie des formes binaires. Un fort volume in-8 ; 1876. 16 fr.

FAA DE BRUNO (le chevalier Fr.). — Traité élémentaire du Calcul des Erreurs, avec des Tables stéréotypées. Ouvrage utile à ceux qui cultivent les Sciences d'observation. In-8 ; 1869. 4 fr.

FAA DE BRUNO (le Chevalier Fr.). — Théorie générale de l'élimination. Grand in-8 ; 1859. 3 fr. 50 c.

FABRE (C.) — Aide-Mémoire de Photographie pour 1882, 7ᵉ année. In-8, avec spécimen.

Prix : Broché. 1 fr. 75 c.
Cartonné. 2 fr. 25 c.

Les volumes des années précédentes de l'*Aide-Mémoire,* sauf 1879 et 1880, se vendent aux mêmes prix.

FATON (Le P.). — Traité d'Arithmétique théorique et pratique, en rapport avec les nouveaux *Programmes* d'enseignement, terminé par une petite Table de Logarithmes. Chaque théorie est suivie d'un choix d'Exercices

gradués de calcul et d'un grand nombre de Problèmes. 9e édition, revue et corrigée. In-12 ; 1879. (*Autorisé par décision ministérielle.*) Broché. 2 fr. 75 c.
Cartonné. 3 fr. 20 c.

FATON (Le P.). — Premiers éléments d'Arithmétique. 7e édition. In-12 ; 1881. Broché. 1 fr. 50 c.
Cartonné. 1 fr. 90 c.

FAURE (H.), Chef d'escadron d'Artillerie. — Théorie des indices. In-8; 1878. 5 fr.

FAVARO (Antonio), Professeur à l'Université royale de Padoue. — Leçons de Statique graphique, traduites de l'italien par PAUL TERRIER, Ingénieur des Arts et Manufactures. 3 beaux volumes grand in-8, se vendant séparément :

Ire PARTIE : *Géométrie de position;* 1879. 7 fr.
IIe PARTIE : *Calcul graphique* (*Sous presse.*)
IIIe PARTIE : *Statique graphique,* Théorie et applications. (*Sous presse.*)

FAYE (H.), Membre de l'Institut et du Bureau des Longitudes. — Cours d'Astronomie nautique. In-8, avec figures dans le texte; 1880. 10 fr.

FAYE (H.). — Cours d'Astronomie de l'Ecole Polytechnique. 2 beaux volumes grand in-8, avec nombreuses figures et Cartes dans le texte.

Ire PARTIE : *Astronomie sphérique. — Géodésie et Géographie mathématique;* 1881. 12 fr. 50 c.
IIe PARTIE : *Astronomie solaire. — Théorie de la Lune. — Navigation.* (*Sous presse.*)

FERNIQUE (A.), Chef des travaux graphiques, Répétiteur du Cours de construction de machines à l'Ecole centrale des Arts et Manufactures. — Album d'Eléments et organes de machines, composé et dessiné d'après le Cours professé par M. F. Ermel, et suivi de planches relatives aux machines soufflantes, d'après les documents fournis par M. Jordan. 2e édition, revue et corrigée. Portefeuille oblong contenant 19 planches de texte explicatif ou Tableaux, et 102 planches de dessins cotés; 1882. 16 fr.

FINANCE (Ch.), Professeur au collège de Saint-Dié. — Arithmétique, à l'usage des Élèves des Écoles normales primaires, des Collèges, des Lycées et des Pensions, comprenant les matières exigées *pour le brevet d'instituteur et pour l'admission aux Écoles des Arts et Métiers.* Nouvelle édition. In-12, 1874. 2 fr. 50 c.

FINANCE (Ch.). — Arithmétique à l'usage des écoles primaires, des classes élémentaires des collèges, des lycées et des pensions. Nouvelle éd. In-18 cartonné; 1875. 1 fr.

FLAMMARION (Camille), Astronome. — Catalogue des Étoiles doubles et multiples en mouvement relatif certain, comprenant *toutes les observations* faites sur chaque couple depuis sa découverte et les *résultats conclus* de l'étude des mouvements. Grand in-8 ; 1878. 8 fr.

FLAMMARION (Camille). — Études et Lectures sur l'Astronomie. In-12 avec fig. et cartes; tomes I à IX; 1867 à 1880.
Chaque volume se vend séparément. 2 fr. 50

FLAMMARION (Camille). — Les étoiles et les curiosités du ciel. *Description complète du ciel visible à l'œil nu et des objets célestes les plus faciles à observer.* Un volume grand in-8, illustré de 400 gravures, chromolithographies, Cartes célestes, etc.; 1882.

Broché, 10 fr.
Cartonné, 14 fr.
Relié, 15 fr.

FLAMMARION (Camille). — Astronomie populaire. *Description générale du Ciel.* Un volume grand in-8, illustré de 300 figures, planches en chromolithographie, Cartes célestes. etc.; 1881. (Ouvrage couronné par l'Aca-

démie française, et adopté par le Ministre de l'Instruction publique pour les Bibliothèques populaires.)
Broché. 12 fr.
Cartonné. 16 fr.
Relié. 17 fr.

FLYE SAINTE-MARIE, Capitaine d'Artillerie. — Étude analytique sur la théorie des parallèles. In-8, avec 8 planches; 1871. 5 fr.

FONVIELLE (W. de). — La Prévision du temps. In-18 jésus ; 1878. 1 fr. 50 c.

FOUCAULT (Léon), Membre de l'Institut. — Recueil des travaux scientifiques de Léon Foucault, publié par Mme Ve FOUCAULT, sa mère, mis en ordre par M. GARIEL, Ingénieur des Ponts et Chaussées, Professeur agrégé de Physique à la Faculté de Médecine de Paris, et précédé d'une Notice sur les OEuvres de L. Foucault, par M. J. BERTRAND, Secrétaire perpétuel de l'Académie des Sciences. Un beau volume in-4, avec un Atlas de même format contenant 19 planches sur cuivre; 1878. 30 fr.

FRANCŒUR (L.-B.). — Uranographie ou Traité élémentaire d'Astronomie, à l'usage des personnes peu versées dans les Mathématiques, des Géographes, des Marins, des Ingénieurs, accompagné de planisphères. 6e édit. 1 vol. in-8, avec pl. ; 1853. 10 fr.

FRANCŒUR (L.-B.). — Traité de Géodésie, comprenant la Topographie, l'Arpentage, le Nivellement, la Géomorphie terrestre et astronomique, la Construction des Cartes, la Navigation ; augmenté de Notes sur la mesure des bases, par M. *Hossard,* et d'une Note sur la méthode et les instruments d'observation employés dans les grandes opérations géodésiques ayant pour but la mesure des arcs de méridien et de parallèle terrestres, par M. le Colonel *Perrier,* Membre de l'Institut et du Bureau des Longitudes. 6e édition. In-8, avec figures dans le texte et 11 planches; 1879. 12 fr.

FRENET (F.). — Recueil d'Exercices sur le Calcul infinitésimal. Ouvrage destiné aux Candidats à l'École Polytechnique et à l'École Normale, aux Élèves de ces Écoles et aux personnes qui se préparent à la licence ès Sciences mathématiques. 3e édition. (Nouveau tirage.) In-8, avec figures dans le texte; 1881. 7 fr. 50 c.

FREYCINET (Charles de), Sénateur, Ingénieur en chef des Mines. — De l'Analyse infinitésimale. Étude sur la métaphysique du haut calcul. 2e édition, revue et corrigée par l'Auteur. In-8, avec fig.; 1881. 6 fr.

FREYCINET (Charles de), Chef de l'exploitation des chemins de fer du Midi. — Des Pentes économiques en Chemins de Fer. Recherches sur les dépenses des rampes. In-8; 1861. 6 fr.

GALEZOWSKI (Joseph). — Tables des annuités, calculées d'après la méthode logarithmique de *Fédor Thoman* et précédées d'une instruction sur l'emploi de cette méthode. In-8; 1880. 2 fr.

GÉRARDIN (H.), Ingénieur en chef des Ponts et Chaussées. — Théorie des moteurs hydrauliques. Application et travaux exécutés pour l'alimentation du canal de l'Aisne à la Marne par les machines. In-8, avec Atlas in-folio raisin de 25 planches ; 1872. 20 fr.

GERMAIN (Mlle Sophie). — Mémoire sur l'emploi de l'épaisseur dans la théorie des surfaces élastiques. Mémoire posthume. In-4; 1880. 3 fr.

GILBERT (Ph.), professeur à l'Université catholique de Louvain. — Cours de Mécanique analytique. *Partie élémentaire.* Grand in-8, avec fig. 2e édit. (*Sous presse.*)

GILBERT (Ph.). — Cours d'Analyse infinitésimale. Partie élémentaire. 2e édition. Grand in-8; 1878. 9 fr. 50 c.

GINOT-DESROIS (Mlle). — Planisphère mobile, au moyen

duquel on peut apprendre l'Astronomie seul et sans le secours des Mathématiques. 7ᵉ éd., 1847; sur carton.
4 fr.

GINOT-DESROIS (Mᵐᵉ). — Planisphère astronomique ou Calendrier astronomique perpétuel, donnant le quantième des mois, les jours de la semaine, les phases de la Lune, la place du Soleil dans l'écliptique pour un jour donné, le lever, le passage au méridien, le coucher de ces astres et des étoiles, ainsi que les principales éclipses de Soleil visibles à Paris depuis 1858 jusqu'en 1874, dans l'ordre de leur grandeur et dimension. 2ᵉ éd., 1861; sur carton, avec une brochure in-8 donnant la description et les usages du Calendrier perpétuel. 5 fr.

GIRARD (Aimé), Professeur de Chimie industrielle au Conservatoire des Arts et Métiers. — Mémoire sur l'hydrocellulose et ses dérivés. In-8, avec une belle planche en héliogravure; 1881. 2 fr. 50 c.

GIRARD (L.-D.), Ingénieur civil. — Hydraulique. Utilisation de la force vive de l'eau appliquée à l'industrie. — Critique de la théorie connue et exposé d'une théorie nouvelle. In-4, avec Atlas de 13 planches; 1863. 8 fr.

GIRARD (L.-D.). — Chemin de fer glissant, nouveau système de locomotion à propulsion hydraulique. In-4, avec Atlas de 6 planches in-plano; 1864. 8 fr.

GIRARD (L.-D.). — Élévation d'eau pour l'alimentation des villes et distribution de force à domicile.
Nº 1. Grand in-4, avec 2 planches et figures dans le texte; 1868. 3 fr.
Nº 2. Grand in-4 (Texte seul); 1869. 2 fr. 50 c.

Le prospectus détaillé des Ouvrages de L.-D. Girard est envoyé aux personnes qui en font la demande par lettre affranchie. (La librairie Gauthier-Villars vient d'acquérir la propriété de tous les ouvrages de M. L.-D. Girard, et en a diminué les prix de vente.)

GRAINDORGE, Répétiteur à l'École des Mines de Liège.— Mémoire sur l'intégration des équations de la Mécanique. In-8; Bruxelles. 4 fr.

GRANDEAU (L.) et TROOST (L.). — Traité pratique d'analyse chimique, par F. WŒHLER, Associé étranger de l'Institut de France. Édition française, publiée avec le concours de l'Auteur. 1 volume in-18 jésus, avec 76 figures dans le texte et une planche; 1866. 4 fr. 50 c.

HABICH, Directeur de l'École des Constructions civiles et des Mines, à Lima. — Études cinématiques. In-8, avec figures dans le texte; 1879. 4 fr.

HALLAUER (O.). — Expériences sur les moteurs à vapeur, dirigées par M. G.-A. HIRN et exécutées en 1873 et 1875 par MM. DWELSHAUVERS-DERY, W. GROSSETESTE et O. HALLAUER. Grand in-8, avec 3 planches; 1877. (Bulletin de la Société industrielle de Mulhouse.)
2 fr. 50 c.

HALLAUER (O.). — Expériences sur le rendement des moteurs à vapeur, faites sur les machines Voolf verticales à balancier, sur les machines Woolf horizontales et sur les machines verticales Compound de la Marine française. Grand in-8, avec 4 planches; 1878. 3 fr.

HALLAUER (O.). — Étude expérimentale comparée sur les moteurs à un et à deux cylindres. *Influence de la détente.* Grand in-8; 1879. 2 fr. 50 c.

HALLAUER (O.). — Analyses expérimentales comparées sur les machines fixes et les machines marines. Grand in-8; 1880. 2 fr. 50 c.

HALLAUER (O.). — Étude critique sur les essais de moteurs à vapeur. Grand in-8; 1881. 1 fr. 25 c.

HALLAUER (O.). — *Voir* Hirn et Hallauer.

HALPHEN, Répétiteur à l'École Polytechnique. — Sur les invariants différentiels. In-4; 1878. 3 fr.

HATON DE LA GOUPILLIÈRE (J.-N.). — Traité des Mécanismes, renfermant la théorie géométrique des organes et celle des résistances passives. In-8, avec 16 pl. gravées sur cuivre; 1864. 10 fr.

HERMITE (Ch.), Membre de l'Institut. — Cours d'Analyse de l'École Polytechnique. PREMIÈRE PARTIE, contenant le *Calcul différentiel* et les *Premiers principes du Calcul intégral.* In-8; 1873. 14 fr.
La IIᵉ PARTIE *contiendra la fin du Calcul intégral.*

HERMITE (Ch.) — Sur la fonction exponentielle. In-4; 1874. 2 fr. 50 c.

HERMITE (Ch.). — Sur la théorie de la transformation des fonctions abéliennes. In-4; 1855. 2 fr. 50 c.

HIRN (G.-A.), Correspondant de l'Institut. — Théorie mécanique de la Chaleur. Première Partie et seconde Partie.

Iʳᵉ PARTIE. — *Exposition analytique et expérimentale de la Théorie mécanique de la Chaleur.* 3ᵉ édition, entièrement refondue. In-8, grand raisin, avec figures dans le texte. Tome I; 1875. 12 fr.
Tome II; 1876. 12 fr.

IIᵉ PARTIE (formant Ouvrage séparé). — *Conséquences philosophiques et métaphysiques de la Thermodynamique.* Analyse élémentaire de l'Univers. In-8, grand raisin; 1868. 10 fr.

HIRN (G.-A.). — Mémoire sur la Thermodynamique. In-8, avec 2 planches; 1867. 5 fr.

HIRN (G.-A.). — Note sur les variations de la capacité calorifique de l'eau, vers le maximum de densité. In-4; 1870. 1 fr.

HIRN (G.-A.). — Mémoire sur les conditions d'équilibre et sur la nature probable des anneaux de Saturne. In-4, avec planches; 1872. 4 fr.

HIRN (G.-A.). — Mémoire sur les propriétés optiques de la flamme des corps en combustion et sur la température du Soleil. In-8; 1873. 1 fr. 25 c.

HIRN (G.-A). — Théorie analytique élémentaire du Planimètre Amsler. Grand in-8, avec planches; 1875. 2 fr. 50 c.

HIRN (G.-A.). — La Musique et l'Acoustique. *Aperçu général sur leur rapport et sur leurs dissemblances* (Extrait de la *Revue d'Alsace).* Grand in-8; 1878. 2 fr. 50 c.

HIRN (G.-A.). — Étude sur une classe particulière de tourbillons, qui se manifestent, sous de certaines conditions spéciales, *dans les liquides.* Analogie entre le mécanisme de ces tourbillons et celui des trombes. In-8, avec 3 planches; 1878. 2 fr. 50 c.

HIRN (G.-A.). — Réflexions critiques sur les expériences concernant la chaleur humaine. In-4; 1879. 75 c.

HIRN (G.-A.). — Notice sur la mesure des quantités d'électricité. In-4; 1879. 60 c.

HIRN (G.-A.). — Explication d'un paradoxe d'Hydrodynamique. Grand in-8; 1881. 1 fr.

HIRN (G.-A.) et HALLAUER (O.). — Thermodynamique appliquée. Réfutation d'une critique de M. C. Zeuner. Grand in-8; 1882. 2 fr.

HOMMEY, Capitaine de frégate en retraite. — Tables d'angles horaires. 2 vol. grand in-8 en tableaux. 15 fr

HOÜEL (J.), Professeur de Mathématiques à la Faculté des Sciences de Bordeaux. — Cours de Calcul infinitésimal. Quatre beaux volumes grand in-8, avec figures dans le texte; 1878-1879-1880-1881.

On vend séparément :

Tome I.................................. 15 fr.
Tome II................................. 15 fr.
Tome III............................... 10 fr.
Tome IV............................... 10 fr.

HOÜEL (J.). —Tables de Logarithmes à cinq décimales, pour les nombres et les lignes trigonométriques, suivies des Logarithmes d'addition et de soustraction ou Logarithmes de Gauss et de diverses Tables usuelles.
Nouvelle édition, revue et augmentée. Grand in-8; 1881. (*Autorisé par décision ministérielle.*) 2 fr.

HOÜEL (J.). — Recueil de formules et de Tables numériques. 2ᵉ édit., grand in-8; 1868. 4 fr. 50 c.

HOÜEL (J.). — Essai critique sur les principes fondamentaux de la Géométrie élémentaire ou Commentaire sur les XXXII premières propositions des éléments d'Euclide. In-8, avec figures; 1867. 2 fr. 50 c.

HOÜEL (J.). — Théorie élémentaire des quantités complexes. Grand in-8, avec figures dans le texte.

Iʳᵉ PARTIE : *Algèbre des quantités complexes* ; 1867. (*Rare.*)
IIᵉ PARTIE : *Théorie des fonctions uniformes* ; 1868. (*Rare.*)
IIIᵉ PARTIE : *Théorie des fonctions multiformes* ; 1871. 3 fr.
IVᵉ PARTIE : *Théorie des Quaternions* ; 1874. 8 fr.
La IIᵉ PARTIE se trouve encore dans le tome VI (prix : 11 fr.) des *Mémoires de la Société des Sciences physiques et naturelles de Bordeaux.* (*Voir* le CATALOGUE GÉNÉRAL.)

HOÜEL (J.). — Sur le développement de la fonction perturbatrice, suivant la forme adoptée par Hansen dans la théorie des petites planètes. In-8; 1875. 3 fr.

IMBARD. — De la Mesure du Temps, et Description de la Méridienne verticale portative du Temps vrai et du Temps moyen pour régler les pendules et les montres, etc. 2ᵉ édition. In-18, avec pl.; 1857. 1 fr.

INSTITUT DE FRANCE. — Comptes rendus hebdomadaires des Séances de l'Académie des Sciences.

Ces Comptes rendus paraissent régulièrement tous les dimanches, en un cahier de 32 à 40 pages, quelquefois de 80 à 120. L'abonnement est annuel, et part du 1ᵉʳ janvier.
Prix de l'abonnement pour un an :
Pour Paris. 20 fr. ǁ Pour les départements. 30.
Pour l'Union postale. 34 fr.
La *Collection complète*, de 1835 à 1881, forme 93 volumes in-4. 697 fr. 50 c.
Chaque année, sauf 1844, 1845, 1870, 1873, 1874, 1875, 1878, 1879, 1880 et 1881, *se vend séparément.* 15 fr.

— Table générale des Comptes rendus des Séances de l'Académie des Sciences, par ordre de matières et par ordre alphabétique de noms d'auteurs. 2 volumes in-4, savoir :
Tables des tomes I à XXXI (1835-1850). In-4, 1853. 15 fr.
Tables des tomes XXXII à LXI (1851-1865). In-4, 1870. 15 fr.

— Supplément aux Comptes rendus des Séances de l'Académie des Sciences.
Tomes I et II, 1856 et 1861, *séparément.* 15 fr.

INSTITUT DE FRANCE. — Mémoires de l'Académie des Sciences. In-4; tomes I à XLI; 1816 à 1879.
Chaque Volume, à l'exception des Tomes ci-après indiqués, se vend séparément. 15 fr.
Le Tome XXXIII, avec Atlas, se vend séparément. 25 fr.
Les Tomes VI et XXI ne se vendent pas séparément.

— Mémoires présentés par divers savants à l'Académie des Sciences, et imprimés par son ordre, 2ᵉ série. In-4; tomes I à XXVI, 1827-1879.
Chaque volume se vend séparément. 15 fr.

— Tables générales des Travaux contenus dans les Mémoires de l'Académie des Sciences et dans les Mémoires présentés par divers savants, publiées par MM. les SECRÉTAIRES PERPÉTUELS. Ces Tables générales comprennent pour chacune des Collections (Mémoires de l'Académie et Mémoires présentés par divers savants) les Tables par *volumes*, par noms *d'auteurs* et par *ordre de matières.* 2 volumes in-4, savoir :
Tables générales des travaux contenus dans les Mémoires de l'Académie. Iʳᵉ Série, tomes 1 à XIV (an VI-1815), et IIᵉ Série, tomes I à XL (1816-1878); 1881. 6 fr.
Tables générales des travaux contenus dans les Mémoires présentés par divers Savants à l'Académie. Iʳᵉ Série, tomes I et II (1806-1811), et IIᵉ Série, tomes I à XXV (1827-1877); 1881. 2 fr. 50 c.

INSTITUT DE FRANCE. — Recueil de Mémoires, Rapports et Documents relatifs à l'observation du passage de Vénus sur le Soleil.
Tome I. — 1ʳᵉ PARTIE. *Procès-verbaux des séances tenues par la Commission.* In-4; 1877. 12 fr. 50 c.
— 2ᵉ PARTIE, avec SUPPLÉMENT. *Mémoires divers.* In-4, avec 7 planches, dont 3 en chromolithographie; 1876. 12 fr. 50 c.
Tome II. — 1ʳᵉ PARTIE. *Mission de Pékin.* Rapport de M. *Fleuriais.* — *Mission de Saint-Paul* (Astronomie). Rapport de M. *Mouchez.* In-4, avec 26 planches, dont 13 chromolith. et 2 photoglypties; 1878. 25 fr.
— 2ᵉ PARTIE. *Mission de Saint-Paul* (Météorologie, Géologie, etc.). Rapports de M. le Dʳ *Rochefort* et de M. *Ch. Vélain.* — *Mission du Japon.* Rapports de MM. *Janssen, Tisserand, Delacroix* et *Picard.* — *Mission de Saïgon.* Rapport de M. *Héraud.* — *Mission de Nouméa.* Rapport de M. *André.* In-4, avec figures dans le texte, et 36 planches, dont 5 chromolith. et 8 photoglypties; 1880. 25 fr.
Tome III. — 1ʳᵉ PARTIE. *Mission de l'île Campbell.* Rapports de M. *Bouquet de la Grye* et de M. *H. Filhol.* In-4. (*Sous presse.*)
— 2ᵉ PARTIE. *Mesures des plaques photographiques,* publiées sous la direction de M. *Fizeau,* par MM. *Cornu, Baille, Mercadier, Gariel* et *Angot.* (*Sous presse.*)

INSTITUT DE FRANCE. — Mémoires relatifs à la nouvelle maladie de la vigne, présentés par divers savants à l'Académie des Sciences. (*Voir,* pour le détail de ces *Mémoires,* le CATALOGUE GÉNÉRAL, ou le PROSPECTUS SPÉCIAL qui est envoyé sur demande.)
La Librairie Gauthier-Villars a seule, depuis le 1ᵉʳ janvier 1877, le dépôt des diverses publications de l'Académie des Sciences.

INSTRUCTION sur les paratonnerres. *Voir* POUILLET et GAY-LUSSAC.

JAMIN (J.), Membre de l'Institut, Professeur de Physique à l'École Polytechnique, et BOUTY, professeur au Lycée Saint-Louis. — Cours de Physique de l'École Polytechnique. 3ᵉ édition, augmentée et entièrement refondue. 4 forts vol. in-8, avec plus de 1200 fig. dans le texte et 12 planches sur acier, dont 2 en couleur; 1878-1881. (*Autorisé par décision ministérielle.*)
On vend séparément :
TOME I.
1ᵉʳ fascicule. — *Instruments de mesure. Hydrostatique* (Cours de Mathématiques spéciales); avec 148 fig. dans le texte et 1 planche. 5 fr.
2ᵉ fascicule. — *Actions moléculaires;* avec 91 figures dans le texte. 4 fr.
3ᵉ fascicule. — *Électricité statique.* (Paraîtra en février 1882). 6 fr.
TOME II. — CHALEUR.
1ᵉʳ fascicule. — *Thermométrie. Dilatations* (Cours de Mathématiques spéciales); avec 84 figures dans le texte. 5 fr.

2ᵉ fascicule. — *Calorimétrie. Théorie mécanique de la chaleur. Conductibilité;* avec 89 fig. dans le texte et 2 planches.   7 fr.

Tome III. — Acoustique; Optique.

1ᵉʳ fascicule. — *Acoustique;* avec 122 figures dans le texte.   4 fr.

2ᵉ fascicule. — *Optique géométrique* (Cours de Mathématiques spéciales); avec 139 figures dans le texte et 3 planches.   4 fr.

3ᵉ fascicule. — *Etude des radiations lumineuses, chimiques et calorifiques. Optique physique;* avec 226 fig. dans le texte et 5 planches, dont 2 planches de spectres en couleur.   12 fr.

Tome IV. — Electricité dynamique ; Magnétisme.

1ᵉʳ fascicule. — *Électricité dynamique.* (*Sous presse.*)

2ᵉ fascicule. — *Magnétisme.* (*Sous presse.*)

Le 1ᵉʳ fascicule du Tome I, le 1ᵉʳ fascicule du Tome II et le 2ᵉ fascicule du Tome III comprennent les Matières exigées pour l'admission a l'École Polytechnique. Les élèves de Mathématiques spéciales, qui posséderont ces trois fascicules, auront ainsi entre les mains le commencement d'un grand Traité qu'ils pourront compléter ultérieurement, si, poursuivant l'étude de la Physique, ils se préparent à la Licence ou entrent dans une des grandes Écoles du Gouvernement.

JAMIN. — **Appendice au Cours de Physique de l'École Polytechnique :** *Thermométrie, Dilatation, Optique géométrique, Problèmes et Solutions ;* rédigé conformément au nouveau programme d'admission à l'École Polytechnique. In-8 de VIII-214 pages, avec 132 belles figures dans le texte; 1879.   3 fr. 50 c.

JAMIN (J.). — **Petit Traité de Physique,** à l'usage des Établissements d'Instruction, des aspirants aux Baccalauréats et des candidats aux Écoles du Gouvernement. Nouveau tirage, augmenté de *Notes sur les progrès récents de la Physique,* par M. Bouty. In-8, avec 746 fig. dans le texte et un spectre; 1882.   9 fr.

Ce Livre élémentaire est conçu dans un esprit nouveau. Dès les premiers mots, l'Auteur démontre que la chaleur est un mouvement moléculaire, et cette idée guide ensuite le lecteur dans toutes les expériences et les explique. La Terre et les aimants n'étant que des solénoïdes, on fait dépendre le magnétisme de l'électricité. L'Acoustique montre dans leurs détails les vibrations longitudinales, transversales, circulaires et elliptiques, elle prépare à l'Optique. Cette dernière Partie enfin est l'étude des vibrations de toute sorte qui se produisent dans l'éther ; les interférences et la polarisation sont expliquées de la manière la plus élémentaire, et la Théorie vibratoire est rendue accessible à tous. L'auteur espère que les modifications qu'il propose dans l'enseignement de la Physique seront approuvées par ses collègues, et qu'elles seront profitables aux élèves en les délivrant de ce que les savants ont abandonné, en élevant leur esprit jusqu'à de plus hautes conceptions, en leur montrant l'ensemble philosophique d'une science déjà très avancée, et qui semble toucher à son terme.

JONQUIÈRES (E. de), Lieutenant de vaisseau. — **Mélanges de Géométrie pure.** In-8, avec planches; 1856. 5 fr.

JORDAN (Camille), Ingénieur des Mines. — **Traité des Substitutions et des Équations algébriques.** In-4; 1870.   30 fr.

JOUBERT (le P.), Professeur à l'École Sainte-Geneviève. — **Sur les équations qui se rencontrent dans la théorie de la transformation des fonctions elliptiques.** In-4; 1876.   5 fr.

JOUBERT (J.), Professeur de Physique au Collège Rollin. — **Étude sur les machines magnéto-électriques.** In-4; 1881.   2 fr. 50 c.

JOURNAL DE L'ÉCOLE POLYTECHNIQUE, publié par le Conseil d'instruction de cet Établissement. 49 Cahiers in-4, avec figures et planches.   740 fr.

Le XLIXᵉ Cahier, qui a paru récemment, se vend 12 fr.

Le Lᵉ Cahier paraîtra à la fin de février 1882.

JOURNAL DE MATHÉMATIQUES PURES ET APPLIQUÉES, ou Recueil mensuel de Mémoires sur les diverses parties des Mathématiques, fondé en 1836 et publié jusqu'en 1874 par M. J. Liouville. — A partir de 1875, le *Journal de Mathématiques* est publié par M. H.

Resal, Membre de l'Institut, avec la collaboration de plusieurs savants (¹).

1ʳᵉ Série, 20 volumes in-4, années 1836 à 1855 (au lieu de 600 francs).   400 fr.

Chaque volume pris séparément, au lieu de 30 fr., 25 fr.

2ᵉ Série, 19 volumes in-4, année 1856 à 1874 (au lieu de 570 fr.)   380 fr.

Chaque volume pris séparément, au lieu de 30 fr., 25 fr.

La 3ᵉ Série, commencée en 1875, continue de paraître chaque mois par cahier de 32 à 48 pages. L'abonnement est annuel, et part du 1ᵉʳ janvier.

Prix de l'abonnement pour un an :

Paris.................................... 30 fr.

Départements et Union postale........... 35 fr.

Autres pays............................. 40 fr.

— **Table générale des 20 volumes** composant la 1ʳᵉ Série. In-4.   3 fr. 50 c.

— **Table générale des 19 volumes** composant la 2ᵉ Série. In-4.   3 fr. 50 c.

JULIEN (Stanislas), Membre de l'Institut. — **Histoire et Fabrication de la Porcelaine chinoise.** Ouvrage traduit du chinois, accompagné de Notes et Additions par M. *Salvétat,* et augmenté de Notes sur la Porcelaine du Japon. Grand in-8, avec 14 pl., figures gravées sur bois, et une carte de la Chine; 1856.   6 fr.

JULLIEN (A.), Licencié ès Sciences mathématiques et physiques. — **Méthode nouvelle pour l'enseignement de la Géométrie descriptive** (Perspective et Reliefs). La Méthode se compose d'un Cours élémentaire et d'une Collection de Reliefs, qui se vendent séparément, savoir :

Cours élémentaire de Géométrie descriptive, conforme au programme du Baccalauréat ès Sciences. In-18 jésus avec figures et 143 planches intercalées dans le texte ; 1878. Cartonné.   3 fr. 50 c.

Collection de Reliefs à pièces mobiles se rapportant aux questions principales du Cours élémentaire :

Petite boîte, comprenant 30 reliefs, avec 118 pièces métalliques pour monter les reliefs. (*Port non compris.*) 10 fr.

Grande boîte, comprenant les mêmes reliefs tout montés. (*Port non compris.*)   15 fr.

KIAËS, Chef des travaux graphiques à l'École Polytechnique et ancien Élève de cette École. — **Arithmétique élémentaire,** approuvée par le Ministre de la Guerre pour l'enseignement des caporaux et sapeurs dans les Écoles régim. du Génie. In-12 cart. 2ᵉ édit.; 1874. 1 fr. 20 c.

KIAËS. — **Traité d'Arithmétique,** approuvé par le Ministre de la Guerre pour l'enseignement des sous-officiers dans les Écoles régim. du Génie. In-12; 1867. 2 fr. 75 c.

Cartonné.   3 fr. 20 c.

LABOSNE. — **Instruction sur la Règle à calcul,** contenant les applications de cet instrument au calcul des expressions numériques, à la résolution des équations du deuxième et du troisième degré, et aux principales questions de Trigonométrie. In-8; 1872.   2 fr.

LACOMBE. — **Nouveau manuel de l'escompteur, du banquier, du capitaliste et du financier,** ou Nouvelles Tables de calculs d'intérêts simples, avec le calendrier de l'escompteur. Nouvelle édition, précédée d'une *Instruction sur les Calculs d'intérêts et l'usage des Tables,* par M. Laas d'Aguen, éditeur des Tables de Violeine, et terminée par un Exposé des lois sur les intérêts, les rentes, les effets de commerce, les chèques, etc., par M. B., Docteur en Droit. Un fort vol. in-18 jésus, 1877.   6 fr.

LACROIX. — **Traité élémentaire d'Arithmétique,** 20ᵉ édition. In-8; 1848.   2 fr.

LACROIX. — **Éléments de Géométrie,** suivis de *Notions sur*

_____

(¹) On peut se procurer l'une des Séries ou les deux Séries au moyen de payements mensuels de 40 fr.

les courbes usuelles. 21ᵉ édition, revue par M. *Prouhet.* In-8, avec 220 figures dans le texte; 1880. (*Autorisé par décision ministérielle.*)
4 fr.

LACROIX. — Éléments d'Algèbre. 24ᵉ édit., revue par M. *Prouhet.* In-8; 1879.
6 fr.

LACROIX. — Complément des Éléments d'Algèbre. 7ᵉ édition. In-8; 1863.
4 fr.

LACROIX. — Traité élémentaire de Trigonométrie rectiligne et sphérique, et d'Application de l'Algèbre à la Géométrie. In-8, avec planches; 1863. 11ᵉ édition, revue et corrigée.
4 fr.

LACROIX. — Introduction à la connaissance de la sphère. 4ᵉ édition. In-18, avec planches; 1872. *Ouvrage choisi par S. Exc. le Ministre de l'Instruction publique pour les Bibliothèques scolaires.*
1 fr. 25 c.

LACROIX. — Traité élémentaire de Calcul différentiel et de Calcul intégral. 9ᵉ édition, revue et augmentée de Notes par MM. *Hermite* et *J.-A. Serret*, Membres de l'Institut. 2 vol. in-8 avec pl.; 1881.
15 fr.

LACROIX. — Traité élémentaire du Calcul des Probabilités. 4ᵉ édition. In-8, avec planches; 1864.
5 fr.

LACROIX. — Introduction à la Géographie mathématique et critique et à la Géographie physique. In-8, avec planches; 1847.
7 fr.

LA GOURNERIE (de), Membre de l'Institut. — Traité de Géométrie descriptive. In-4, publié en trois *Parties* avec Atlas; 1873-1880-1864.
30 fr.

Chaque Partie se vend séparément.
10 fr.

La Iʳᵉ PARTIE (2ᵉ édition) contient tout ce qui est exigé pour l'*admission à l'École Polytechnique.* Elle est suivie d'un *Supplément* contenant la solution de *deux problèmes et des figures cavalières pour l'explication des constructions les plus difficiles.*

La IIᵉ PARTIE (2ᵉ édition) et la IIIᵉ PARTIE sont le développement du *Cours de Géométrie descriptive* professé à l'*École Polytechnique.*

LA GOURNERIE (de). — Traité de Perspective linéaire. In-4, avec Atlas de 45 planches in-folio dont 8 doubles; 1859.
40 fr.

LA GOURNERIE (de). — Recherches sur les surfaces réglées tétraédrales symétriques, avec des Notes par *Arthur Cayley.* In-8; 1867.
6 fr.

LA GOURNERIE (de). — Études économiques sur l'exploitation des chemins de fer. Grand in-8; 1880.
4 fr. 50 c.

LAGRANGE. — Mécanique analytique. 3ᵉ édition, revue, corrigée et annotée par M. *J. Bertrand.* 2 vol. in-4; 1855.
(*Rare.*)

LAGRANGE. — Œuvres complètes de Lagrange, publiées par les soins de M. *Serret*, Membre de l'Institut, sous les auspices du MINISTRE DE L'INSTRUCTION PUBLIQUE. In-4, avec un beau portrait de Lagrange, gravé sur cuivre par M. *Ach. Martinet.*

La Iʳᵉ Série comprend tous les *Mémoires* imprimés dans les *Recueils des Académies de Turin, de Berlin et de Paris,* ainsi que les *Pièces diverses* publiées séparément. Cette Série forme 7 volumes (Tomes I à VII; 1867-1877), qui se vendent séparément
30 fr.

La IIᵉ Série, qui est en cours de publication, se compose de 7 vol., qui renferment les Ouvrages didactiques, la Correspondance et les Mémoires inédits; savoir :

Tome VIII : *Résolution des équations numériques.* In-4; 1879.
18 fr.

Tome IX : *Théorie des fonctions analytiques.* In-4; 1881.
18 fr.

Tome X : *Leçons sur le calcul des fonctions.* (*Sous pr.*)

Tome XI : *Mécanique analytique* (1ʳᵉ PARTIE). (*id.*)

Tome XII : *Mécanique analytique* (2ᵉ PARTIE). (*id.*)

Tome XIII : *Correspondance inédite de Lagrange et d'Alembert,* publiée d'après les manuscrits autographes et annotée par LUDOVIC LALANNE. In-4; 1882.
15 fr.

Tome XIV : *Correspondance avec divers Savants,* et *Mémoires inédits.* In-4. (*Sous presse.*)

Le tome XIII vient de paraître. Les Lettres inédites qu'il contient sont publiées d'après les manuscrits autographes de d'Alembert et de Lagrange conservés à la Bibliothèque de l'Institut de France. Dans le Tome XIV, on donnera, entre autres, la Correspondance de Lagrange avec Condorcet, Euler, Laplace, etc. Il sera précédé d'une Notice destinée à compléter celle que l'on doit à Delambre, et qui a été reproduite en tête du premier Volume de la Collection.

LAGUERRE. — Notes sur la résolution des équations numériques. In-8; 1880.
2 fr.

LAISANT (C.-A.), Député, Docteur ès Sciences, ancien Élève de l'École Polytechnique. — Introduction à la méthode des quaternions. In-8, avec fig.; 1881.
6 fr.

LAISANT (C.-A.). — Applications mécaniques du Calcul des quaternions. — Sur un nouveau mode de transformation des courbes et des surfaces (Thèses). In-4; 1877.
5 fr.

LALANDE. — Tables de Logarithmes pour les Nombres et les Sinus à CINQ DÉCIMALES ; revues par le baron *Reynaud.* Nouvelle édition, augmentée de *Formules pour la Résolution des Triangles,* par M. *Bailleul,* typographe. In-18; 1880. (*Autorisé par décision du Ministre de l'Instruction publique.*)
2 fr.
Cartonné.
2 fr. 40 c.

LALANDE. — Tables de Logarithmes, étendues à SEPT DÉCIMALES, par *F.-C.-M. Marie,* précédées d'une Instruction par le baron *Reynaud.* Nouvelle édition, augmentée de *Formules pour la Résolution des Triangles,* par M. *Bailleul,* typographe. In-12 ; 1881.
3 fr. 50 c.
Cartonné.
3 fr. 90 c.

LAMÉ (G.), Membre de l'Institut. — Leçons sur les fonctions inverses des transcendantes et les Surfaces isothermes. In-8, avec figures dans le texte ; 1857. 5 fr.

LAMÉ (G.). — Leçons sur les Coordonnées curvilignes et leurs diverses applications. In-8, avec figures dans le texte ; 1859.
5 fr.

LAMÉ (G.) — Leçons sur la Théorie mathématique de l'élasticité des corps solides. 2ᵉ édition. In-8, avec pl.; 1866.
6 fr. 50 c.

LAMÉ (G.). — Leçons sur la théorie analytique de la chaleur. In-8, avec fig. dans le texte ; 1861. 6 fr. 50 c.

LANGLOIS (Marcellin), Professeur de Physique au Collège de Châteaudun. — Du mouvement atomique. *Rotation des atomes sur des surfaces moléculaires sphériques.* (Dédié à M. Wurtz.) Grand in-8; 1881.
2 fr.

LAPLACE. — Œuvres complètes de Laplace, publiées sous les auspices de l'ACADÉMIE DES SCIENCES, par MM. les *Secrétaires perpétuels,* avec le concours de M. *Puiseux,* Membre de l'Institut, et de M. *J. Hoüel,* professeur à la Faculté des Sciences de Bordeaux. Nouvelle édition, avec un beau portrait de Laplace, gravé sur cuivre par *Tony Goutière.* In-4; 1878-188 .

Extrait de l'Avertissement.

« L'Académie, sur le Rapport de la Section d'Astronomie et de la Commission administrative, après avoir pris connaissance des conditions dans lesquelles devait s'accomplir le travail et des soins dont il était entouré, a décidé, dans sa séance du 16 juillet 1877, que la nouvelle édition serait publiée sous ses auspices et sous sa responsabilité. »

Les éditions précédentes, qui sont devenues très rares, ne contenaient que 7 volumes, savoir : *Traité de Mécanique céleste* (5 volumes), *Exposition du système du Monde* et *Théorie analytique des probabilités.* La nouvelle édition

omprendra de plus 6 volumes renfermant tous les autres
émoires de Laplace, dont la dissémination dans de nom-
reux Recueils académiques et périodiques rendait jusqu'à
e jour l'étude si difficile.

TRAITÉ DE MÉCANIQUE CÉLESTE. 5 vol. in-4 (1878-1882).

Le tirage est fait sur trois papiers différents : 1° sur pa-
ier vergé semblable à celui des OEuvres de Fresnel, de
avoisier et de Lagrange ; 2° sur papier vergé fort, au chiffre
e Laplace ; 3° sur papier de Hollande, au chiffre de La-
lace (à petit nombre).

Le prix des 5 volumes du TRAITÉ DE MÉCANIQUE CÉLESTE,
chetés ensemble, est fixé ainsi qu'il suit :

1° Tirage sur papier vergé ; 5 volumes in-4.   80 fr.
2° Tirage sur papier vergé fort, au chiffre de Laplace ;
    5 vol. in-4.   90 fr.
3° Tirage sur papier de Hollande, au chiffre de Laplace
    (à petit nombre) ; 5 vol. in-4.   120 fr.

Le prix de chaque volume du TRAITÉ DE MÉCANIQUE CÉLESTE,
cheté séparément, est fixé ainsi qu'il suit :

1° Tirage sur papier vergé ; les tomes I, II et III ne se
    vendent plus séparément ; chacun des tomes IV et
    V se vend :   20 fr.
2° Tirage sur papier vergé fort, aux armes de Laplace ;
    chaque volume in-4.   22 fr. 50 c.

*Les volumes tirés sur papier de Hollande ne se vendent
pas séparément.*

Le Tome VI (*Exposition du système du monde*) est
sous presse.

LAPLACE. — Essai philosophique sur les Probabilités.
6° édition. In-8 ; 1840.   5 fr.

LAPLACE. — Précis de l'Histoire de l'Astronomie.
2° édition. In-8 ; 1863.   3 fr.

LAQUIÈRE, ancien Élève de l'Ecole Polytechnique. —
Géométrie de l'Échiquier ; Solution régulière du problème d'Euler sur la marche du cavalier ; Considérations numériques sur une série de solutions semi-régu-
lières. Grand in-8 ; 1880.   2 fr.

LAUGEL (Aug.), ancien Élève de l'École Polytechnique.
— Science et Philosophie. In-18 jésus ; 1863. 3 fr. 50 c.

LAURENT (A.), Correspondant de l'Institut. — Méthode
de Chimie, précédée d'un *Avis au Lecteur*, par Biot.
In-8, avec figures ; 1854.   8 fr.

LAURENT (H.), Répétiteur à l'École Polytechnique. —
Traité d'Algèbre, à l'usage des Candidats aux Ecoles du
Gouvernement. 3° édition, revue et mise en harmonie
avec les derniers Programmes. 3 vol. in-8.

Ire Partie : ALGÈBRE ÉLÉMENTAIRE, à l'usage des *Classes
de Mathématiques élémentaires*. In-8 ; 1879. 4 fr.
II° Partie : ANALYSE ALGÉBRIQUE, à l'usage des *Classes
de Mathématiques spéciales*. In-8 ; 1881. 4 fr.
III° Partie : THÉORIE DES ÉQUATIONS, à l'usage des
Classes de Mathématiques spéciales. In-8 ; 1881. 4 fr.

LAURENT (H.). — Théorie élémentaire des Fonctions
elliptiques. In-8, avec fig. dans le texte ; 1880. 3 fr. 50 c.

LAURENT (H.). — Traité de Mécanique rationnelle à
l'usage des Candidats à l'Agrégation et à la Licence.
2° édit. 2 vol. in-8 avec figures ; 1878.   12 fr.

LAURENT (H.). — Traité du Calcul des Probabilités.
In-8 ; 1873.   7 fr. 50 c.

LAURENT (H.). — Théorie des résidus. In-8 ; 1866. 4 fr.

LE COINTE (I.-L.-A.). — Solutions développées de
300 Problèmes qui ont été proposés dans les compositions
mathématiques pour l'admission au grade de Bachelier
ès Sciences dans diverses Facultés de France. In-8, avec
figures dans le texte ; 1865.   6 fr.

LECOQ DE BOISBAUDRAN. — Spectres lumineux, Spectres prismatiques et en longueurs d'onde, destinés aux
recherches de Chimie minérale. Grand in-8, avec atlas
contenant 29 belles planches sur acier ; 1874.   20 fr.

LEFÉBURE DE FOURCY, Examinateur pour l'admission
à l'École Polytechnique. — Leçons d'Algèbre. 9° édition. In-8 ; 1880.   7 fr. 50 c.

LEFÉBURE DE FOURCY. — Leçons d'Algèbre *à l'usage
des classes de Mathématiques élémentaires* ; 1870. 4 fr. 50 c.

LEFÉBURE DE FOURCY. — Éléments de Trigonométrie, contenant la Trigonométrie rectiligne, la Trigonométrie sphérique et quelques applications à l'Algèbre. 12° édition. In-8, avec planche ; 1879.   2 fr.

LEFÉBURE DE FOURCY. — Leçons de Géométrie analytique, comprenant la Trigonométrie rectiligne et
sphérique, les lignes et les surfaces des deux premiers ordres. 9° édition. In-8, avec planches ; 1871.
                                              7 fr. 50 c.

LEFÉBURE DE FOURCY. — Traité de Géométrie descriptive, précédé d'une Introduction qui renferme la
Théorie du plan et de la ligne droite considérée
dans l'espace. 8° édition. 2 vol. in-8, dont un composé
de 32 planches ; 1881.   10 fr.

LEFÈVRE. — Abrégé du nouveau traité de l'Arpentage, ou Guide pratique et mémoratif de l'Arpenteur,
particulièrement destiné aux personnes qui n'ont point
étudié la Géométrie. Gros volume in-12, avec 18 pl.,
dont une coloriée.   7 fr.

LEFORT (F.), Inspecteur général des Ponts et Chaussées.
— Sur les bases des calculs de stabilité des ponts à
tabliers métalliques. Ouvrage approuvé par l'Académie
des Sciences et honoré d'une souscription du Ministre
des Travaux publics. In-4, avec 4 grandes planches ;
1876.   4 fr.

LEFORT (F.). — Tables des surfaces de déblai et de
remblai, des largeurs d'emprise et des longueurs des
talus, relatives à un chemin de fer à deux voies ou à
une *Route de* 10 *mètres* de largeur entre fossés, pour
des cotes sur l'axe de 0^m à 15^m et pour des déclivités sur le
profil transversal de 0^m à 0^m,25. Gr. in-8 jés. ; 1861. 3 fr.

MÊMES TABLES relatives à une *Route de* 8 *mètres*. Grand
in-8 sur jésus ; 1863.   3 fr.

MÊMES TABLES relatives à un chemin de fer à une voie
ou à une *Route de* 6 *mètres*, etc. Grand in-8 sur
jésus ; 1862.   3 fr.

LEHAGRE, Chef de bataillon du Génie. — Cours de
Topographie, professé à l'Ecole d'application de l'Artillerie et du Génie. Grand in-8 jésus :

Ire PARTIE : *Instruments et procédés de Lever* (*Planimé-
trie, Altimétrie, Dessin topographique*). 2° édition,
revue, corrigée et augmentée. Avec 312 figures dans
le texte ; 1881.   15 fr.

II° PARTIE : *Méthodes de Levers* (*Levers à grande
échelle ; Levers d'une grande étendue ; Levers de
reconnaissance*). Avec 9 modèles de carnets pour les
différents levers, et 22 grandes planches, dont 3 en
couleur ; 1878.   16 fr.

III° PARTIE : *Opérations trigonométriques ; Lever de la
triangulation ; Nivellement*. Avec 12 modèles de carnets pour l'enregistrement des observations, 8 types
de calculs de triangulation et 12 grandes planches ;
1880.   12 fr.

LEMONNIER, Docteur ès sciences, Prof. au Lycée Henri IV.
— Mémoire sur l'élimination. In-4 ; 1879.   6 fr.

LEONELLI. — Supplément logarithmique, précédé d'une
NOTICE SUR L'AUTEUR, par M. *J. Houël*, Professeur de
Mathématiques pures à la Faculté des Sciences de
Bordeaux. 2° édition. In-8 ; 1876.   4 fr.

LEPRIEUR, Trésorier de l'École Polytechnique. — Répertoire de l'École Polytechnique de 1855 à 1865, faisant suite au *Répertoire* de M. *Marielle*. In-8 ; 1867.   3 fr.

LEROY (G.-F.-A.), ancien Professeur à l'École Polytechnique et à l'École Normale supérieure. — **Traité de Géométrie descriptive**, suivi de la *Méthode des plans cotés* et de la *Théorie des engrenages cylindriques et coniques*. 11e édition, revue et annotée par M. *Martelet*. In-4, avec Atlas de 71 pl. ; 1881.   16 fr.

LEROY (G.-F.-A.). — **Traité de Stéréotomie**, comprenant les **Applications de la Géométrie descriptive à la Théorie des Ombres, la Perspective linéaire, la Gnomonique, la Coupe des Pierres et la Charpente**. 8e édition, revue et annotée par M. *E. Martelet*, ancien élève de l'École Polytechnique, professeur de Géométrie descriptive à l'École centrale des Arts et Manufactures. In-4, avec Atlas de 74 pl. in-folio ; 1881.   26 fr.

LE TELLIER (le Dr). — **Nouveau système de Sténographie**. In-8 raisin, avec 37 pl. ; 1869.   2 fr. 50 c.

LEVY (Maurice), Ingénieur des Ponts et Chaussées, Docteur ès Sciences. — **La Statique graphique et ses** *Applications aux Constructions*. Un beau volume grand in-8, avec un Atlas même format, comprenant 24 planches doubles ; 1874.   16 fr. 50 c.

LIAGRE (J.-B.-J.), Lieutenant-Général, Secrétaire perpétuel de l'Académie Royale de Belgique. — **Calcul des probabilités et Théorie des erreurs**, avec des applications aux Sciences d'observation en général et à la Géodésie en particulier. 2e édition, revue par le capitaine *C. Peny*, professeur à l'École militaire. In-8 ; 1879. 10 fr.

LIONNET (E.), Agrégé de l'Université, examinateur suppléant d'admission à l'École Navale. — **Éléments d'Arithmétique**. 3e édition. In-8 ; 1857. (*Autorisé par l'Université.*)   4 fr.

LIONNET (E.). — **Algèbre élémentaire**. 3e édition. In-8 ; 1868.   4 fr.

LONCHAMPT (A.). — **Recueil des principaux Problèmes** posés dans les examens pour l'*École Polytechnique* et pour l'*École Centrale des Arts et Manufactures*, ainsi que dans les conférences des *Écoles préparatoires* les plus importantes de Paris. **Énoncés et Solutions**. 1 volume lithographié, grand in-8 jésus ; 1865.   8 fr.

LONCHAMPT (A.), Préparateur aux bacalauréats ès Lettres et ès Sciences, et aux Écoles du Gouvernement. — **Recueil de Problèmes** tirés des *compositions données à la Sorbonne*, de 1853 à 1875-1876, pour les *Baccalauréats ès Sciences*, suivis des compositions de Mathématiques élémentaires, de Physique, de Chimie et de Sciences naturelles, données aux *Concours généraux* de 1846 à 1875-1876, et de *types d'examens* du baccalauréat ès Lettres et des baccalauréats ès Sciences. 2e édition. In-18 jésus, avec fig. dans le texte et planches ; 1876-1877 :

Ire PARTIE : Arithmétique. — Algèbre. — Trigonométrie.

Questions.	1 fr. »
Solutions.	1 fr. 80 c.

IIe PARTIE : Géométrie.

Questions.	1 fr. »
Atlas.	60 c.
Solutions.	2 fr. 80 c.

IIIe PARTIE : Approximations numériques (THÉORIE ET APPLICATIONS). — Maxima et minima (THÉORIE ET QUESTIONS). — Courbes usuelles, Géométrie descriptive, Cosmographie, Mécanique.

Théorie et Questions.	1 fr. 50 c.
Solutions.	1 fr. 50 c.

IVe PARTIE : Physique. — Chimie. (Les *Solutions* sont précédées d'un *Précis sur la résolution des Problèmes de Physique*, par M. H. BERTOT, ancien Élève de l'École Polytechnique).

Questions.	1 fr. »
Solutions.	2 fr. 50 c.

LOOMIS (Elias), Professeur de Philosophie naturelle à l'*Yale College* (États-Unis). — **Mémoires de Météoro-**

logie dynamique ; exposé des résultats de la discussion des Cartes du temps des États-Unis ainsi que d'autres documents. Traduit de l'anglais par M. *H. Brocard*, ancien élève de l'École Polytechnique, Capitaine du génie. Grand in-8, avec figures et 18 planches ; 1880.   3 fr.

LOYAU (Achille), Ingénieur des Arts et Manufactures. — **Album de charpentes en bois**, renfermant différents types de *planchers, pans de bois, combles, échafaudages, ponts provisoires*, etc. Grand in-4, contenant 120 planches de dessins cotés ; 1873.   25 fr.

LUCAS (Édouard), Professeur de Mathématiques spéciales au Lycée Saint-Louis. — **Récréations mathématiques** (*Les Traversées. — Les Ponts. — Les Labyrinthes. — Les Reines. — Le Solitaire. — La Numération. — Le Baguenaudier. — Le Taquin*). Petit in-8, caractères elzévirs, titres en deux couleurs ; 1882.

Tirage sur papier vélin.	7 fr. 50 c.
Tirage sur papier hollande.	12 fr. »

MADAMET, Ingénieur de la Marine, Sous-directeur de l'École d'application du Génie maritime. — **Résistance des matériaux**. *Notions générales.— Traction.— Compression. — Glissement*. Grand in-8 ; 1881.   3 fr.

MAINDRON (E.). — **Les fondations de prix à l'Académie des Sciences**. LES LAURÉATS DE L'ACADÉMIE (1714-1880). In-4 ; 1881.   8 fr.

MAHISTRE, Professeur à la Faculté de Lille. — **L'art de tracer les Cadrans solaires**, à l'usage des Instituteurs et des personnes qui savent manier la règle et le compas. (*Approuvé par le Conseil de l'Instruction publique.*) 3e édit. In-18, avec fig. dans le texte ; 1880. 1 fr. 25 c.

MAHISTRE. — **Cours de Mécanique appliquée**. In-8, avec 211 figures intercalées dans le texte ; 1858. 8 fr.

MANNHEIM (A.), Chef d'escadron d'Artillerie, Professeur à l'École Polytechnique. — **Cours de Géométrie descriptive de l'École Polytechnique**, comprenant les ÉLÉMENTS DE LA GÉOMÉTRIE CINÉMATIQUE. Grand in-8, illustré de 249 figures dans le texte ; 1880.   17 fr.

MANSION (Paul), Professeur à l'Université de Gand. — **Théorie des équations aux dérivées partielles du premier ordre**. In-8 ; 1875.   6 fr.

MANSION (Paul). — **Éléments de la théorie des déterminants**, *avec de nombreux exercices*. 3e édition. In-8 ; 1880.   2 fr.

MARIE. — **Géométrie stéréographique, ou** *Relief des polyèdres, pour faciliter l'étude des corps*, avec 25 planches gravées et découpées de manière à reconstituer les polyèdres. In-8.   5 fr.

MARIE (Maximilien), Répétiteur à l'École Polytechnique. — **Théorie des fonctions des variables imaginaires**. 3 volumes grand in-8, de 280 à 300 pages ; 1874-1875-1876.   20 fr.
Chaque volume se vend séparément   8 fr.

MARIELLE. — **Répertoire de l'École Polytechnique depuis l'époque de sa création en 1794 jusqu'en 1855 inclusivement**. (*Voir* LEPRIEUR, page 49, pour la suite du Répertoire.) In-8 ; 1855.   5 fr.

MARINE A L'EXPOSITION UNIVERSELLE DE 1878 (La). — Ouvrage publié par ordre de M. le Ministre de la Marine et des Colonies. 2 beaux volumes grand in-8, avec 102 figures dans le texte, et 2 Atlas in-plano contenant 161 planches ; 1879.   80 fr.

MARTIN (Adolphe), Docteur ès Sciences. — **Sur une méthode d'autocollimation directe des objectifs astronomiques et son application à la mesure des indices de réfraction des verres qui les composent ; Remarques sur l'emploi du sphéromètre**. In-4 ; 1880. 1 fr. 25 c.

MASCART. — *Voir* **MOUREAUX**.

MASTAING (de), Professeur à l'École Centrale des Arts et Manufactures. — **Cours de Mécanique appliquée à la résistance des matériaux.** Leçons professées à l'École Centrale de 1862 à 1872 par M. de Mastaing et rédigées par M. *Courtès-Lapeyrat*, Ingénieur des Arts et Manufactures, répétiteur du Cours. Grand in-8, avec nombreuses figures dans le texte et planche; 1874.   15 fr.

MATHÉSIS, *Recueil mathématique à l'usage des Écoles spéciales et des Établissements d'instruction moyenne*, publié par *P. Mansion* et *J. Neuberg*. Grand in-8, mensuel. T. I; 1881.
Paris, France et Étranger : 9 fr.

MATHIEU (Émile), Professeur à la Faculté des Sciences de Besançon. — **Cours de Physique mathématique.** In-4; 1873.   15 fr.

MATHIEU (Émile). — **Dynamique analytique.** In-4; 1878.   15 fr.

MEISSAS (N.). — **Tables pour servir aux Études et à l'exécution des chemins de fer, ainsi que dans tous les travaux où l'on fait usage du cercle et de la mesure des angles.** 2ᵉ édition; 1867. Broché.   8 fr.
Cartonné.   9 fr.

MÉMORIAL DE L'ARTILLERIE, rédigé par les soins du Comité de l'Artillerie. Volume in-8, avec Atlas cartonné de 24 planches (nº VIII); 1867.   12 fr.
Ce volume contient l'historique des modifications successives introduites dans l'organisation du personnel et dans le matériel de l'Artillerie, par suite de l'adoption des *bouches à feu rayées.*

MÉMORIAL DE L'OFFICIER DU GÉNIE, ou Recueil de Mémoires, Expériences, Observations et Procédés propres à perfectionner la Fortification et les Constructions militaires; rédigé par les soins du Comité des Fortifications, avec l'approbation du Ministre de la Guerre. In-8, avec planches et nombreuses figures dans le texte. Chaque volume, à partir du Nº 21, se vend séparément.   7 fr. 50 c.
Les Nᵒˢ 21 (1873), 22 (1874), 23 (1874), 24 (1875), 25 (1876), sont en vente. Le Nº 26 est sous presse.
Pour recevoir *franco*, ajouter 70 c. par volume.

MILNE EDWARDS, Membre de l'Institut, doyen de la Faculté des Sciences, Président de l'Association scientifique de France. — **Nouvelles Causeries scientifiques,** ou *Notes adressées aux Membres de l'Association à l'occasion de l'Exposition internationale de* 1878. In-8; 1880. (Se vend au profit de l'Association.)   6 fr.

MOIGNO (l'Abbé). — **Leçons de Mécanique analytique,** rédigées principalement d'après les méthodes d'*Augustin Cauchy* et étendues aux travaux les plus récents. Statique. In-8, avec planches; 1868.   12 fr.

MOIGNO (l'abbé). — **Calcul des Variations.** In-8; 1861.   6 fr.

MOIGNO (l'Abbé). — **Actualités scientifiques.** Volumes in-18 jésus, ou petit in-8 se vendant séparément :

PREMIÈRE SÉRIE.

1º **Analyse spectrale des Corps célestes;** par *Huggins*.   (*Sous presse.*)

2º **Calorescence. — Influence des couleurs;** par *Tyndall.*   1 fr. 50 c.

3º **La Matière et la Force;** par *Tyndall.*   1 fr. 50 c.

4º **Les Éclairages modernes;** par l'Abbé *Moigno.* (*Épuisé.*)

5º **Sept Leçons de Physique générale;** par *A. Cauchy.*   (*Sous presse.*)

6º **Physique moléculaire;** par l'Abbé *Moigno.* (*Épuisé.*)

7º **Chaleur et Froid;** par *Tyndall.* (*Sous presse.*)

8º **Sur la radiation;** par *Tyndall.*   1 fr. 25 c.

9º **Sur la force de combinaison des atomes;** par *Hofmann.*   1 fr. 25 c.

10º **Faraday inventeur;** par *Tyndall.*   2 fr.

11º **Saccharimétrie optique, chimique et mélassimétrique;** par l'Abbé *Moigno.*   3 fr. 50 c.

12º **La Science anglaise, son bilan en 1868** (réunion à Norwich); par l'Abbé *Moigno.*   2 fr. 50 c.

13º **Mélanges de Physique et de Chimie pures et appliquées;** par *Frankland, Graham, Macquorn-Rankine, Perkin, Sainte-Claire Deville, Tyndall.*   3 fr. 50 c.

14º **Les Aliments;** par *Letheby.*   3 fr.

15º **Constitution de la Matière;** par le P. *Leray.*   (*Épuisé.*)

16º **Esquisse historique de la Théorie dynamique de la Chaleur;** par *Tait.*   3 fr. 50 c.

17º **Théorie du Vélocipède. — Sur les lois de l'écoulement de la vapeur;** par *Macquorn-Rankine.*   1 fr. 25 c.

18º **Les Métamorphoses chimiques du Carbone;** par *Odling.*   2 fr.

19º **Programme d'un cours en sept leçons sur les phénomènes et les théories électriques;** par *Tyndall.*   1 fr. 50. c.

20º **Géologie des Alpes et du tunnel des Alpes;** par *Elie de Beaumont* et *Sismonda.*   2 fr.

21º **La Science anglaise, son bilan en 1869** (réunion à Exeter).   3 fr. 50 c.

22º **La Lumière;** par *Tyndall.*   2 fr.

23º **Les agents explosifs modernes et leurs applications;** par l'Abbé *Moigno.*   2 fr.

24º **Religion et Patrie,** vengées de la fausse science et de l'envie haineuse; par l'Abbé *Moigno.* 1 fr. 50 c.

25º **Éléments de Thermodynamique;** par *J. Moutier.*   (*Épuisé.*)

26º **Sur la force de la Poudre et des matières explosibles;** par *M. Berthelot.*   3 fr. 50 c.

27º **Sursaturation des solutions gazeuses;** par *Tomlinson.*   2 fr.

28º **Optique moléculaire. Effets de précipitation, de décomposition, d'illumination produits par la lumière;** par l'Abbé *Moigno.*   2 fr. 50 c.

29º **L'Architecture du monde des atomes,** avec 100 fig. dans le texte; par *Gaudin.*   5 fr.

30º **Étude sur les éclairs;** par *P. Perrin.*   2 fr. 50 c.

31º **Manuel pratique militaire des chemins de fer,** avec nomb. fig.; par le capitaine *Issalène.* 2 fr. 50 c.

32º **Instruction sur les Paratonnerres;** par *Pouillet* et *Gay-Lussac;* avec 58 fig. et planche   2 fr. 50 c.

33º **Tables barométriques et hypsométriques pour le calcul des hauteurs,** précédées d'une *Instruction;* par *R. Radau.* (Nouveau tirage.)   1 fr. 25 c.

34º **Les passages de Vénus sur le disque solaire,** avec figures; par *Edm. Dubois.*   3 fr. 50 c.

35º **Manuel élémentaire de Photographie au collodion humide,** avec figures; par *Dumoulin.* 1 fr. 50

36º **Problèmes plaisants et délectables qui se font par les nombres;** par *Bachet, sieur de Méziriac.* 4ᵉ éd., revue par *Labosne.* Un joli vol., petit in-8 elzévir, titre en deux couleurs.   6 fr.

37º **La Chaleur considérée comme un mode de mouvement;** par *Tyndall.* 2ᵉ édition française, avec nombreuses figures; 1881. 2ᵉ tirage.   8 fr.

38º **L'Astronomie pratique et les Observatoires en Europe et en Amérique,** depuis le milieu du XVIIᵉ siècle jusqu'à nos jours; par *André* et *Rayet*, astronomes, et *Angot*, professeur de Physique au Lycée Fontanes; avec belles figures dans le texte et planches en couleur.

Iʳᵉ PARTIE : *Angleterre.*   4 fr. 50 c.

IIᵉ PARTIE : *Écosse, Irlande et Colonies anglaises.*   4 fr. 50 c.

IIIᵉ PARTIE : *Amérique du Nord.*   4 fr. 50 c.

IVᵉ PARTIE : *Amérique du Sud*, et Météorologie américaine. 3 fr.

Vᵉ PARTIE : *Italie*. 4 fr. 5o c.

39° Méthodes chimiques pour la recherche des falsifications, l'essai, l'analyse des matières fertilisantes; par *Ferdinand Jean*. (*Épuisé*.)

40° Premières Leçons de Photographie, avec figures; par *Perrot de Chaumeux*. 1 fr. 5o c.

41° Les Mines dans la guerre de campagne. — Exposé des divers procédés d'inflammation des mines et des pétards de rupture. — Emploi de préparations pyrotechniques et emploi de l'électricité, avec 51 fig. dans le texte; par le capit. *Picardat*. 2 fr. 5o c.

42° Essai sur une manière de représenter les quantités imaginaires dans les constructions géométriques, par R. ARGAND. 2ᵉ édition, précédée d'une préface par M. *J. Hoüel*. 5 fr.

43° Essai sur les piles, par *A. Callaud*. 2ᵉ édition, avec 2 planches. (Ouvrage couronné par la Société des Sciences de Lille.) 2 fr. 5o c.

44° Matière et Éther; indication d'une méthode pour établir les propriétés de l'Éther, par *Kretz*, Ingénieur en chef des Manufactures de l'État. 1 fr. 5o c.

45° L'Unité dynamique des forces et des phénomènes de la nature, ou l'Atome tourbillon; par *F. Marco*, Professeur au Lycée Cavour, à Turin. 2 fr. 5o c.

46° Physique et Physique du Globe. Divers Mémoires de MM. *Tyndall, Carpenter, Ramsay, Raphaël de Rossi, Félix Plateau*. Traduit par l'Abbé *Moigno*. 2 fr. 5o c.

47° La grande pyramide, pharaonique de nom, humanitaire de fait; ses merveilles, ses mystères et ses enseignements; par M. *Piazzi Smyth*, Astronome royal d'Écosse. Traduit de l'anglais par l'Abbé *Moigno*. (*Épuisé*.)

48° La Foi et la Science; par l'Abbé Moigno.(*Épuisé*.)

49° Les insuccès en Photographie; causes et remèdes, suivis de la retouche des clichés et du gélatinage des épreuves; par *Cordier*. 3ᵉ édit. 1 fr. 75 c.

5o° La Photolithographie, son origine, ses procédés, ses applications; par *C. Fortier*. Petit in-8, orné de planches, fleurons, culs-de-lampe, etc., obtenus au moyen de la Photolithographie. 3 fr. 5o c.

51° Procédé au Collodion sec; par *F. Boivin*. 2ᵉ édit., augmentée des formulaires de Th. Sutton, des tirages aux poudres inertes (procédé au charbon), ainsi que de notions pratiques sur la Photolithographie, l'électrogravure et l'impression à l'encre grasse. 1 fr. 5o c.

52° Les Pandynamomètres de torsion et de flexion, *Théorie et application*; avec 2 grandes planches; par M. *G. A. Hirn*. 2 fr.

53° Notice sur les Aréomètres employés dans l'industrie, le commerce et les sciences, avec figures dans le texte; par *Baserga*, constructeur d'instruments. 1 fr. 5o c.

54° Manuel du Magnanier, application des théories de M. PASTEUR à l'éducation des vers à soie; par *L. Roman*. Un beau volume, avec nombreuses figures ombrées dans le texte et 6 planches en couleur. 4 fr. 5o c.

55° Les Couleurs reproduites en Photographie; Historique, théorie et pratique; par *Eug. Dumoulin*. 1 fr. 5o c.

56° Progrès récents de l'Astronomie stellaire; par *R. Radau*. 1 fr. 5o c.

57° Les Observatoires de montagne (avec figures dans le texte); par *R. Radau*. 1 fr. 5o c.

58° Les poussières de l'air, avec figures dans le texte et 4 planches; par *Gaston Tissandier*. 2 fr. 25 c.

59° Traité pratique de Photographie au charbon, complété par la description de divers *Procédés d'impressions inaltérables (Photochromie et tirages photoméaniques*; par *Léon Vidal*. 3ᵉ éd., avec une pl. spécimen de Photochromie et 2 pl. spécimens d'impressions à l'encre grasse. 4 fr. 5o c.

60° Le procédé au gélatino-bromure, suivi d'une *Note* de M. MILSOM *Sur les clichés portatifs* et de la traduction des *Notices* de R. KENNETT et Rév. H.-G. PALMER, avec fig.; par *H. Odagir*. 1 fr. 5o c.

61° La Science des nombres d'après la tradition des siècles; Explication de la table de Pythagore, par l'*Abbé Marchand*. 3 fr.

62° La Lumière et les climats; par *R. Radau*. 1 fr. 75 c.

63° Les Radiations chimiques du Soleil; par *R. Radau*. 1 fr. 5o c.

64° L'Actinométrie; par *R. Radau*. 2 fr.

65° Traité pratique complet d'impressions photographiques aux encres grasses, de phototypographie et de photogravure; par *Moock*. 2ᵉ éd. 3 fr.

66° La Spectroscopie, avec nombreuses gravures dans le texte; par *Cazin*. 2 fr. 75 c.

67° Formulaire pratique de la Photographie aux sels d'argent; par *Huberson*. 2 fr.

68° Leçons sur l'Électricité, par *Tyndall*; traduit de l'anglais par *Francisque Michel*. 2 fr. 75 c.

69° Traité élémentaire et pratique de Photographie au charbon; par *Aubert*. 2ᵉ édit. (*Sous presse*.)

70° La prévision du temps; par *W. de Fonvielle*; 1 fr. 5o c.

71° La Photographie et ses applications scientifiques; par *R. Radau*. 1 fr. 75 c.

72° L'Ozone; ce qu'il est, ses propriétés physiques et chimiques, son existence et son rôle dans la nature; par l'*Abbé Moigno*. 3 fr. 5o c.

73° Les Microbes organisés; leur rôle dans la fermentation, la putréfaction et la contagion; Mémoires de MM. Tyndall et Pasteur; par l'*Abbé Moigno*. 3 fr. 5o c.

74° Le R. P. Secchi; sa Vie, son Observatoire, ses Travaux, ses Écrits; ses titres à la gloire, ses grands Ouvrages; par l'*Abbé Moigno*; avec un portrait et 3 planches. 3 fr. 5o c.

75° Cartes du temps et Avertissements de tempêtes, par *Robert H. Scott*. Traduit de l'anglais par MM. *Zurcher* et *Margollé*. Petit in-8, avec 2 planches et nombreuses figures. 4 fr. 5o c.

76° La Photographie appliquée à l'Archéologie; Reproduction des *Monuments, Œuvres d'art, Mobilier, Inscriptions, Manuscrits*; par *E. Trutat*; avec cinq photolithographies. 3 fr.

77° La Photographie des peintres, des voyageurs et des touristes. *Nouveau procédé sur papier huilé*, simplifiant le bagage et facilitant toutes les opérations, avec indication de la manière de construire soi-même la plupart des instruments nécessaires, par *Pélegry*; avec un spécimen. 1 fr. 75 c.

78° Comment on observe les nuages pour prévoir le temps; par *André Poëy*. Petit in-8, avec 17 planches chromolithographiques. 4 fr. 5o c.

79° Traité pratique de Phototypie ou Impression à l'encre grasse sur couche de gélatine; par *Léon Vidal*; avec belles figures dans le texte et spécimens. 8 fr.

8o° Observations météorologiques en ballon; Résumé de vingt-cinq ascensions aérostatiques; par *Gaston Tissandier*; avec fig. 1 fr. 5o c.

81° Précis de Microphotographie, par *G. Huberson*; avec figures dans le texte et une planche en photogravure. 2 fr.

82° Constitution intérieure de la Terre; par *R. Radau*. 1 fr. 5o c.

83° Le rôle des vents dans les climats chauds; la pression barométrique et les climats des hautes régions; par *R. Radau.*   1 fr. 50 c.

84° La Photographie sur plaque sèche. — Emulsion au coton-poudre avec bain d'argent; par *Fabre.*   1 fr. 75 c.

85° La machine de Gramme. — Sa théorie et ses applications (avec figures); par *Antoine Bréguet.* 2 fr.

86° Traité d'analyse chimique complète des potasses brutes et des potasses raffinées; par *Berth.*   1 fr. 50 c.

87° La Météorologie appliquée à la prévision du temps. Leçon faite à l'École supérieure de Télégraphie, par M. *E. Mascart*; recueillie par M. *Moureaux*, météorologiste au Bureau central; avec 16 planches en couleur.   2 fr

88° Traité pratique de la retouche des clichés photographiques, suivi d'une méthode très détaillée d'*émaillage* et de *formules* et *procédés divers*; par *Piquepé*; avec 2 photoglypties.   4 fr. 50 c.

89° Notions élémentaires d'analyse chimique qualitative; par *Th. Swarts*; avec figures. 1 fr. 50 c.

90° Le gaz et l'électricité comme agents de chauffage, par le Dr *Siemens.* Traduit de l'anglais par M. *Gustave Richard*, avec figures.   1 fr. 50 c.

91° Traité pratique de Photoglyptie; par *Léon Vidal.* Avec nombreuses figures dans le texte et 2 planches photoglyptiques.   7 fr.

92° Les agents explosifs appliqués dans l'industrie; par *Abel.* Traduit de l'anglais par M. *Gustave Richard.*   1 fr. 50 c.

93° Récréations mathématiques; par *Ed. Lucas.* Un joli volume petit in-8 elzévir, titres en deux couleurs.   7 fr. 50 c.

Deuxième Série.

La Science illustrée. — *L'enseignement de tous.*

1° L'Art des projections, avec 103 figures; par l'*Abbé Moigno.*   2 fr. 50 c.

2° Photomicrographie en 100 tableaux pour projections; par *Girard.*   1 fr. 50 c.

3° Les Accidents, secours en l'absence de l'homme de l'art; par *Smée.*   1 fr. 25 c.

4° L'Anatomie et l'Histologie, enseignées par les projections lumineuses; par le D^r *Le Bon.*   1 fr.

5° Manuel de Mnémotechnie, *Application à l'histoire;* par l'*Abbé Moigno.*   3 fr.

MOLLET (J.). — Gnomonique graphique, ou Méthode facile pour tracer les cadrans solaires sur toutes sortes de Plans, en ne faisant usage que de la règle et du compas. 6° édit. In-8, avec pl.; 1865. 3 fr. 50 c.

MOLTENI (A.). — Instructions pratiques sur l'emploi des appareils de projection, lanternes magiques, fantasmagories, polyoramas, appareils pour l'enseignement. 2° édit. In-18 jésus, avec figures dans le texte. 2 fr. 50 c.

MONCKHOVEN (Dr V.). — Traité général de Photographie, suivi d'un chapitre spécial sur le *gélatino-bromure d'argent.* Septième édition. Grand in-8, avec planches et figures intercalées dans le texte; 1880.   16 fr.

MOUCHOT. — La chaleur solaire et ses applications industrielles. — Deuxième édition, revue et considérablement augmentée. In-8, avec figures; 1879.   6 fr.

MOUREAUX (Th.), Météorologiste au Bureau central. — La Météorologie appliquée à la prévision du temps. Leçon faite à l'École supérieure de Télégraphie par M. *E. Mascart*, Directeur du Bureau central météorologique de France, recueillie par M. *Th. Moureaux.* In-18 avec 16 planches en couleur; 1881.   2 fr.

NAUDIER, Docteur en droit, conseiller de préfecture de l'Aube. — Traité théorique et pratique de la Législation et de la Jurisprudence des Mines, des Minières et des Carrières. In-8; 1877.   10 fr.

NAUDIN (Laurent), Chimiste. — Désinfection des alcools mauvais goût par l'électrolyse des flegmes. In-18 jésus, avec figures; 1881.   1 fr. 50 c.

NEVEU et HENRY, Ingénieurs de forges. — Traité pratique du laminage du fer. In-8, avec 10 Tableaux et un Atlas cartonné de 117 planches; 1881.   40 fr.

NOURY. — Tarifs d'après le Système métrique décimal pour cuber les bois carrés en grume ou ronds, et tous les corps solides quelconques, ainsi que les colis ou ballots, etc. 3° édition In-8; 1877. (*Approuvé par les Ministres de l'Intérieur et de la Marine.*) 4 fr.

NOUVELLES ANNALES DE MATHÉMATIQUES. Journal des Candidats aux Écoles Polytechnique et Normale, rédigé par MM. *Gerono* et *Brisse.* (Publication fondée en 1842 par MM. *Gerono* et *Terquem*, et continuée par MM. *Gerono, Prouhet et Bourget.*) (¹).

1re Série, 20 vol. in-8, années 1842 à 1861.   300 fr.
Les tomes I à VII, X et XVI à XX (1842-1848, 1851 et 1857 à 1861) ne se vendent pas séparément. Les autres tomes de la 1re Série se vendent séparément. 15 fr.

2° Série, 20 vol. in-8, années 1862 à 1881.   300 fr.
Les tomes I à VIII (1862 à 1869) de la 2° Série ne se vendent pas séparément. Les tomes suivants se vendent séparément.   15 fr.

La 3° Série, commencée en 1882, continue de paraître chaque mois par décahier. 48 pages.

Les abonnements sont annuels et partent de janvier.

      Prix pour un an (12 numéros) :
Paris...........................   15 fr.
Départements et Union postale..........   17 fr.
Autres pays........................   20 fr.

OGER (F.), Professeur d'Histoire et de Géographie, Maître de Conférences au Collège Sainte-Barbe. — Géographie de la France et Géographie générale, physique, militaire, historique, politique, administrative et statistique, *rédigée conformément au Programme officiel, à l'usage des Candidats aux Écoles du Gouvernement et aux Aspirants aux Baccalauréats ès Lettres et ès Sciences.* 7° édition. In-8; 1880.   3 fr.
      Cet Ouvrage correspond à l'Atlas de Géographie générale du même Auteur.

OGER (F.). — Atlas de Géographie.
      Atlas de Géographie générale à l'usage des Lycées, des Collèges, des Institutions préparatoires aux Écoles du gouvernement et de tous les établissements d'Instruction publique. 11° édition. In-plano, cartonné, contenant 33 Cartes coloriées; 1882.   14 fr.
      Atlas géographique et historique à l'usage de la classe de Quatrième. 3° édition. In-plano, cartonné, contenant 16 cartes coloriées; 1882.   8 fr. 50 c.
      Atlas géographique et historique à l'usage de la classe de Cinquième. In-plano cartonné, contenant 18 cartes coloriées; 1875.   8 fr. 50 c.
      Atlas géographique et historique à l'usage de la classe de Sixième. In-plano cartonné, contenant 10 cartes coloriées; 1875.   6 fr.
      Atlas géographique et historique à l'usage des Classes Élémentaires (7°, 8° et 9°), contenant 13 cartes coloriées, 1875.   6 fr.

OGER (F.). — Cours d'Histoire générale à l'usage des Lycées, des établissements d'instruction publique, des candidats aux Écoles du Gouvernement et aux baccalauréats, rédigé conformément aux programmes officiels.

I. *Histoire de l'Europe depuis l'invasion des Barbares jusqu'au XVIe siècle.* 2e édition. In-8 ; 1875.   3 fr. 50 c.

II. *Histoire de l'Europe depuis le XIVe jusqu'au milieu du XVIIe siècle.* 2e édition. In-8 ; 1875.   3 fr. 50 c.

III. *Histoire de l'Europe de 1610 à 1848.* 3e édition ; 1875.   6 fr. 50 c.

— *Histoire de l'Europe de 1848 à 1875.* In-8 ; 1882. (Appendice au Tome III.)   1 fr.

IV. *Histoire de l'Europe de 1610 à 1815, (Cours de Rhétorique).* 2e édition. In-8 ; 1875.   7 fr. 50 c.

ORTOLAN (J.-A.), mécanicien en chef de la marine. — Mémorial du mécanicien d'usine et de navigation. Calculs d'application ; Tables et tableaux de résultats pour la construction, les essais et la conduite des machines à vapeur. In-18 de 520 pages, avec plus de 200 figures dans le texte ; 1878. Broché.   4 fr. 50 c. Cartonné.   5 fr. 50 c.

PASTEUR, Membre de l'Institut. — Études sur le Vinaigre, sa fabrication, ses maladies ; moyens de les prévenir ; nouvelles observations sur la conservation des Vins par la chaleur. Grand in-8, avec figures ; 1868.   4 fr.

PASTEUR (L.). — Études sur la maladie des Vers à soie ; *moyen pratique assuré de la combattre et d'en prévenir le retour.* Deux beaux volumes grand in-8, avec figures dans le texte et 37 planches ; 1870.   20 fr.

PASTEUR (L.). — Études sur la Bière ; *ses maladies, causes qui les provoquent, procédé pour la rendre inaltérable,* avec une THÉORIE NOUVELLE DE LA FERMENTATION. Grand in-8, avec 85 figures dans le texte et 13 planches gravées ; 1876.   20 fr.

PASTEUR (L.). — Examen critique d'un écrit posthume de Claude Bernard sur la fermentation. In-8 ; 1879.   5 fr.

PEIGNÉ (M.-A.). — Conversion des mesures, monnaies et poids de tous les pays étrangers en mesures, monnaies et poids de la France. In-18 jésus ; 1867. 2 fr. 50 c.

PEREIRE (Eugène). — Tables de l'intérêt composé des annuités et des rentes viagères. 3e édit., augmentée de 8 *Tableaux graphiques.* In-4 ; 1882.   10 fr.

PERRODIL (GROS de), Ingénieur en chef des Ponts et Chaussées. — Résistance des matériaux. — Résistance des voûtes et arcs métalliques employés dans la construction des ponts. In-8, avec 2 grandes planches ; 1879.   7 fr. 50 c.

PERROTIN, Directeur de l'Observatoire de Nice. — Visite à divers Observatoires de l'Europe. In-8 ; 1881. 2 fr. 50 c.

PETERSEN (Julius), Membre de l'Académie royale danoise des Sciences, professeur à l'École royale polytechnique de Copenhague. — Méthodes et théories pour la résolution des problèmes de constructions géométriques, *avec application à plus de 400 problèmes.* Traduit par O. CHEMIN, Ingénieur des Ponts et Chaussées. Petit in-8, avec figures ; 1880.   4 fr.

PETIT (F.). — Traité d'Astronomie pour les gens du monde, avec des *Notes complémentaires* pour les Candidats au Baccalauréat, aux Écoles spéciales et à la Licence ès Sciences mathématiques. 2 volumes in-18 jésus, avec 286 figures dans le texte et une Carte céleste ; 1866.   7 fr.

PIARRON DE MONDÉSIR, Ingénieur des Ponts et Chaussées. — Dialogues sur la Mécanique ; *Méthode nouvelle* pour l'enseignement de cette Science, résultats scientifiques nouveaux. In-8, avec figures ; 1870.   6 fr.

PIERRE (J.-I.), Professeur à la Faculté des Sciences de Caen. — Exercices sur la Physique, avec l'indication des solutions. 2e édit. In-8, avec 4 pl. ; 1862.   4 fr.

PLATEAU (J.), Correspondant de l'Institut de France, Professeur à l'Université de Gand. — Statique expérimentale et théorique des liquides soumis aux seules forces moléculaires. 2 vol. grand in-8, d'environ 950 pages, avec figures dans le texte ; 1873.   15 fr.

POËY (André), Fondateur de l'Observatoire physique et météorologique de la Havane. — Comment on observe les nuages pour prévoir le temps. 3e édition, revue et augmentée. Petit in-8, contenant 17 planches chromolithographiques et 3 planches sur bois ; 1879. 4 fr. 50 c.

POËY (André). — Les courants atmosphériques d'après les nuages. *Observation de ces courants en vue de la prévision du temps.* Petit in-8 ; 1882.   2 fr. 50 c.

POINSOT. — Éléments de Statique, précédés d'une *Notice sur Poinsot,* par M. J. BERTRAND, Membre de l'Institut. 12e édition ; 1877.   6 fr.

PONCELET, Membre de l'Institut. — Applications d'Analyse et de Géométrie qui ont servi de principal fondement au Traité des Propriétés projectives des figures, suivies d'Additions par MM. *Mannheim et Moutard,* anciens Élèves de l'École Polytechnique. 2 vol. in-8, avec figures dans le texte ; 1864.   20 fr. Chaque volume se vend séparément.   10 fr.

PONCELET. — Traité des Propriétés projectives des figures. Ouvrage utile à ceux qui s'occupent des applications de la Géométrie descriptive et d'opérations géométriques sur le terrain. 2e édition ; 1865-1866. 2 beaux volumes in-4 d'environ 450 pages chacun, avec de nombreuses planches gravées sur cuivre.   40 fr. *Le second volume se vend séparément.*   20 fr.

PONCELET. — Introduction à la Mécanique industrielle, physique ou expérimentale. 3e édit., publiée par M. *Kretz,* ingénieur en chef, inspecteur des manufactures de l'État. In-8 de 757 pages, avec 3 pl. ; 1870.   12 fr.

PONCELET. — Cours de Mécanique appliquée aux Machines ; publié par M. *Kretz.* 2 volumes in-8. Ire PARTIE : *Machines en mouvement, Régulateurs et transmissions, Résistances passives,* avec 117 figures dans le texte et 2 planches ; 1874.   12 fr. 2e PARTIE : *Mouvement des fluides, Moteurs, Ponts-Levis,* avec 111 figures ; 1876.   12 fr.

PORUMBARU, Ingénieur des Mines, Licencié ès sciences. Étude géologique des environs de Craïova, parcours Bucovatzu-Cretzesci. In-4 raisin, avec 10 planches photolithographiées ; 1881.   10 fr.

POUDRA. — Traité de Perspective-Relief. In-8, avec Atlas oblong de 18 planches ; 1862.   8 fr. 50 c.

POUILLET et GAY-LUSSAC. — Instruction sur les paratonnerres, adoptée par l'Académie des Sciences. In-18 jésus, avec 58 figures dans le texte et une planche ; 1874.   2 fr. 50 c.

PRÉFECTURE DE LA SEINE. — Assainissement de la Seine. Épuration et utilisation des eaux d'égout. 4 beaux volumes in-8 jésus, avec 17 planches, dont 10 en chromolithographie ; 1876-1877.   26 fr. *On vend séparément :* Les 3 premiers volumes (*Documents administratifs.* — Enquête. — Annexes).   20 fr. Le 4e volume (*Documents anglais*).   6 fr.

PRESLE (de), ancien élève de l'École Polytechnique. — Traité de Mécanique rationnelle. In-8, avec 95 fig. ; 1869.   5 fr.

PUISEUX (V.), Membre de l'Institut. — Mémoire sur l'accélération séculaire du mouvement de la Lune. (Extrait des *Mémoires présentés par divers savants à l'Académie des Sciences.*) In-4 ; 1873.   5 fr

PUISSANT. — Traité de Géodésie, ou Exposition des Méthodes trigonométriques et astronomiques, applicables soit à la mesure de la Terre, soit à la confection des canevas des cartes et des plans topographiques. 3ᵉ édit. 2 vol. in-4, avec 13 pl.; 1842. (*Rare.*)   80 fr.

RADAU (R.). — Étude sur les formules d'approximation qui servent à calculer la valeur numérique d'une intégrale définie. In-4; 1881.   3 fr.

REGNAULT (J.-J.) — Traité de Géométrie pratique et d'Arpentage, comprenant les Opérations graphiques et de nombreuses Applications aux Travaux de toute nature, à l'usage des Écoles professionnelles, des Écoles normales primaires, des employés des Ponts et Chaussées, des Agents voyers, etc. 2ᵉ édition, revue et augmentée. In-8, avec 14 pl.; 1860.   5 fr.

REGNAULT (J.-J.). — Cours pratique d'Arpentage, à l'usage des Instituteurs, des Élèves des Écoles primaires, des Propriétaires et des Cultivateurs. In-18 jésus, avec figures dans le texte. 2ᵉ édition; 1870.   1 fr. 50 c.

RESAL (H.), Membre de l'Institut, Ingénieur en chef des Mines. — Traité de Mécanique générale, comprenant les *Leçons professées à l'École Polytechnique et à l'École des Mines.* 6 vol. in-8, se vendant séparément :

MÉCANIQUE RATIONNELLE.

TOME I : *Cinématique.* — *Théorèmes généraux de la Mécanique.* — *De l'équilibre et du mouvement des corps solides.* In-8, avec 66 fig. dans le texte; 1873.   9 fr. 50 c.

TOME II : *Frottement.* — *Équilibre intérieur des corps.* — *Théorie mathématique de la poussée des terres.* — *Équilibre et mouvements vibratoires des corps isotropes.* — *Hydrostatique.* — *Hydrodynamique.* — *Hydraulique.* — *Thermodynamique,* suivie de la *Théorie des armes à feu.* In-8, avec 56 figures dans le texte; 1874. 9 fr. 50 c.

MÉCANIQUE APPLIQUÉE (moteurs et machines).

TOME III : *Des machines considérées au point de vue des transformations de mouvement et de la transformation du travail des forces.* — *Application de la Mécanique à l'Horlogerie.* In-8, avec 213 belles figures dans le texte; 1875.   11 fr.

TOME IV : *Moteurs animés.* — *De l'eau et du vent considérés comme moteurs.* — *Machines hydrauliques et élévatoires.* — *Machines à vapeur, à air chaud et à gaz.* In-8, avec 200 belles figures dans le texte, levées et dessinées d'après les meilleurs types; 1876.   15 fr.

CONSTRUCTION.

TOME V : *Résistance des matériaux.* — *Constructions en bois.* — *Maçonneries.* — *Fondations.* — *Murs de soutènement.* — *Réservoirs.* In-8, avec 308 belles figures dans le texte, levées et dessinées d'après les meilleurs types; 1880.   12 fr. 50 c.

TOME VI : *Voûtes droites et biaises, en dôme,* etc. — *Ponts en bois.* — *Planchers et combles en fer.* — *Ponts suspendus.* — *Ponts-levis.* — *Cheminées.* — *Fondations de machines industrielles.* — *Amélioration des cours d'eau.* — *Substruction des chemins de fer.* — *Navigation intérieure.* — *Ports de mer.* In-8, avec 519 fig. et 5 pl. chromolithographiques; 1881.   15 fr.

RESAL (H.). — Traité élémentaire de Mécanique céleste. In-8, avec planche; 1865.   (*Rare.*)

RESAL (H.). — Traité de Cinématique pure. In-8, avec 78 figures dans le texte; 1862.   6 fr.

RESAL (H.). — Éléments de Mécanique, rédigés d'après les Leçons de Mécanique physique professées à la Faculté des Sciences de Paris par M. Poncelet. Nouvelle édition, revue et corrigée. In-8, avec planches; 1862. 4 fr. 50 c.

ROCHE (E.), Correspondant de l'Institut, Professeur à la Faculté des Sciences de Montpellier. — Mémoire sur l'état intérieur du globe terrestre. In-4; 1881. 2 fr. 50 c.

ROMAN (L.). — Manuel du Magnanier. *Application des théories de M. Pasteur à l'éducation des vers à soie.* Un beau volume in-18 jésus, avec nombreuses figures dans le texte et 6 planches en couleur; 1876.   4 fr. 50 c.

ROUCHÉ (Eugène), Professeur à l'École Centrale, Répétiteur à l'École Polytechnique, etc., et COMBEROUSSE (Charles de), Professeur à l'École Centrale et au Collège Chaptal, etc. — Traité de Géométrie conforme aux Programmes officiels, renfermant un très grand nombre d'Exercices et plusieurs Appendices consacrés à l'exposition des PRINCIPALES MÉTHODES DE LA GÉOMÉTRIE MODERNE. 4ᵉ édition, revue et notablement augmentée. In-8 de xxxvi-900 pages, avec 616 figures dans le texte, et 1087 questions proposées; 1879.   14 fr.

On vend séparément, savoir :

Iʳᵉ Partie. — *Géométrie plane.*   6 fr.

IIᵉ Partie. — *Géométrie de l'espace ; Courbes et Surfaces usuelles.*   8 fr.

ROUCHÉ (Eugène) et COMBEROUSSE (Charles de). — Éléments de Géométrie, entièrement conformes aux derniers programmes d'enseignement des classes de troisième, de seconde, de rhétorique et de philosophie, suivis d'un Complément à l'usage des Élèves de Mathématiques élémentaires et de Mathématiques spéciales, et de *Notions sur le Lever des plans, l'Arpentage et le Nivellement.* 3ᵉ édit., revue et augmentée. In-8 de xxxiv-540 pages, avec 464 figures dans le texte et 543 questions proposées et exercices; 1881.   6 fr.

Ces nouveaux Éléments de Géométrie (qu'il ne faut pas confondre avec le Traité de Géométrie des mêmes auteurs) sont entièrement conformes aux derniers programmes officiels. Ils renferment toutes les parties de la Géométrie enseignées successivement dans les établissements d'instruction publique, depuis la classe de troisième jusqu'à celle de Mathématiques spéciales inclusivement, et sont destinés aux élèves appelés à suivre ces différents Cours.

ROUCHÉ (Eugène). — Éléments d'Algèbre, à l'usage des Candidats au Baccalauréat ès Sciences et aux Écoles spéciales. (*Rédigés conformément aux Programmes.*) In-8, avec figures dans le texte; 1857.   4 fr.

SACHSE (Arnold). — Essai historique sur la représentation d'une fonction arbitraire d'une seule variable par une série trigonométrique. Grand in-8 ; 1880.   2 fr. 50 c.

SAINT-EDME, Professeur de Sciences physiques aux Écoles municipales d'Auteuil, Lavoisier, Turgot; et à l'École supérieure du Commerce. — L'Électricité appliquée aux Arts mécaniques, à la Marine, au Théâtre. In-8, avec belles fig. dans le texte; 1871.   4 fr.

SAINT-GERMAIN (de), Professeur de Mécanique à la Faculté des Sciences de Caen, ancien Maître de Conférences à l'École des Hautes Études de Paris. — Recueil d'Exercices sur la Mécanique rationnelle, à l'usage des candidats à la Licence et à l'Agrégation des Sciences mathématiques. In-8, avec figures dans le texte; 1877. 8 fr. 50 c.

SALMON (G.), Professeur au Collège de la Trinité, à Dublin. — Traité de Géométrie analytique à trois dimensions. Traduit de l'anglais, sur la quatrième édition, par O. Chemin, Ingénieur des Ponts et Chaussées.

Iʳᵉ Partie : *Lignes et surfaces du 1ᵉʳ et du 2ᵉ ordre.* In-8, avec figures dans le texte; 1882.   7 fr.

IIᵉ Partie : *Théorie générale des lignes et surfaces courbes.* In-8, avec fig. dans le texte; 1882. (*Sous presse.*)

SALVÉTAT (A.), Chef des travaux chimiques à la Manufacture de Sèvres. — Leçons de Céramique, professées à l'École Centrale des Arts et Manufactures. 2 vol. in-18, avec 479 figures dans le texte; 1857.   12 fr.

SCHRÖN (L.). — Tables de Logarithmes à sept décimales pour les nombres depuis 1 jusqu'à 108 000, et pour les fonctions trigonométriques de 10 en 10 secondes; et Tables d'Interpolation pour le calcul des parties proportionnelles; précédées d'une Introduction par *J. Hoüel.* 2 beaux volumes grand in-8 jésus. Paris; 1882.

PRIX :

	Broché.	Cartonné.
Tables de Logarithmes..........	8 fr.	9 fr. 75 c.
Table d'interpolation...........	2	3 25
Tables de Logarithmes et Table d'interpolation réunies en un seul volume.................	10	11 75

SCHWEDOFF (Th.), Professeur de Physique à l'Université d'Odessa. — Théorie mathématique des formes cométaires. In-8; 1880. 3 fr. 50 c.

SCOTT (Robert-H.), Directeur du Service météorologique de l'Angleterre. — Cartes du temps et avertissements de tempêtes. Ouvrage traduit de l'anglais par MM. *Zurcher* et *Margollé.* Petit in-8, avec nombreuses figures et 2 planches en couleur; 1879. 4 fr. 50 c.

SECCHI (le P. A.), Directeur de l'Observatoire du Collège Romain, Correspondant de l'Institut de France. Le Soleil. 2e édition. Deux beaux volumes grand in-8, avec Atlas; 1875-1877. 30 fr.

On vend séparément :

Ire PARTIE. Un volume grand in-8, avec 150 figures dans le texte et un atlas comprenant 6 grandes planches gravées sur acier (I. *Spectre ordinaire du Soleil et Spectre d'absorption atmosphérique.* — II. *Spectre de diffraction,* d'après la photographie de M. HENRY DRAPER. — III, IV, V et VI. *Spectre normal du Soleil,* d'après ANGSTRÖM, et *Spectre normal du Soleil, portion ultra-violette,* par M. A. CORNU); 1875. 18 fr.

IIe PARTIE. Un beau volume grand in-8, avec nombreuses figures dans le texte, et 13 planches, dont 12 en couleur (I à VIII. *Protubérances solaires.* — IX. *Type de tache du Soleil.* — X et XI, *Nébuleuses, etc.* — XII et XIII. *Spectres stellaires*); 1877. 18 fr.

SECRETAN. — Calendrier météorologique pour 1882. 3e année. In-4, avec tableaux et figures. 2 fr.

SERRET (J.-A.), Membre de l'Institut. — Traité d'Arithmétique, à l'usage des candidats au Baccalauréat ès Sciences et aux Écoles spéciales. 6e édition, revue et mise en harmonie avec les derniers Programmes officiels par J.-A. Serret et par Ch. de Comberousse, Professeur de Cinématique à l'École Centrale et de Mathématiques spéciales au Collège Chaptal. In-8; 1875. (*Autorisé par décision ministérielle.*)

Broché.	4 fr. 50 c.
Cartonné.	5 fr. 25 c.

SERRET (J.-A.). — Traité de Trigonométrie. 6e édition, revue et augmentée. In-8 avec fig. dans le texte; 1880. (*Autorisé par décision ministérielle.*) 4 fr.

SERRET (J.-A.). Cours d'Algèbre supérieure. 4e édition. 2 forts volumes in-8 avec figures; 1877-1879. 25 fr.

SERRET (J.-A.). Cours de Calcul différentiel et intégral. 2e édit. 2 forts vol. in-8, avec fig.; 1878-1880. 24 fr.

SERRET (Paul). — Théorie nouvelle géométrique et mécanique des lignes à double courbure. In-8, avec 67 figures dans le texte; 1860. 8 fr.

SERRET (Paul). — Géométrie de Direction. APPLICATIONS DES COORDONNÉES POLYÉDRIQUES. *Propriété de dix points de l'ellipsoïde, de neuf points d'une courbe gauche du quatrième ordre, de huit points d'une cubique gauche.* In-8, avec figures dans le texte; 1869. 10 fr.

STURM, Membre de l'Institut. — Cours d'Analyse de l'École Polytechnique, publié, d'après le vœu de l'auteur, par M. *Prouhet.* 6e édition, suivie de la Théorie

élémentaire des Fonctions elliptiques, par M. *H. Laurent,* répétiteur à l'École Polytechnique. 2 vol. in-8, avec figures dans le texte; 1880. 14 fr.

STURM. — Cours de Mécanique de l'École Polytechnique, publié, d'après le vœu de l'auteur, par M. *E. Prouhet.* 4e édition, revue et annotée par M. *de Saint-Germain,* Professeur à la Faculté des Sciences de Caen. 2 volumes in-8, avec 189 figures dans le texte; 1881. 14 fr.

TARNIER, Inspecteur de l'Instruction primaire à Paris. — Éléments de Géométrie pratique, conformes au programme de l'enseignement secondaire spécial (année préparatoire, Sciences) à l'usage des Écoles primaires et des divers établissements scolaires. In-8, avec figures dans le texte, accompagné d'un Atlas in-folio contenant 1 planche typographique et 7 belles planches coloriées gravées sur acier; 1872. Prix du texte broché, avec l'Atlas en feuilles dans une couverture imprimée. 6 fr.

Prix du texte cartonné et de l'Atlas cartonné sur onglets. 8 fr. 75 c.

On vend séparément :

Le texte, broché, 2 fr. 50 c.; cartonné, 3 fr. 25 c. L'Atlas, en feuilles, 3 fr. 50 c.; cart. sur ongl., 5 fr. 50 c.

THIERRY fils. — Méthode graphique et géométrique, ou le Dessin linéaire appliqué aux arts en général, et en particulier à la projection des ombres, à la pratique de la coupe des pierres, à la perspective linéaire et aux cinq ordres d'Architecture. 2e éd., revue et corrigée par M. *C.-F.-M. Marie.* Grand in-8 oblong, avec 50 planches; 1846. (*Ouvrage choisi par le Ministère de l'Instruction publique pour les Bibliothèques scolaires.*) 6 fr.

THOMAN (Fedor). — Théorie des intérêts composés et des annuités, suivie de Tables logarithmiques. Ouvrage traduit de l'anglais par M. l'Abbé *Bouchard,* et précédé d'une préface de M. *J. Bertrand,* Secrétaire perpétuel de l'Académie des Sciences. (Cette édition française renferme plusieurs Tables inédites de *Fedor Thoman.* Grand in-8; 1878. 10 fr.

THOREL (J.-B.-A.), Géomètre de 1re classe du Cadastre. — Arpentage et Géodésie pratiques. Ouvrage à l'aide duquel on peut apprendre le Système métrique, l'Arpentage, la Division des Terres, la Trigonométrie rectiligne, le Lever des Plans et la Gnomonique. 2e tirage. In-4, avec planches; 1853. 4 fr.

TILLY (de). — Essai sur les principes fondamentaux de la Géométrie et de la Mécanique. Grand in-8; 1878. 6 fr.

TIMMERMANS, Professeur à la Faculté des Sciences de l'Université de Gand. — Traité de Mécanique rationnelle. 2e édit. Grand in-8; 1862. 9 fr.

TISSERAND, Correspondant de l'Institut, Directeur de l'Observatoire de Toulouse, ancien Maître de Conférences à l'École des Hautes Études de Paris. — Recueil complémentaire d'Exercices sur le Calcul infinitésimal, à l'usage des candidats à la Licence et à l'Agrégation des Sciences mathématiques. (Cet Ouvrage forme une suite naturelle à l'excellent *Recueil d'Exercices* de M. FRENET. In-8, avec figures dans le texte; 1877. 7 fr. 50 c.

TISSOT (A.), Examinateur d'admission à l'École Polytechnique. — Mémoire sur la représentation des surfaces et les projections des Cartes géographiques, suivi d'un *Complement* et de *Tableaux numériques* relatifs à la déformation produite par les divers systèmes de projection. In-8; 1881. 9 fr.

TRUCHOT, Professeur à la Faculté des Sciences de Clermont-Ferrand. — Les instruments de Lavoisier. *Relation d'une visite à La Canière (Puy-de-Dôme) où se trouvent réunis les instruments ayant servi à Lavoisier.* In-8, avec belles figures dans le texte; 1879. 1 fr. 50 c.

TYNDALL (John). — La Chaleur, considérée comme un *mode de mouvement*. 2ᵉ édition française traduite sur la 4ᵉ édition anglaise, par l'Abbé *Moigno*. Un fort volume in-18 jésus, avec figures ; 1881. (2ᵉ tirage.)   8 fr.

TYNDALL (John). — La Lumière ; six Lectures faites en Amérique en 1872-1873 ; Ouvrage traduit de l'anglais par M. l'Abbé *Moigno*. In-8, avec figures dans le texte. 2ᵉ édition.   (*Sous presse.*)

TYNDALL (John). — Leçons sur l'Électricité, professées en 1875-1876 à l'Institution royale ; Ouvrage traduit de l'anglais par *Francisque Michel*. In-18, avec 58 figures dans le texte ; 1878.   2 fr. 75 c.

TYNDALL (John). — Le Son, traduit de l'anglais et augmenté d'un Appendice par M. l'Abbé *Moigno*. In-8, orné de figures dans le texte. 2ᵉ édition. (*Sous presse.*)

TZAUT et MORF, Professeurs à l'École industrielle cantonale à Lausanne. — Exercices et Problèmes d'Algèbre (*Première Série*); Recueil gradué renfermant plus de 3800 Exercices sur l'Algèbre élémentaire jusqu'aux équations du premier degré inclusivement. In-12 ; 1877. 3 fr.

— Réponses aux Exercices et Problèmes *de la première Série*. In-12 ; 1877.   2 fr.

TZAUT (S.). — Exercices et problèmes d'Algèbre (*Deuxième série*); Recueil gradué renfermant plus de 6200 exercices sur l'Algèbre élémentaire, depuis les équations du premier degré exclusivement jusqu'au binôme de Newton et aux déterminants inclusivement. In-12 ; 1881.   3 fr. 50 c.

— Réponses aux Exercices et Problèmes *de la deuxième Série*. In-12 ; 1881.   3 fr. 75 c.

UHLAND, Ingénieur civil, Rédacteur en chef du *Praktischer Maschinen-Constructeur*. — Les nouvelles machines à vapeur, notamment celles qui ont figuré à l'Exposition universelle de 1878. Description des *Types Corliss, à soupapes, Compound*, etc., construits le plus récemment. Exposé de l'origine, du développement et des principes de construction de ces systèmes. Traduit de l'allemand et annoté par C. DE LAHARPE, Ingénieur-Constructeur, ancien Elève de l'École Centrale des Arts et Manufactures, et MM. BARETTA et DESNOS. In-4 de 400 pages environ, contenant plus de 250 fig. dans le texte et 30 pl. in-4, avec un Atlas de 60 pl. in-folio.   100 fr.

UNWIN (W.-Cawthorne), Professeur de Mécanique au Collège Royal Indien des Ingénieurs civils. — Eléments de construction de machines, ou *Introduction aux principes qui régissent les dispositions et les proportions des organes des machines*, contenant une collection de formules pour les constructeurs de machines. Traduit de l'anglais, avec l'approbation de l'Auteur, sur la deuxième édition, par M. BOCQUET, ancien Elève de l'Ecole Centrale, Chef des travaux à l'Ecole municipale d'apprentis de la Villette (Paris); et augmenté d'un *Appendice sur les transmissions par les câbles métalliques, sur le trace des engrenages et sur les régulateurs;* par M. LÉAUTÉ, Répétiteur du cours de Mécanique à l'Ecole Polytechnique. In-18 jésus, illustré de 219 figures dans le texte ; 1882.   Broché.   7 fr.
                Cartonné à l'anglaise.   8 fr.

VALÉRIUS (B.), Docteur ès Sciences. — Traité théorique et pratique de la fabrication du fer et de l'acier, accompagné d'un *Exposé des améliorations dont elle est susceptible*, principalement en Belgique. 2ᵉ édition originale française, publiée d'après le manuscrit de l'Auteur, et augmentée de plusieurs articles par H. VALÉRIUS, Professeur à l'Université de Gand. Un volume grand in-8, de 880 pages, texte compacte, avec un Atlas in-folio de 45 planches (dont deux doubles), gravées ; 1875. 75 fr.

VALÉRIUS (H.), Professeur à l'Université de Gand. — Les applications de la Chaleur, avec un exposé des meil-

leurs systèmes de chauffage et de ventilation. 3ᵉ édition. Grand in-8, avec 122 figures dans le texte et 14 planches ; 1879.   18 fr.

VALLÈS (F.), Inspecteur général des Ponts et Chaussées. — Des formes imaginaires en Algèbre.
Iʳᵉ PARTIE : *Leur interprétation en abstrait et en concret.* In-8 ; 1869.   5 fr.
IIᵉ PARTIE : *Intervention de ces formes dans les équations des cinq premiers degrés.* Grand in-8, lithographié ; 1873.   6 fr.
IIIᵉ PARTIE : *Representation à l'aide de ces formes des directions dans l'espace.* In-8 ; 1876.   5 fr.

VASSAL (le major Vladimir), ancien Ingénieur. — Nouvelles Tables donnant avec cinq décimales les logarithmes vulgaires et naturels des nombres de 1 à 10 800, et des fonctions circulaires et hyperboliques pour tous les degrés de quart de cercle de minute en minute. Un beau vol. in-4° ; 1872.   12 fr.

VIDAL (l'Abbé). — L'Art de tracer les cadrans solaires par le calcul, et le mètre à la main, mis à la portée des ouvriers et de ceux qui ne savent faire que l'addition et la soustraction. In-8, avec 2 planches ; 1875. 2 fr. 50 c

VIEILLE (J.), Inspecteur général de l'Instruction publique. — Éléments de Mécanique, rédigés conformément au Progr. du nouveau plan d'études des Lycées. 4ᵉ édit. ; 1 vol. in-8, avec fig. dans le texte ; 1882.   4 fr. 50 c.

VINCENT, Répétiteur de Chimie industrielle à l'École Centrale. — Carbonisation des bois en vases clos et utilisation des produits dérivés. Grand in-8, avec belles figures gravées sur bois ; 1873.   5 fr.

VIOLEINE (A.-P.). — Nouvelles Tables pour les calculs d'Intérêts composés, d'Annuités et d'Amortissement. 3ᵉ édition, revue et augmentée par M. *Laas d'Aguen*, gendre de l'Auteur. In-4 ; 1876.   15 fr.

VIOLLE, Professeur à la Faculté de Lyon. — Sur la radiation solaire. In-8 ; 1879.   2 fr.

YVON VILLARCEAU, membre de l'Institut, et AVED DE MAGNAC, lieutenant de vaisseau. — Nouvelle navigation astronomique. (*L'heure du premier méridien est déterminée par l'emploi seul des chronomètres*). Théorie et Pratique. Un beau volume in-4, avec planche ; 1877. 20 fr.

On vend séparément :
THÉORIE, par M. *Yvon Villarceau*.   10 fr.
PRATIQUE, par M. *Aved de Magnac*.   12 fr.

ZEUNER. — Théorie mécanique de la Chaleur, avec ses APPLICATIONS AUX MACHINES. 2ᵉ édition, entièrement refondue, avec fig. dans le texte et tableaux. Ouvrage traduit de l'allemand et augmenté d'un *Appendice* comprenant les travaux postérieurs à la publication du texte allemand, en particulier les importantes Recherches de M. Zeuner sur les propriétés de la vapeur d'eau surchauffée ; par M. M. *Arnthal*. Un fort volume in-8 ; 1869.   10 fr.

—————•◆•—————

EXTRAIT DU CATALOGUE DE PHOTOGRAPHIE.

Abney (le capitaine), Professeur de Chimie et de Photographie à l'École militaire de Chatham. — *Cours de Photographie*. Traduit de l'anglais par LÉONCE ROMMELAER. 3ᵉ éd. Gr. in-8, avec planche photoglyptique ; 1877. 5 fr.

Aide-Mémoire de Photographie pour 1882, publié sous les auspices de la Société photographique de Toulouse, par M. C. FABRE. Septième année, contenant de nombreux renseignements sur les procédés rapides à employer pour portraits dans l'atelier, les émulsions au coton-poudre, à la gélatine, un procédé inédit d'émulsion au gélatino-bromure, etc. In-18, avec fig. dans le texte et spécimen.

Prix : Broché.................. 1 fr. 75 c.
       Cartonné................... 2 fr. 25 c.

Les volumes des années précédentes, sauf 1879 et 1880, se vendent aux mêmes prix.

Annuaire Photographique, par *A. Davanne.* 2 vol. in-18, années 1867 et 1868. Chaque volume se vend séparément :
Prix : Broché............... 1 fr. 75.

Aubert. — *Traité élémentaire et pratique de Photographie au charbon.* In-18 jésus. 2ᵉ édition. (*Sous presse.*)

Blanquart-Evrard. — *Intervention de l'art dans la Photographie.* In-12, avec une photographie... 1 fr. 50 c.

Boivin (F.). — *Procédé au collodion sec.* 2ᵉ édition, augmentée du formulaire de Th. Sutton, des tirages aux poudres inertes (procédé au charbon), ainsi que de notions pratiques sur la Photographie, l'Électrogravure et l'Impression à l'encre grasse. In-18 j.; 1876. 1 fr. 50 c.

Bulletin de la Société française de Photographie. Grand in-8, mensuel. 28ᵉ année; 1882.
Prix pour un an : Paris et les départements.. 12 fr.
       Étranger. 15 fr.

Chardon (Alfred). — *Photographie par émulsion sèche au bromure d'argent pur* (Ouvrage couronné par le Ministre de l'Instruction publique et par la Société française de Photographie). Gr. in-8, avec fig.; 1877. 4 fr. 50 c.

Chardon (Alfred). — *Photographie par émulsion sensible, au bromure d'argent et à la gélatine.* Grand in-8, avec figures; 1880. 3 fr. 50 c.

Clément (R.). — *Méthode pratique pour déterminer exactement le temps de pose en Photographie,* applicable à tous les procédés et à tous les objectifs, indispensable pour l'usage des nouveaux procédés rapides. In-8; 1880. 1 fr. 50 c.

Cordier (V.). — *Les insuccès en Photographie; causes et remèdes.* 3ᵉ édit. avec fig. Nouveau tirage. In-18 jésus; 1880. 1 fr. 75 c.

Davanne. — *Les Progrès de la Photographie.* Résumé comprenant les perfectionnements apportés aux divers procédés photographiques pour les épreuves négatives et les épreuves positives, les nouveaux modes de tirage des épreuves positives par les impressions aux poudres colorées et par les impressions aux encres grasses. In-8; 1877. 6 fr. 50 c.

Davanne. — *La Photographie, ses origines et ses applications.* Conférence de l'Association scientifique de France, faite à la Sorbonne le 20 mars 1879. Grand in-8, avec figures; 1879. 1 fr. 25 c.

Davanne. — *La Photographie appliquée aux Sciences.* Conférence de l'Association scientifique de France, faite à la Sorbonne le 26 février 1881. Gr. in-8; 1881. 1 fr. 25 c.

Ducos du Hauron (H. et L.). — *Traité pratique de la Photographie des couleurs* (Héliochromie). Description des moyens d'exécution récemment découverts. In-8; 1878. 3 fr.

Dumoulin. — *Manuel élémentaire de Photographie au collodion humide.* In-18 jésus, avec figures.. 1 fr. 50 c.

Dumoulin. — *Les Couleurs reproduites en Photographie.* Historique, théorie et pratique. In-18 jésus. 1 fr. 50 c.

Fabre (C.). — *La Photographie sur plaque sèche.* — *Émulsion au coton-poudre avec bain d'argent.* In-18 jésus; 1880. 1 fr. 75 c.

Fortier (G.). — *La Photolithographie, son origine, ses procédés, ses applications.* Petit in-8, orné de planches, fleurons, culs-de-lampe, etc., obtenus au moyen de la Photolithographie; 1876. 3 fr. 50 c.

Godard (E.). — *Encyclopédie des virages.* 2ᵉ édition, revue et augmentée, contenant la préparation des sels d'or et d'argent. In-8. 2 fr.

Hannot (le capitaine), Chef du service de la Photographie à l'Institut cartographique militaire de Belgique. — *Exposé complet du procédé photographique à l'émulsion* de M. WARNERCKE, lauréat du Concours international pour le meilleur procédé au collodion sec rapide, institué par l'Association belge de Photographie en 1876. In-8 jésus; 1880. 1 fr. 50 c.

Hannot (le capitaine). — *Les Éléments de la Photographie.* I. Aperçu historique et exposition des opérations de la Photographie. — II. Propriété des sels d'argent. — III. Optique photographique. In-8. 1 fr. 50 c.

Huberson. — *Formulaire de la Photographie aux sels d'argent.* In-18. 1 fr. 50 c.

Huberson. — *Précis de Microphotographie.* In-18 jésus, avec figures dans le texte et une planche en photogravure; 1879. 2 fr.

Journal de l'Industrie photographique, *Organe de la Chambre syndicale de la Photographie.* Grand in-8, mensuel. 3ᵉ année; 1882.
Prix pour un an : Paris, France, Étranger. 7 fr.

Klary. — *Retouche photographique,* par *un Spécialiste.* Gr. in-8, de 48 pages, orné de deux belles études de retouche d'après un cliché de M. FRITZ LUCKHARDT; 1875. 5 fr.

La Blanchère (H. de). — *Monographie du stéréoscope et des épreuves stéréoscopiques.* In-8, avec figures. 5 fr.

Monckhoven (Dʳ Van). — *Traité général de Photographie,* suivi d'un chapitre spécial sur le *gélatino-bromure d'argent.* 7ᵉ édition. Grand in-8, avec planches et figures intercalées dans le texte; 1880. 16 fr.

Moock. — *Traité pratique complet d'impressions photographiques aux encres grasses et de phototypographie et photogravure.* 2ᵉ édition, beaucoup augmentée. In-18 jésus; 1877. 3 fr.

Odagir (H.). — *Le Procédé au gélatino-bromure,* suivi d'une Note de M. MILSOM sur les clichés portatifs et de la traduction des Notices de M. KENNETT et Rév. G. PALMER. In-18 jésus, avec figures dans le texte; 1877. 1 fr. 50 c.

O'Madden (le Chevalier C.). — *Le Photographe en voyage.* Emploi du gélatino-bromure. — Installation en voyage. Bagage photographique. In-18; 1882. 1 fr. 25 c.

Pélegry, Peintre amateur, Membre de la Société photographique de Toulouse. — *La Photographie des peintres, des voyageurs et des touristes. Nouveau procédé sur papier huilé,* simplifiant le bagage et facilitant toutes les opérations, avec indication de la manière de construire soi-même les instruments nécessaires. In-18 jésus, avec un spécimen; 1879. 1 fr. 75 c.

Perrot de Chaumeux (L.). — *Premières Leçons de Photographie.* In-12, avec fig. 2ᵉ édition. 1 fr. 50 c.

Phipson (le Dʳ). — *Le Préparateur photographe,* ou Traité de Chimie à l'usage des photographes et des fabricants de produits photographiques. In-12, avec fig. 3 fr.

Piquepé (P.). — *Traité pratique de la Retouche des clichés photographiques,* suivi d'une *Méthode très détaillée d'émaillage* et de *Formules et Procédés divers.* In-18 jésus, avec deux photoglypties; 1881. 4 fr. 50 c.

Radau (R.). — *La Lumière et les climats.* In-18 jésus; 1877. 1 fr. 75 c.

Radau (R.). — *Les radiations chimiques du Soleil.* In-18 jésus; 1877. 1 fr. 50 c.

Radau (R.). — *Actinométrie.* In-18 jésus; 1877. 2 fr.

Radau (R.). — *La Photographie et ses applications scientifiques.* In-18 jésus; 1878. 1 fr. 75 c.

Rodrigues (J.-J.), Chef de la Section photographique artistique (Direction générale des travaux géographiques du Portugal). — *Procédés photographiques et méthodes diverses d'impressions aux encres grasses,* employés à la Section photographique et artistique. Grand in-8; 1879. 2 fr. 50 c.

Roux (V.), Opérateur au Ministère de la Guerre. — *Manuel* opératoire pour l'emploi du procédé au gélatino-bromure d'argent. Revu et annoté par M. STÉPHANE GEOFFRAY, In-18; 1881. 　　　　　　　　　1 fr. 75 c.

Roux (V.). — *Traité pratique de la transformation des négatifs en positifs servant à l'héliogravure et aux agrandissements.* In-18; 1881. 　　　　　　　　　1 fr.

Russel (C.). — *Le Procédé au Tannin,* traduit de l'anglais par M. AIMÉ GIRARD. 2ᵉ éd. In-18 jésus, avec fig. 2 fr. 50 c.

Sauvel (Edouard), Avocat au Conseil d'État et à la Cour de cassation. — *Des œuvres photographiques et de la protection légale à laquelle elles ont droit.* In-18; 1880. 　　　　　　　　　1 fr. 50 c.

Trutat (E.). — *La Photographie appliquée à l'Archéologie;* Reproduction des *Monuments, OEuvres d'art, Mobilier, Inscriptions, Manuscrits.* In-18 jésus, avec cinq photolithographies; 1879. 　　　　　3 fr.

Vidal (Léon). — *Traité pratique de Photographie au charbon,* complété par la description de divers *Procédés d'impressions inaltérables* (*Photochromie et tirages photomécaniques*). 3ᵉ édition. In-18 jésus, avec une planche spécimen de Photochromie et 2 planches spécimens d'impression à l'encre grasse; 1877. 　　　　4 fr. 50 c.

Vidal (Léon). — *Traité pratique de Phototypie,* ou *Impression à l'encre grasse sur couche de gélatine.* In-18 jésus, avec belles figures sur bois dans le texte et spécimens; 1879. 　　　　　　　　8 fr.

Vidal (Léon). — *La Photographie appliquée aux arts industriels de reproduction.* In-18 jésus, avec figures; 1880. 　　　　　　　　　1 fr. 50 c.

Vidal (Léon). — *Traité pratique de Photoglyptie,* avec et sans presse hydraulique. In-18 jésus avec 2 planches photoglyptiques hors texte et nombreuses gravures dans le texte; 1881. 　　　　　　　　7 fr.

THÈSES

DE

MATHÉMATIQUES, PHYSIQUE ET CHIMIE

(Ces Thèses n'existent, pour la plupart, qu'à un ou deux exemplaires.)

ANDRÉ (Ch.). — Thèse d'Astronomie physique. — Étude de la diffraction dans les instruments d'Optique; son influence sur les observations astronomiques. In-4, 82 p.; 1876. 　　　　　　　　　4 fr.

APPELL (P.). — Thèse d'Analyse. Sur les propriétés des cubiques gauches et le mouvement hélicoïdal d'un corps solide. In-8, 36 pages; 1876. 　　　　　3 fr.

ASTOR. — Thèse d'Analyse. — Étude sur quelques surfaces. In-4, 92 pages; 1880. 　　　　　5 fr.

BENOIT (René). — Thèse de Physique. — Études expérimentales sur la résistance électrique des métaux et sa variation sous l'influence de la température. In-4, 60 pages, avec 3 planches; 1873. 　3 fr. 50 c.

BIEHLER (Ch.). — Thèse d'Algèbre. — Sur la théorie des équations. In-4, 60 pages; 1879. 　　　5 fr.

BLONDLOT (R.). — Thèse de Physique. — Recherches expérimentales sur la capacité de polarisation voltaïque. In-4, 48 pages avec figures; 1881. 　　2 fr. 50 c.

BOUTROUX. — Thèse de Chimie. — Sur une fermentation nouvelle du glucose. In-4, 72 pages; 1880. 2 fr. 50 c.

CHARVE (L.). — Thèse d'Analyse. — De la réduction des formes quadratiques ternaires positives et de son application aux irrationnelles du troisième degré. In-4, 160 pages; 1880. 　　　　　　　10 fr.

CHEVILLIET. — Thèses de Mécanique et d'Astronomie. — Sur l'équilibre d'élasticité du cylindre droit à base quelconque et de la sphère, soumis à l'action de la pesanteur et comprimés entre deux plans horizontaux. — Sur le problème inverse des perturbations. In-4, 82 pages; 1869. 　　　　　　3 fr. 50 c.

DAMIEN (B.-C.). — Thèse de Physique. — Recherches sur le pouvoir réfringent des liquides. In-4, 74 pages; 1881. 　　　　　　　　　3 fr.

DUPORT. — Thèse d'Analyse. — Sur un mode particulier de représentation des imaginaires. In-4, 66 pages; 1880. 　　　　　　　　　4 fr.

D'ESCLAIBES (l'Abbé). — Thèse d'Analyse. — Sur les applications des fonctions elliptiques à l'étude des courbes du premier genre. In-4, 124 pages; 1880. 　8 fr.

FLOQUET (Gaston). — Thèse d'Analyse. — Sur la théorie des équations différentielles linéaires. In-4, 132 pages; 1879. 　　　　　　　　　5 fr.

FORQUIGNON. — Thèse de Chimie. — Recherches sur la fonte malléable et sur le recuit des aciers. In-4, 124 pages, avec figures; 1881. 　　　5 fr.

FOUCAULT (Léon). — Thèse de Physique et de Chimie. — Sur les vitesses relatives de la lumière dans l'air et dans l'eau. In-4, 36 pages, 1 pl.; 1853. 　3 fr.

GOGOU (C.). — Thèse d'Astronomie. — Sur une inégalité lunaire à longue période due à l'action perturbatrice de Mars, et dépendant de l'argument $\varpi + l - 24\,l' + 20\,l''$. In-4, 101 pages; 1882. 　　　　　8 fr.

GOURSAT. — Thèse d'Analyse. — Sur l'équation différentielle linéaire qui admet pour intégrale la série hypergéométrique. In-4, 143 pages; 1881. 　5 fr.

GRIMAUX (E.). — Thèse de Chimie. — Recherches synthétiques sur la série urique. In-4, 79 pages; 1877. 3 fr.

GRIPON (E.). — Thèse de Physique. — Recherches sur les tuyaux d'orgues à cheminée. In-4, 76 p.; 1864. 3 fr.

HALPHEN. — Thèse d'Analyse. — Sur les invariants différentiels. In-4, 60 pages; 1878. 　　　3 fr.

HURION (A.). — Thèse de Physique. — Recherches sur la dispersion anomale. In-4, 52 pages; 1877. 　3 fr.

LAISANT. — Thèses d'Analyse. — I. Applications mécaniques du calcul des quaternions. — II. Sur un nouveau mode de transformation des courbes et des surfaces. In-4, 133 pages; 1877.

MARGOTTET (J.). — Thèse de Chimie. — Recherches sur les sulfures, les séléniures et les tellurures métalliques. In-4, 56 pages; 1879. 　　　　2 fr.

MARTIN (A.). — Thèse de Physique. — Théorie des instruments d'optique. In-4, 76 pages, 2 planches sur cuivre; 1867. 　　　　　　　　4 fr.

NICOLAS. — Thèse d'Analyse. — Étude des fonctions de Fourier (première et deuxième espèce). In-4, 88 p.; 1882. 　　　　　　　　　5 fr.

SAUVAGE (L.). — Thèse d'Analyse. — Sur les propriétés des fonctions définies par un système d'équations différentielles linéaires et homogènes, à une ou à plusieurs variables indépendantes. In-4, 48 p.; 1882. 3 fr.

SPARRE (Cᵗᵉ de). — Thèse de Mécanique. — Sur le mouvement du pendule conique à la surface de la Terre. In-4, 75 pages; 1882. 　　　　　　3 fr. 50 c.

(Janvier 1882.)

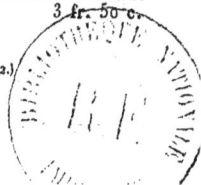

LIBRAIRIE DE GAUTHIER-VILLARS, successeur de MALLET-BACHELIER,

QUAI DES GRANDS-AUGUSTINS, 55.

ABEL (Niels-Hanrik). — **Œuvres complètes d'Abel.** Nouvelle édition publiée, aux frais de l'État norwégien, par MM. *L. Sylow* et *S. Lie.* 2 beaux volumes in-4; 1881. 30 fr.

BRIOT (Ch.), Professeur à la Faculté des Sciences de Paris. — **Théorie des fonctions abéliennes.** Un beau volume in-4; 1879 .... 15 fr.

LAGRANGE. — **Œuvres complètes de Lagrange.** publiées par les soins de M. *J.-A. Serret,* Membre de l'Institut, sous les auspices du Ministre de l'Instruction publique. In-4, avec un beau portrait de Lagrange, gravé sur cuivre par M. Ach. Martinet.

La Ire Série comprend tous les Mémoires imprimés dans les *Recueils des Académies de Turin, de Berlin et de Paris,* ainsi que les *Pièces diverses* publiées séparément. Cette série forme 7 volumes (Tomes 1 à 7; 1867-1877) qui se vendent séparément.. 30 fr.

Prix de chacun des volumes de la Ire Série.............. 30 fr.

La IIe Série, qui est en cours de publication, se compose de 7 volumes, qui renferment les Ouvrages didactiques, la Correspondance et les Mémoires inédits, savoir :

Tome VIII : *Résolution des équations numériques.* In-4; 1879........ 18 fr.
Tome IX : *Théorie des fonctions analytiques.* In-4; 1881 .... 18 fr.
Tome X : *Leçons sur le calcul des fonctions*............... (*Sous presse.*)
Tome XI : *Mécanique analytique* (Ire Partie)............... (*id.*)
Tome XII : *Mécanique analytique* (IIe Partie)............. (*id*)
Tome XIII : *Correspondance inédite de Lagrange et d'Alembert,* publiée d'après les manuscrits autographes conservés à la Bibliothèque de l'Institut de France, et annotée par LUDOVIC LALANNE. In-4; 1882..................... 15 fr.
Tome XIV : *Correspondance avec divers savants et Mémoires inédits.*
In-4... (*Sous presse.*)

LAPLACE. — **Œuvres complètes de Laplace,** publiées sous les auspices de l'Académie des Sciences par MM. les *Secrétaires perpétuels,* avec le concours de M. *Puiseux,* Membre de l'Institut, et de M. *J. Hoüel,* Professeur à la Faculté des Sciences de Bordeaux, Nouvelle édition, avec un beau portrait de Laplace, gravé sur cuivre par *Tony Goutière.* In-4; 1878-188 .

Les éditions précédentes, qui sont devenues très rares, ne contenaient que 7 volumes, savoir : *Traité de Mécanique céleste* (5 volumes), *Exposition du système du Monde* et *Théorie analytique des probabilités.* La nouvelle édition comprendra de plus 6 volumes renfermant tous les autres Mémoires de Laplace, dont la dissémination dans de nombreux Recueils académiques et périodiques rendait jusqu'à ce jour l'étude si difficile.

TRAITÉ DE MÉCANIQUE CÉLESTE. 5 vol. in-4 (1878-1882).

Le tirage est fait sur 3 papiers différents : 1° sur papier vergé semblable à celui des Œuvres de Fresnel, de Lavoisier et de Lagrange; 2° sur papier vergé fort, au chiffre de Laplace; 3° sur papier de Hollande, au chiffre de Laplace (à petit nombre).

Le prix des 5 volumes du TRAITÉ DE MÉCANIQUE CÉLESTE, *achetés ensemble, est fixé ainsi qu'il suit :*

1° Tirage sur papier vergé; 5 vol. in-4 .... 80 fr.
2° Tirage sur papier vergé fort, au chiffre de Laplace; 5 vol. in-4........ 90 fr.
3° Tirage sur papier de Hollande, au chiffre de Laplace (à petit nombre);
5 vol. in-4 .... 120 fr.

Le prix de chaque volume du TRAITÉ DE MÉCANIQUE CELESTE, *acheté séparément, est fixé ainsi qu'il suit :*

1° Tirage sur papier vergé; chaque volume in-4 .... 20 fr.
2° Tirage sur papier vergé fort, aux armes de Laplace; chaque vol. in-4. 22 fr. 50 c.

Les volumes tirés sur papier de Hollande ne se vendent pas séparément.

Le Tome VI (*Exposition du système du Monde*) est sous presse.

SERRET (J.-A.), Membre de l'Institut. — **Cours d'Algèbre supérieure.** 4e édition, 2 forts volumes in-8; 1877-1878... 25 fr.

www.ingramcontent.com/pod-product-compliance
Lightning Source LLC
Chambersburg PA
CBHW060949220326
41599CB00023B/3653